Anwendungsorientierte Methodik zur frühzeitigen Integration datenbasierter Ansätze in die Anlaufphase disruptiver Produkte

Application-oriented Methodology for an Early Integration of Data-based Approaches in the Ramp-up Phase of Disruptive Products

Von der Fakultät für Maschinenwesen
der Rheinisch-Westfälischen Technischen Hochschule Aachen
zur Erlangung des akademischen Grades eines
Doktors der Ingenieurwissenschaften
genehmigte Dissertation

vorgelegt von

Andreas Kraus

Berichter/in:

Univ.-Prof. Dr.-Ing. Achim Kampker, MBA
apl. Prof. Dr.-Ing. Dipl.-Wirt.-Ing. Heiner Hans Heimes

Tag der mündlichen Prüfung: 19. September 2023

ERGEBNISSE AUS DER ELEKTROMOBILPRODUKTION

Andreas Kraus

Anwendungsorientierte Methodik zur frühzeitigen Integration datenbasierter Ansätze in die Anlaufphase disruptiver Produkte

Herausgeber:
Univ.-Prof. Dr.-Ing. Achim Kampker, MBA

Band 26

Bibliografische Information der Deutschen Nationalbibliothek
Die Deutsche Nationalbibliothek verzeichnet diese Publikation in der Deutschen Nationalbibliografie; detaillierte bibliografische Daten sind im Internet über https://portal.dnb.de abrufbar.

Andreas Kraus:

Anwendungsorientierte Methodik zur frühzeitigen Integration datenbasierter Ansätze in die Anlaufphase disruptiver Produkte

1. Auflage, 2023

Gedruckt auf holz- und säurefreiem Papier, 100% chlorfrei gebleicht.

Wissenschaftsverlag des Instituts für Industriekommunikation und Fachmedien
an der RWTH Aachen
Steinbachstr. 25, 52074 Aachen
Internet: www.apprimus-verlag.de, E-Mail: info@apprimus-verlag.de

Printed in Germany

ISBN 978-3-98555-179-8

D 82 (Diss. RWTH Aachen University, 2023)

Vorwort

Die vorliegende Arbeit entstand im Rahmen meiner Tätigkeit als wissenschaftlicher Mitarbeiter am Chair of Production Engineering of E-Mobility Components (PEM) der Rheinisch-Westfälischen Technischen Hochschule (RWTH) Aachen.

Mein Dank gilt an erster Stelle meinem Doktorvater Univ.-Prof. Dr.-Ing. Achim Kampker für die Möglichkeit der Promotion an seinem Lehrstuhl und das in mich gesetzte Vertrauen. Die Arbeit an seinem Lehrstuhl, der sich durch ein hohes wissenschaftliches Niveau sowie eine enge Verzahnung mit der Industrie auszeichnet, war für mich ein sehr bereichernder Schritt ins Berufsleben. Mein weiterer Dank gilt apl. Prof. Dr.-Ing. Dipl.-Wirt.-Ing. Heiner Hans Heimes für die Übernahme des Koreferats sowie Univ.-Prof. Dr.-Ing. Thomas Bergs für die Übernahme des Prüfungsvorsitzes und Univ.-Prof. Dr.-Ing. Johannes Henrich Schleifenbaum für die Übernahme des Beisitzes.

Darüber hinaus möchte ich mich bei meinen Kolleginnen und Kollegen bedanken, die mich während meiner Zeit am PEM begleitet haben. Dies gilt insbesondere für meine Kollegen aus der Gruppe Electric Drive Production, bei denen es neben der guten fachlichen Zusammenarbeit auch auf der menschlichen Ebene zu jeder Tages- und Nachtzeit extrem gut gepasst hat. Durch sie ist die Freude an der Arbeit nie zu knapp gekommen, was ich sehr wertschätze.

Mein größter Dank gilt meiner Familie, die mich auf meinem bisherigen Lebensweg stets unterstützt hat. Meinen Eltern Ulla und Gerd danke ich dafür, dass sie mir bei allen wichtigen Entscheidungen meines Lebens mit Rat und Tat beiseite stehen. Meinem Bruder Tom bin ich sehr dankbar dafür, dass ich immer auf ihn zählen kann und er für mich da ist. Meiner Frau Kim möchte ich dafür danken, dass sie mich während der gesamten Zeit unterstützt und mir darüber hinaus den privaten Ausgleich gegeben hat, der bei der Erstellung der Dissertation erforderlich war. Zu guter Letzt wünsche ich unserem Sohn Ben schon jetzt viel Freude dabei, wenn wir ihm die Dissertation bald jeden Abend als Gutenachtgeschichte vorlesen werden.

Aachen, im September 2023

Andreas Kraus

I Inhaltsübersicht

Overview of Contents

II Zusammenfassung

Produzierende Unternehmen sehen sich seit einigen Jahren mit der Herausforderung einer steigenden Anzahl an Produktionsanläufen konfrontiert, deren zentrales Charakteristikum insbesondere bei disruptiven Produkten in der Instabilität der Produktion besteht. Datenbasierte Ansätze aus dem Bereich des Maschinellen Lernens haben sich im Produktionsumfeld in den vergangenen Jahren als effektives Werkzeug zur Erhöhung der Prozessstabilität etabliert und besitzen damit das Potenzial, Wertschöpfungsverluste in Produktionsanläufen zu reduzieren. Die wesentliche Voraussetzung für den effektiven Einsatz datenbasierter Ansätze, die in einer ausreichenden Datengrundlage für den erforderlichen Trainingsprozess besteht, ist jedoch insbesondere zu Beginn von Anlaufphasen nicht gegeben. Die Schaffung einer ausreichenden Datengrundlage bereits vor Produktionsbeginn ist in den meisten Fällen mit einem hohen zeitlichen sowie finanziellen Aufwand verbunden und steigt darüber hinaus mit der Komplexität des Anwendungsfalls stark an.

Das Ziel der vorliegenden Dissertation besteht in der Entwicklung einer anwendungsorientierten Methodik, die produzierende Unternehmen sowohl bei der frühzeitigen Identifikation potenzieller Fehlermöglichkeiten in der Produktion als auch bei der vorgezogenen Entwicklung und Integration geeigneter datenbasierter Gegenmaßnahmen unterstützt. Durch die Anwendung der Methodik in frühen Phasen des Produktentstehungsprozesses besteht für Unternehmen die Möglichkeit, die entwickelten Maßnahmen bereits vor Beginn der Anlaufphase neuer Produkte in ihre Produktionsumgebung zu integrieren und dadurch Wertschöpfungsverlusten während des Produktionsanlaufs vorzubeugen.

Die im Rahmen der Arbeit entwickelte Methodik besteht aus drei Modulen, die die Anwender:innen systematisch von der Fehleridentifikation über die Entwicklung datenbasierter Gegenmaßnahmen bis hin zu deren produktionsseitiger Integration begleitet. Im ersten Modul werden zunächst alle relevanten Prozessvariablen und Produktparameter entlang der betrachteten Prozesskette identifiziert. Auf dieser Grundlage werden die Beeinflussungen und Sensitivitäten der einzelnen Prozessschritte quantifiziert, woraufhin ein Interdependenzverlauf entlang der Prozesskette abgeleitet wird. Analog wird auf Basis der Prozesskosten ein Fehlerkostenverlauf entlang der Prozesskette ermittelt. Die Ergebnisse des ersten Moduls dienen zu Beginn des zweiten Moduls als Analysegrundlage, um zunächst qualitäts- und kostenkritische Prozessschritte aufzudecken. Als Gegenmaßnahme für die potenziellen Fehlermöglichkeiten innerhalb der kritischen Prozessschritte werden datenbasierte Ansätze aus dem Bereich des Maschinellen Lernens abgeleitet, für die anschließend geeignete datenbasierte und wissensbasierte Quellen für das erforderliche Modelltraining ermittelt werden. Im dritten Modul der Methodik wird zunächst die Modellierung sowie das Modelltraining des datenbasierten Ansatzes vorgenommen. Daraus folgt unmittelbar das trainierte Modell des zugrundeliegenden datenbasierten Ansatzes, für dessen produktionsseitige Integration abschließend ein vollständiger Maßnahmenkatalog erstellt wird.

III Summary

Manufacturing companies are progressively confronted with the challenge of an increasing number of production ramp-up phases, which are centrally characterized by the instability of production, especially in case of disruptive products. In recent years, data-based approaches from the area of machine learning have increasingly been established in the production environment as an effective tool for improved process stability and thus have the potential to reduce the loss in added value during ramp-up phases. Especially at the beginning of ramp-up phases, the essential prerequisite for an effective use of data-based approaches (i.e., a sufficient data basis for the required training process) is not given. The generation of a sufficient data basis prior to the start of production is in most cases accompanied by a high expenditure of time and costs and furthermore increases strongly with the complexity of the underlying use case.

The aim of this dissertation is to develop an application-oriented methodology that supports manufacturing companies in the early identification of potential failures in production as well as in the development and integration of suitable data-based countermeasures. By applying the methodology in early stages of the product development process, companies have the opportunity to integrate the developed measures into their production environment prior to the beginning of the ramp-up phase of new products, thus preventing the loss in added value during the production ramp-up phase itself.

The methodology developed within the scope of this dissertation consists of three successive modules that systematically guide users from the identification of potential failures to the development of data-based countermeasures as well as their integration into production. In the first module, all relevant process variables and product parameters along the process chain under consideration are identified. Based on this, the impacts and sensitivities of the individual process steps are quantified, followed by the derivation of an interdependence graph along the process chain. Correspondingly, a failure cost graph along the process chain is determined on the basis of the process costs. The results of the first module serve as a basis for analysis at the beginning of the second module, in order to detect quality and cost critical process steps. As a countermeasure for potential failures within the critical process steps, data-based approaches from the area of machine learning are derived and subsequently complemented by the identification of suitable data-based and knowledge-based sources for the required model training. In the third module of the methodology, the modeling and corresponding model training of the data-based approach is performed and thus yields the final trained model. Lastly, a complete catalog of measures is derived in order to complement the integration in production.

IV Inhaltsverzeichnis

Table of Contents

V Abbildungsverzeichnis

Figures

VI Tabellenverzeichnis

Tables

VII Abkürzungsverzeichnis

Abbreviations

A	Auftretenswahrscheinlichkeit (eines Fehlers)
AR	Aktionsraum
ASM	Asynchronmaschine
B	Bedeutung (eines Fehlers)
BDE	Betriebsdatenerfassung
BEV	Battery Electric Vehicle (Batteriebetriebenes Elektrofahrzeug)
BL	Bestärkendes Lernen (Reinforced Learning)
bspw.	beispielsweise
bzgl.	bezüglich
bzw.	beziehungsweise
CAD	Computer Aided Design
CAQ	Computer Aided Quality
CPS	Cyber-physisches System
CRM	Customer Relationship Management
CT	Computertomographie
DES	Discrete Event Simulation
DIN	Deutsches Institut für Normung
DL	Deep Learning (Tiefes Lernen)
DUCM	Data Use Case Matrix
E	Einheit
E	Entdeckungswahrscheinlichkeit (eines Fehlers)
EoL	End of Line
ERP	Enterprise Resource Planning
etc.	et cetera
FCV	Fuel Cell Vehicle (Brennstoffzellenfahrzeug)
FEM	Finite Element Method (Finite-Elemente-Methode)
FKA	Fehlerkostenanalyse
FMEA	Fehlermöglichkeits- und Einflussanalyse
FSM	Fremderregte Synchronmaschine
FT	Fertigungstechnologie

GAN	Generative Adversarial Network (erzeugende gegn. Netzw.)
GB	Gesamtbeeinflussung
ggü.	gegenüber
GI	Gesamtinterdependenzen
GS	Gesamtsensitivität
GSM	Gleichstrommaschine
HEV	Hybrid Electric Vehicle (Hybrid-Elektrofahrzeug)
HMI	Human Machine Interface (Mensch-Maschine-Schnittstelle)
I4.0	Industrie 4.0 (vierte industrielle Revolution)
i.A.	im Allgemeinen
i.A.a.	in Anlehnung an
ICE	Internal Combustion Engine (Verbrennungsmotorfahrzeug)
i.d.R.	in der Regel
inkl.	inklusive
insb.	insbesondere
i.O.	in Ordnung
IoP	Internet of Production
KDD	Knowledge Discovery in Databases
KI	Künstliche Intelligenz
KNN	Künstliches Neuronales Netz
MES	Manufacturing Execution System
MHEV	Mild-Hybrid Electric Vehicle (Mild-Hybrid-Elektrofahrzeug)
ML	Maschinelles Lernen
NC	Numerical Control (Numerische Steuerung)
NGV	Natural Gas Vehicle (Erdgasfahrzeug)
n.i.O.	nicht in Ordnung
NN	Neuronales Netz (Neural Networks)
NVH	Noise, Vibration, Harshness (Geräusch, Vibration, Rauigkeit)
OEE	Overall Equipment Effectiveness (Gesamtanlageneffektivität)
o.g.	oben genannt
PEP	Produktentstehungsprozess
PHEV	Plug-in Hybrid Electric Vehicle (Plug-in-Hybrid-Elektrofzg.)

PIA	Prozessinterdependenzanalyse
PLM	Product Lifecycle Management
PMSM	Permanenterregte Synchronmaschine
PP	Produktparameter
PS	Prozessschritt
PV	Prozessvariablen
RPZ	Risikoprioritätszahl
RÜ	Rückführung
SC	Supply Chain
SCM	Supply Chain Management
SE	Simultaneous Engineering
SM	Synchronmaschine
sog.	sogenannt
SoP	Start of Production
SPS	Speicherprogrammierbare Steuerung
TK	Technologiekette
TL	Transfer Learning
TS	Technologische Schnittstelle
u.	und
u.a.	unter anderem
UL	Unüberwachtes Lernen (Unsupervised Learning)
ÜL	Überwachtes Lernen (Supervised Learning)
VDA	Verband der Automobilindustrie
vgl.	vergleiche
WB	Wertebereich
WNV	Welle-Nabe-Verbindung
WQ	Wissensquelle
WSM	Wechselstrommaschine
z.B.	zum Beispiel
ZR	Zustandsraum

1 Einleitung

Introduction

Die wirtschaftliche Nutzung von Daten ist immer öfter der Grund für Wettbewerbsvorteile in diversen Wirtschaftszweigen.[1] Insbesondere im industriellen Produktionsumfeld – wie bspw. der Elektromobilproduktion – besitzen datenbasierte Ansätze hohes Potenzial, die Effizienz bestehender sowie auch künftiger Produktionen aus ökonomischer sowie ökologischer Sicht zu steigern und damit die unternehmerische Wettbewerbsfähigkeit langfristig zu sichern.[2] In diesem Kontext wird bspw. cyber-physischen Systemen (CPS) – ein systemischer Verbund aus Produktions- und Informationstechnik mit dem Ziel der autonom organisierenden Automatisierung von Fertigungsprozessen zur Erhöhung der Prozessstabilität – eine enorme Bedeutung zugemessen.[3] Eine häufig auftretende Problematik beim Einsatz von CPS besteht in fehlenden oder unzureichenden Datengrundlagen, um das zugrundeliegende Modell für seinen spezifischen Anwendungsfall zu trainieren.[4] Da die für das Training erforderlichen Datenmenge im Laufe der Produktion immer weiter zunimmt, besteht diese datenseitige Diskrepanz insbesondere zu Beginn von Produktionsanläufen neuartiger Produkte. Zeitgleich lässt sich aus kürzer werdenden Entwicklungszyklen sowie einer steigenden Variantenvielfalt[5] eine steigende Anzahl solcher Produktionsanläufe ableiten, deren zentrales Charakteristikum in der Instabilität der Produktion und hohen Ausschussraten besteht[6]. Die frühzeitige Entwicklung, Integration und Nutzung datenbasierter Ansätze als Gegenmaßnahmen birgt für die Zukunft folglich ein enorm hohes Potenzial zur Wertschöpfungssteigerung in Anlaufphasen solch neuartiger Produkte. Die vorliegende Dissertation greift dieses Potenzial auf und stellt eine anwendungsorientierte Methodik zur frühzeitigen Integration datenbasierter Ansätze in die Anlaufphase disruptiver Produkte zur Verfügung.

In dem folgenden Kapitel wird dafür zunächst die der Dissertation zugrundeliegende Ausgangssituation erläutert (Kapitel 1.1) sowie die sich daraus ergebende Problemstellung beschrieben (Kapitel 1.2). Im Anschluss daran wird die produktions- und datenwissenschaftliche Zielsetzung der Dissertation festgelegt (Kapitel 1.3), woraufhin diese wissenschaftstheoretisch eingeordnet wird (Kapitel 1.4). Im darauffolgenden Kapitel werden die Hauptforschungsfrage sowie die Nebenforschungsfragen definiert (Kapitel 1.5), die im weiteren Verlauf der vorliegenden Arbeit beantwortet werden sollen. Abschließend wird die übergeordnete Struktur der Arbeit dargestellt und in die Phasen der zugrundeliegenden Forschungsmethodik eingeordnet (Kapitel 1.6).

---

1 vgl. Grimm, Schnitzer et al. 2021 – Transformation gestalten, S. 8.
2 vgl. Fuchs 2022 – Künstliche Intelligenz in der Produktion.
3 vgl. Bachmann, Bradke et al. 2015 – Forschungs- und Technologieperspektiven 2030, S. 173f.
4 vgl. Döbel, Leis et al. 2018a – Maschinelles Lernen, S. 61.
5 vgl. Schuh, Riesener et al. 2020 – Industrie 4.0, S. 485.
6 vgl. Lanza 2005 – Simulationsbasierte Anlaufunterstützung, S. 8ff.

1.1 Ausgangssituation

Die Automobilindustrie befindet sich derzeit im Umbruch. Die zunehmende Verschärfung der Emissionsgrenzwerte von Seiten der Politik[7,8] zwingt produzierende Unternehmen der Automobilbranche zu einer zunehmenden Elektrifizierung ihrer Fahrzeugflotte.[9] Das wachsende Umweltbewusstsein auf Seiten der Bevölkerung[10] und die daraus resultierende erhöhte Nachfrage nach Elektrofahrzeugen[11] verstärkt diesen Wandel zusätzlich. Dies spiegelt sich auch in aktuellen Prognosen der weltweiten Pkw-Neuzulassungen für die kommenden Jahre wider (siehe Abbildung 1-1).

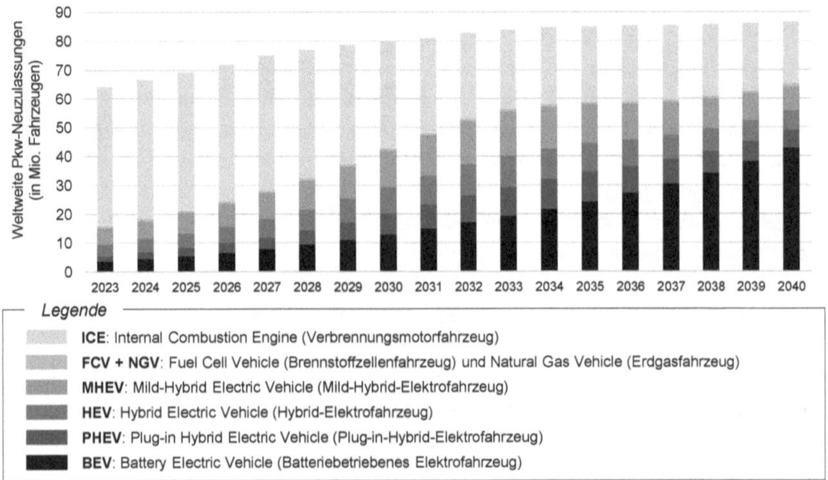

Abbildung 1-1: Prognostizierter Pkw-Absatz weltweit nach Antriebsart bis 2040[12,13]

Der mit dieser Prognose einhergehende sukzessive Übergang vom Verbrennungsmotor zum Elektromotor hat neben den Auswirkungen auf Produktebene ebenso folgenschwere Konsequenzen auf Produktionsebene. Der grundlegend verschiedene Aufbau von Elektromotoren gegenüber Verbrennungsmotoren resultiert in einer nahezu vollständigen Substitution der für die Produktion erforderlichen Maschinen- und Anlagentechnik[14]. Solch tiefgreifende Veränderungen machen jahrzehntelang gesammelte Erfahrungswerte in der Produktion größtenteils obsolet.[15]

---

7 vgl. Umweltbundesamt 2021 – Emissionsstandards.
8 vgl. BMU 2020 – CO2-Flottengrenzwerte, S. 2ff.
9 vgl. Kampker, Vallée et al. 2018 – Elektromobilität, S. 27f.
10 vgl. Umweltbundesamt 2022 – Umweltbewusstsein und Umweltverhalten.
11 vgl. BMWK 2022 – Elektromobilität in Deutschland.
12 vgl. Harrison 2021 – Electric Vehicle Analysis, S. 14.
13 i.A.a. Heimes, Kampker et al. 2023 – Elektromobilität als Schlüsseltechnologie, S. 44.
14 vgl. Abele, Hohenstein et al. 2009 – Wandel im PKW-Antriebsstrang, S. 3.
15 vgl. Heimes, Kampker et al. 2023 – Aktuelle Herausforderungen der Elektromobilität, S. 35.

Hinzu kommt, dass sich im Bereich des elektrischen Antriebsstrangs seit Beginn des beschriebenen Umbruchs bis dato noch keine dominante Technologie am Markt etabliert hat. Aus den in den letzten Jahrzehnten immer kürzer werdenden Innovations- und Entwicklungszyklen[16] sowie der steigenden Variantenvielfalt auf Produktseite[17,18] lassen sich weitere Produktwechsel und damit einhergehende Veränderungen der erforderlichen Produktionstechnik[19] in den kommenden Jahren ableiten. Für die Produktion hat dies zur Folge, dass in Zukunft mehr disruptive Produkte in immer kürzer werdenden Abständen hergestellt werden müssen, wodurch zwangsläufig auch die Anzahl an Produktionsanläufen steigen wird[20]. Aus Produktionssicht kommt der Anlaufphase als Übergangsphase zwischen der Produkt- bzw. Prozessentwicklung und der Serienproduktion daher eine steigende Bedeutung zu.

Zeitgleich zu den genannten Entwicklungen ist im produzierenden Gewerbe seit einigen Jahren ein weiterer Trend zu beobachten. Neben der fortschreitenden Elektrifizierung gewinnt auch die Digitalisierung der Produktion unter dem Begriff der vierten Industriellen Revolution immer mehr an Bedeutung.[21] Analog zum Trend zur Elektrifizierung besitzt auch die Digitalisierung ebenso viele Chancen wie Herausforderungen für die produzierende Industrie. Im Zuge der Digitalisierung wird sich in den kommenden Jahren vor allem der Bereich der Künstlichen Intelligenz (KI) weiter etablieren[22,23]. Im Produktionsumfeld hat sich bereits in den vergangenen Jahren das Maschinelle Lernen (ML) als Teilbereich der KI als vielversprechender Ansatz gezeigt[24,25]. Die Methoden des ML werden dabei häufig zur Optimierung von Produktionsprozessen auf Basis adaptiver Fertigungsprozesse[26,27] eingesetzt, die die Fähigkeiten des Menschen hinsichtlich Schnelligkeit und Vielschichtigkeit insbesondere bei steigender Komplexität des Anwendungsfalls weit übertreffen. Folglich bergen die Digitalisierung der Produktion und die zugrundeliegenden Methoden ein hohes Potenzial, um den oben genannten Herausforderungen zu begegnen, vor denen produzierende Unternehmen der Automobilindustrie derzeit und in den kommenden Jahren stehen. Für die Nutzbarmachung dieser Methoden in Form von datenbasierten Ansätzen müssen jedoch bestimmte Voraussetzungen erfüllt sein sowie gewisse Problemstellungen angegangen werden[28], auf die im folgenden Kapitel näher eingegangen wird.

---

16 vgl. Schuh, Riesener et al. 2020 – Industrie 4.0, S. 485.
17 vgl. Tietjen, Decker 2020 – FMEA-Praxis, S. 1f.
18 vgl. Schuh, Schmidt 2014 – Produktionsmanagement, S. V.
19 vgl. Heimes, Kampker et al. 2023 – Aktuelle Herausforderungen der Elektromobilität, S. 35.
20 vgl. Schuh, Stölzle et al. 2008 – Anlaufmanagement, S. 1.
21 vgl. Obermaier 2019 – Industrie 4.0 und digitale Transformation, S. V.
22 vgl. Seifert, Bürger et al. 2018 – Potenziale der künstlichen Intelligenz, S. 5.
23 vgl. Demary, Goeke 2019 – Künstliche Intelligenz, S. 16.
24 vgl. Quack 2020 – Wie Maschinelles Lernen die Produktion verändert.
25 vgl. Deloitte 2020 – State of AI in the Enterprise, S. 8.
26 vgl. Baum 2018 – Industrie 4.0, S. 5.
27 vgl. Günnel 2020 – Smarte Fabrik.
28 vgl. Döbel, Leis et al. 2018b – Maschinelles Lernen, S. 32ff.

1.2 Problemstellung

Die Grundvoraussetzung für den Einsatz datenbasierter Ansätze aus dem Bereich des Maschinellen Lernens ist das Vorhandensein einer ausreichenden Datengrundlage für den erforderlichen Lernprozess[29,30]. Im Verlauf einer Serienproduktion wird diese Datengrundlage mit jeder produzierten Einheit größer, da mit der Zeit immer mehr Datensätze[31] generiert werden und damit als Datengrundlage zur Verfügung stehen (vgl. Abbildung 1-2).

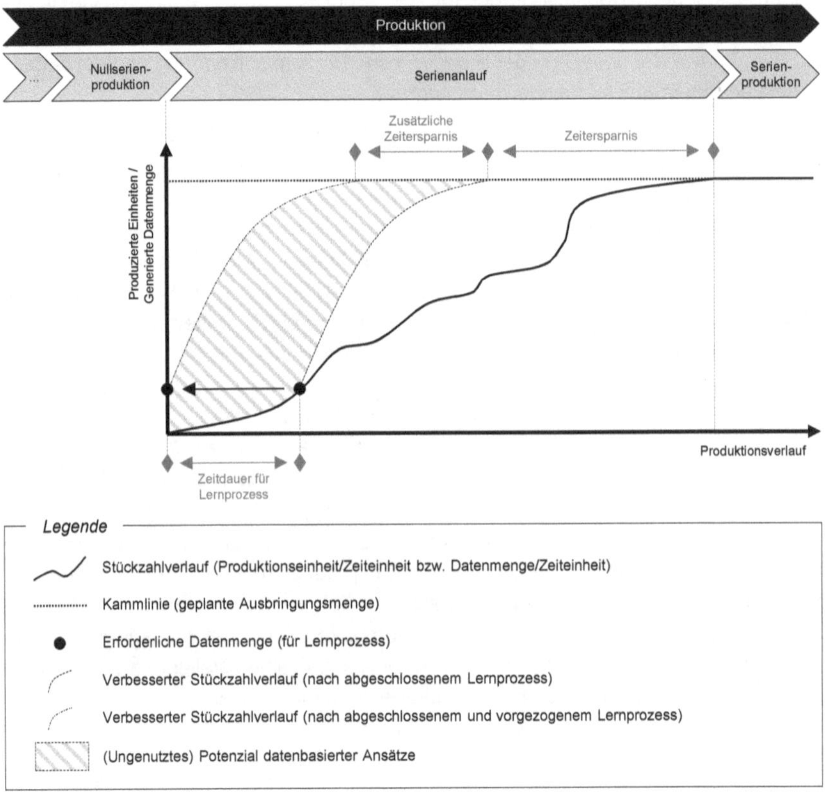

Abbildung 1-2: Stückzahlverlauf und Datengenerierung (schematisch)[32,33,34]

29 vgl. Matzka 2021 – Künstliche Intelligenz in den Ingenieurwissenschaften, S. 9.
30 vgl. Schuh, Riesener et al. 2020 – Industrie 4.0, S. 475.
31 Anmerkung: Die Datensätze werden bspw. durch in die Produktionsumgebung integrierte Sensor- und Messtechnik generiert.
32 i.A.a. Corsten, Gössinger et al. (Hg.) 2018 – Produktions- und Logistikmanagement, S. 540.
33 i.A.a. Dombrowski, Hanke 2017 – Lean Ramp-up, S. 387.
34 i.A.a. Burggräf, Schuh 2021 – Fabrikplanung, S. 505.

Dies gilt sowohl bis zur Erreichung der maximal geplanten Ausbringungsmenge je Zeiteinheit (Kammlinie) als auch während der nachfolgenden Serienproduktion.[35] Zu Beginn von Anlaufphasen steht folglich keine Datengrundlage zur Verfügung, um datenbasierte Ansätze für ihren Einsatz in der Produktion ausreichend anzulernen. Daraus folgt, dass zunächst eine bestimmte Menge an Einheiten produziert werden muss, um die – je nach Komplexität des Anwendungsfalls – erforderliche Datenmenge zu generieren (vgl. Abbildung 1-2). Insbesondere in Anlaufphasen neuartiger Produkte (wie bspw. im Bereich der Elektromobilproduktion) treten jedoch häufig unerwartete Probleme auf, die eine erhöhte Ausschussrate und eine geringe Gesamtanlageneffektivität (engl.: Overall Equipment Effectiveness, OEE) nach sich ziehen.[36,37] Die Ursachen solcher Wertschöpfungsverluste liegen dabei häufig in prozessseitigen Wechselwirkungen verketteter Anlagen[38] oder schwankenden Eingangsbedingungen, auf die produzierende Unternehmen häufig keinen Einfluss haben. Derartige Fehler können zwar durch präventive Maßnahmen frühzeitig identifiziert werden[39], die Entwicklung geeigneter, echtzeitfähiger Gegenmaßnahmen für alle potenziell auftretenden Fehler ist jedoch insbesondere in frühen Phasen der Produkt- und Prozessentwicklung nicht realistisch. Daraus ergibt sich die folgende produktionswissenschaftliche Problemstellung der vorliegenden Arbeit:

Die produktionswissenschaftliche Problemstellung besteht in Wertschöpfungsverlusten in Anlaufphasen disruptiver Produkte in Form von Zeit- und Kostenineffizienzen, die auf die Nichtexistenz geeigneter Gegenmaßnahmen für qualitätsbeeinflussende Fehlermöglichkeiten zurückzuführen sind.

Für die oben genannten Herausforderungen stellen datenbasierte Ansätze wie bspw. adaptive Prozesssteuerungen, die häufig auf Methoden des Maschinellen Lernens basieren und in Form von CPS in die Produktionsumgebung implementiert werden, ein effektives Werkzeug dar[40,41,42]. Der Effekt des Einsatzes solcher Ansätze spiegelt sich insbesondere in einer geringeren Ausschussrate und einer entsprechend höheren Ausbringungsmenge je Zeiteinheit wider. Dieser auftretende Effekt, der folglich zu einem früheren Erreichen der Kammlinie (Time-to-Volume) und daher zu einer verkürzten Anlaufphase führt, zeigt sich konsequenterweise jedoch erst nach abgeschlossenem Lernprozess des datenbasierten Ansatzes (siehe Strichlinie in Abbildung 1-2).

---

35 Anmerkung zu Abbildung 1-2: Das Integral unter dem Stückzahlverlauf (in der Einheit Produktionseinheit/Zeiteinheit) über der Zeit ergibt die bis zu einem bestimmten Zeitpunkt in der Anlaufphase insgesamt produzierten Produktionseinheiten.

36 vgl. Heimes, Kampker et al. 2023 – Vom Prototypen zur Serienfertigung, S. 220.

37 vgl. Wildemann 2004 – Präventive Handlungsstrategien für den Produktionsanlauf, S. 17f.

38 vgl. Fleischer, Schopp et al. 2006 – Diagnosestrategien für einen schnellen Ramp-up, S. 509.

39 vgl. Tietjen, Decker 2020 – FMEA-Praxis, S. 7.

40 vgl. Schmitt, Ellerich et al. 2020 – Datenbasiertes Qualitätsmanagement, S. 505ff.

41 vgl. Wennker 2020 – Künstliche Intelligenz in der Praxis, S. 138f.

42 vgl. Hatiboglu, Schuler et al. 2019 – Einsatzfelder von Künstlicher Intelligenz, S. 22.

Wird nun angenommen, dass der Lernprozess bereits vor der Anlaufphase stattgefunden hat, ergibt sich ein weiterhin verbesserter Stückzahlverlauf (siehe Strichpunktlinie in Abbildung 1-2) und eine damit einhergehende zusätzliche Zeitersparnis bis zur Erreichung der Kammlinie. Die schraffierte Fläche zeigt damit das bisher ungenutzte Potenzial, das datenbasierte Ansätze in Anlaufphasen disruptiver Produkte[43] besitzen.[44] Um dieses Potenzial in vollem Umfang nutzen zu können, muss die erforderliche Datenmenge jedoch bereits zu Beginn der Anlaufphase in ausreichender Qualität sowie Quantität vorliegen[45]. Es wird somit geschlussfolgert, dass zu Beginn von Anlaufphasen disruptiver Produkte vor dem Hintergrund des Einsatzes datenbasierter Ansätze eine Diskrepanz zwischen erforderlicher und existierender Datenbasis besteht (vgl. Abbildung 1-3).

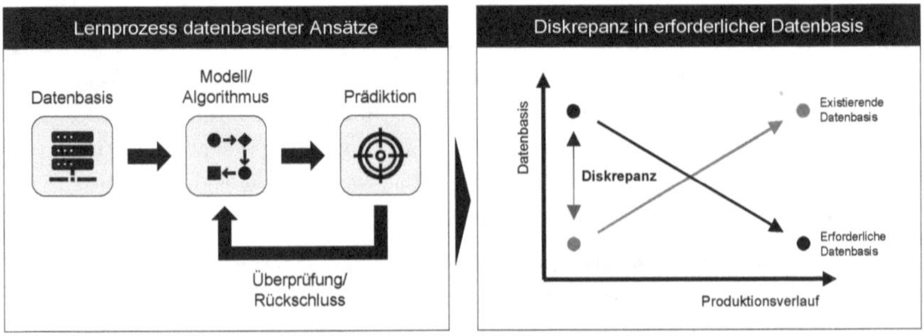

Abbildung 1-3: Datenseitige Diskrepanz in Produktionsanläufen (schematisch)

Daraus ergibt sich unmittelbar die datenwissenschaftliche Problemstellung der vorliegenden Arbeit:

Die datenwissenschaftliche Problemstellung besteht in der Diskrepanz zwischen erforderlicher und existierender Datenbasis vor dem Hintergrund des frühzeitigen Einsatzes datenbasierter Ansätze als Gegenmaßnahme für qualitätsbeeinflussende Fehlermöglichkeiten.

Aus dieser Problemstellung ergibt sich die Herausforderung, die bestehende Diskrepanz durch geeignete Lösungsansätze zu schließen, was zur Zielsetzung der vorliegenden Arbeit führt.

---

43 Ein Produkt gilt als disruptiv, wenn sich dieses aufgrund einer technologischen Innovation von seinem Vorgängerprodukt deutlich unterscheidet (vgl. Christensen, von den Eichen et al. 2012 – The Innovator´s Dilemma, S. 51ff. sowie Kampker, Kreisköther et al. 2017 – Anlauf disruptiver Produkte, S. 58.)

44 Erläuterung zu Abbildung 1-2: Die Integralfläche zwischen den beiden Stückzahlverläufen (in der Einheit Produktionseinheit/Zeiteinheit) ergibt die Anzahl an zusätzlichen Produktionseinheiten, die durch bereits vorab angelernte datenbasierte Ansätze produziert werden.

45 vgl. Döbel, Leis et al. 2018b – Maschinelles Lernen, S. 11.

1.3 Zielsetzung der Arbeit

In Bezug auf die Zielsetzung der vorliegenden Arbeit wird analog zur Problemstellung zwischen einer produktionswissenschaftlichen und einer datenwissenschaftlichen Zielsetzung differenziert. Für Erstere gilt:

Die produktionswissenschaftliche Zielsetzung besteht in der Reduzierung von Wertschöpfungsverlusten in Anlaufphasen disruptiver Produkte durch den Einsatz bereits vortrainierter, datenbasierter Ansätze als Gegenmaßnahme für qualitätsbeeinflussende Fehlermöglichkeiten.

Der zugrundeliegende Ansatz zur Zielerreichung besteht darin, die Qualität als oberstes Unternehmensziel zu definieren und damit die anfallenden Kosten und die erforderliche Zeitdauer unmittelbar positiv zu beeinflussen.[46,47] Der durch die steigende Qualität bedingte positive Einfluss auf die Anlaufdauer ist bereits aus Abbildung 1-2 ersichtlich. Die positive Auswirkung der gesteigerten Qualität auf die qualitätsbedingten Kosten der Anlaufphase ist in Abbildung 1-4 dargestellt.

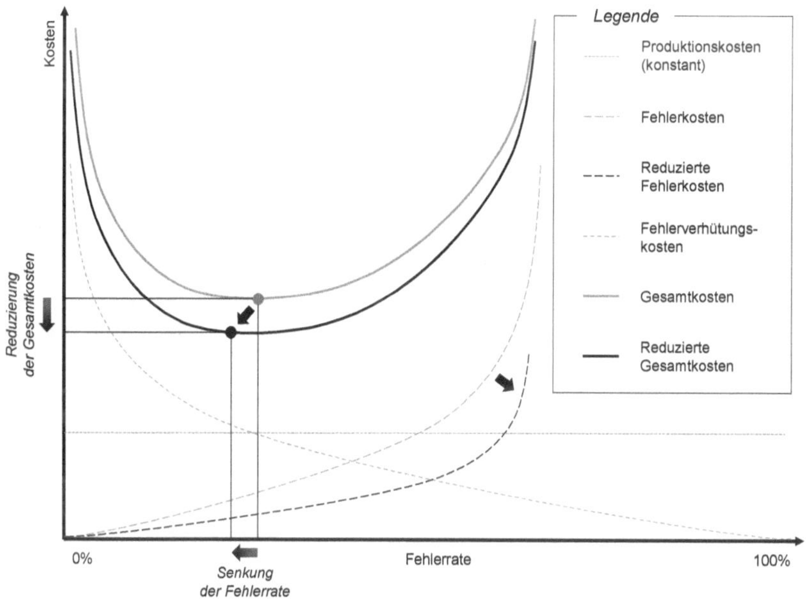

Abbildung 1-4: Verläufe der Qualitätskosten (schematisch)[48,49]

---

46 i.A.a. Meier 2015 – Qualitätsmanagement, S. 13.
47 vgl. Schmitt, Pfeifer 2015 – Qualitätsmanagement, S. 74.
48 i.A.a. Koch 2011 – Einführung in das Management von Geschäftsprozessen, S. 39.
49 i.A.a. Burghardt 2007 – Einführung in Projektmanagement, S. 229.

Die Abbildung zeigt schematisch die Verläufe der Qualitätskosten in Abhängigkeit der Fehlerrate in der Produktion. Die gezeigten Fehlerverhütungskosten[50], die sich vorwiegend aus den Kosten für vorbeugende Maßnahmen der Qualitätssicherung zusammensetzen, nehmen mit sinkender Fehlerrate überproportional zu. Die dargestellten Fehlerkosten[51], die sich primär aus den Kosten für korrektive Maßnahmen zur Fehlerbeseitigung zusammensetzen, nehmen naturgemäß mit steigender Fehlerrate ebenfalls überproportional zu. Unter der Annahme, dass die sonstigen Produktionskosten unabhängig von der Fehlerrate konstant bleiben, ergibt sich ein Gesamtkostenverlauf mit einem Minimum, das sich bei einer bestimmten Fehlerrate einstellt.[52] Wird nun weiterhin angenommen, dass durch die frühzeitige Nutzung datenbasierter Ansätze die Qualität in der Anlaufphase steigt, werden die Fehlerkosten aufgrund des geringeren Aufwands für korrektive Maßnahmen zur Fehlerbeseitigung sinken. Dies hat in letzter Konsequenz zur Folge, dass sich die Gesamtkosten der Anlaufphase ebenfalls reduzieren (vgl. Abbildung 1-4). Um diese frühzeitige Nutzung datenbasierter Ansätze zu ermöglichen, lässt sich folgende datenwissenschaftliche Zielsetzung der vorliegenden Arbeit festhalten:

Die datenwissenschaftliche Zielsetzung besteht in der Entwicklung einer Methodik zur Generierung hybrider Datenmengen für vorgezogene Trainingsphasen datenbasierter Ansätze und zu deren frühzeitigen Integration in die Produktionsumgebung.

Die Methodik soll dabei die im Rahmen der Problemstellung (siehe Kapitel 1.2) hergeleitete Diskrepanz zwischen erforderlicher und existierender Datenbasis zu Beginn von Anlaufphasen disruptiver Produkte schließen. Die datenwissenschaftliche Zielsetzung der Arbeit adressiert damit die zuvor genannte produktionswissenschaftliche Zielsetzung hinsichtlich der Reduzierung der Anlaufzeit sowie der Senkung der Anlaufkosten durch gesteigerte Qualität während der Anlaufphase. Die dahinterstehende Idee, datenwissenschaftliche Lösungsansätze zur Erreichung produktionswissenschaftlicher Ziele einzusetzen, entspricht dabei dem Grundgedanken der vorliegenden Dissertation. Das folgende Kapitel dient nun der wissenschaftstheoretischen Einordnung der Arbeit.

50 Beispiele für Fehlerverhütungskosten: Kosten für Qualitätsplanungen, Prozessfähigkeitsuntersuchungen, Qualitätsförder- und Schulungsmaßnahmen, etc.

51 Beispiele für (interne) Fehlerkosten: Material-, Lohn- und Gemeinkosten für Nacharbeit, Ausschuss, außerplanmäßige Prüfungen, etc.

52 vgl. Koch 2011 – Einführung in das Management von Geschäftsprozessen, S. 39f.

1.4 Wissenschaftstheoretische Einordnung der Arbeit

In der Wissenschaftssystematik nach ULRICH wird zunächst zwischen den Formalwissenschaften und den Realwissenschaften unterschieden. Während sich die Formalwissenschaften mit der Konstruktion von Sprachen als Zeichensysteme mit Regeln zur Verwendung dieser Zeichen befassen und daher außerhalb des Betrachtungsbereichs der vorliegenden Arbeit liegen, beschäftigen sich die Realwissenschaften mit der „Beschreibung, Erklärung und Gestaltung empirisch (...) wahrnehmbarer Wirklichkeitsausschnitte."[53] Innerhalb des Gebiets der Realwissenschaften wird weiterhin zwischen reinen Grundlagenwissenschaften und angewandten Handlungswissenschaften unterschieden. Bei Handlungswissenschaften, die im technischen Umfeld die Ingenieurwissenschaften umfassen, steht die „Analyse menschlicher Handlungsalternativen zwecks Gestaltung (...) technischer Systeme"[54] im Fokus.[55] Abbildung 1-5 zeigt die Unterscheidung der verschiedenen Wissenschaftszweige innerhalb der Wissenschaftssystematik nach ULRICH.

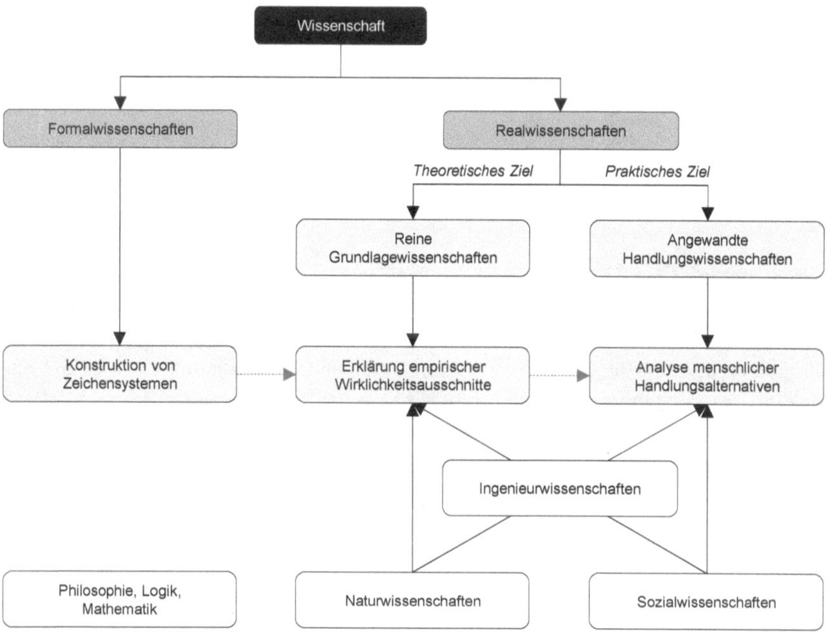

Abbildung 1-5: Wissenschaftssystematik nach ULRICH[56]

[53] Ulrich, Hill 1976 – Wissenschaftstheoretische Grundlagen (Teil II), S. 305.
[54] Ulrich, Hill 1976 – Wissenschaftstheoretische Grundlagen (Teil II), S. 305.
[55] vgl. Ulrich, Hill 1976 – Wissenschaftstheoretische Grundlagen (Teil I), S. 305f.
[56] i.A.a. Ulrich, Hill 1976 – Wissenschaftstheoretische Grundlagen (Teil II), S. 305.

Da im Rahmen der vorliegenden Dissertation ein anwendungsorientiertes Vorgehensmodell für produzierende Unternehmen entwickelt wird, das auf die Nutzung technischer Systeme abzielt, ist die vorliegende Arbeit den angewandten Handlungswissenschaften im Bereich der Realwissenschaften zuzuordnen.

In Abhängigkeit des Forschungsgebiets stehen verschiedene Forschungsansätze in Form von heuristischen Bezugsrahmen zur Verfügung, die als temporäres Modell zur Lösung konkreter Problemstellungen dienen. Im Gegensatz zu analytischen Verfahren führen Heuristiken nicht zwingend zur besten Lösung des Problems, sondern stellen lediglich eine methodische Anleitung zur Gewinnung neuer Erkenntnisse und praktikabler Lösungsansätze dar.[57] Innerhalb des Wissenschaftszweigs der Realwissenschaften wird häufig der explorative Forschungsansatz nach TOMCZAK gewählt (siehe Abbildung 1-6), der auch der vorliegenden Arbeit zugrunde liegt.

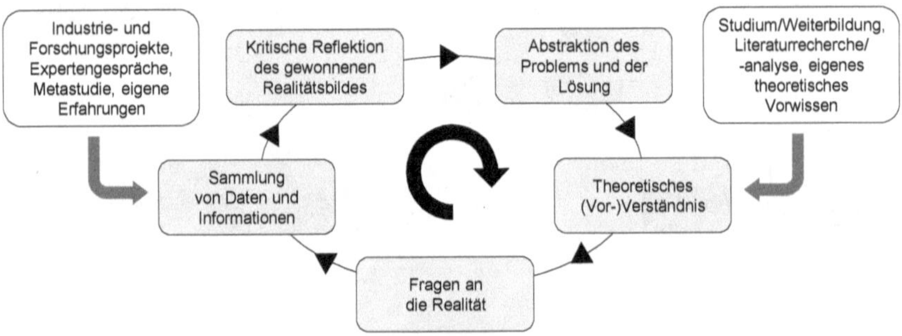

Abbildung 1-6: Explorativer Forschungsansatz nach TOMCZAK[58]

Nach TOMCZAK ist das forscherische Vorgehen innerhalb des in der Abbildung dargestellten iterativen Ansatzes gekennzeichnet durch ein theoretisches Vorverständnis, Fragen an die Realität, der Sammlung von Daten und Informationen, die kritische Reflektion des entstandenen Realitätsbildes sowie der Abstraktion der Problemstellung sowie des Lösungsansatzes[59]. Übertragen auf die Thematik der vorliegenden Dissertation wurde das theoretische Vorverständnis im Rahmen der Aus- und Weiterbildung des Autors der vorliegenden Arbeit generiert. Durch den kontinuierlichen Abgleich zwischen erlernter Theorie und erfahrener Praxis, den Erkenntnisgewinn aus Industrie- und Forschungsprojekten sowie durch Gespräche mit Kolleg:innen und Expert:innen aus dem Berufsumfeld konnte das entstandene Realitätsbild kritisch hinterfragt und die entwickelte Lösungshypothese iterativ abstrahiert werden, um die erforderliche Allgemeingültigkeit der im Zuge der Dissertation entwickelten Methodik zu gewährleisten.

57 vgl. Ulrich, Hill 1976 – Wissenschaftstheoretische Grundlagen (Teil I), S. 306.
58 i.A.a. Tomczak 1992 – Forschungsmethoden, S. 84.
59 vgl. Tomczak 1992 – Forschungsmethoden, S. 84ff.

1.5 Forschungsfrage

Im Folgenden werden die Hauptforschungsfrage sowie geeignete Nebenforschungsfragen der vorliegenden Arbeit definiert, die sich unmittelbar aus der in Kapitel 1.2 beschriebenen Problemstellung sowie der in Kapitel 1.3 festgelegten Zielsetzung ergeben. Forschungsfragen, die ein konkretes wissenschaftstheoretisches Problem adressieren, stehen nach KUBICEK im Mittelpunkt eines explorativen Forschungsansatzes, der iterativ durchlaufen wird[60]. Die aus diesem Grund erforderliche Hauptforschungsfrage, die sich ebenfalls aus den beiden noch folgenden Handlungsbedarfen aus der industriellen Praxis sowie der wissenschaftlichen Theorie ergibt (siehe Kapitel 2.5 und Kapitel 3.4), lässt sich wie folgt formulieren:

Inwiefern können datenbasierte Ansätze bereits vor ihrem Einsatz in der Produktion angelernt werden, um die Anlaufphase disruptiver Produkte durch die Reduzierung von Wertschöpfungsverlusten kosten- und zeiteffizienter zu gestalten?

Um die wissenschaftliche Zielsetzung schrittweise zu erreichen und damit die Hauptforschungsfrage der vorliegenden Dissertation umfassend zu beantworten, werden folgende Nebenforschungsfragen formuliert:

- Wie können bereits während der Prozessentwicklung qualitätsbeeinflussende Fehlermöglichkeiten entlang der Prozesskette systematisch identifiziert werden?
- Wie lassen sich für die identifizierten Fehlermöglichkeiten geeignete datenbasierte Ansätze als Gegenmaßnahmen ableiten?
- Inwiefern lässt sich geeignetes Expertenwissen identifizieren und zielgerichtet in den Entwicklungsprozess datenbasierter Ansätze integrieren?
- Wie können die abgeleiteten datenbasierten Ansätze auch ohne ausreichende Trainingsdatenbasis angelernt und modelliert werden?
- Wie gestaltet sich der übergeordnete zeitliche und inhaltliche Ablauf des frühzeitigen Einsatzes datenbasierter Ansätze in der Produktion?

Die definierten Nebenforschungsfragen adressieren dabei bestimmte Module der entwickelten Methodik und werden daher in Kapitel 4.5 wieder aufgegriffen (siehe Abbildung 4-8).

---

60 vgl. Kubicek 1976 – Heuristisch angelegtes Forschungsdesign, S. 25f.

1.6 Struktur der Arbeit

Im Folgenden wird die Struktur der vorliegenden Arbeit dargestellt und in die Phasen der angewandten Forschungsmethodik nach ULRICH eingeordnet. Darüber hinaus werden den insgesamt sieben Kapiteln die jeweils verwendeten Forschungsaktivitäten nach ULRICH[61] zugeordnet.

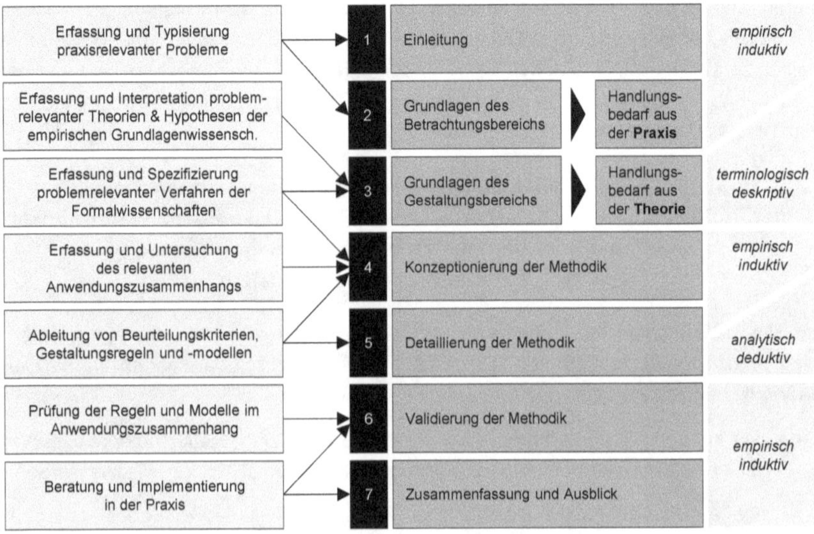

Abbildung 1-7: Struktur der vorliegenden Arbeit nach ULRICH[62]

In Kapitel 1 werden zunächst die Ausgangssituation, die Problemstellung sowie die übergeordnete Zielsetzung der vorliegenden Arbeit geschildert. Im Anschluss an die wissenschaftstheoretische Einordung der Arbeit werden die Hauptforschungsfrage sowie die Nebenforschungsfragen abgeleitet und die Struktur der Arbeit erläutert.

Kapitel 2 dient der Darlegung der Grundlagen des Betrachtungsbereichs. Um ein tiefergehendes Verständnis des Anwendungszusammenhangs zu schaffen, werden zunächst die Grundlagen und Produktionsprozesse von Elektromotoren mit dem Fokus auf die Hairpin-Technologie als Beispiel einer disruptiven Technologie erläutert. Es folgen die Grundlagen des Qualitätsmanagements im Produktionsumfeld, wobei insbesondere gängige Methoden der Qualitätssicherung beschrieben werden. Daran anschließend wird detailliert auf die Grundlagen datenbasierter Ansätze in der Produktion eingegangen, wobei der Fokus auf Methoden aus dem Bereich des Maschinellen Lernens liegt. Abschließend wird auf Basis der Einleitung und der bis dahin dargestellten Grundlagen der Handlungsbedarf aus der industriellen Praxis abgeleitet.

---

61 vgl. Ulrich, Hill 1976 – Wissenschaftstheoretische Grundlagen (Teil II), S. 347f.
62 Eigene Abbildung i.A.a. Ulrich, Dyllick et al. 1984 – Systemorientiertes Management, S. 193.

In Kapitel 3 werden die Grundlagen des Gestaltungsbereichs erläutert. Dafür werden zunächst inhaltliche Anforderungen definiert, anhand derer bestehende wissenschaftliche Ansätze aus den Produktions- und Datenwissenschaften (wissenschaftliche Suchfelder der Dissertation) bewertet werden. Die Bewertung zielt dabei auf die Ermittlung der Überschneidung zwischen den bereits bestehenden Ansätzen und der entwickelten Methodik der vorliegenden Arbeit ab. Auf Grundlage des Bewertungsergebnisses wird das im Rahmen der Dissertation identifizierte Forschungsdefizit in Form des Handlungsbedarfs aus der wissenschaftlichen Theorie abgeleitet.

Kapitel 4 dient der Konzeptionierung der Methodik. Dafür werden zunächst formale Anforderungen an die Methodik festgelegt, die im weiteren Verlauf der Arbeit kritisch geprüft werden. Auf Grundlage einer methodischen Grundlagenbetrachtung werden im Anschluss die Aufbau- und Ablaufstruktur der Methodik festgelegt. Abschließend wird die Darstellungsweise der Methodik erläutert sowie ihre zeitliche Einordnung in den Produktentstehungsprozess vorgenommen.

In Kapitel 5 werden die drei Module (Initiierung, Analyse und Gestaltung) sowie die insgesamt sieben Schritte der Methodik (Parameteridentifikation, Prozessquantifizierung, Prozessanalyse, Datenanalyse, Wissensanalyse, Modellierung und Modellintegration) sukzessive ausdetailliert.

Kapitel 6 dient der abschließenden Validierung der Methodik, um die Praxistauglichkeit der entwickelten Vorgehensweise zu prüfen. Als Anwendungsbeispiel dient dabei die Hairpin-Stator-Produktion. Im Zuge der Validierung werden die Module und Schritte der Methodik anhand des Praxisbeispiels durchlaufen, wobei sowohl die Zwischenergebnisse nach jedem Schritt als auch das Endergebnis dokumentiert werden.

In Kapitel 7 werden die Ergebnisse der Dissertation kapitelweise zusammengefasst. Abschließend wird ein Gesamtfazit formuliert und weiterer Forschungsbedarf im Anwendungszusammenhang der vorliegenden Arbeit aufgezeigt.

2 Grundlagen des Betrachtungsbereichs

Basics of the Inspection Area

Im folgenden Kapitel werden die Grundlagen des Betrachtungsbereichs dargelegt, die zum Verständnis des für die definierte Problemstellung entwickelten Lösungsansatzes beitragen. Da sich die vorliegende Arbeit in der Schnittmenge zwischen den Ingenieur- und Datenwissenschaften befindet, werden im Folgenden Grundlagen aus beiden Wissenschaftsbereichen erläutert. Im Rahmen der Ingenieurwissenschaften wird dafür zunächst auf die Grundlagen der Elektromotoren eingegangen (Kapitel 2.1), die im weiteren Verlauf der Arbeit als repräsentatives Beispiel für disruptive Technologien herangezogen werden. Darauf aufbauend werden die zugrundeliegenden Produktionsprozesse der Elektromotoren beschrieben (Kapitel 2.2), um die notwendigen produktionstechnischen Grundlagen zu vermitteln. Daran anschließend werden die Grundlagen des Qualitätsmanagements mit Fokus auf Methoden der Qualitätssicherung erläutert (Kapitel 2.3). Auf dieser Basis werden datenbasierte Ansätze im Kontext der digitalisierten Produktion eingeordnet sowie die Methoden und Potenziale des Maschinellen Lernens beschrieben (siehe Kapitel 2.4). Abschließend wird der Handlungsbedarf aus der industriellen Praxis abgeleitet (Kapitel 2.5).

2.1 Grundlagen der Elektromotoren

Der Elektromotor ist – neben der Batterie als elektrischer Energiespeicher – ein konstituierendes Bauteil von Elektrofahrzeugen. Je nach Auslegung des Elektromotors werden andere Komponenten des Elektrofahrzeugs wie bspw. das Getriebe, die Leistungselektronik sowie die Kühlung entsprechend angepasst[63]. Aufgrund der hohen Relevanz im Kontext der Elektromobilkomponentenproduktion wurde der Elektromotor im Rahmen dieser Arbeit als Validierungsobjekt ausgewählt (siehe Kapitel 6). In den folgenden Kapiteln wird daher zunächst die übergeordnete Funktion (Kapitel 2.1.1) und der grundlegende Aufbau (Kapitel 2.1.2) von Elektromotoren erläutert. Nach der anschließenden Klassifikation (Kapitel 2.1.3) nach verschiedenen Arten von Elektromotoren werden die Funktionsweisen ausgewählter Motorenarten beschrieben (Kapitel 2.1.4). Abschließend werden die im Kontext der Elektromobilität derzeit relevanten Motortopologien herausgestellt (Kapitel 2.1.5).

2.1.1 Funktion von Elektromotoren

Die primäre Funktion von Elektromotoren ist die Wandlung von elektrischer Energie (Spannung und Strom) in mechanische Energie (Moment und Drehzahl), die wiederum zur Fortbewegung des Elektrofahrzeugs (kinetische Energie) genutzt wird[64]. Die elektrische Energie wird dabei von der Fahrzeugbatterie bereitgestellt (Eingangsstrom) und

---

63 vgl. Weiß 2017 – Elektrifizierte Fahrzeugantriebsstränge, S. 14f.
64 vgl. Eckstein 2015 – Alternative und elektrifizierte Fahrzeugantriebe, S. 191f.

durch die Leistungselektronik umgewandelt (Ausgangsstrom). Der Ausgangsstrom besitzt somit die für den Betrieb des Elektromotors erforderliche Spannung, Stromstärke und Frequenz.[65] Abbildung 2-1 verdeutlicht die Anordnung sowie das Zusammenspiel der wesentlichen Komponenten des elektrischen Antriebsstrangs anhand einer schematischen Darstellung.

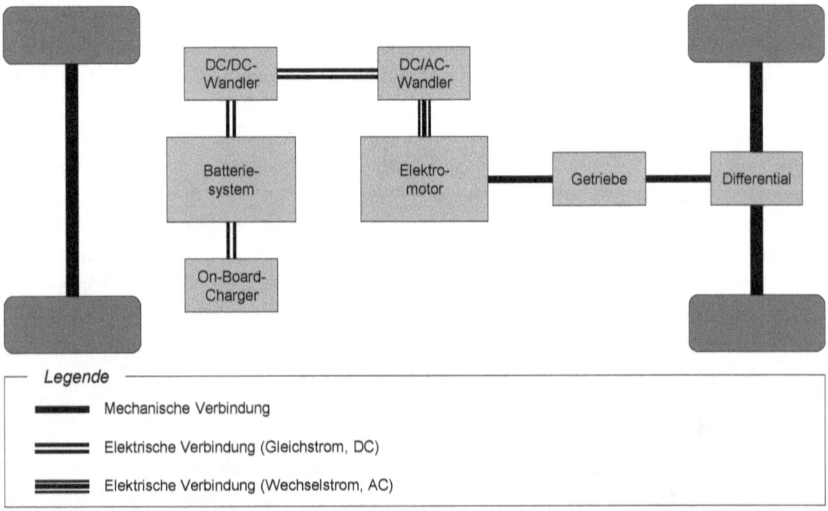

Abbildung 2-1: Schematischer Aufbau eines elektrischen Antriebsstrangs[66]

Verschiedene Arten von Elektromotoren unterscheidet man vorwiegend anhand der Art des elektrischen Stroms (Gleichstrom vs. Wechselstrom) sowie anhand ihres grundlegenden Aufbaus[67], auf den im folgenden Kapitel detailliert eingegangen wird.

---

65 vgl. Kampker 2014 – Elektromobilproduktion, S. 116.
66 i.A.a. Kampker 2014 – Elektromobilproduktion, S. 117.
67 vgl. Kampker 2014 – Elektromobilproduktion, S. 123.

2.1.2 Aufbau von Elektromotoren

Der grundlegende Aufbau von Elektromotoren besteht im Wesentlichen aus zwei Komponenten: dem Rotor (auch: Läufer) und dem Stator (auch: Ständer)[68]. Da die Anordnung dieser beiden Komponenten frei wählbar ist, unterscheidet man elektrische Maschinen in Außen- und Innenläufern[69]. Beim Innenläufer rotiert der Rotor im Inneren des Stators, während sich der Stator beim Außenläufer im Inneren des Rotors befindet. Da sich die Innenläufervariante im Bereich automobiler Traktionsmotoren gegenüber der Außenläufervariante durchgesetzt hat[70], wird die Außenläufervariante im Weiteren nicht näher betrachtet. Abbildung 2-2 zeigt den schematischen Aufbau eines Elektromotors als Innenläufervariante.

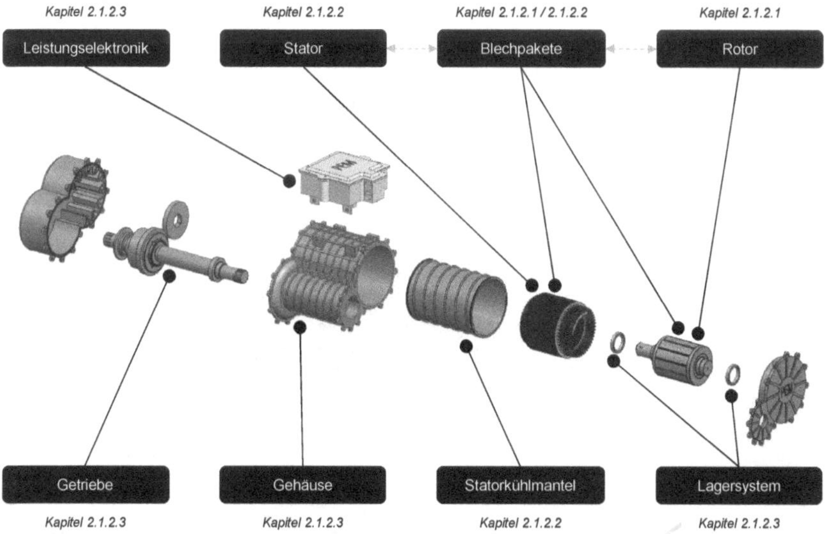

Abbildung 2-2: Schematischer Aufbau eines Elektromotors (Innenläufer)[71]

Wie Abbildung 2-2 zeigt, gibt es neben dem Rotor und dem Stator, die die beiden Kernkomponenten des Elektromotors darstellen, noch weitere Komponenten, durch die der Elektromotor zu einer elektrischen Antriebseinheit für Elektrofahrzeuge wird. Dazu zählen die Leistungselektronik, das Getriebe, das Gehäuse und das Lagersystem. Bevor auf diese Peripheriekomponenten eingegangen wird, werden in den beiden folgenden Kapiteln zunächst die Rotorbaugruppe und die Statorbaugruppe erläutert.

68 vgl. Müller, Ponick 2011 – Grundlagen Elektrischer Maschinen, S. 204.
69 vgl. Müller, Ponick 2011 – Grundlagen Elektrischer Maschinen, S. 209 und S. 649.
70 vgl. Hameyer, Butterweck et al. 2023 – Elektrische Maschinen, S. 167.
71 Eigene Darstellung des PEM der RWTH Aachen.

2.1.2.1 Rotorbaugruppe

Die Hauptkomponente des Rotors besteht aus einem Blechpaket, das sich wiederum aus einzelnen geschichteten Eisenblechen zusammensetzt, die gegeneinander isoliert sind. Der Aufbau sowie die verbauten Subkomponenten des Blechpakets sind dabei abhängig von der zugrundeliegenden Motorenart, auf die in Kapitel 2.1.3 detailliert eingegangen wird. Die zweite Komponente des Rotors ist die Rotorwelle, die im Inneren des Blechpakets in axialer Richtung fixiert ist. Weitere Komponenten, die je nach Bauform zur Rotorbaugruppe zählen, sind Schleifringe und Schleifkontakte (zur Stromübertragung), Wuchtscheiben (zum Auswuchten des Rotors am Ende des Produktionsprozesses), Sicherungsringe (zur axialen Fixierung der Rotorwelle), Passfedern (zur formschlüssigen Verbindung von Rotorwelle und Blechpaket) und Lagersysteme (zur Lagerung der Rotorwelle).[72] Abbildung 2-3 zeigt schematisch die Komponenten einer Rotorbaugruppe sowie deren Zusammensetzung.

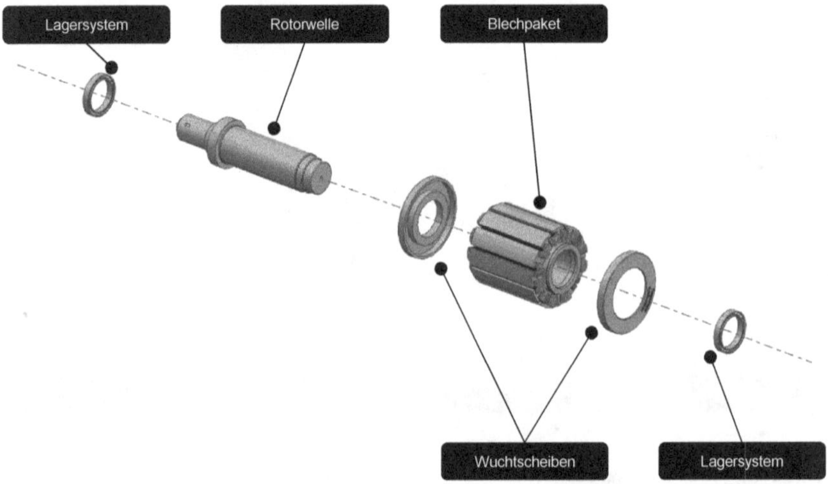

Abbildung 2-3: Komponenten der Rotorbaugruppe (schematisch)[73]

Neben der Rotorbaugruppe (als beweglicher Teil des Elektromotors) stellt die Statorbaugruppe (als feststehender Teil des Elektromotors) die zweite Kernkomponente von Elektromotoren dar, auf deren Aufbau und Komponenten im Folgenden eingegangen wird.

---

72 vgl. Heimes, Kampker et al. 2023 – Produktionsverfahren elektrischer Maschinen, S. 293ff.

73 Eigene Darstellung des PEM der RWTH Aachen.

2.1.2.2 Statorbaugruppe

Der Stator besteht – analog zum Rotor – aus einem Blechpaket, in dessen axialer Richtung durchgängige Nuten eingelassen sind, in denen die Spulen positioniert sind. Die Spulen können dabei (je nach Bauform des Elektromotors, siehe Kapitel 2.1.3) als Wicklungen oder als Flachdrähte ausgeführt sein, die in der Regel aus Kupfer als elektrisch leitfähigem Material bestehen. Weitere Komponenten der Statorbaugruppe sind die Nutisolation (zur Trennung von Spule und Blechpaket und somit zur Verhinderung von elektrischen Überschlägen) und die Verschaltelemente (als Bindeglied zur Leistungselektronik).[74] Abbildung 2-4 zeigt schematisch die Komponenten einer Statorbaugruppe sowie deren Zusammensetzung.

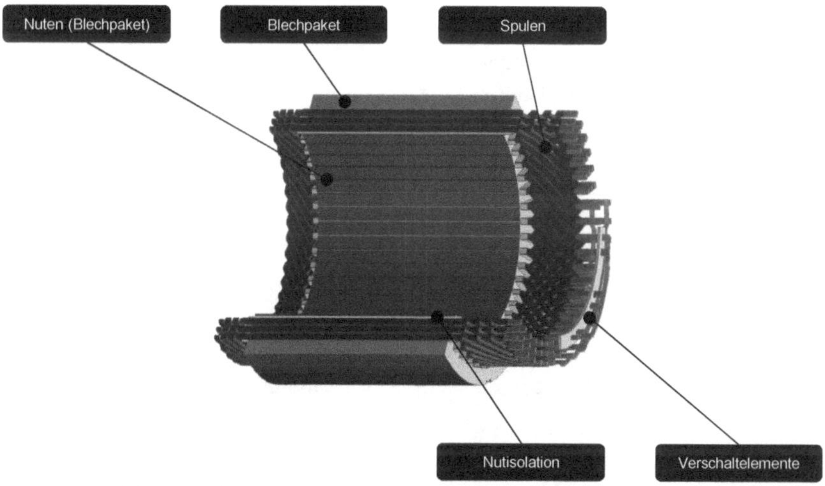

Abbildung 2-4: Komponenten der Statorbaugruppe (schematisch)[75]

Die in der Abbildung exemplarisch gezeigte Motorenart nutzt dabei Flachdrähte als Spulen, die in axialer Richtung in das Blechpaket gesteckt werden. Bevor auf diese Motortechnologie in Kapitel 2.1.5 detaillierter eingegangen wird, werden im folgenden Kapitel die Peripheriekomponenten von Elektromotoren jeweils kurz beschrieben.

---

[74] vgl. Heimes, Kampker et al. 2023 – Produktionsverfahren elektrischer Maschinen, S. 297ff.

[75] Eigene Darstellung i.A.a. Heimes, Kampker et al. 2023 – Produktionsverfahren elektrischer Maschinen, S. 298.

2.1.2.3 Peripheriekomponenten

Neben dem Rotor und dem Stator existieren verschiedene Peripheriekomponenten, durch die der Elektromotor zur elektrischen Antriebseinheit für Elektrofahrzeuge komplettiert wird. Zu diesen Komponenten zählen die Leistungselektronik, das Getriebe, das Gehäuse und das Lagersystem.[76]

Die primäre Aufgabe der **Leistungselektronik** besteht in der Wandlung der von der Batterie in Form von Gleichstrom bereitgestellten Energie in für bestimmte Elektromotoren erforderlichen Wechselstrom (vgl. Abbildung 2-5). Weitere Funktionen sind die Glättung der innerhalb des elektrischen Antriebsstrangs auftretenden Spannungsspitzen sowie die interne Kommunikation mit der Fahrzeugsteuerung.[77]

Die Hauptaufgabe des **Getriebes** besteht in der Drehmoment- bzw. Drehzahlwandlung während des Betriebs des Elektromotors. Ein Elektromotor ist in der Regel in der Lage, den gesamten Drehzahlbereich ohne den Einsatz eines Schaltgetriebes abzudecken. Jedoch besitzt jeder Elektromotor ein spezifisches Drehmoment-Drehzahl-Kennfeld, in dem alle potenziellen Betriebspunkte vorhanden sind, deren Wirkungsgrade sich stark unterscheiden.[78] Durch die Zwischenschaltung eines Getriebes kann die Effizienz des Elektromotors somit deutlich gesteigert werden, wobei der höchste Wirkungsgrad i.d.R. im mittleren Drehmoment-Drehzahl-Bereich auftritt[79].

Das **Gehäuse** als dritte Peripheriekomponente des Elektromotors dient vorwiegend als Träger mechanischer Befestigungselemente und wird zugleich für die Kühlung des Stators genutzt (bspw. in Form einer Mantelkühlung[80], vgl. Abbildung 2-2). Darüber hinaus schützt das Gehäuse den Elektromotor vor äußeren Einflüssen wie Verunreinigungen und Vibrationen.[81]

Die Aufgabe des **Lagersystems** in elektrischen Maschinen besteht in der Aufnahme der während des Betriebs entstehenden, nicht drehmomentbildenden Kräfte. Dabei ist es enorm wichtig, dass Rotor und Stator zueinander exakt zentrisch positioniert sind, um einen möglichst kleinen und konstanten Luftspalt zwischen den beiden Komponenten zu bilden. Für moderne Elektromotoren mit teilweise sehr hohen Leistungsdichten, die als Traktionsantrieb in Elektrofahrzeugen genutzt werden, ist die Einhaltung der Anforderungen bzgl. des Luftspalts essenziell. In Traktionsmotoren werden dabei aus Gründen der Wirtschaftlichkeit, Sicherheit und Großserieneignung vorrangig Wälzlager verbaut.[82]

---

76 vgl. Heimes, Kampker et al. 2023 – Produktionsverfahren elektrischer Maschinen, S. 308ff.

77 vgl. De Doncker, Fritz et al. 2023 – Leistungselektronik, S. 187ff.

78 vgl. Naunheimer, Bertsche et al. 2019 – Fahrzeuggetriebe, S. 83f.

79 vgl. Naunheimer, Bertsche et al. 2019 – Fahrzeuggetriebe, S. 86.

80 vgl. Epskamp 2020 – Traktionsantriebe, S. 126f.

81 vgl. Epskamp 2020 – Traktionsantriebe, S. 123ff.

82 vgl. Hameyer, Butterweck et al. 2023 – Elektrische Maschinen, S. 182.

2.1.3 Klassifikation von Elektromotoren

Der erläuterte Aufbau von Elektromotoren (Rotor, Stator und Peripheriekomponenten) gilt grundsätzlich für alle konventionellen Elektromotoren, die als Traktionsantrieb in Elektrofahrzeugen eingesetzt werden. Da sich diese jedoch im Detail unterscheiden, existieren verschiedene Bauarten mit unterschiedlicher automotiver Relevanz. Abbildung 2-5 gibt einen Überblick über die entsprechende Klassifikation.

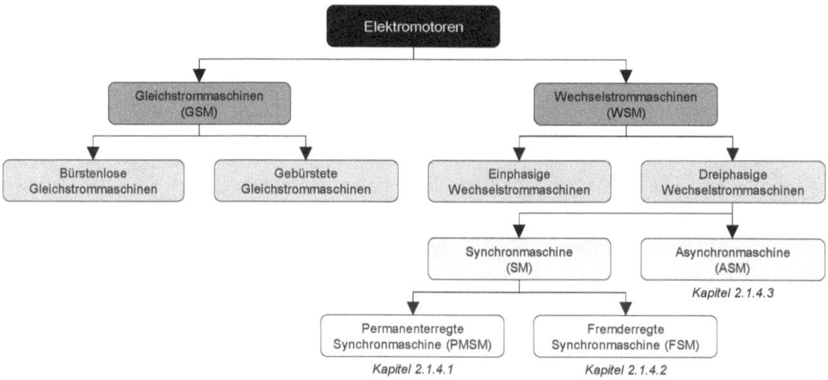

Abbildung 2-5: Klassifikation von Elektromotoren (Auszug)[83]

Aufgrund ihrer einfachen Steuerbarkeit und ihrer guten Drehzahl-Drehmoment-Charakteristik haben sich die Gleichstrommaschinen (GSM) im Bereich der Elektromotoren für mobile Anwendungen zunächst gegenüber den Wechselstrommaschinen (WSM) und anderen Sonderbauformen durchgesetzt. GSM besitzen einen einfachen Aufbau und können den von der Fahrzeugbatterie bereitgestellten Strom unmittelbar nutzen.[84] Bei WSM wird das rotierende Magnetfeld im Vergleich zu Gleichstrommaschinen nicht durch Umschaltung des Spulenstroms erzeugt. Vielmehr wird die existierende Rotation des Drehstroms bei der Stromversorgung der Statorspulen ausgenutzt.[85,86] Des Weiteren lassen sich WSM in ein- und dreiphasige Maschinen unterteilen, wobei die dreiphasigen WSM wiederum in Asynchronmaschinen (ASM) und Synchronmaschinen (SM) gegliedert werden können. Im Bereich der Synchronmaschinen wird weitergehend zwischen permanenterregten Synchronmaschinen (PMSM) und fremderregten Synchronmaschinen (FSM) differenziert.[87,88]

---

83 i.A.a. Tong 2022 – Design and Manufacturing of Electric Motors, S. 35.
84 vgl. Karle 2021 – Elektromobilität, S. 53.
85 vgl. Karle 2021 – Elektromobilität, S. 55.
86 Anmerkung: Die WSM gewannen erst durch Fortschritte in der für diese Motorenart erforderliche Leistungselektronik an Bedeutung und sind heutzutage aufgrund ihres besseren Wirkungsgrads sowie ihrer höheren Leistungsdichte der Standard für Traktionsanwendungen im Automobilbereich.
87 vgl. Karle 2021 – Elektromobilität, S. 53ff.
88 vgl. Binder 2017 – Elektrische Maschinen und Antriebe, S. 5ff.

2.1.4 Funktionsweise von Elektromotoren

Nachdem in den vorangegangenen Kapiteln der grundlegende Aufbau dargestellt sowie die Klassifikation von Elektromotoren vorgenommen worden ist, wird nun das Zusammenspiel der Komponenten und damit die Funktionsweise von Elektromotoren erläutert. Da sich die Funktionsweisen je nach Motorbauweise mitunter stark voneinander unterscheiden, werden die Funktionsweisen der im vorigen Kapitel eingeführten PMSM, FSM und ASM in den folgenden Unterkapiteln separat voneinander betrachtet.

2.1.4.1 Permanenterregte Synchronmaschine

Bei permanenterregten Synchronmaschinen sind im Rotor leistungsfähige Permanentmagnete untergebracht, die sich i.d.R. aus einer Legierung aus Neodym, Eisen und Bor zusammensetzen und daher u.a. seltene Erden beinhalten. Die Magnete, die entweder in das Blechpaket eingelassen sind (vergrabene Magnete) oder auf dessen Oberfläche befestigt sind (Oberflächenmagnete), erzeugen dabei ein natürliches Magnetfeld um den Rotor. Das Drehfeld, das für die Rotation des Rotors notwendig ist, wird durch Spulen in den Nuten des Stators realisiert, die mit Wechselstrom (mit den Phasen u, v, w) versorgt werden. Auf diese Weise dreht sich der Rotor synchron mit dem rotierenden Magnetfeld des Stators.[89] Abbildung 2-6 zeigt eine Prinzipdarstellung der Funktionsweise einer PMSM inkl. Bezeichnung der einzelnen Subkomponenten.

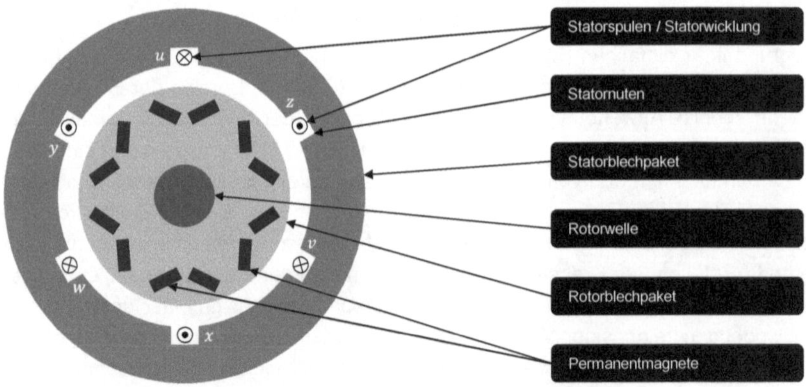

Abbildung 2-6: Funktionsweise einer PMSM (Prinzipdarstellung)[90]

Die Dauermagnete ermöglichen sowohl eine hohe Leistungsdichte (durch die kompakte Bauweise) als auch einen hohen Wirkungsgrad (auch bei Rekuperationsvorgängen).[91] Demgegenüber stehen vergleichsweise hohe Kosten des Gesamtsystems.[92]

89 vgl. Binder 2017 – Elektrische Maschinen und Antriebe, S. 603ff.

90 i.A.a. Hameyer, Butterweck et al. 2023 – Elektrische Maschinen, S. 167.

91 vgl. Karle 2021 – Elektromobilität, S. 56f.

92 vgl. Kampker 2014 – Elektromobilproduktion, S. 134.

2.1.4.2 Fremderregte Synchronmaschine

Bei fremderregten Synchronmaschinen[93] wird das Magnetfeld im Rotor nicht durch Permanentmagnete erzeugt, sondern elektromagnetisch. Dies geschieht, indem die Spulen im rotierenden Rotor über Schleifkontakte mit Strom versorgt werden.[94] Analog zur Funktionsweise der permanenterregten Synchronmaschine wird das Drehfeld des Stators durch Spulen in den Nuten des Stators erzeugt, die ebenfalls mit Wechselstrom versorgt werden. Da sich der Rotor ebenfalls synchron mit dem rotierenden Magnetfeld des Stators bewegt, tritt auch bei dieser Bauweise kein Schlupf[95] auf. Abbildung 2-7 zeigt eine Prinzipdarstellung der Funktionsweise einer FSM inkl. Bezeichnung der einzelnen Subkomponenten.

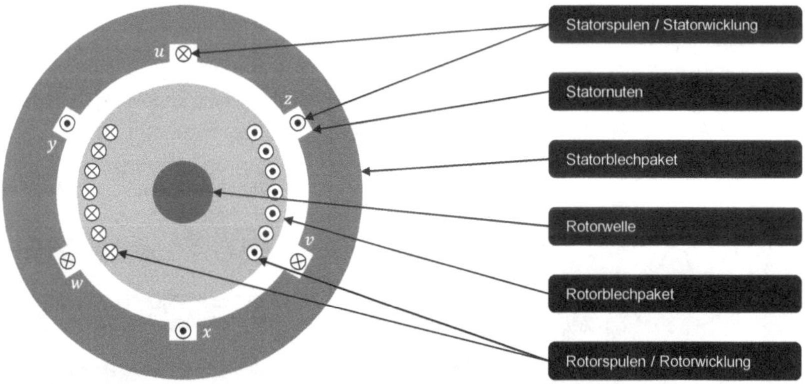

Abbildung 2-7: Funktionsweise einer FSM (Prinzipdarstellung)[96,97]

Durch die Verwendung der Schleifkontakte unterliegen fremderregte Synchronmaschinen einem kontinuierlichen Verschleiß, der gegenüber den verschleißfreien permanenterregten Synchronmaschinen den größten Nachteil darstellt. Durch den Wegfall der teuren Permanentmagnete sind die Kosten des Gesamtsystem im Vergleich zur PMSM in der Regel geringer.[98]

---

[93] auch: stromerregte Synchronmaschinen
[94] vgl. Karle 2021 – Elektromobilität, S. 57.
[95] Schlupf: Drehzahldifferenz zwischen dem Statordrehfeld und der Rotordrehzahl
[96] i.A.a. Hameyer, Butterweck et al. 2023 – Elektrische Maschinen, S. 167.
[97] i.A.a. Spring 2009 – Elektrische Maschinen, S. 26.
[98] vgl. Karle 2021 – Elektromobilität, S. 56f.

2.1.4.3 Asynchronmaschine

Bei ASM existieren grundsätzlich zwei verschiedene Ausführungen für den Rotor, der Schleifringläufer und der Kurzschlussläufer, wobei der Statoraufbau davon unabhängig ist[99]. Schleifringläufer werden primär in Leistungsbereichen eingesetzt, die den Leistungsbereich von Elektrofahrzeugen deutlich übersteigen[100]. Kurzschlussläufer bestehen aus Aluminium- oder Kupferstäben (Kurzschlussstäbe), die an ihren Enden mit Kurzschlussringen miteinander kontaktiert sind und damit den Kurzschlusskäfig darstellen. Das Statormagnetfeld, das analog zu den Synchronmaschinen durch die Bereitstellung von Wechselstrom erzeugt wird, induziert durch seine Bewegung eine Spannung in den stromleitenden Stäben des Rotors.[101] Auf diese Weise erfolgt in allen Stäben des Kurzschlusskäfigs ein Stromfluss, durch den wiederum tangentiale Kräfte auf die Stäbe selbst entstehen und ein Rotordrehmoment erzeugt wird[102]. Die relative Geschwindigkeit zwischen der Stator- und Rotordrehzahl (Schlupf) ist für die Drehmomentübertragung erforderlich[103]. Abbildung 2-8 zeigt eine Prinzipdarstellung der Funktionsweise einer ASM inkl. Bezeichnung der einzelnen Subkomponenten.

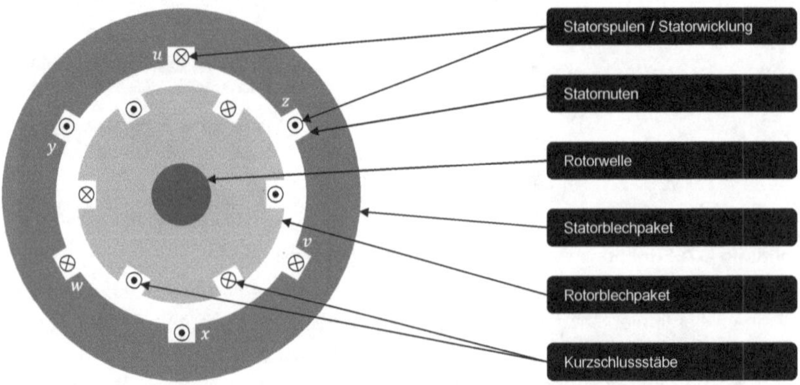

Abbildung 2-8: Funktionsweise einer ASM (Prinzipdarstellung)[104,105]

Der Wirkungsgrad von Asynchronmaschinen ist im Vergleich zu den beiden Varianten der Synchronmaschinen (PMSM und FSM) insbesondere im niedrigen Drehzahlbereich geringer, dafür sind jedoch auch die Gesamtkosten vergleichsweise niedriger. Da bei der Kurzschlussläufervariante analog zur PMSM keine Schleifkontakte erforderlich sind, gilt auch diese Bauweise als nahezu verschleißfrei.[106]

---

99 vgl. Kampker 2014 – Elektromobilproduktion, S. 124.
100 vgl. VDE 2010 – Elektrofahrzeuge, S. 59.
101 vgl. Kampker 2014 – Elektromobilproduktion, S. 124f.
102 vgl. Schröder 2017 – Elektrische Antriebe, S. 271.
103 vgl. Kampker 2014 – Elektromobilproduktion, S. 125.
104 i.A.a. Karle 2021 – Elektromobilität, S. 58.
105 i.A.a. Hameyer, Butterweck et al. 2023 – Elektrische Maschinen, S. 167.
106 vgl. Karle 2021 – Elektromobilität, S. 58.

2.1.5 Relevante Topologien für elektrische Traktionsantriebe

Wie in den vorigen Kapiteln beschrieben haben sich in den vergangenen Jahren verschiedene Motortopologien als Traktionsantriebe durchgesetzt, die je nach Einsatzbereich Anwendung finden. Eine der relevantesten Arten ist dabei die sogenannte Hairpin[107]-Technologie, die die zugrundeliegende Bauweise des Stators (siehe Kapitel 2.1.2.2) bestimmt. Der wesentliche Unterschied zwischen Hairpin-Statoren und herkömmlichen Statoren besteht in dem Aufbau der Spulen in den Statornuten. Konventionelle Statoren nutzen hierfür Runddraht (Spulenwicklung), während in Hairpin-Statoren rechteckiger Flachdraht (Steckspulen) eingesetzt wird (vgl. Abbildung 2-9).

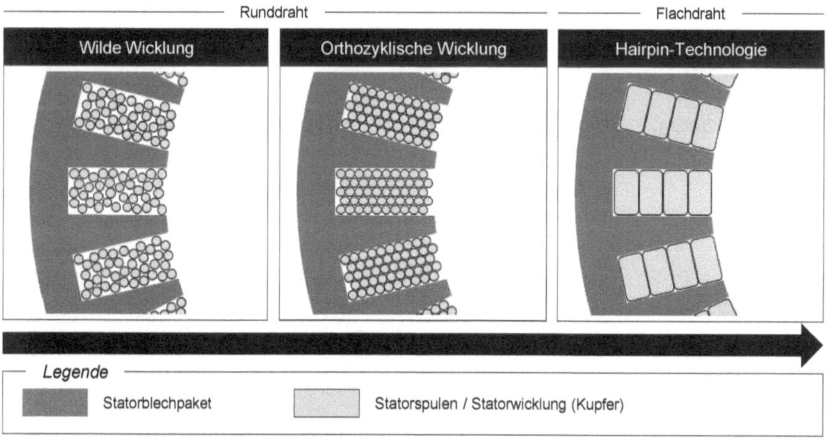

Abbildung 2-9: Vergleich zwischen Runddraht und Flachdraht

Die Hairpin-Technologie hat sich in den vergangenen Jahren aufgrund produkt- sowie prozessseitiger Vorteile als dominante Topologie für elektrische Traktionsantriebe in der Automobilindustrie etabliert. Auf Produktseite bestehen die wesentlichen Vorteile in verbesserten Drehzahl-Drehmoment-Verhalten sowie in höheren Füllfaktoren. Durch den rechteckigen Querschnitt der Hairpins erreichen Hairpin-Statoren elektrische Nutfüllfaktoren von bis zu 73% und liegen dadurch deutlich über den Füllfaktoren konventionell gewickelter Statoren mit Runddraht (bis zu 50%)[108]. Auf Prozessseite bestehen die Vorteile der Hairpin-Technologie in deterministischen Montageprozessen (im Vergleich zu stochastischen Wickelprozessen bei konventionellen Statoren) und einem damit einhergehenden erhöhten Automatisierungspotenzial[109] sowie einer erhöhten Wiederholbarkeit[110].

---

[107] Hairpin: die Hairpin-Geometrie ähnelt der Form einer Haarnadel (engl. Hairpin)
[108] vgl. Kampker, Heimes et al. 2020 – Produktionsprozess eines Hairpin-Stators, S. 1.
[109] vgl. Kampker, Heimes et al. 2020 – Produktionsprozess eines Hairpin-Stators, S. 2.
[110] vgl. Fleischer, Hausmann et al. 2020 – Produktion elektrischer Traktionsmotoren, S. 13.

2.1.6 Zwischenfazit

Elektromotoren, die als Traktionsantrieb in Elektrofahrzeugen eingesetzt werden, bestehen üblicherweise aus den beiden Kernkomponenten der Rotor- und Statorbaugruppe sowie aus Peripheriekomponenten, zu denen die Leistungselektronik, das Getriebe, das Gehäuse und das Lagersystem zählen. Unter der Vielzahl an möglichen Bauformen von Elektromotoren haben sich im automobilen Umfeld insbesondere dreiphasige Wechselstrommaschinen durchgesetzt, zu denen die permanenterregten Synchronmaschinen, die fremderregten Synchronmaschinen und die Asynchronmaschinen zählen. Im Bereich des Stators haben sich in den vergangenen Jahren insbesondere Hairpin-Statoren etabliert. Aufgrund ihres hohen Neuheitsgrads ist die Hairpin-Technologie in der Automobilproduktion dabei als disruptive Technologie einzuordnen[111]. Neben einer Reihe von produktseitigen Vorteilen bestehen aus Produktionssicht die aktuellen Herausforderungen darin, neu erforderliche Produktionsschritte sowohl variantenflexibel als auch prozessstabil auszulegen. Um diese Herausforderungen zu konkretisieren und darauf aufbauend geeignete Lösungsansätze abzuleiten, werden in den folgenden Kapiteln die Produktionsprozesse von Elektromotoren mit Fokus auf die Hairpin-Technologie erläutert.

---

111 vgl. Kampker, Kawollek et al. 2020 – Hairpin Stator Production, S. 1.

2.2 Produktionsprozesse von Elektromotoren

In den folgenden Kapiteln werden zunächst die Prozessketten der Elektromotorenproduktion aufgezeigt (Kapitel 2.2.1), wobei zwischen den Komponenten, den Baugruppen und der Endmontage unterschieden wird. Auf dieser Grundlage werden im Anschluss die Fertigungsprozesse des Hairpin-Stators beschrieben (Kapitel 2.2.2).

2.2.1 Prozessketten der Elektromotorenproduktion

Im Folgenden wird zunächst die generische Prozesskette der Elektromotorenproduktion übersichtlich dargestellt. In Abhängigkeit der betrachteten Klassifikation sowie Funktionsweise des Elektromotors können über die gezeigten Prozessschritte (PS) hinaus auch weitere erforderlich sein oder vereinzelte Teilprozesse auch wegfallen. Abbildung 2-10 zeigt die Prozesskette der Elektromotorenproduktion, wobei die Materialproduktion[112] für die einzelnen Komponenten und Baugruppen hier unberücksichtigt bleibt.

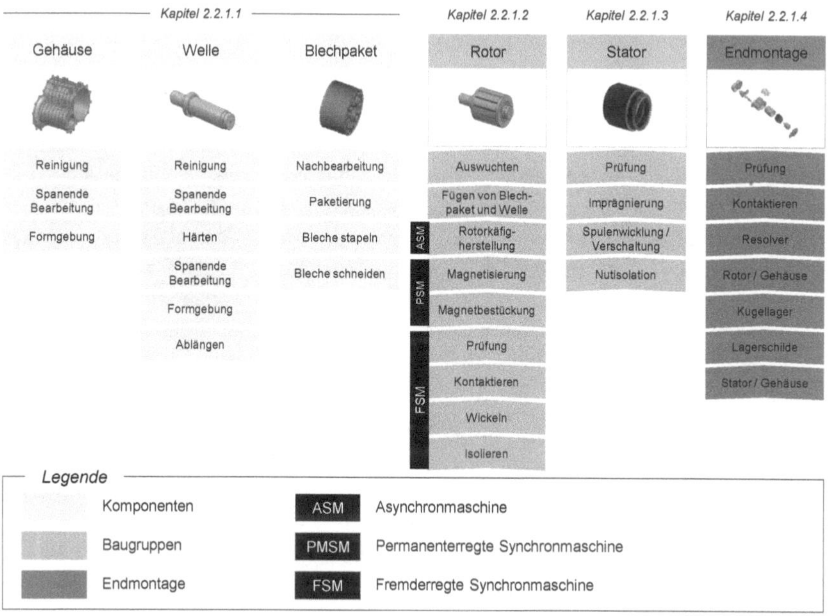

Abbildung 2-10: Generische Prozesskette der Elektromotorenproduktion[113]

Die folgenden Unterkapitel dienen nun der Erläuterung der generischen Produktionsprozesse der Komponenten (Gehäuse, Welle und Blechpaket), der Baugruppen (Rotor

---

[112] z.B. Elektroblech, Kupferdraht, Permanentmagnete, Nutpapier, Imprägnierharz, etc.

[113] Eigene Darstellung i.A.a. Kampker 2014 – Elektromobilproduktion, S. 136.

und Stator) sowie der Endmontage. Die Struktur der Unterkapitel orientiert sich dabei an der Darstellungsweise von Abbildung 2-10.

2.2.1.1 Komponenten

Die Gehäuse von Elektromotoren sind klassischerweise Aluminiumbauteile, deren Grundform in der Regel durch Druckgussverfahren hergestellt wird. Durch die anschließende spanende Bearbeitung (z.B. Drehen, Bohren, Fräsen) wird die finale Form der Gehäuse erreicht.[114] Die abschließende Reinigung der Gehäuse dient der Entfernung von während der spanenden Bearbeitung entstandenen Spänen und anderen Verschmutzungen.

Im Rahmen der Produktion der Rotorwelle wird diese zunächst vom Stangenmaterial abgelängt und einem Formgebungsprozess unterzogen. Im Anschluss wird durch spanende Bearbeitungsprozesse (z.B. Drehen) in Kombination mit umformenden Fertigungsverfahren die finale Geometrie der Welle erzeugt[115]. Die anschließende Einsatzhärtung (bestehend aus den Prozessschritten Aufkohlen, Härten und Anlassen) dient der Verbesserung der mechanischen Eigenschaften, bevor die Welle erneut spanend bearbeitet wird (z.B. Schleifen), um etwa die Oberflächengüte zu erhöhen. Analog zur Gehäuseproduktion wird die Rotorwelle vor ihrer Weiterverarbeitung abschließend gereinigt.[116]

Im Rahmen der Blechpaketherstellung werden zunächst die einzelnen zueinander isolierten Blechlamellen[117], aus denen sich das finale Blechpaket zusammensetzt, aus dem Rohmaterialband ausgeschnitten.[118] Nach dem Stapeln der einzelnen Lamellen in axialer Richtung werden diese im Zuge des Prozessschrittes der Paketierung kraftschlüssig (z.B. anhand von Durchsetzungen mit dem vorangegangenen Blech) oder stoffschlüssig (z.B. durch Verschweißen oder Verkleben) miteinander verbunden. Abschließend werden die paketierten Blechpakete je nach gewählter Fertigungsalternative mechanisch nachbearbeitet.[119] Das beschriebene Herstellverfahren wird dabei sowohl für die Fertigung der Statorblechpakete als auch für die Rotorblechpakete eingesetzt.

Nach der abgeschlossenen Herstellung der Komponenten (vgl. Abbildung 2-10) werden in den folgenden Kapiteln nun die Produktionsprozesse der Rotor- und Statorbaugruppe beschrieben, da diesen im weiteren Verlauf der vorliegenden Arbeit (insb. Kapitel 6) eine besondere Bedeutung zukommt.

---

[114] vgl. Fleischer, Hausmann et al. 2020 – Produktion elektrischer Traktionsmotoren, S. 10.
[115] vgl. Fleischer, Hausmann et al. 2020 – Produktion elektrischer Traktionsmotoren, S. 9.
[116] vgl. Heimes, Kampker et al. 2023 – Produktionsverfahren elektrischer Maschinen, S. 293ff.
[117] Exemplarische Standarddicken der Blechlamellen: 0,35mm / 0,50mm
[118] vgl. Fleischer, Hausmann et al. 2020 – Produktion elektrischer Traktionsmotoren, S. 7.
[119] vgl. Heimes, Kampker et al. 2023 – Produktionsverfahren elektrischer Maschinen, S. 290ff.

2.2.1.2 Rotorbaugruppe

Da sich die zugrundeliegenden Technologieketten (TK) der Rotorproduktion je nach betrachteter Funktionsweise (PMSM, FSM oder ASM) stark voneinander unterscheiden[120], werden diese im Folgenden separat voneinander erläutert (vgl. Abbildung 2-10).

Bei der Herstellung von PMSM-Rotoren wird grundsätzlich zwischen zwei verschiedenen Prozessabfolgen der beiden Prozessschritte „Magnetbestückung" und „Magnetisierung" unterschieden, da die Magnetisierung der Permanentmagnete sowohl vor als auch nach ihrer Montage in das Rotorblechpaket vorgenommen werden kann. Bei einer Magnetisierung vor der Montage wird die Komplexität des anschließenden Montageprozesses hinsichtlich Handling und Automatisierung erhöht. Geschieht die Magnetisierung erst nach der Magnetbestückung, erhöht sich sowohl die Komplexität des erforderlichen Aufbaus zur Magnetisierung als auch die Anzahl der notwendigen Wiederholungen des Magnetisierungsprozesses. Unabhängig von der gewählten Prozessreihenfolge werden die magnetisierten oder unmagnetisierten Magnete in die Nuten des Rotorblechpakets assembliert oder durch eine Bandagierung außen am Blechpaket fixiert (vgl. Kapitel 2.1.4.1).[121]

Die Fertigung der FSM beginnt mit der Isolierung der Pole, die die im anschließenden Prozessschritt gewickelten Spulen aufnehmen. Zur Herstellung dieser Spulen stehen verschiedene Wickeltechnologien zur Auswahl, die ebenfalls im Rahmen der Statorproduktion Anwendung finden und daher im folgenden Kapitel 2.2.1.3 detaillierter beschrieben werden. Im Anschluss an die Herstellung der Spulen werden diese mit einem Schleifring kontaktiert, der zuvor innerhalb des Rotors montiert wird. Im Zuge einer abschließenden Prüfung wird durch eine testweise Bestromung oder induktive Verfahren die grundsätzliche Funktionstüchtigkeit des FSM-Rotors sichergestellt, indem insbesondere Isolations- und Drahtbeschädigungen ausgeschlossen werden (vgl. Kapitel 2.1.4.2).[122]

Die Fertigung von ASM-Rotoren beschränkt sich lediglich auf den Prozessschritt der Rotorkäfigherstellung, wobei zwischen Druckgussverfahren und Fügeprozessen unterschieden wird. Im Rahmen des Druckgussverfahrens wird flüssiges Metall (Aluminium oder Kupfer) in das Gusswerkzeug eingespritzt, in das zuvor das Blechpaket des Rotors integriert worden ist. Nachdem das Metall im Gusswerkzeugraum abgekühlt und schließlich erstarrt ist, wird der auf diese Weise hergestellte Rotorkäfig nachbearbeitet, indem bspw. Lunker entfernt werden. Im Rahmen der zweiten Fertigungsalternative werden vorgegossene Metallstäbe und -ringe (ebenfalls Aluminium oder Kupfer)

---

120 vgl. Heimes, Kampker et al. 2023 – Produktionsverfahren elektrischer Maschinen, S. 293.
121 vgl. Heimes, Kampker et al. 2023 – Produktionsverfahren elektrischer Maschinen, S. 295f.
122 vgl. Heimes, Kampker et al. 2023 – Produktionsverfahren elektrischer Maschinen, S. 295.

zunächst zusammengesteckt und anschließend mittels Schweißens oder Lötens stoffschlüssig miteinander verbunden, wodurch die finale Form des Rotorkäfigs entsteht (vgl. Kapitel 2.1.4.3).[123]

Nach abgeschlossener Herstellung des Rotorblechpakets sowie der Rotorwelle (siehe Kapitel 2.2.1.1) werden diese miteinander gefügt. Das Fügen geschieht dabei durch eine konventionelle Welle-Nabe-Verbindung (WNV), wobei grundsätzlich form-, kraft- sowie stoffschlüssige Verbindungen eingesetzt werden. In automobilen Anwendungen dominieren derzeit kraftschlüssige WNV aufgrund weniger erforderlicher Übertragungselemente (z.B. Passfedern) sowie weniger erforderliche Bearbeitungsprozesse während der Wellenherstellung.[124] Im Rahmen der kraftschlüssigen WNV stehen weiterhin zwei verschiedene thermische Fügeprozesse zur Auswahl. Beim Eindehnen wird die Rotorwelle zunächst durch starkes Herunterkühlen (in der Regel durch den Einsatz von Stickstoff) geschrumpft und anschließend in axialer Richtung in das Blechpaket gefügt. Beim Aufschrumpfen hingegen wird das Blechpaket zunächst erwärmt (in der Regel durch Induktion oder im Ofen), wodurch es sich in radialer Richtung ausdehnt und auf diese Weise kraftlos mit der Welle gefügt werden kann. Bei beiden Fügeprozessen, die weiterhin miteinander kombiniert werden können, werden die beiden Komponenten durch den anschließenden Temperaturausgleich kraftschlüssig miteinander verbunden.[125]

Im Anschluss an den Fügeprozess wird der Rotor ausgewuchtet, um sowohl Materialinhomogenitäten als auch Fertigungsabweichungen zu kompensieren. Die Kompensation ist erforderlich, um die vorgeschriebene Wuchtgüte[126] zu erreichen und somit Vibrationen während des Betriebs des Motors zu reduzieren.[127] Für den Masseausgleich während des Auswuchtprozesses stehen grundsätzlich zwei alternative Verfahren zur Auswahl. Beim additiven Wuchten wird dem Rotor durch einen Materialauftrag (z.B. durch Auftragsschweißen) an definierten Punkten Masse hinzugefügt. Beim subtraktiven Wuchten hingegen wird dem Rotor an definierten Punkten Masse entnommen (z.B. durch Bohrungen in den am Rotor befestigten Wuchtscheiben).[128] Der Auswuchtvorgang stellt dabei den letzten Prozessschritt der Rotorproduktion dar.

123 vgl. Heimes, Kampker et al. 2023 – Produktionsverfahren elektrischer Maschinen, S. 297.
124 vgl. Fleischer, Hausmann et al. 2020 – Produktion elektrischer Traktionsmotoren, S. 17.
125 vgl. Heimes, Kampker et al. 2023 – Produktionsverfahren elektrischer Maschinen, S. 294f.
126 Beispiel für Güteklasse: G2,5
127 vgl. Fleischer, Hausmann et al. 2020 – Produktion elektrischer Traktionsmotoren, S. 18.
128 vgl. Heimes, Kampker et al. 2023 – Produktionsverfahren elektrischer Maschinen, S. 294f.

2.2.1.3 Statorbaugruppe

Die Statorproduktion setzt unmittelbar an der abgeschlossenen Herstellung des Statorblechpakets (siehe Kapitel 2.2.1.1) an. In einem ersten Schritt werden die in das Statorblechpaket eingebrachten Nuten isoliert, um die im folgenden Schritt montierten Spulenwicklungen vom Blechpaket elektrisch zu trennen. Die Nutisolation dient darüber hinaus dem mechanischen Schutz der Spulen gegenüber scharfen Kanten des Blechpakets.[129] Für die Nutisolation stehen grundsätzlich drei verschiedene Verfahren zur Verfügung: die Papierisolation, Kunststoffformteile sowie Dünnwandspritzguss. Bei der ersten Variante wird papierähnliches Material der Nutgeometrie entsprechend gefalzt und gefaltet, bevor es im Anschluss mittels Luftdrucks in axialer Richtung in die Nuten des Blechpakets eingeschossen wird. Bei der zweiten Variante werden Kunststoffformteile entweder vorher bewickelt und anschließend montiert oder direkt auf das Blechpaket appliziert. Bei der dritten Variante wird Kunststoff direkt in die Nuten des Blechpakets eingespritzt, wobei im Anschluss überflüssige Masse abgeschabt wird, um eine dünne und homogene Isolationsschicht zu erreichen.[130]

Im Anschluss an die Nutisolation werden die Spulen oder auch Wicklungen (vgl. Kapitel 2.1.2.2) hergestellt, die im Nachgang in die Statornuten eingebracht werden. Dabei wird zwischen zwei verschiedenen Spulen- bzw. Wicklungsarten unterschieden.

Die Wicklungsherstellung mit Runddraht wird weiterhin in direkte und indirekte Verfahren eingeteilt. Zu den direkten Wickelverfahren zählen dabei das Linearwickeln, das Flyerwickeln und das Nadelwickeln, bei denen die grundlegende Funktionsweise ähnlich ist. Der Runddraht wird zunächst am Spulenkörper befestigt und anschließend durch eine Düse auf denselben gewickelt. Bei der Einziehtechnik, die derzeit die einzige serientaugliche, indirekte Wickeltechnik darstellt, wird die Spule, die zuvor durch ein direktes Verfahren hergestellt worden ist, durch ein Werkzeug auf den Spulenkörper übertragen.[131,132,133]

Die Wicklungsherstellung mit Flachdraht, die sich in den vergangenen Jahren gegenüber der klassischen Wickeltechnik im automobilen Traktionsbereich durchgesetzt hat[134], wird weiterhin in die Hairpin-Technologie (siehe Kapitel 2.1.5) und die Continuous Hairpin-Technologie[135] unterteilt.[136] Im Gegensatz zur Wicklungsherstellung mit Runddraht werden hier massive Kupferflachdrähte als Spulen genutzt, wodurch ein höherer Kupferfüllgrad in den Statornuten erreicht wird. Bei der Hairpin-Technologie werden die einzelnen Flachdrähte axial in die elektrisch isolierten Nuten des Stators

129 vgl. Fleischer, Hausmann et al. 2020 – Produktion elektrischer Traktionsmotoren, S. 11.
130 vgl. Heimes, Kampker et al. 2023 – Produktionsverfahren elektrischer Maschinen, S. 306ff.
131 vgl. Fleischer, Hausmann et al. 2020 – Produktion elektrischer Traktionsmotoren, S. 12.
132 vgl. Hagedorn, Sell-Le Blanc et al. 2016 – Handbuch der Wickeltechnik, S. 172ff.
133 vgl. Fleischer, Haag et al. 2017 – Quo Vadis Wickeltechnik?, S. 13ff.
134 vgl. Kampker, Heimes et al. 2020 – Produktionsprozess eines Hairpin-Stators, S. 1.
135 Continuous Hairpin: kontinuierliche Wellenwicklung
136 vgl. Fleischer, Hausmann et al. 2020 – Produktion elektrischer Traktionsmotoren, S. 13.

gesteckt, während bei der Continuous Hairpin-Technologie die Wellenwicklung radial in die Statornuten eingebracht wird[137]. Nachdem die Wicklungen in das Blechpaket assembliert wurden, werden diese (dem zugrundeliegenden Schaltschema des Stators entsprechend) miteinander elektrisch verbunden und damit verschaltet[138].

Nach abgeschlossener Verschaltung der Wicklungen wird der Stator imprägniert, um ggfs. auftretende Lufteinschlüsse zwischen den einzelnen Statorkomponenten zu verringern und somit die Lebensdauer des Elektromotors zu erhöhen. Im Bereich der Imprägnierung von Statoren wird zwischen der Träufel- und Tauchimprägnierung differenziert[139]. Beim Träufelprozess wird das Imprägnierharz kontinuierlich auf den Wickelkopf des rotierenden Stators appliziert, wobei das Harz durch den Kapillareffekt ebenso die Nuten des Stators durchdringt. Beim Tauchprozess wird der gesamte Stator in ein Harzbad getaucht, wodurch dasselbe Ergebnis wie beim Träufeln erzielt wird.[140]

Nach der Imprägnierung des Stators wird dieser einer elektrischen Prüfung unterzogen, um dessen grundsätzliche Funktionsfähigkeit zu gewährleisten. Die elektrische Prüfung kann in der Regel aus bis zu fünf verschiedenen Teilprüfungen bestehen. Dazu gehören zunächst die Messung des Wicklungswiderstands (ohmscher Widerstand der Wicklung) sowie des Isolationswiderstands (ohmscher Widerstand der Wicklung zum Blechpaket). Darüber hinaus können im Rahmen einer Hochspannungsprüfung sowohl Isolationsfehler als auch unzulässige Luft- und Kriechstrecken im Isolationssystem identifiziert werden. Anhand einer Stoßspannungsprüfung können Kurzschlüsse sowie Isolationsfehler innerhalb der Wicklung detektiert und somit das kurzfristige Versagen des Elektromotors verhindert werden. Analog gewährleistet die Teilentladungsprüfung die langfristige Betriebsfähigkeit des Elektromotors.[141]

Die beschriebenen Fertigungsprozesse der Statorbaugruppe spiegeln die generische Prozesskette für die Herstellung von Statoren im Allgemeinen wider. Da dem Hairpin-Stator (siehe Kapitel 2.1.5) im weiteren Verlauf der vorliegenden Arbeit eine besondere Bedeutung zukommt, wird die zugrundeliegende Fertigungsprozesskette in Kapitel 2.2.2 detailliert beschrieben.

---

137 vgl. Fleischer, Hausmann et al. 2020 – Produktion elektrischer Traktionsmotoren, S. 13.
138 vgl. Kampker, Heimes et al. 2020 – Produktionsprozess eines Hairpin-Stators, S. 14.
139 vgl. Fleischer, Hausmann et al. 2020 – Produktion elektrischer Traktionsmotoren, S. 14.
140 vgl. Heimes, Kampker et al. 2023 – Produktionsverfahren elektrischer Maschinen, S. 307f.
141 vgl. Fleischer, Hausmann et al. 2020 – Produktion elektrischer Traktionsmotoren, S. 15.

2.2.1.4 Endmontage

Die Endmontage stellt den letzten Produktionsabschnitt der Elektromotorenproduktion dar und umfasst die Montage aller Komponenten (siehe Kapitel 2.2.1.1) und Baugruppen (siehe Kapitel 2.2.1.2 und Kapitel 2.2.1.3) zu einer gemeinsamen Einheit.

Der erste Schritt besteht aus dem Fügen des Stators und des Gehäuses, indem das Gehäuse induktiv erwärmt und der Stator somit kraftlos in das Gehäuse eingefügt werden kann, wodurch nach der Abkühlung eine kraftschlüssige Verbindung zwischen den beiden Bauteilen besteht. Die Alternativen bestehen in stoffschlüssigen (z.B. durch Kleben) oder formschlüssigen Verbindungen (z.B. durch Passfedern).[142,143]

Im zweiten Schritt werden zunächst die Kugellager auf die Rotorwelle gefügt, wobei die Lager in der Regel auf die Wellenabsätze gepresst werden. Anschließend wird die gesamte Rotorbaugruppe in axialer Richtung in die Statorbaugruppe eingefügt, um die beiden Kernkomponenten des Elektromotors miteinander zu verheiraten.[144]

Nachdem die beiden Baugruppen zusammengefügt worden sind, werden die Komponenten des Resolvers[145] montiert. Der drehende Teil wird dabei auf der Rotorwelle befestigt, während der stehende Teil am Stator angebracht wird. Anschließend werden die Phasen mit Kabelschuhen ausgestattet, indem durch eine mechanische Verformung des Kabelschuhs eine formschlüssige Verbindung zwischen dem Kabel und dem Kabelschuh erzeugt wird. Dieser Kontaktierprozess dient der Erzeugung einer geeigneten Schnittstelle des Elektromotors zum elektrischen Gesamtsystem.[146]

Der letzte Schritt der Endmontage besteht in der Durchführung definierter Prüfumfänge, die der Überprüfung der Funktionalität sowie der Leistungsfähigkeit des Elektromotors dienen. Zu diesen End of Line-Prüfungen (EoL) gehört unter anderem die Belastungsprüfung, bei der der Motor verschiedene Lastzustände durchläuft, wodurch dessen spezifische Leistungscharakteristik ermittelt wird. Bei der Leerlaufprüfung werden auftretende Verluste, das rein mechanische Verhalten sowie Eigenschaften des magnetischen Kreises identifiziert. Die Widerstandsmessung dient der Überprüfung der Verschaltung und Verkabelung des Elektromotors in Bezug auf den Innenwiderstand einzelner Wicklungen sowie Kurzschlüsse. Im Rahmen der abschließenden Geräusch- und Schwingungsprüfung[147] wird der Motor auf potenzielle Unwuchten oder Lagerschäden getestet, um einem schnellen Verschleiß und damit dem Ausfall des Elektromotors während des Betriebs vorzubeugen.[148]

---

142 vgl. Heimes, Kampker et al. 2023 – Produktionsverfahren elektrischer Maschinen, S. 309.
143 vgl. Fleischer, Hausmann et al. 2020 – Produktion elektrischer Traktionsmotoren, S. 19.
144 vgl. Heimes, Kampker et al. 2023 – Produktionsverfahren elektrischer Maschinen, S. 309.
145 Resolver: elektrischer Transformator zur Bestimmung des Drehwinkels
146 vgl. Heimes, Kampker et al. 2023 – Produktionsverfahren elektrischer Maschinen, S. 309.
147 auch NVH-Prüfung (Noise, Vibration, Harshness; deutsch: Geräusch, Vibration, Rauigkeit)
148 vgl. Heimes, Kampker et al. 2023 – Produktionsverfahren elektrischer Maschinen, S. 310f.

2.2.2 Fertigungsprozesse der Hairpin-Stator-Produktion

Das folgende Kapitel gibt einen Überblick über die Hairpin-Stator-Produktion sowie über die zugrundeliegenden Fertigungstechnologien[149] je Prozessschritt. Abbildung 2-11 zeigt dafür zunächst die grundlegende Prozesskette der Hairpin-Stator-Produktion.

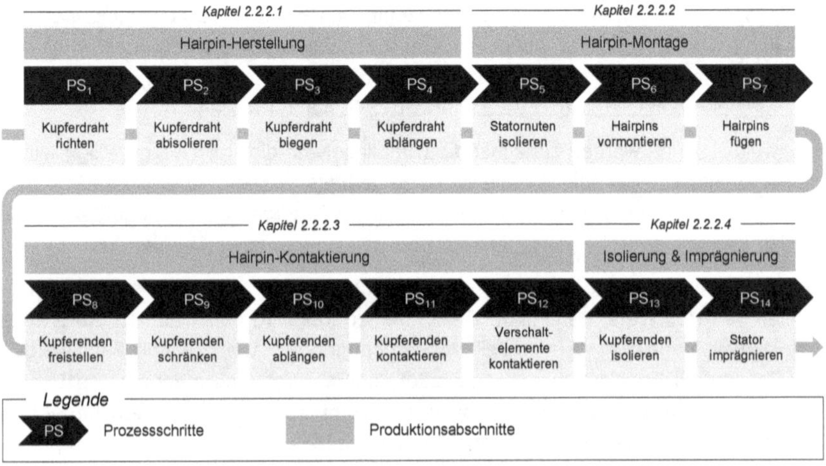

Abbildung 2-11: Prozesskette der Hairpin-Stator-Produktion[150,151]

Wie in Abbildung 2-11 dargestellt ist die Prozesskette in vier voneinander abgrenzbare Produktionsabschnitte eingeteilt, zu denen die Hairpin-Herstellung, die Hairpin-Montage, die Hairpin-Kontaktierung sowie die Isolierung und Imprägnierung gehören. Die einzelnen Prozessschritte innerhalb dieser Produktionsabschnitte werden in den folgenden Unterkapiteln beschrieben. Der Fokus liegt dabei insbesondere auf einer kurzen Prozessbeschreibung sowie auf den relevantesten Qualitätsmerkmalen und -einflüssen.

---

149 Je Prozessschritt stehen üblicherweise mehrere Fertigungstechnologien zur Auswahl. Im Folgenden wird je eine Fertigungstechnologie beschrieben, die den aktuellen Stand der Technik abbildet.

150 i.A.a. Kampker, Heimes et al. 2020 – Produktionsprozess eines Hairpin-Stators, S. 2.

151 Anmerkung: Je nach verwendeten Fertigungstechnologien im Rahmen der Hairpin-Stator-Produktion kann die Reihenfolge der Prozessschritte sowie auch deren Inhalt von der dargestellten Prozesskette abweichen.

2.2.2.1 Hairpin-Herstellung

Die Hairpin-Herstellung als erster Produktionsabschnitt umfasst das Richten, Abisolieren, Biegen und Ablängen (PS01 bis PS04) des Kupferdrahts, aus dem die einzelnen Hairpins bestehen (siehe Tabelle 2-1).

#	PS	Prozessbeschreibung	Qualität
01	Kupferdraht richten	Der auf Rollen aufgewickelte Kupferdraht wird durch Transportrollen befördert und durch Richtwalzen (in zwei Achsrichtungen) gerichtet, um bspw. Restkrümmungen im Draht vor dessen Weiterverarbeitung weitestgehend zu entfernen.	Qualitätsmerkmale (Auszug): ▪ Geringe Restkrümmung ▪ Geringe Drahtbeschädigung ▪ Geringe Querschnittsänderung Qualitätseinflüsse (Auszug): ▪ Richtwalzenposition ▪ Drahtvorschubgeschwindigkeit ▪ Werkzeugsteifigkeit
02	Kupferdraht abisolieren	Der Kupferdraht wird an definierten Bereichen mittels Laser von seiner Isolationsschicht befreit, um das nachgelagerte Kontaktieren der Kupferenden und der Verschaltelemente (siehe PS11 und PS12) zu ermöglichen.	Qualitätsmerkmale (Auszug): ▪ Keine Isolationsrückstände ▪ Kein sonstiger Abtrag (Cu) ▪ Positioniergenauigkeit Qualitätseinflüsse (Auszug): ▪ Laserleistung ▪ Fokuslage ▪ Pulsdauer
03	Kupferdraht biegen	Der Kupferdraht wird während eines kontinuierlichen Vorschubs mittels einer CNC-Biegeanlage anhand mehrerer Biegewerkzeuge gebogen (2D und 3D), um die zuvor definierte Hairpin-Geometrie herzustellen.	Qualitätsmerkmale (Auszug): ▪ Keine Geometrieabweichung ▪ Keine Isolationsschäden ▪ Keine Querschnittsänderung Qualitätseinflüsse (Auszug): ▪ Biegegeschwindigkeit ▪ Biegebeschleunigung ▪ Drahtvorschubgeschwindigkeit
04	Kupferdraht ablängen	Der Kupferdraht wird nach dem abgeschlossenen Biegeprozess (siehe PS03) innerhalb der zuvor abisolierten Bereiche (siehe PS02) mittels einer Schneide abgelängt, um die einzelnen Hairpins voneinander zu trennen.	Qualitätsmerkmale (Auszug): ▪ Positioniergenauigkeit ▪ Kein Schnittgrat ▪ Keine Querschnittsänderung Qualitätseinflüsse (Auszug): ▪ Schnittgeschwindigkeit ▪ Schneidspalt ▪ Werkzeugverschleiß (Schneide)

Tabelle 2-1: Prozessschritte der Hairpin-Herstellung[152]

152 vgl. Kampker, Heimes et al. 2020 – Produktionsprozess eines Hairpin-Stators, S. 3ff.

2.2.2.2 Hairpin-Montage

Die Hairpin-Montage als zweiter Produktionsabschnitt beinhaltet sowohl montagevorbereitende Maßnahmen (PS05) als auch die Vormontage (PS06) und Montage (PS07) der Hairpins selbst (siehe Tabelle 2-2).

#	PS	Prozessbeschreibung	Qualität
05	Statornuten isolieren	Die Nuten des Statorblechpakets werden isoliert, indem Isolationspapier der Nutgeometrie entsprechend gefalzt und gefaltet wird bevor es anschließend mit Luftdruck axial in die Statornuten eingeschossen wird.	Qualitätsmerkmale (Auszug): ▪ Definierter Nutpapierüberstand ▪ Keine Lufteinschlüsse ▪ Keine Riss- & Faltenbildung Qualitätseinflüsse (Auszug): ▪ Umformkraft (Falzen & Falten) ▪ Umformgeschwindigkeit ▪ Einschubgeschwindigkeit
06	Hairpins vormontieren	Die fertigen Hairpins (nach PS04) werden außerhalb des Blechpakets mittels eines Werkstückträgers zu einem Hairpin-Korb vormontiert, da Hinterschnitte und Überdeckungen eine Direktmontage ins Blechpaket verhindern.	Qualitätsmerkmale (Auszug): ▪ Keine Isolationsschäden ▪ Keine plastische Deformation ▪ Positioniergenauigkeit Qualitätseinflüsse (Auszug): ▪ Vormontagegeschwindigkeit ▪ Montage- und Schließkräfte ▪ Oberflächenbeschaffenheit
07	Hairpins fügen	Der vormontierte Hairpin-Korb (PS06) wird zunächst mittels entsprechender Greifsysteme axial in das Blechpaket eingesteckt und anschließend anhand einer Nachdrückplatte in die definierte Endposition gebracht.	Qualitätsmerkmale (Auszug): ▪ Keine Isolationsschäden ▪ Keine Nutisolationsschäden ▪ Keine plastische Deformation Qualitätseinflüsse (Auszug): ▪ Fügekraft/Fügerichtung ▪ Montage- und Schließkräfte ▪ Oberflächenbeschaffenheit

Tabelle 2-2: Prozessschritte der Hairpin-Montage[153]

2.2.2.3 Hairpin-Kontaktierung

Die Hairpin-Kontaktierung als dritter Produktionsabschnitt umfasst sowohl kontaktierungsvorbereitende Maßnahmen (PS08 bis PS10) als auch die Kontaktierung der Hairpins (PS11) und der Verschaltelemente (PS12) selbst (siehe Tabelle 2-3).

[153] vgl. Kampker, Heimes et al. 2020 – Produktionsprozess eines Hairpin-Stators, S. 8ff.

#	PS	Prozessbeschreibung	Qualität
08	Kupferenden freistellen	Die Kupferenden des montierten Hairpin-Korbs werden mithilfe eines Formwerkzeugs in radialer Richtung umgeformt und damit voneinander separiert, um die axiale Zugänglichkeit des Schränkwerkzeugs (PS09) zu gewährleisten.	Qualitätsmerkmale (Auszug): ▪ Keine Isolationsschäden ▪ Keine Nutisolationsschäden ▪ Positioniergenauigkeit Qualitätseinflüsse (Auszug): ▪ Umformgeschwindigkeit ▪ Umformkraft ▪ Oberflächenbeschaffenheit
09	Kupferenden schränken	Die voneinander separierten Kupferenden (PS08) werden lagenweise mithilfe konzentrischer Schränkscheiben in tangentialer Richtung umgeformt, um die Kupferenden gemäß des zugrundeliegenden Schaltschemas zu positionieren.	Qualitätsmerkmale (Auszug): ▪ Keine Isolationsschäden ▪ Keine Nutisolationsschäden ▪ Positioniergenauigkeit (Versatze) Qualitätseinflüsse (Auszug): ▪ Umformgeschwindigkeit ▪ Umformkraft ▪ Oberflächenbeschaffenheit
10	Kupferenden ablängen	Die verschränkten Kupferenden (PS09) werden mithilfe einer Schneidvorrichtung abgelängt, um die durch den Schränkprozess hervorgerufene Höhendifferenz zwischen zwei zu kontaktierenden Hairpins (PS11) auszugleichen.	Qualitätsmerkmale (Auszug): ▪ Keine Isolationsschäden ▪ Kein Schnittgrat ▪ Keine Querschnittsänderung Qualitätseinflüsse (Auszug): ▪ Schnittgeschwindigkeit ▪ Schneidspalt ▪ Werkzeugverschleiß (Schneide)
11	Kupferenden kontaktieren	Die geschränkten (PS09) und abgelängten Kupferenden (PS10) werden mittels Laserschweißens stoffschlüssig miteinander verbunden, um sie gemäß des zugrundeliegenden Schaltschemas elektrisch zu kontaktieren.	Qualitätsmerkmale (Auszug): ▪ Elektrische Leitfähigkeit ▪ Keine Porenbildung ▪ Schweißnahtgeometrie Qualitätseinflüsse (Auszug): ▪ Laserleistung ▪ Fokuslage ▪ Schweißstrategie (z.B. Trajektorie)
12	Verschalt-elemente kontaktieren	Die Verschaltelemente (z.B. Steckbrücken und Anschlussklemmen) werden an der Schweißseite des Stators montiert und mittels Laserschweißens mit den vorgesehenen Kupferenden kontaktiert.	Qualitätsmerkmale (Auszug): ▪ Elektrische Leitfähigkeit ▪ Keine Porenbildung ▪ Schweißnahtgeometrie Qualitätseinflüsse (Auszug): ▪ Laserleistung ▪ Fokuslage ▪ Schweißstrategie (z.B. Trajektorie)

Tabelle 2-3: Prozessschritte der Hairpin-Kontaktierung[154]

154 vgl. Kampker, Heimes et al. 2020 – Produktionsprozess eines Hairpin-Stators, S. 11ff.

2.2.2.4 Isolierung und Imprägnierung

Der vierte Abschnitt beinhaltet die Isolation der Kupferenden (PS13) sowie die Imprägnierung des Stators (PS14), die zeitgleich die letzten Prozessschritte der Hairpin-Stator-Produktion darstellen (siehe Tabelle 2-4).

#	PS	Prozessbeschreibung	Qualität
13	Kupferenden isolieren	Die Schweißstellen an den Kupferenden (PS11 und PS12) werden zunächst vorgewärmt und anschließend elektrisch isoliert, um Kurzschlüssen und elektrischen Durchschlägen während des Motorbetriebs vorzubeugen.	Qualitätsmerkmale (Auszug): ▪ Isolationsschichtdicke (Harz) ▪ Durchschlagfestigkeit ▪ Keine Lufteinschlüsse Qualitätseinflüsse (Auszug): ▪ Relative Position der Kupferenden ▪ Prozesstemperaturprofil ▪ Applikationsgeschwindigkeit
14	Stator imprägnieren	Durch die Applikation von Harz auf den rotierenden Stator werden sein Wickelkopf sowie die einzelnen Nuten imprägniert, um den Stator vor thermischen, elektrischen, ambienten und mechanischen Einflüssen zu schützen.	Qualitätsmerkmale (Auszug): ▪ Füllfaktor (insb. am Nutgrund) ▪ Wärmeleitfähigkeit ▪ Keine Blechpaketbeschädigung Qualitätseinflüsse (Auszug): ▪ Prozesstemperaturprofil ▪ Rotationsgeschwindigkeit ▪ Applikationsgeschwindigkeit

Tabelle 2-4: Isolierung und Imprägnierung[155]

2.2.3 Zwischenfazit

Zu Beginn des Kapitels wurden die Prozessketten der Elektromotorenproduktion erläutert, wobei zwischen den Komponenten, den Baugruppen und der Endmontage unterschieden worden ist. Im Anschluss wurden die einzelnen Fertigungsprozesse des Hairpin-Stators beschrieben sowie relevante Qualitätsmerkmale und -einflüsse aufgezeigt. Anhand der Vielzahl an verschiedenen Merkmalen und Einflüssen wurde deutlich, dass der Qualitätssicherung im Rahmen der Hairpin-Stator-Produktion eine besondere Bedeutung zukommt. Insbesondere bei disruptiven Produkten wie dem Hairpin-Stator wird die Relevanz des Qualitätsmanagements durch hohe Neuheitsgrade und entsprechend fehlende Erfahrungswerte in der Produktion zusätzlich verstärkt. Aus diesem Grund beleuchtet das folgende Kapitel die Grundlagen des Qualitätsmanagements im Produktionskontext.

155 vgl. Kampker, Heimes et al. 2020 – Produktionsprozess eines Hairpin-Stators, S. 16ff.

2.3 Qualitätsmanagement in der Produktion

In den folgenden Kapiteln werden zunächst die allgemeinen Grundlagen des Qualitätsmanagements in der industriellen Produktion beschrieben (Kapitel 2.3.1). Darauf aufbauend werden im Anschluss gängige Methoden des Qualitätsmanagements für den Einsatz in komplexen Produktionssystemen erläutert (Kapitel 2.3.2).

2.3.1 Grundlagen des Qualitätsmanagements in der Produktion

Zum besseren Verständnis der Thematik werden zunächst relevante Begrifflichkeiten im Bereich des Qualitätsmanagements erläutert. Der Begriff der Qualität bezeichnet im Allgemeinen den „Grad, in dem ein Satz inhärenter Merkmale eines Objekts Anforderungen erfüllt"[156], die an dieses Objekt gestellt werden. Im Produktionskontext ist der Begriff des Objekts hier mit dem herzustellenden Produkt gleichzusetzen. Die Qualität ist seit vielen Jahren neben den Kosten und der Zeit wesentlicher Teil des klassischen Zieldreiecks produzierender Unternehmen[157], wodurch die hohe Relevanz des unternehmerischen Qualitätsmanagements nochmals unterstrichen wird. Das Qualitätsmanagement stellt einen Teilbereich der Unternehmensführung dar, dessen primäre Aufgabe in der Festlegung von Qualitätszielen besteht. Das übergeordnete Ziel eines ganzheitlichen Qualitätsmanagements besteht darin, die durch rechtliche Vorgaben oder den Kunden geforderte Produktqualität sicherzustellen.[158] Der Bereich des Qualitätsmanagements gliedert sich dabei in der Regel in verschiedene Teilbereiche, zu denen u.a. die Qualitätsplanung und die Qualitätssicherung zählen.[159]

Im Rahmen der Qualitätsplanung steht die Planung der technischen und organisatorischen Maßnahmen und Prozesse und der dafür notwendigen Ressourcen im Vordergrund, die der Einhaltung der festgelegten Qualitätsziele dienen.[160] Die Hauptaufgabe der Qualitätssicherung besteht darin, geeignete Nachweise über die Einhaltung der definierten Qualitätsziele zu erbringen, um rechtlichen oder auch kundenseitigen Anforderungen oder Spezifikationen zu entsprechen. Das Kernelement der Qualitätssicherung im Produktionskontext ist daher die Qualitätsprüfung, in der die Durchführung geeigneter Prüfumfänge im Vordergrund steht.[161] Die Planung dieser Prüfumfänge ist dabei dem Bereich der sogenannten Prüfplanung (als Teilbereich der Qualitätssicherung) zuzuordnen[162], aus dem ein Prüfplan mit allen Informationen hinsichtlich der durchzuführenden Prüfungen hervorgeht[163].

---

156 Deutsches Institut für Normung 2015 – DIN EN ISO 9000:2015-11, S. 39.
157 vgl. Schmitt, Pfeifer 2015 – Qualitätsmanagement, S. 5f.
158 vgl. Schmitt, Pfeifer 2015 – Qualitätsmanagement, S. 20f.
159 vgl. Deutsches Institut für Normung 2015 – DIN EN ISO 9000:2015-11, S. 31.
160 vgl. Deutsches Institut für Normung 2015 – DIN EN ISO 9000:2015-11, S. 31.
161 vgl. Jung, Schweißer et al. 2021 – Qualitätssicherung im Produktionsprozess, S. 6f.
162 vgl. Bernards 2005 – Modulare Prüfplanung, S. 13.
163 vgl. VDI/VDE/DGQ 1985 – VDI/VDE/DGQ 2619:1985-06, S. 3.

Da die Umsetzung der Qualitätssicherung verschiedene Phasen der Produktentstehung unterschiedlich stark beeinflusst, wird diese im Folgenden zeitlich in den Produktentstehungsprozess (PEP) eingeordnet, bevor auf verschiedene Arten der Qualitätsprüfung sowie relevante Prüfmerkmale in der Fertigung eingegangen wird.

2.3.1.1 Einordnung in den Produktentstehungsprozess

Für die zeitliche Einordnung der Qualitätssicherung in den Produktentstehungsprozess sind zunächst dessen einzelne Phasen in Abbildung 2-12 dargestellt.

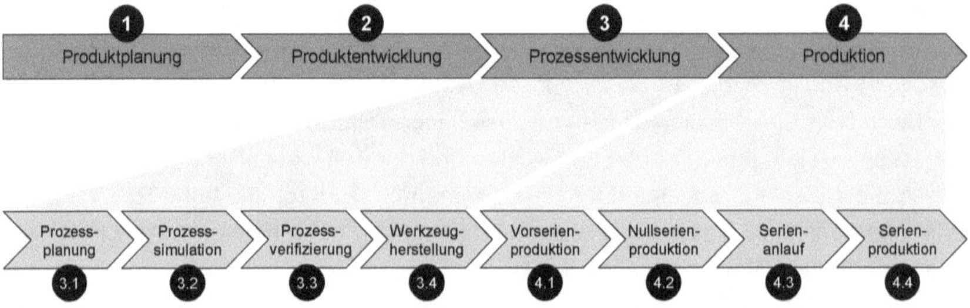

Abbildung 2-12: Phasen des Produktentstehungsprozesses[164]

Die Aktivitäten der Qualitätssicherung werden je nach Zeitpunkt, in denen sie während des Produktentstehungsprozesses durchgeführt werden, unterschiedlich benannt. Aktivitäten, die während der Produktplanung sowie der Produkt- und Prozessentwicklung anfallen (vgl. Phasen 1, 2 und 3 in Abbildung 2-12), werden als Eigenschaftsabsicherung bezeichnet. Fallen die Aktivitäten während der Produktion selbst an (vgl. Phase 4 in Abbildung 2-12) werden diese als Qualitätsabsicherung bezeichnet. Analog wird auch im Rahmen der Prüfplanung zwischen der Planung der Eigenschaftsabsicherung und der Planung der Qualitätsabsicherung differenziert.[165,166] Die zeitliche Einordnung der vier genannten Aktivitäten der Qualitätssicherung ist in Abbildung 2-13 dargestellt.

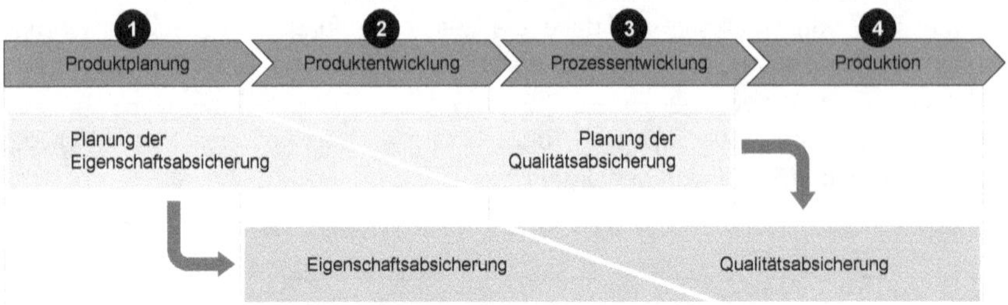

Abbildung 2-13: Einordung der Qualitätssicherung in den Produktlebenszyklus[167,168]

164 i.A.a. Westkämper, Löffler 2016 – Strategien der Produktion, S. 103ff.
165 vgl. Kukulies 2018 – Planung von Eigenschaftsabsicherung, S. 19.
166 vgl. Eigner, Stelzer 2009 – Product Lifecycle Management, S. 9.
167 i.A.a. Eigner, Stelzer 2009 – Product Lifecycle Management, S. 2.
168 vgl. Kukulies 2018 – Planung von Eigenschaftsabsicherung, S. 19.

Die Planung der Eigenschaftsabsicherung findet ab der technischen Anforderungsdefinition bis zum Ende der Produktentwicklung statt. Die Umsetzung der Eigenschaftsabsicherung in Form von geeigneten Prüfumfängen geschieht in der Regel mithilfe von Prototypen oder Vorserienprodukten. Die Planung der Qualitätsabsicherung findet hingegen primär während der Prozessentwicklung statt, in der die Produktionsprozesse ausgelegt werden. Die Umsetzung der Qualitätsabsicherung geschieht in der Regel entsprechend in der Anlaufphase und der Serienproduktion selbst, in denen die Qualität der Serienprodukte durch den Einsatz geeigneter Prüftechnik in der Produktionsumgebung sichergestellt werden. Auf die während der Produktionsphase zur Auswahl stehenden Arten der Qualitätsprüfung wird nun im folgenden Kapitel eingegangen.

2.3.1.2 Arten der Qualitätsprüfung in der Produktion

In der Produktionsphase inklusive der vor- und nachgelagerten Abschnitte (Warenannahme und Produktionsende) wird grundsätzlich zwischen drei verschiedenen Prüfarten unterschieden. Im Rahmen der zunächst stattfindenden Wareneingangskontrolle, die der Produktion unmittelbar vorgelagert ist, werden alle zugelieferten Ressourcen[169] auf ihre Fehlerfreiheit geprüft. Während der Produktionsphase werden im Rahmen von Prozesskontrollen sogenannte Merkmalsprüfungen durchgeführt, die der Kontrolle einzelner Prüfmerkmale dienen. Eine vollständige Funktionsprüfung des Endprodukts findet in der Regel erst am Bandende als sogenannte Endkontrolle statt. Die drei Prüfarten sind in Abbildung 2-14 ihrer zeitlichen Abfolge entsprechend dargestellt.[170]

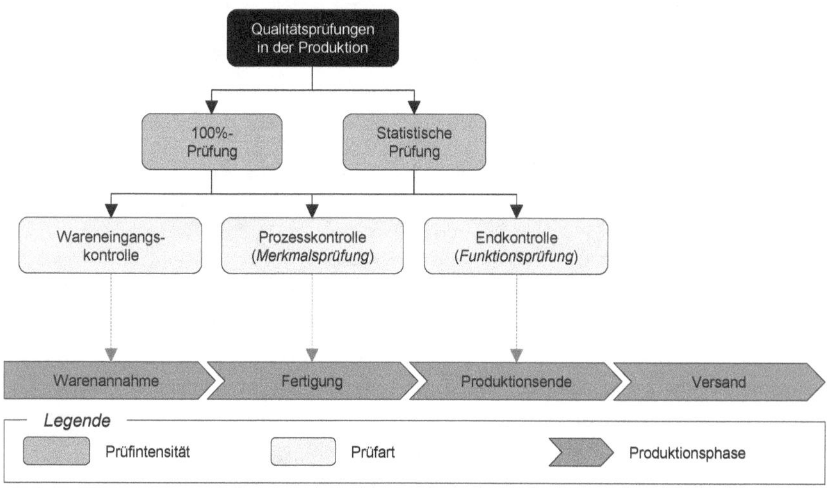

Abbildung 2-14: Qualitätsprüfungen während der Produktion[171]

[169] bspw. Rohstoffe, Betriebsstoffe oder Zulieferkomponenten

[170] vgl. Blank 2010 – Qualitätsrisiken in der Prüfplanung, S. 31.

[171] i.A.a. Blank 2010 – Qualitätsrisiken in der Prüfplanung, S. 32.

Die Abbildung zeigt weiterhin, dass neben der Prüfart außerdem zwischen verschiedenen Prüfintensitäten unterschieden wird. Wie die Bezeichnung der 100%-Prüfung erkennen lässt, werden bei dieser Prüfung alle Produkteinheiten entsprechend der im Prüfplan definierten Prüfumfänge getestet, während bei der statistischen Prüfung durch die Nutzung statistischer Methoden (in der Regel durch Stichprobenziehung) die Qualität eines bestimmten Prüfmerkmals ermittelt wird.[172,173] Da die Auswahl der Prüfmerkmale im Rahmen der Prüfplanung mitunter eine entscheidende Rolle spielen kann, werden diese im Folgenden detaillierter beschrieben.

2.3.1.3 Relevante Prüfmerkmale und Fertigungsmesstechnik

Im produzierenden Gewerbe existiert eine Vielzahl verschiedener Prüfmerkmale. Unter dem Begriff Prüfmerkmal wird ein Merkmal eines Objekts verstanden, das im Rahmen einer durchzuführenden Qualitätsprüfung hinsichtlich der Einhaltung definierter Anforderungen und Toleranzgrenzen kontrolliert wird.[174] Prüfmerkmale werden im Produktionskontext klassischerweise in fünf verschiedene Merkmalkategorien eingeteilt (vgl. Abbildung 2-15).

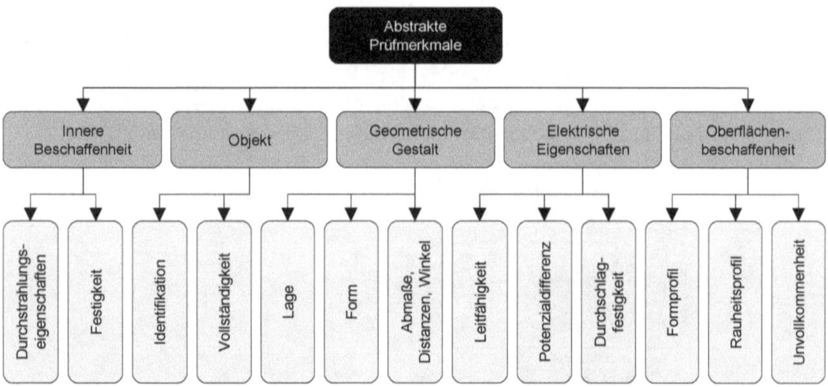

Abbildung 2-15: Kategorisierte Prüfmerkmale (Auszug)[175,176]

Zu den Merkmalkategorien gehören die innere Beschaffenheit, das Objekt, die geometrische Gestalt, elektrische Eigenschaften und die Oberflächenbeschaffenheit. Wird weiterhin bspw. die Kategorie der geometrischen Gestalt betrachtet, finden sich dort einzelne Prüfmerkmale wie die Lage, Form oder andere geometrischen Größen wieder. Zur Überprüfung der genannten Merkmale stehen verschiedene Verfahren aus dem Bereich der Fertigungsmesstechnik zur Auswahl (vgl. Abbildung 2-16).

172 vgl. VDI/VDE/DGQ 1985 – VDI/VDE/DGQ 2619:1985-06, S. 4.
173 vgl. Pfeifer, Schmitt 2010 – Fertigungsmesstechnik, S. 117.
174 vgl. Reles 1987 – Systematische Auswahl von Prüfmerkmalen, S. 431f.
175 vgl. Stauder 2017 – Anlauforientierte Gestaltung von Fertigungssystemen, S. 52.
176 vgl. Keferstein, Marxer et al. 2018 – Fertigungsmesstechnik, S. 22.

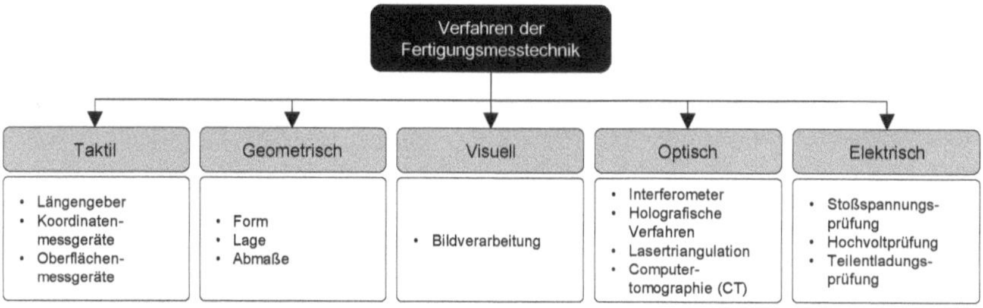

Abbildung 2-16: Verfahren der Fertigungsmesstechnik (Auszug)[177,178]

Analog zu den Prüfmerkmalen werden die Verfahren in Kategorien eingeteilt, zu denen taktile, geometrische, visuelle, optische und elektrische Verfahren zählen. Die Wahl des geeigneten Verfahrens für die eigene Produktion ist dabei abhängig von verschiedenen Faktoren (z.B. geforderte Genauigkeit).

2.3.2 Methoden der Qualitätssicherung in der Produktion

Im Folgenden werden drei gängige Methoden der präventiven Qualitätssicherung als Teilbereich des Qualitätsmanagements erläutert, die vor dem Hintergrund des weiteren Verlaufs der vorliegenden Arbeit relevant sind. Der präventive Charakter der Methoden ist darin begründet, dass diese zeitlich bereits vor der Produktion eingesetzt werden können, um potenzielle Fehlermöglichkeiten innerhalb des Produktionsprozesses frühzeitig zu erkennen und falls erforderlich entsprechende Gegenmaßnahmen einleiten zu können.

2.3.2.1 Prozessinterdependenzanalyse

Die Prozessinterdependenzanalyse (PIA) zielt darauf ab, bestehende Wechselwirkungen zwischen einzelnen Produktionsprozessen aufzudecken, die einen negativen Einfluss auf die Produktqualität besitzen. Im Rahmen einer prozessbasierten Interdependenzanalyse kann das Beschreibungsmodell technologischer Schnittstellen nach STAUDER als Grundlage genutzt werden. Nach STAUDER wird in einem ersten Schritt der Einfluss einer Fertigungstechnologie auf sogenannte Übergabegrößen (z.B. Bauteilgeometrie) des Primärfeatures[179] abgebildet. Im zweiten Schritt wird der Einfluss des Eingangszustands einer Übergabegröße auf den Ausgangszustand derselben oder einer anderen Übergabegröße dargestellt. Im dritten Schritt wird das Beschreibungsmodell um die Sekundärfeatures erweitert, die bei der Bearbeitung eines Primärfeatures durch eine Fertigungstechnologie ungewollt mitbeeinflusst werden.[180] In ei-

---

177 vgl. Pfeifer, Schmitt 2010 – Fertigungsmesstechnik, S. 49ff.

178 vgl. Keferstein, Marxer et al. 2018 – Fertigungsmesstechnik, S. 53ff.

179 Primärfeature: Der Teil eines Bauteils, dessen Bearbeitung in dem betrachteten Fertigungsschritt primär vorgesehen ist.

180 vgl. Stauder 2017 – Anlauforientierte Gestaltung von Fertigungssystemen, S. 53f.

nem ähnlichen Modell nach KNOCHE wird ebenso die Beschreibung von Fertigungstechnologien (anhand von Merkmalsausprägungen) sowie die Interaktion zwischen diesen adressiert[181], wodurch auch dieses Modell als Grundlage für Interdependenzanalysen herangezogen werden kann.

Wird das Vorgehen nach STAUDER für alle Prozessschritte einer Technologiekette wiederholt, sind alle bestehenden Wechselwirkungen innerhalb einer Prozesskette definiert. Quantifiziert man diese mit einer geeigneten Bewertungsskala[182] und stellt diese in Matrixform dar, ergibt sich wie in Abbildung 2-17 eine prozessbasierte Interdependenzmatrix.

	PS_1	PS_2	PS_3	PS_4	PS_5	PS_6	PS_7	PS_8
PS_1		1	0	2	0	1	3	2
PS_2			2	0	3	2	0	1
PS_3				0	1	1	0	2
PS_4					3	1	0	0
PS_5						3	1	0
PS_6							2	1
PS_7								1
PS_8								

Legende

PS Prozessschritt
0 Keine Beeinflussung
1 Geringe Beeinflussung
2 Mittlere Beeinflussung
3 Starke Beeinflussung

Abbildung 2-17: Interdependenzmatrix einer exemplarischen Prozesskette

Aus der gezeigten Matrix geht bspw. hervor, dass Prozessschritt 2 und Prozessschritt 4 jeweils einen starken Einfluss auf Prozessschritt 5 haben, während Prozessschritt 4 und Prozessschritt 5 keinen Einfluss auf Prozessschritt 8 haben. Interdependenzmatrizen sind demnach ein wichtiges Werkzeug im Rahmen der Prozessentwicklung (vgl. Abbildung 2-12), um qualitätsbeeinflussende Wechselwirkungen zwischen Prozessschritten frühzeitig zu erkennen und dadurch geeignete Qualitätsprüfungen in die entsprechenden Stellen der Prozesskette integrieren zu können.

---

181 vgl. Knoche 2005 – Generisches Modell zur Beschreibung von Fertigungstechnologien, S. 137ff.
182 Exemplarische Bewertungsskala: von 0 (keine Beeinflussung) bis 3 (starke Beeinflussung)

2.3.2.2 Fehlermöglichkeits- und Einflussanalyse

Im Bereich der Fehlermöglichkeits- und Einflussanalysen (FMEA) wird zunächst hinsichtlich des Durchführungszeitraums zwischen der präventiven und korrektiven FMEA unterschieden. Die präventive FMEA findet entwicklungsbegleitend zum frühestmöglichen Zeitpunkt statt (vor Auftreten des Fehlers), während die korrektive FMEA produktionsbegleitend durchgeführt wird (nach Auftreten des Fehlers).[183] Da die entwickelte Methodik der vorliegenden Arbeit im Zeitraum vor der Produktionsanlaufphase Anwendung finden soll, wird die korrektive FMEA im Folgenden nicht weiter betrachtet. Weiterhin wird in Hinsicht auf das Betrachtungsobjekt der FMEA zwischen produktseitigen und prozessseitigen FMEA differenziert. Im Rahmen von Produkt-FMEA liegt der Fokus ausschließlich auf der Identifizierung und Analyse möglicher Produktfehler (Abweichungen von geforderten Funktionen), während bei der Prozess-FMEA potenzielle Fehler in den Fertigungsabläufen zur Herstellung des Produkts untersucht werden.[184] Da der Schwerpunkt der vorliegenden Arbeit auf Produktfehlern liegt, deren Ursache wiederum im Herstellprozess liegt, wird im Folgenden eine Kombination beider FMEA-Typen beschrieben. Der Fokus liegt demnach auf präventiven FMEA, die prozessursächliche Produktfehler hinsichtlich der geforderten Qualität adressieren. Das Ziel solcher FMEA besteht darin, bereits während der Prozessentwicklung produktseitige Fehlermöglichkeiten zu identifizieren, die im Laufe der Produktion auftreten können (vgl. Abbildung 2-12). Für eine systematische Durchführung einer FMEA wird häufig auf eine tabellarische Form zurückgegriffen (siehe Abbildung 2-18).

#	Potenzielle Fehlermöglichkeit	B	A	E	RPZ
1	Formabweichung in PS3 durch Materialschwankungen	7	3	2	42
2	Unzureichende elektrische Kontaktierung in PS5 durch Lageabweichung	3	4	1	12
3	Fehlerhafte Isolation durch Hinterschnitte im Blechpaket	1	8	4	32
4	Fehlerhafte Magnetisierung ins PS7 durch inhomogenes Magnetpulver	5	1	9	45
…	…	…	…	…	…

Legende

- B: Bedeutung des Fehlers
- A: Auftretenswahrscheinlichkeit des Fehlers
- E: Entdeckungswahrscheinlichkeit des Fehlers
- RPZ: Risikoprioritätszahl

Abbildung 2-18: Exemplarische Fehlermöglichkeits- und Einflussanalyse[185,186]

Die Abbildung zeigt verschiedene Kennzahlen, die durch ein geeignetes Expertenteam ermittelt werden. Das Team setzt sich in der Regel aus Expert:innen unterschiedlicher

183 vgl. Werdich 2011 – FMEA (Einführung und Moderation), S. 7.
184 vgl. Werdich 2011 – FMEA (Einführung und Moderation), S. 12ff.
185 i.A.a. Werdich 2011 – FMEA (Einführung und Moderation), S. 58.
186 i.A.a. BMI 2022 – Organisationshandbuch, Kapitel 6.3.3.

Fachbereiche zusammen (bspw. Produktentwickler:innen, Prozessexpert:innen und Qualitätsmanager:innen)[187]. Für jede identifizierte Fehlermöglichkeit werden folgende drei Kennzahlen bestimmt:

- B: Bedeutung des Fehlers
- A: Auftretenswahrscheinlichkeit des Fehlers
- E: Entdeckungswahrscheinlichkeit des Fehlers

Sind die drei Kennzahlen ermittelt ergibt sich durch ihre Multiplikation die Risikoprioritätszahl (RPZ)[188]. Je höher die RPZ, desto höher die Dringlichkeit, sich mit der zugrundeliegenden Fehlermöglichkeit auseinanderzusetzen und entsprechende Gegenmaßnahmen zur Fehlervermeidung zu entwickeln[189].

2.3.2.3 Fehlerkostenanalyse

Ein weiteres Instrument der Qualitätssicherung ist die Fehlerkostenanalyse (FKA). Die Motivation hinter der FKA liegt in der sogenannten Zehnerregel begründet, nach der die Fehlerkosten mit jeder Phase der Produktentstehung (vgl. Abbildung 2-12), in der die Fehler nicht erkannt und beseitigt werden, um den Faktor 10 steigen[190] (siehe Abbildung 2-19).

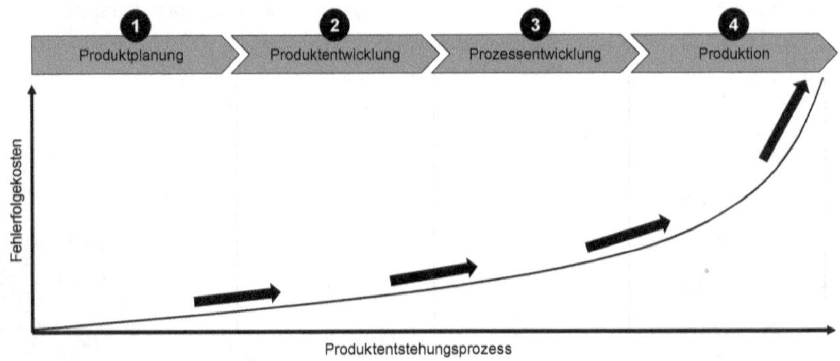

Abbildung 2-19: Entwicklung von Fehlerkosten im Produktlebenszyklus[191]

Aus Unternehmenssicht bedeutet dies im Umkehrschluss, dass Fehler möglichst frühzeitig im Produktentstehungsprozess sowohl erkannt als auch durch entsprechende Maßnahmen beseitigt werden sollten. Die FKA greift diese Überlegung auf und über-

[187] vgl. Tietjen, Decker 2020 – FMEA-Praxis, S. 91ff.

[188] In der Regel wird zur Festlegung der Fehlerbedeutung (B) und der Fehlerauftretenswahrscheinlichkeit (A) eine Skala von 1 (gering) bis 10 (hoch) genutzt, während zur Ermittlung der Fehlerentdeckungswahrscheinlichkeit (E) eine Skala von 1 (hoch) bis 10 (gering) verwendet wird. Für die RPZ ergibt sich daraus ein Wertebereich von 1 (gering) bis 1000 (hoch).

[189] vgl. Tietjen, Decker 2020 – FMEA-Praxis, S. 21.

[190] vgl. Pfeifer, Schmitt 2021 – Handbuch Qualitätsmanagement, S. 82.

[191] i.A.a. Schmitt, Pfeifer 2015 – Qualitätsmanagement, S. 3.

trägt das Prinzip von dem gesamten Produktlebenszyklus auf die Phase der Produktion. Auch entlang von Prozessketten gilt der Grundsatz, dass Fehler möglichst frühzeitig erkannt und falls möglich beseitigt werden müssen, um Folgefehler und die damit einhergehenden Kosten zu reduzieren. Insbesondere vor irreversiblen Prozessschritten, bei denen das Ergebnis aus technischer und/oder wirtschaftlicher Sicht nicht mehr rückgängig gemacht werden kann, sollten demnach geeignete Prüf- und Messtechniken eingesetzt werden, die die Konformität in Hinsicht auf die Qualität bis zu diesem Prozessschritt sicherstellen.

Zur Durchführung einer vollständigen FKA für eine bestimmte Prozesskette sind demnach alle Informationen hinsichtlich der Fertigungskosten, Materialkosten sowie ggfs. Personalkosten (für manuelle Tätigkeiten) je Prozessschritt einzuholen. Darüber hinaus muss bekannt sein, welche Prozessschritte irreversibel bzw. reversibel sind und wie hoch die Kosten für ggfs. anfallende Nacharbeiten bzw. Korrekturen sind. Abbildung 2-20 zeigt exemplarisch die Entwicklung von Fehlerkosten entlang einer Prozesskette und damit das Ergebnis einer FKA.

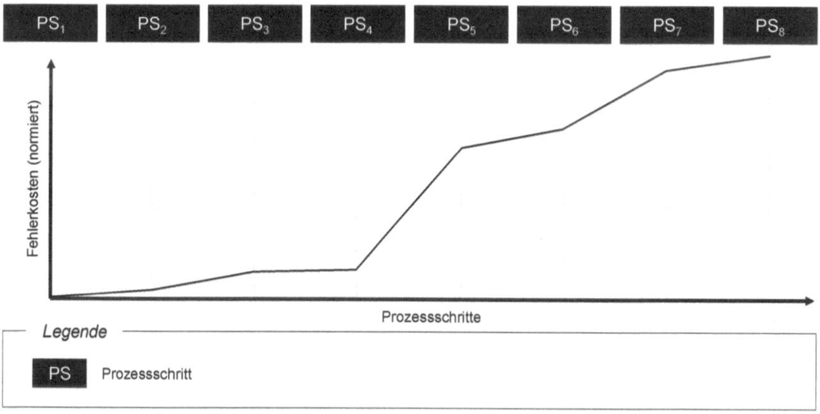

Abbildung 2-20: Exemplarische Fehlerkosten entlang einer Prozesskette[192]

Die Abbildung zeigt dafür die relative Verteilung der Fehlerkosten entlang der Prozesskette. Der starke Anstieg der Fehlerkosten von PS4 auf PS5 könnte bspw. darin begründet sein, dass die Nacharbeit einzelner Komponenten des Produkts nach PS5 nicht mehr möglich ist. Analog bedeutet der Kostenanstieg auf 100% (von PS7 auf PS8), dass im Rahmen von PS8 alle Komponenten des Produkts irreversibel miteinander verbunden werden, sodass eine Nacharbeit ausgeschlossen ist. Das Ergebnis einer FKA dient demnach als Entscheidungsgrundlage, an welchen Stellen der Prozesskette der Einsatz geeigneter Prüftechnik aus kostentechnischer Sicht sinnvoll ist.

[192] Eigene Darstellung (Studienergebnis des PEM der RWTH Aachen, 2019).

2.3.3 Zwischenfazit

Es wurde gezeigt, dass Fehler entlang der gesamten Produktentstehung auftreten können, wobei ihre Beseitigungskosten mit zunehmender Zeit progressiv ansteigen. Der Produktionsphase als späte Phase innerhalb der Produktentstehung (vgl. Abbildung 2-12) kommt daher eine besondere Bedeutung zu. Da im industriellen Produktionsumfeld aufgrund der dort herrschenden Komplexität eine Nullfehlerstrategie jedoch nicht umsetzbar ist, ist eine umfassende Qualitätssicherung in dieser Phase von entscheidender Bedeutung. Dies gilt insbesondere in Anlaufphasen disruptiver Produkte, in denen aufgrund fehlender Erfahrungswerte ad hoc keine geeigneten Gegenmaßnahmen für bestimmte Fehlermöglichkeiten gefunden werden können. Hinzu kommt, dass mit steigender Komplexität des Produkts sowie der zugrundeliegenden Prozesskette ebenso die Komplexität der erforderlichen Gegenmaßnahmen zur Fehlervermeidung ansteigt. Aus diesem Grund verschiebt sich der Schwerpunkt des Qualitätsmanagements derzeit von reaktiven zu proaktiven Maßnahmen (vgl. Abbildung 2-21).

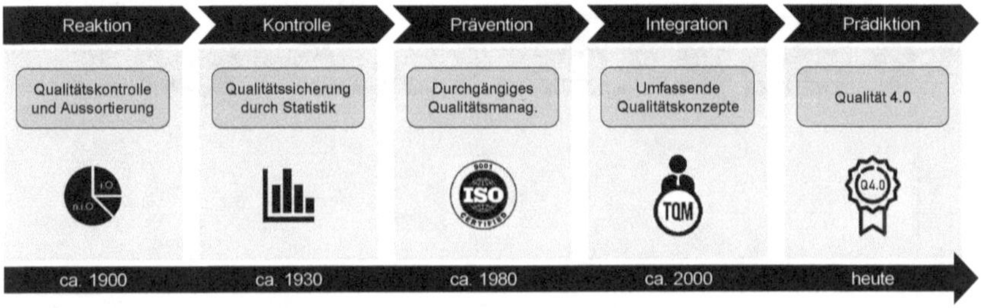

Abbildung 2-21: Stufenweise Evolution des Qualitätsmanagements[193]

Die Voraussetzung für diesen Paradigmenwechsel ist die Verwendung datenbasierter Ansätze[194], die im Produktionsumfeld zunehmend als Werkzeuge zur proaktiven Qualitätssicherung eingesetzt werden[195]. Aus diesem Grund werden im folgenden Kapitel die Grundlagen datenbasierter Ansätze näher beleuchtet.

2.4 Grundlagen datenbasierter Ansätze

Im folgenden Kapitel werden die Grundlagen datenbasierter Ansätze erläutert. Dafür werden zunächst relevante Begrifflichkeiten im Kontext der Industrie 4.0 eingeführt und erläutert, um ein tiefergehendes Verständnis der Thematik zu schaffen (Kapitel 2.4.1). Im Anschluss wird auf die wichtigsten Grundlagen des Maschinellen Lernens in der Produktion eingegangen (Kapitel 2.4.2), woraufhin abschließend relevante Anwendungsfelder des Maschinellen Lernens im Produktionsumfeld eingeordnet und erläutert werden (Kapitel 2.4.3).

---

193 i.A.a. Schmitt, Ellerich et al. 2020 – Datenbasiertes Qualitätsmanagement, S. 506.
194 vgl. Schmitt, Ellerich et al. 2020 – Datenbasiertes Qualitätsmanagement, S. 506f.
195 vgl. Haas 2018 – Deutscher Industrie 4.0 Index, S. 26.

2.4.1 Begriffsdefinitionen im Kontext der Industrie 4.0

Industrielle Revolutionen zeichnen sich durch weitreichende sozialökonomische Wandel aus, die durch bestimmte disruptive Technologien ausgelöst werden[196]. Abbildung 2-22 zeigt die technologischen Auslöser sowie die produktionstechnischen Auswirkungen der bislang vier industriellen Revolutionen und ordnet diese zeitlich grob ein.

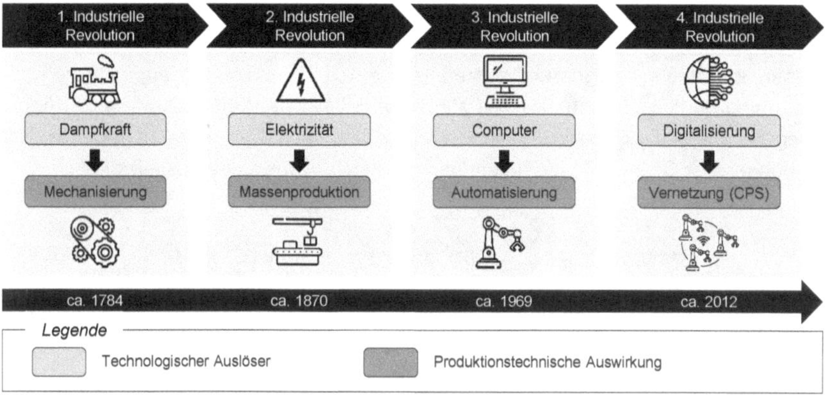

Abbildung 2-22: Industrielle Revolutionen[197,198]

Der Auslöser der ersten industriellen Revolution bestand in der Dampfkraft, die eine zunehmende Mechanisierung ermöglichte und damit die menschliche Muskelkraft substituierte. Die zweite industrielle Revolution wurde durch die Erfindung der Elektrizität ausgelöst, die zu einer fortschreitenden Industrialisierung der Produktion führte und damit Massenproduktionen ermöglichte. Zu Beginn der dritten industriellen Revolution stand die Erfindung der Computer, die die Grundlage für die Automatisierung der Produktion darstellten. Die derzeit stattfindende vierte industrielle Revolution basiert auf der zunehmenden Digitalisierung[199] und Vernetzung der industriellen Produktion. Grundlage für die zunehmende Digitalisierung sind Daten, die aus diesem Grund auch als Rohstoff des 21. Jahrhunderts bezeichnet werden[200]. Die Vernetzung ermöglicht die Kombination der physischen Sphäre (erste und zweite Revolution) mit der digitalen Sphäre (dritte Revolution). Durch die Möglichkeit, Daten zu generieren und in Echtzeit zu nutzen, entstehen die bereits in der Einleitung eingeführten cyber-physische Systeme.[201,202] Da CPS im Rahmen der vorliegenden Arbeit eine entscheidende Rolle einnehmen, werden diese im folgenden Kapitel näher erläutert.

---

196 vgl. Gehrke, Kühn et al. 2015 – Factory of the Future, S. 6.
197 i.A.a. Bergs, Klocke et al. 2020 – Fertigungstechnik 4.0, S. 519.
198 vgl. Obermaier 2019 – Industrie 4.0 und digitale Transformation, S. 10.
199 vgl. Luber, Litzel 2019 – Digitalisierung.
200 vgl. Frenz (Hg.) 2020 – Handbuch Industrie 4.0, S. V.
201 vgl. Bergs, Klocke et al. 2020 – Fertigungstechnik 4.0, S. 518.
202 vgl. Obermaier 2019 – Industrie 4.0 und digitale Transformation, S. 9f.

2.4.1.1 Cyber-physische Systeme

„Ein cyber-physisches System repräsentiert die [...] Einheit von Realität und digitalem Abbild und ist die Weiterentwicklung der Mechatronik zu einem symbiotischen Systemansatz auf Basis der informationstechnischen Vernetzung aller Komponenten [einer Produktionsanlage].“[203] Das Ziel eines CPS besteht dabei in der selbstoptimierenden Automatisierung von Prozessabläufen möglichst ohne menschliches Zutun.[204] Dieses Ziel basiert auf der Fähigkeit, ihre Umwelt mit entsprechender Sensorik zu erfassen, sie mittels verfügbarer Dienste auszuwerten, Informationen langfristig zu speichern und durch geeignete Aktoren auf die physikalische Welt einzuwirken.[205] Abbildung 2-23 zeigt die Referenzarchitektur eines CPS nach WESTERMANN, in der die Beziehungen der CPS-Einheiten untereinander und zur Umwelt dargestellt sind.

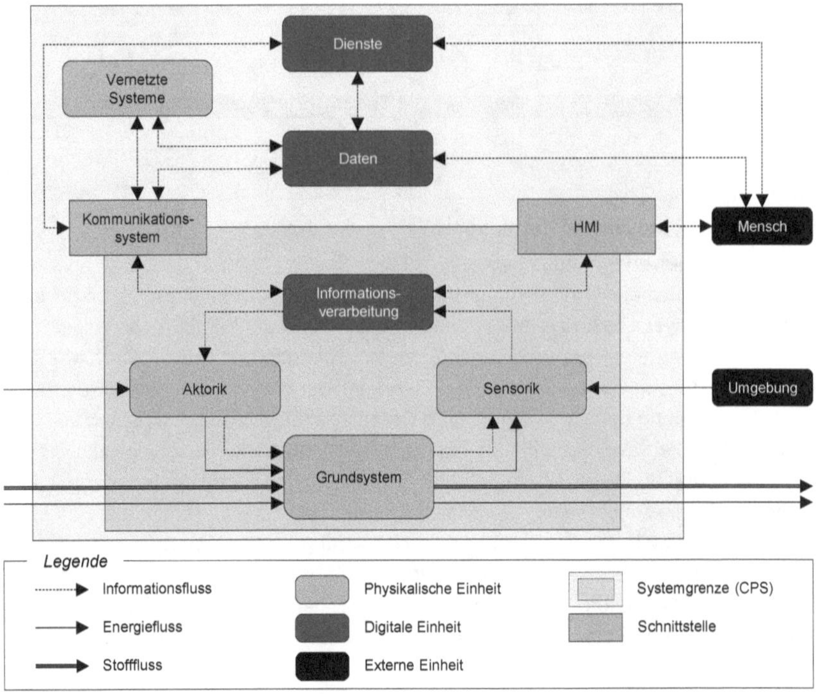

Abbildung 2-23: Referenzarchitektur eines cyber-physischen Systems[206]

[203] Neugebauer 2018 – Digitalisierung, S. 197.
[204] vgl. Neugebauer 2018 – Digitalisierung, S. 198.
[205] vgl. Bauernhansl, Hompel et al. (Hg.) 2014 – Industrie 4.0 in Produktion, S. 16.
[206] i.A.a. Westermann 2017 – Planung von Cyber-Physical Systems, S. 94.

Nach OBERMAIER, NEUGEBAUER und WESTERMANN besitzen cyber-physische Systeme somit sowohl physikalische als auch digitale Einheiten, deren Definitionen bzw. Funktionen in Tabelle 2-5 dargestellt sind.

#	Einheit	Definition bzw. Funktion
1	Grundsystem	Mechanische, elektromechanische, pneumatische oder hydraulische Produktionsanlage
2	Sensorik	Technisches Bauteil zur Erfassung chemischer, physikalischer oder stofflicher Eigenschaften (in Form von Daten)
3	Informations-verarbeitung	Softwarebasierte Datenaufbereitung und -analyse zur Beeinflussung der Zustandsgrößen des Grundsystems
4	Aktorik	Technisches Bauteil zur Umsetzung eines elektrischen Signals in mechanische Bewegung
5	Daten	Digitale Informationen (intern oder extern erfasst), die zur Weiterverarbeitung bereitgestellt werden
6	Dienste	Technische Funktionen (zur Verarbeitung von Daten), die über definierte Schnittstellen zur Verfügung gestellt werden
7	HMI (Human Machine Interface)	Komponente zur Ermöglichung der Interaktion mit den Systemanwender:innen (Benutzerschnittstelle)
8	Kommunikations-system	Komponente zur Ermöglichung der Interaktion mit anderen CPS (Maschinenschnittstelle)
9	Vernetzte Systeme	(Software)technische Systeme, mit denen das CPS kommuniziert (bspw. Transportsystem oder MES)
10	Beziehungen	Informationsfluss, Energiefluss oder Stofffluss (Pfeildarstellungen in Abbildung 2-23)

Tabelle 2-5: Objekte eines cyber-physischen Systems[207,208,209,210]

CPS stellen dabei die Kernbausteine einer vernetzten und digitalisierten Produktion dar. Im folgenden Kapitel werden neben den CPS weitere wichtige Komponenten und Einheiten im Rahmen des sogenannten „Internet of Production" erläutert.

2.4.1.2 Internet of Production

Das Internet of Production (IoP)[211] dient als ganzheitliche Dateninfrastruktur für die Industrie 4.0. Das IoP stellt ein Modell dar, durch das entlang des gesamten Produktlebenszyklus eine Dateninfrastruktur für die domänenübergreifende Verknüpfung aller relevanten Systeme geschaffen wird (siehe Abbildung 2-24)[212].

207 vgl. Obermaier 2016 – Industrie 4.0 als unternehmerische Gestaltungsaufgabe, S. 8.
208 vgl. Neugebauer 2018 – Digitalisierung, S. 198.
209 vgl. Westermann 2017 – Planung von Cyber-Physical Systems, S. 94f.
210 vgl. VDI/VDE 2021 – VDI/VDE 2206:2021-11, S. 14ff.
211 Das Konzept des Internet of Production wurde interdisziplinär von wissenschaftlichen Mitarbeitern aus den Bereichen Produktionstechnik, Informatik, Werkstoffwissenschaften und Wirtschaftswissenschaften des RWTH Aachen Campus entwickelt.
212 vgl. Schuh, Stich et al. 2017 – Internet of Production für agile Unternehmen, S. 131.

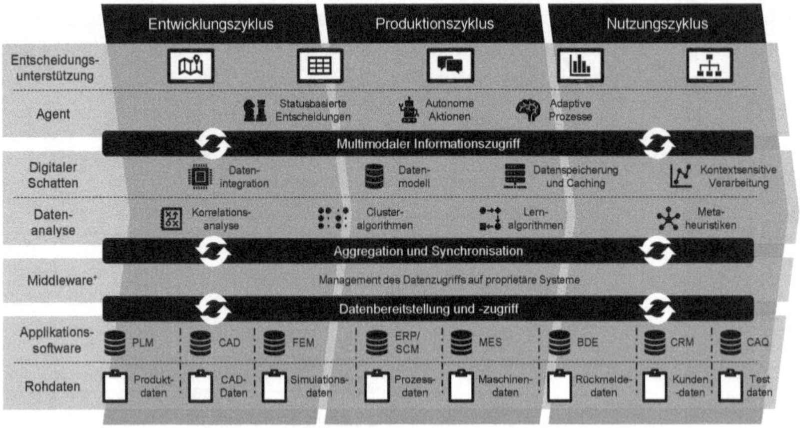

Abbildung 2-24: Internet of Production[213]

Das IoP ist auf horizontaler Ebene in die drei Phasen Entwicklung (vgl. Phase 2 und 3 in Abbildung 2-12), Produktion (vgl. Phase 4 in Abbildung 2-12) und Nutzung (im Anschluss an die Produktionsphase) gegliedert. Auf vertikaler Ebene ist es in vier verschiedene Ebenen geteilt. Die unterste Ebene adressiert dabei die Vielzahl an Applikationssoftware in Unternehmen, aus denen jeweils verschiedene Datensätze generiert werden[214] (siehe Tabelle 2-6).

#	Applikationssoftware	Datensätze / Datentypen
1	PLM (Product Lifecycle Management)	Produktdaten
2	CAD (Computer Aided Design)	CAD-Daten
3	FEM (Finite Element Method)	Simulationsdaten
4	ERP (Enterprise Resource Planning)	Prozessdaten
5	SCM (Supply Chain Management)	Prozessdaten
5	MES (Manufacturing Execution System)	Maschinendaten
6	BDE (Betriebsdatenerfassung)	Rückmeldedaten
7	CRM (Customer Relationship Management)	Kundendaten
8	CAQ (Computer Aided Quality)	Testdaten

Tabelle 2-6: Übersicht der Applikationssoftware[215]

[213] i.A.a. Schuh, Prote et al. 2017 – Internet of Production.
[214] vgl. Schuh, Riesener et al. 2020 – Industrie 4.0, S. 469f.
[215] vgl. Schuh, Riesener et al. 2020 – Industrie 4.0, S. 470.

Da sich die genannten Datensätze hinsichtlich ihrer Vollständigkeit, Genauigkeit, Semantik und Granularität teilweise stark voneinander unterscheiden, bedarf es für eine domänenübergreifende Analyse der Daten einer vorgelagerten Filterung und Verknüpfung der Daten. Diese Aufgabe wird im Rahmen des IoP von der zweiten Ebene übernommen, die auch als Middleware⁺ bezeichnet wird (vgl. Abbildung 2-24). Durch diese Zwischenschicht können die Daten nun auf der dritten Ebene für Analysezwecke genutzt werden. Die strukturierte Bereitstellung der Daten geschieht dabei in Form eines sogenannten Digitalen Schattens (Abbildung 2-25). Ein Digitaler Schatten ist folglich ein „echtzeitfähiges Abbild der relevanten Zusammenhänge sämtlicher produktionstechnischer Prozesse“[216,217], wobei neben Echtzeitdaten auch historische Daten berücksichtigt werden können.

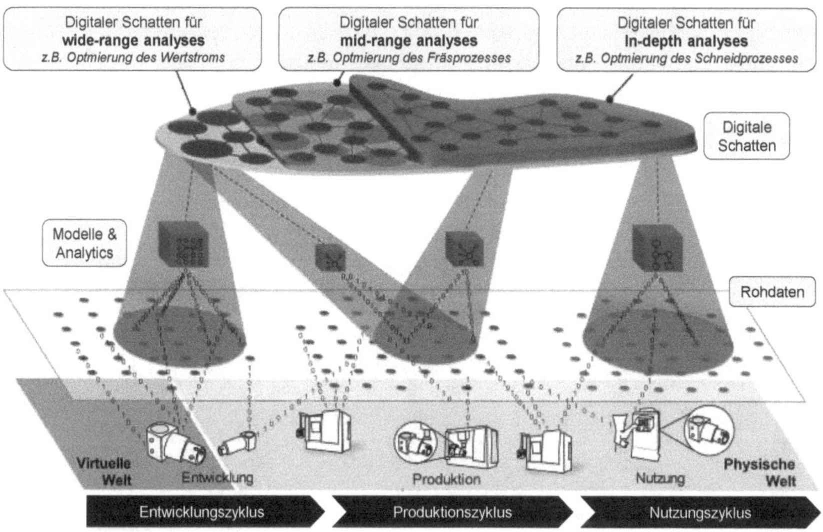

Abbildung 2-25: Konzept von Digitalen Schatten[218]

Auf der obersten Ebene des IoP stehen digitale Assistenzsysteme zur Verfügung, die entweder die Anwender:innen oder die Produktionsanlage in Entscheidungsprozessen unterstützen. Im Bereich der Assistenzsysteme haben sich dabei insbesondere adaptive Prozesse[219] (vgl. Abbildung 2-24) etabliert[220]. Die zugrundeliegenden Analysen

216 vgl. Schuh, Riesener et al. 2020 – Industrie 4.0, S. 470.
217 vgl. Bracht, Geckler et al. 2018 – Digitale Fabrik, S. 13.
218 i.A.a. Schuh, Riesener et al. 2020 – Industrie 4.0, S. 471.
219 Unter adaptiven Prozessen werden im Allgemeinen selbstregelnde Systeme verstanden, die sich an veränderte Umgebungsbedingungen aktiv anpassen können.
220 vgl. Baum 2018 – Industrie 4.0, S. 5.

solcher Assistenzsysteme werden häufig auf Basis von Methoden der Künstlichen Intelligenz durchgeführt.[221] Im Bereich der KI spielt insbesondere das Maschinelle Lernen eine bedeutende Rolle, auf das im weiteren Verlauf der vorliegenden Arbeit noch expliziter eingegangen wird (siehe Kapitel 2.4.2). Im folgenden Kapitel werden dafür zunächst die im Produktionskontext relevanten Datentypen erläutert, die dem Maschinellen Lernen zugrunde liegen.

2.4.1.3 Relevante Datentypen im Produktionskontext

Im unmittelbaren Produktionsumfeld existiert eine Vielzahl verschiedener Rohdaten (vgl. unterste Ebene des IoP in Abbildung 2-24), die aus unterschiedlichen Datenquellen erfasst werden.[222] Je nach betrachtetem Anwendungsfall (z.B. Datenanalyse, Dokumentationszwecke etc.) sind bestimmte Datentypen relevant, sodass diese vor ihrer Nutzung zunächst erfasst, gespeichert und ggfs. aufbereitet werden müssen. Tabelle 2-7 gibt einen Überblick über die im Kontext der Produktion und damit auch der vorliegenden Arbeit relevanten Datentypen sowie deren Definition und zugrundeliegende Datenquelle.

#	Datentyp	Definition	Datenquelle
1	Prozess-daten	Prozessvariablen (PV), die durch die Produktionsanlage selbst eingestellt werden, um den Fertigungsprozess zu regeln (z.B. Schnittgeschwindigkeit, Laserleistung etc.)	Produktions-anlage (siehe Tabelle 2-5)
2	Produkt-daten	Produktparameter (PP), die Einfluss auf die Produktqualität haben und vor der Weitverarbeitung in der Produktionsanlage gemessen werden (z.B. Schnittgrat, Schweißnahtgeometrie etc.)	Messtechnik (siehe Abbildung 2-16)
3	Umgebungs-daten	Umgebungsparameter, die Einfluss auf den Prozessverlauf haben und vor oder während der Verarbeitung in der Produktionsanlage gemessen werden (z.B. Temperatur, Luftfeuchtigkeit)	Sensorik (siehe Tabelle 2-5)

Tabelle 2-7: Überblick relevanter Datentypen im Produktionskontext[223,224]

Alle digitalen Assistenzsysteme, die im vorigen Kapitel als oberste Ebene des Internet of Production eingeführt wurden, beruhen auf Datensätzen, die ihnen als Input zur Verfügung gestellt werden. Zu den im Produktionsumfeld am häufigsten verwendeten Assistenzsystemen zählen Methoden des Maschinellen Lernens, auf die im Folgenden nun detailliert eingegangen wird.

---

221 vgl. Schuh, Riesener et al. 2020 – Industrie 4.0, S. 470f.
222 vgl. Schmitt, Ellerich et al. 2020 – Datenbasiertes Qualitätsmanagement, S. 490.
223 vgl. Schmitt, Ellerich et al. 2020 – Datenbasiertes Qualitätsmanagement, S. 494ff.
224 vgl. Abramowski, Kies et al. 2021 – Identifikation qualitätskritischer Parameter, S. 696f.

2.4.2 Maschinelles Lernen in der Produktion

Das Maschinelle Lernen umfasst verschiedene Methoden der Datenanalyse und ist daher in die dritte Ebene des Internet of Production einzuordnen (vgl. Abbildung 2-24). Der Begriff des Maschinellen Lernens wird in der wissenschaftlichen Literatur teilweise sehr unterschiedlich definiert und von anderen Begrifflichkeiten auf verschiedene Art und Weise abgegrenzt. Abbildung 2-26 zeigt die Beziehungen zu über- und untergeordneten Bereichen des Maschinellen Lernens in der Art, wie diese in der Wissenschaft überwiegend dargestellt werden.

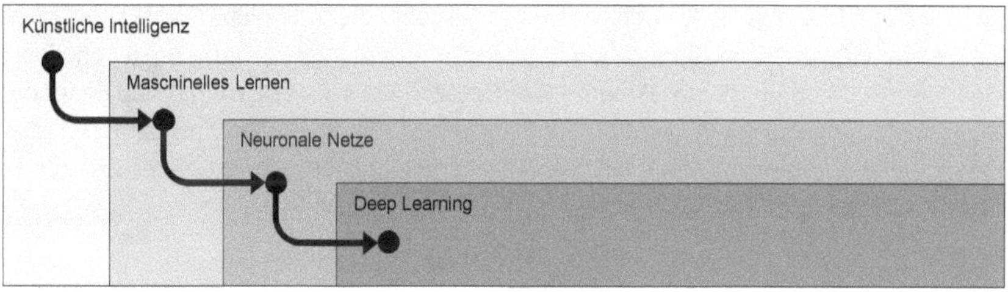

Abbildung 2-26: Einordnung und Abgrenzung des Maschinellen Lernens[225]

Der übergeordnete Begriff der Künstlichen Intelligenz als Teilgebiet der Informatik beschreibt im Allgemeinen IT-Systeme, die kognitive Fähigkeiten besitzen, die denen des Menschen sehr ähnlich sind[226,227]. Der Bereich des Maschinellen Lernens stellt dabei einen Teilbereich der Künstlichen Intelligenz dar, der auf dem Prinzip „Lernen aus Daten" beruht[228]. Vergleicht man das Maschinelle Lernen vor diesem Hintergrund mit dem menschlichen Lernen, stehen diese Daten repräsentativ für Erfahrung, wodurch sich analog das für Menschen bekannte Prinzip „Generierung von Wissen aus Erfahrung" ergibt[229,230].

Neuronale Netze (NN, englisch: Neural Networks) stellen wiederum ein Teilgebiet des Maschinellen Lernens dar (vgl. Abbildung 2-26). Neuronale Netze sind dabei eine von mehreren möglichen Grundlagen für maschinelle Lernverfahren nach dem Vorbild der Nervenzellenvernetzung im menschlichen Gehirn. NN bestehen zum einen aus mehreren Neuronen (auch: Knoten), die in hintereinander liegenden Schichten (auch: Layer) angeordnet sind, und zum anderen aus gewichteten Verbindungen (auch: Kanten), die die Neuronen untereinander vernetzen. Mit Deep Learning (DL, deutsch: Tiefes Lernen) werden Neuronale Netze bezeichnet, die aus einer hohen Anzahl von

---

225 i.A.a. Müller 2019 – Spielarten der Künstlichen Intelligenz.
226 vgl. Pistorius 2020 – Industrie 4.0, S. 31.
227 vgl. Neugebauer 2017 – Trends für die Künstliche Intelligenz, S. 6.
228 vgl. Géron 2019 – Machine Learning, S. 4.
229 vgl. Döbel, Leis et al. 2018b – Maschinelles Lernen, S. 8ff.
230 vgl. Mockenhaupt 2021 – Digitalisierung und Künstliche Intelligenz, S. 134.

Schichten besteht, wodurch – verglichen mit standardmäßigen Neuronalen Netzen – deutlich komplexere Problemstellungen gelöst werden können.[231,232]

Das Maschinelle Lernen findet im produzierenden Gewerbe im Vergleich zu anderen Bereichen der Künstlichen Intelligenz am häufigsten Anwendung[233]. Ein entscheidender Vorteil des Maschinellen Lernens im Vergleich zu konventionellen IT-Systemen besteht in der kontinuierlichen Verbesserung der Vorhersagegenauigkeit während ihrer Nutzung. Je mehr relevante und heterogene Informationen dem zugrundeliegenden Algorithmus in Form von Daten zur Verfügung stehen, desto genauer seine Prognose.[234] Das Maschinelle Lernen wird in der Regel in die drei Teilbereiche Überwachtes Lernen (ÜL, englisch: Supervised Learning), Unüberwachtes Lernen (UL, englisch: Unsupervised Learning) und Bestärkendes Lernen (BL, englisch: Reinforced Learning) untergliedert, die auch als Lernstile bezeichnet werden.[235,236] Den drei Lernstilen des maschinellen Lernens liegen wiederum unterschiedliche Lernaufgaben zugrunde (siehe Abbildung 2-27).

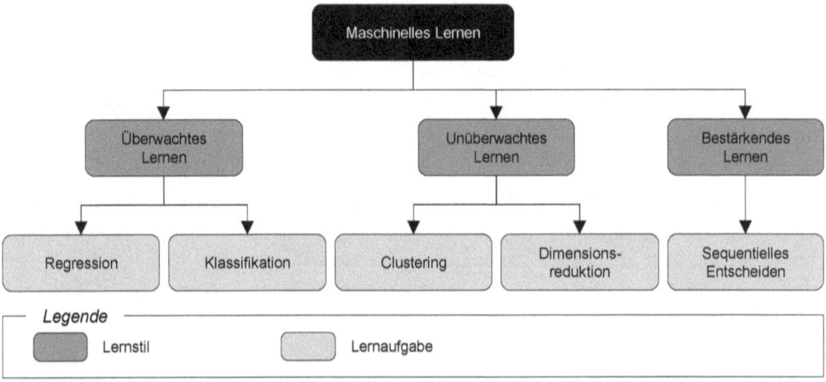

Abbildung 2-27: Teilbereiche des Maschinellen Lernen und ihre Lernaufgabe[237,238]

Den gezeigten Lernaufgaben werden weiterhin verschiedene Lernverfahren und Modelle zugeordnet, auf die in den folgenden Kapiteln je Teilbereich separat eingegangen wird.

231 vgl. Neugebauer 2017 – Trends für die Künstliche Intelligenz, S. 7.
232 vgl. Pistorius 2020 – Industrie 4.0, S. 32.
233 vgl. BMWK 2020 – Künstliche Intelligenz, S. 11f.
234 vgl. Döbel, Leis et al. 2018b – Maschinelles Lernen, S. 11f.
235 vgl. Richter 2019 – Statistisches und maschinelles Lernen, S. V.
236 vgl. Mockenhaupt 2021 – Digitalisierung und Künstliche Intelligenz, S. 138.
237 i.A.a. Döbel, Leis et al. 2018b – Maschinelles Lernen, S. 10.
238 i.A.a. Ramasubramanian, Singh 2017 – Machine Learning, S. 222.

2.4.2.1 Überwachtes Lernen

Beim Überwachten Lernen wird das Modell auf Grundlage bekannter (gelabelter bzw. gekennzeichneter) Datensätze trainiert. Dabei gibt es eine eindeutige Zielvariable, die vorhergesagt wird. Abbildung 2-28 zeigt schematisch das grundlegende Prinzip des Überwachten Lernens.

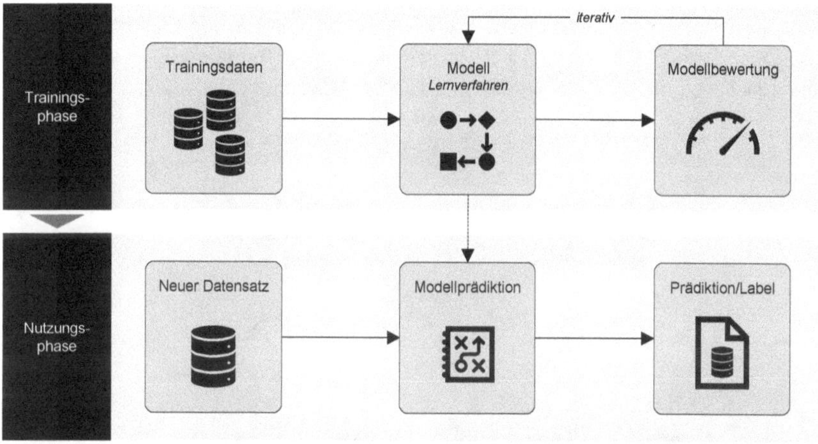

Abbildung 2-28: Grundlegendes Prinzip des Überwachten Lernens (vereinfacht)[239]

Im Rahmen des Überwachten Lernens wird grundsätzlich zwischen der Trainingsphase und der Nutzungsphase unterschieden, wobei die Trainingsphase der Nutzungsphase zeitlich vorgelagert ist. In der Nutzungsphase wird das angelernte Modell für den entsprechenden Anwendungsfall im Produktionsumfeld eingesetzt. In der vorher stattfindenden Trainingsphase wird das Modell für den Anwendungsfall angelernt. Die Grundlage des Lernprozesses stellen Trainingsdaten, Testdaten und Validierungsdaten dar, die als Teilmengen der Initialdaten im Rahmen des Modelltrainings jeweils verschiedene Funktionen einnehmen(siehe Tabelle 2-8).

#	Datensatz	Funktion
1	Trainingsdaten	Trainieren des Modells (vgl. oberer Teil von Abbildung 2-28)
2	Testdaten	Überprüfung der Güte des trainierten Modells
3	Validierungsdaten	Validierung unterschiedlicher Modellvarianten *(optional)*

Tabelle 2-8: Datensätze der Trainingsphase (Überwachtes Lernen)[240]

Die Trainingsdaten werden für den initialen Lernprozess des Modells genutzt. Der Datensatz muss dabei die Wirklichkeit (auch: Grundwahrheit) repräsentieren. Aus diesem

[239] i.A.a. Poduval, Ghose et al. 2020 – Artificial Intelligence and Machine Learning, S. 112.
[240] vgl. Deutsches Institut für Normung 2020 – DIN SPEC 13266:2020-04.

Grund muss vorab die Erhebungsmethode sowie die Mindestmenge der Daten festgelegt werden. Darüber hinaus muss die Art und Weise definiert werden, wie mit Ausreißern innerhalb der Datenmenge umgegangen wird. Die genannten Punkte sind dabei stark von der Komplexität des Anwendungsfalls sowie der gewählten Lernaufgabe und des gewählten Lernverfahrens abhängig (vgl. unterer Teil von Abbildung 2-29).[241] Die Testdaten werden zur anschließenden Kontrolle des trainierten Modells genutzt[242]. Abschließend kann das trainierte und getestete Modell durch einen Eignungsnachweis zusätzlich validiert werden, um sicherzustellen, dass die Anforderungen an die Funktionstüchtigkeit des Modells für den spezifischen Anwendungsfall erfüllt sind[243].

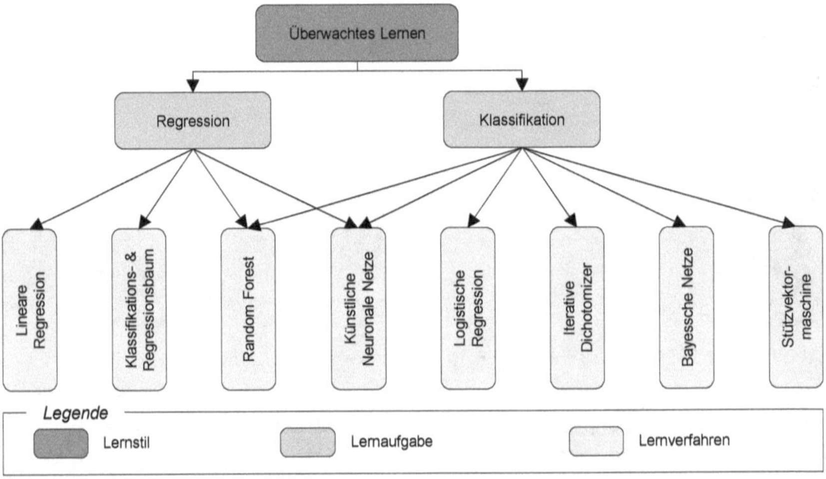

Abbildung 2-29: Überwachtes Lernen (Lernaufgaben und Lernverfahren)[244,245]

Wie in Abbildung 2-29 gezeigt, stellen die Regression und die Klassifikation die beiden Lernaufgaben des Überwachten Lernens dar. Bei der Regression wird das Modell darauf trainiert, eine Ausgabe aus einem stetigen Wertebereich zu prädizieren. Dem Modell muss aufgrund dessen ein funktionaler Zusammenhang zwischen den Eingabe- und Ausgabewerten zugrunde liegen. Die Regressionsfunktion[246] wird dem Modell während der oben genannten Trainingsphase auf Basis der Trainingsdaten beige-

[241] vgl. Mockenhaupt 2021 – Digitalisierung und Künstliche Intelligenz, S. 138.

[242] In der Regel wird ein erhobener Datensatz in einem bestimmten Verhältnis (z.B. 80/20) in einen Trainings- und einen Testdatensatz geteilt. Auf diese Weise wird sichergestellt, dass die Trainings- und Testdaten aus derselben Grundgesamtheit stammen und das Testergebnis bspw. aufgrund äußerer Einflüsse nicht verfälscht wird.

[243] vgl. Deutsches Institut für Normung 2015 – DIN EN ISO 9000:2015-11.

[244] i.A.a. Döbel, Leis et al. 2018b – Maschinelles Lernen, S. 10.

[245] i.A.a. Ramasubramanian, Singh 2017 – Machine Learning, S. 222.

[246] Die Regressionsfunktion kann einen linearen oder auch nicht-linearen (bspw. polynomialen oder exponentiellen) Zusammenhang zwischen Eingabe- und Ausgabewerten repräsentieren.

bracht. Darüber hinaus wird im Rahmen der Regression zwischen der einfachen Regression (eine unabhängige Variable), der multiplen Regression (mehrere unabhängige Variablen) und der multivariaten Regression (mehrere abhängige Variablen) unterschieden.[247] Innerhalb des Bereichs der Regression stehen folglich diverse Lernverfahren zur Verfügung, die je nach Anwendungsfall ausgewählt werden können.

Im Vergleich zur Regression wird bei der Klassifikation das zugrundeliegende Modell darauf trainiert, eine Ausgabe aus einem diskreten Wertebereich zu prädizieren. Für viele reale Anwendungsfälle reicht hier eine binäre Klassifikation aus, wie z.B. die Unterscheidung zwischen *ja* und *nein* oder im Produktionskontext auch zwischen *i.O.* (in Ordnung) oder *n.i.O.* (nicht in Ordnung). Die Unterscheidung zwischen den zwei oder mehr genannten Klassen wird dem Modell (analog zur Regression) während der Trainingsphase beigebracht.[248] Auch im Bereich der Klassifikation wird zwischen diversen Lernverfahren unterschieden (siehe Abbildung 2-29), die je nach vorliegender Situation ausgewählt werden können. Im Produktionsumfeld kommen häufig lineare und nicht-lineare Regressionen und Klassifikationen zum Einsatz (siehe Abbildung 2-30).

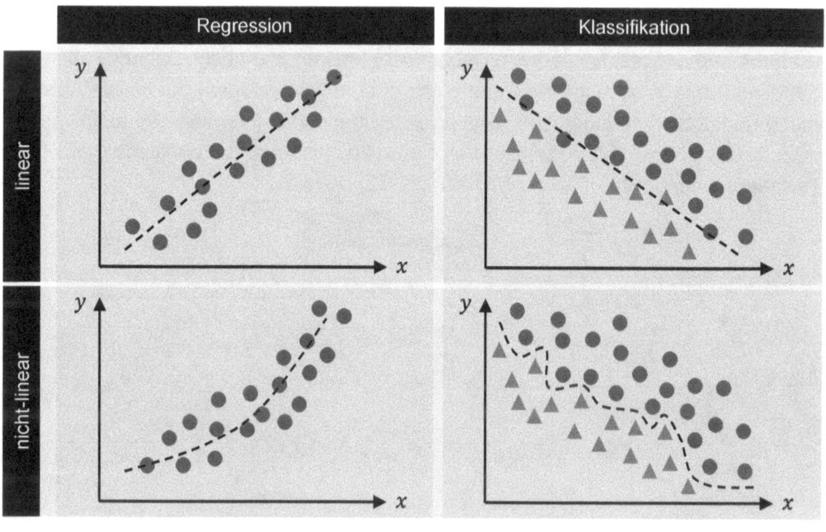

Abbildung 2-30: Beispiele für Regression (links) und Klassifikation (rechts)[249,250]

Die Abbildung zeigt, dass sich die Regression und Klassifikation aus mathematischer Sicht sehr ähnlich sind. Die in Abbildung 2-29 gezeigten Lernverfahren der beiden Lernaufgaben lassen sich daher häufig mit geringem Aufwand ineinander umwandeln.

247 vgl. von der Hude 2020 – Predictive Analytics und Data Mining, S. 107ff.
248 vgl. von der Hude 2020 – Predictive Analytics und Data Mining, S. 137ff.
249 i.A.a. Ertel 2016 – Grundkurs Künstliche Intelligenz, S. 201ff.
250 i.A.a. Matzka 2021 – Künstliche Intelligenz in den Ingenieurwissenschaften, S. 12.

2.4.2.2 Unüberwachtes Lernen

Beim Unüberwachten Lernen wird das Modell im Vergleich zum Überwachten Lernen nicht auf Basis bekannter Datensätze trainiert, wodurch ebenso keine eindeutige Zielvariable existiert, die vorhergesagt wird. Beim Unüberwachten Lernen wird vielmehr das zugrundeliegende Modell genutzt, um in den Eingabewerten bestimmte Gesetzmäßigkeiten (z.B. in Form von wiederkehrenden Mustern) zu identifizieren.[251] Abbildung 2-31 zeigt schematisch das grundlegende Prinzip des Unüberwachten Lernens.

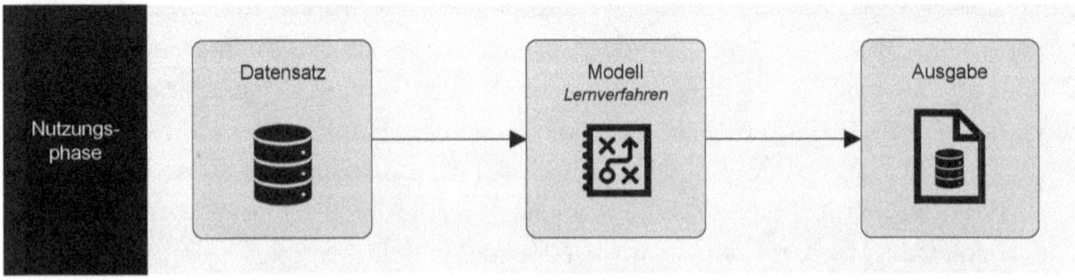

Abbildung 2-31: Grundlegendes Prinzip des Unüberwachten Lernens (vereinfacht)[252]

Die Abbildung lässt erkennen, dass die Trainingsphase, die im Rahmen des Überwachten Lernens stattfindet, beim Unüberwachten Lernen entfällt. Daher ist auch kein Labeling (Kennzeichnung) der Datensätze erforderlich, wodurch der initiale Aufwand hier grundsätzlich geringer ist.[253] Analog zum Überwachten Lernen wird auch im Rahmen des Unüberwachten Lernens zwischen verschiedenen Lernaufgaben und Lernverfahren unterschieden (siehe Abbildung 2-32).

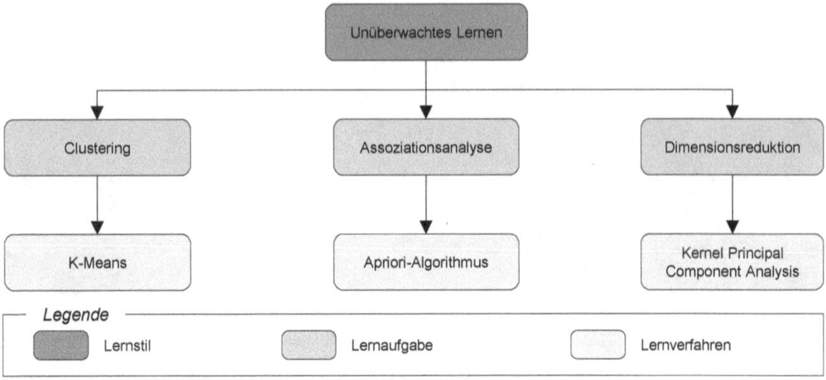

Abbildung 2-32: Unüberwachtes Lernen (Lernaufgaben und Lernverfahren)[254,255]

---

251 vgl. Plaue 2021 – Data Science, S. 255.
252 i.A.a. Poduval, Ghose et al. 2020 – Artificial Intelligence and Machine Learning, S. 113.
253 vgl. Plaue 2021 – Data Science, S. 255.
254 i.A.a. Döbel, Leis et al. 2018b – Maschinelles Lernen, S. 10.
255 i.A.a. Ramasubramanian, Singh 2017 – Machine Learning, S. 222.

Die Abbildung zeigt die Lernaufgaben des Unüberwachten Lernens, die im Produktionsumfeld am häufigsten Anwendung finden: das Clustering, die Assoziationsanalyse und die Dimensionsreduktion. Wie der Name bereits erkennen lässt werden beim Clustering unstrukturierte Datensätze in sinnvolle Cluster (sprich Gruppierungen) eingeteilt, wobei je nach Anwendungsfall und Eingabedatensätzen grundsätzlich zwei oder mehr Cluster vorkommen können. Das Verfahren ist der Klassifikation aus dem Bereich des Überwachten Lernens (vgl. Kapitel 2.4.2.1) prinzipiell sehr ähnlich[256], jedoch sind die dort als Klassen bezeichneten Cluster hier vor dem Einsatz des Modells (aufgrund des fehlenden Labeling) nicht bekannt, sondern werden erst durch den Modelleinsatz identifiziert. Clustering-Methoden werden in der Regel eingesetzt, um sehr große und für den Menschen daher unüberschaubare Datenmengen nutzbar zu machen[257]. Dabei sei erwähnt, dass der Einsatz solcher Methoden auch im Produktionsumfeld nicht zwangsläufig dazu führt, dass bis dahin unbekannte Cluster identifiziert werden – auch dies stellt jedoch in vielen Situationen in der Produktion einen wichtigen Erkenntnisgewinn dar.[258,259] Abbildung 2-33 zeigt exemplarisch die grundlegende Funktionsweise des Clustering.

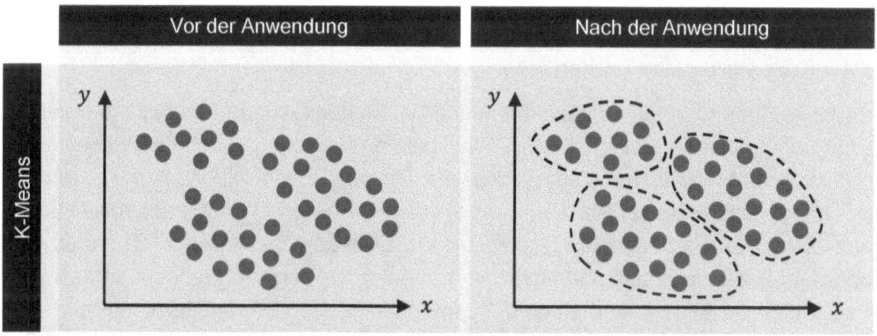

Abbildung 2-33: Funktionsweise der Clustering-Methode (vereinfacht)[260]

Die zweite häufig eingesetzte Lernaufgabe im Bereich des Unüberwachten Lernen ist die Assoziationsanalyse, die auf die Identifikation von Korrelationen in ebenfalls unstrukturierten Eingabedatensätzen abzielt. Es wird demnach versucht, Variablen zu finden, die das Auftreten anderer Variablen innerhalb des Datensatzes implizieren. Je nach Stärke und Vorzeichen[261] der identifizierten Zusammenhänge können wichtige

256 Die Clustering-Methode wird daher häufig auch als unüberwachtes Klassifikationsverfahren bezeichnet.

257 vgl. Döbel, Leis et al. 2018a – Maschinelles Lernen, S. 27.

258 vgl. Matzka 2021 – Künstliche Intelligenz in den Ingenieurwissenschaften, S. 171ff.

259 vgl. Kropp, Többel 2017 – Machine Learning, S. 17.

260 i.A.a. Matzka 2021 – Künstliche Intelligenz in den Ingenieurwissenschaften, S. 12.

261 Stärke und Vorzeichen der Zusammenhänge zwischen zwei Variablen wird durch den Korrelationskoeffizienten ermittelt, der in der Regel Werte zwischen -1 (starke negative Korrelation) und +1 (starke positive Korrelation) annehmen kann.

Erkenntnisse erlangt werden, die bspw. zur Optimierung eines komplexen Produktionsprozesses mit einer hohen Anzahl an Einflussparametern eingesetzt werden können.[262,263,264]

Die dritte Lernaufgabe im Kontext des Unüberwachten Lernens ist die Dimensionsreduktion. Bei der Dimensionsreduktion besteht das Ziel darin, die Anzahl der in einer Grundgesamtheit eines Datensatzes vorhandenen Variablen auf diejenigen Variablen zu reduzieren, die im Kontext des entsprechenden Anwendungsfall relevant sind.[265] Im Zuge einer Dimensionsreduktion werden irrelevante oder redundante Variablen vor der Weiterverarbeitung des Datensatzes aussortiert, während ausschließlich die wichtigen Variablen und die dort gespeicherten Informationen behalten werden. Die Intention hinter diesem Ansatz besteht darin, durch die höhere Effizienz sowohl die Verarbeitungskosten als auch die Verarbeitungszeit zu reduzieren, da diese unmittelbar von der Dimensionsanzahl des zu verarbeitenden Datensatzes abhängig sind. Diese Vorgehensweise gewinnt daher mit zunehmender Größe und Komplexität des Datensatzes an Bedeutung. In vielen Situationen ist die Dimensionsreduktion der Weiterverarbeitung durch andere maschinelle Lernverfahren zeitlich vorgelagert und daher lediglich ein Mittel zum Zweck.[266,267]

2.4.2.3 Bestärkendes Lernen

Beim Bestärkenden Lernen wird das Modell im Gegensatz zum Überwachten Lernen nicht auf Grundlage eines initialen Trainingsdatensatzes angelernt. Das Bestärkende Lernen beruht vielmehr auf dem Prinzip des „Trial-and-Error" oder auch des „Learning-by-Doing". Das bedeutet, dass ein Agent aus einer bestimmten Menge von Aktionen auswählen kann, wobei die Entscheidung zwischen den zur Auswahl stehenden Aktionen auf Basis von Zuständen geschieht, die durch geeignete Sensorik erfasst werden. Durch die Aktionen, die durch entsprechende Aktorik umgesetzt werden, kann der Agent demnach mit seiner Umwelt interagieren.[268] Durch ein unmittelbar folgendes Feedback, das sowohl positiv (Belohnung) als auch negativ (Bestrafung) ausfallen kann, lernt der Agent mit jeder ausgeführten Aktion dazu. Das Ziel des Agenten besteht darin, eine Nutzenfunktion zu maximieren, indem dieser stets die Aktion wählt, die ihm die größte Belohnung einbringt. Abbildung 2-34 zeigt schematisch das grundlegende Prinzip des Bestärkenden Lernens.[269,270]

---

262 vgl. Kropp, Töbel 2017 – Machine Learning, S. 17.
263 vgl. Plaue 2021 – Data Science, S. 56ff.
264 vgl. Ng, Soo 2018 – Data Science, S. 45ff.
265 vgl. Plaue 2021 – Data Science, S. 255.
266 vgl. Patel 2020 – Praxisbuch Unsupervised Learning, S. 75f.
267 vgl. Matzka 2021 – Künstliche Intelligenz in den Ingenieurwissenschaften, S. 162.
268 Die Grundlage zur realen Umsetzung eines Modells aus dem Bereich des Bestärkenden Lernens stellen bspw. cyber-physische Systeme dar (vgl. Kapitel 2.4.1.1).
269 vgl. Döbel, Leis et al. 2018a – Maschinelles Lernen, S. 28.
270 vgl. Lorenz 2020 – Reinforcement Learning, S. 4.

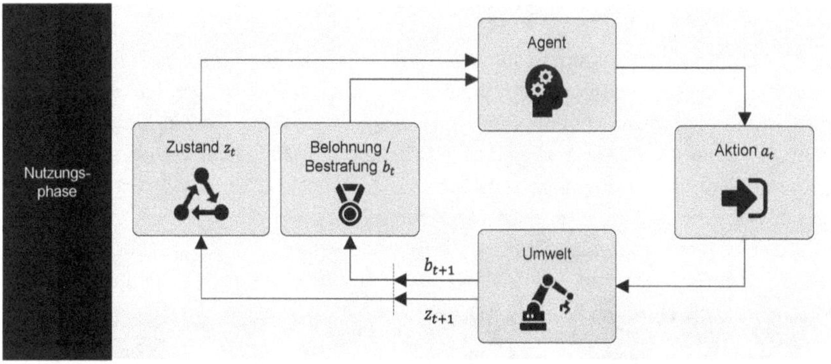

Abbildung 2-34: Grundlegendes Prinzip des Bestärkenden Lernens (vereinfacht)[271]

Das Bestärkende Lernen ist dadurch insbesondere für Maschinen geeignet, die stark mit ihrer Umwelt agieren und komplexen Steuerungen unterliegen. Im Produktionsumfeld wird das Bestärkende Lernen insbesondere im Bereich der Robotik für adaptive Prozesse eingesetzt.[272,273] Im Bereich des Bestärkenden Lernens existiert im Vergleich zum Überwachten und Unüberwachten Lernen nur eine einzige Lernaufgabe (vgl. Abbildung 2-35).

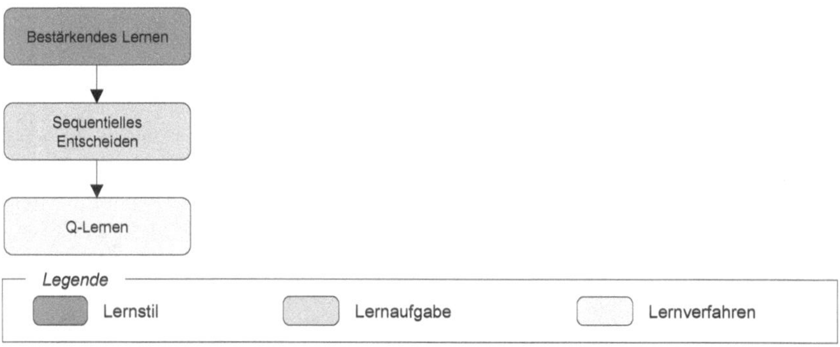

Abbildung 2-35: Bestärkendes Lernen (Lernaufgaben und Lernverfahren)[274]

Wie in der Abbildung dargestellt liegt dem Bestärkenden Lernen das Sequentielle Entscheiden als Lernaufgabe zugrunde, wobei das zugehörige Lernverfahren als Q-Lernen bezeichnet wird.[275,276]

---

271 i.A.a. Sutton, Barto 2018 – Reinforcement Learning, S. 54.
272 vgl. Richter 2019 – Statistisches und maschinelles Lernen, S. 255.
273 vgl. Sutton, Barto 2018 – Reinforcement Learning, S. 5f.
274 i.A.a. Döbel, Leis et al. 2018b – Maschinelles Lernen, S. 10.
275 vgl. Döbel, Leis et al. 2018a – Maschinelles Lernen, S. 35.
276 vgl. Lorenz 2020 – Reinforcement Learning, S. 62.

2.4.2.4 Entwicklungsprozess

Aufgrund der Vielzahl verschiedener Anwendungsfälle des Maschinellen Lernens in der Produktion existieren diverse Vorgehensweisen zur Entwicklung und Implementierung von ML-Modellen. Hinzu kommt, dass einige Phasen des Entwicklungsprozesses je nach vorliegendem Anwendungsfall, gewähltem ML-Modell und voneinander abweichenden Ausgangsbedingungen unterschiedlich stark ins Gewicht fallen oder teilweise gar übersprungen werden können. Abbildung 2-36 zeigt die allgemeinen, typischerweise aufeinanderfolgenden Phasen des Entwicklungsprozesses für Modelle aus dem Bereich des Überwachten und Bestärkenden Lernens[277] sowie relevante Leitfragen.

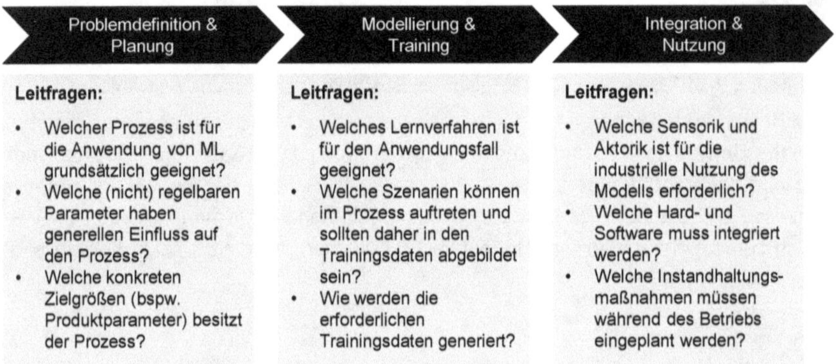

Abbildung 2-36: Phasen und Leitfragen des ML-Entwicklungsprozesses[278,279,280]

In der ersten Phase (Problemdefinition und Planung) wird zunächst evaluiert, inwiefern der Produktionsprozess für die Anwendung von ML geeignet ist. Daraufhin wird der Prozess auf relevante Prozessvariablen, Produktparameter und Zielgrößen untersucht, wodurch eine Grundlage für die zweite Phase des Entwicklungsprozesses gelegt wird (Modellierung und Training).[281] In dieser Phase wird bewertet, welches maschinelle Lernverfahren für den Anwendungsfall geeignet ist. Des Weiteren wird untersucht, welche (Grenz-)Szenarien in welchen Umfängen auftreten können und inwieweit diese in der ggfs. bereits existierenden Trainingsdatengrundlage datenseitig repräsentiert sind. Für den Fall, dass keine Trainingsdaten vorliegen, muss nach einer geeigneten Methode zur Datengenerierung gesucht werden.[282,283] Im Rahmen der dritten Phase (Integration und Nutzung) wird definiert, welche Sensorik und/oder Aktorik

---

277 Da für Modelle aus dem Bereich des Unüberwachten Lernens keine Trainingsdaten und damit keine Trainingsphase erforderlich ist, bleiben diese an dieser Stelle aufgrund der fehlenden Relevanz im Rahmen der vorliegenden Arbeit unberücksichtigt.

278 i.A.a. Deutsches Institut für Normung 2020 – DIN SPEC 13266:2020-04, S. 16.

279 i.A.a. Mockenhaupt 2021 – Digitalisierung und Künstliche Intelligenz, S. 137.

280 vgl. Ennen, Pabich et al. 2019 – Leitfaden Selbstlernende Produktionsprozesse, S. 12ff.

281 vgl. Ennen, Pabich et al. 2019 – Leitfaden Selbstlernende Produktionsprozesse, S. 16.

282 vgl. Ennen, Pabich et al. 2019 – Leitfaden Selbstlernende Produktionsprozesse, S. 13.

283 vgl. Mockenhaupt 2021 – Digitalisierung und Künstliche Intelligenz, S. 138.

für den industriellen Betrieb des ML-Modells notwendig ist und welche hard- und softwaretechnischen Komponenten in die Produktionsumgebung integriert werden müssen.[284]

2.4.3 Anwendung in der Produktion

Der Nutzung datenbasierter Ansätze (wie bspw. Methoden des Maschinellen Lernens) in der Produktion geht in der Regel ein ganzheitliches Datenprojekt voraus. Das Ziel solcher Datenprojekte besteht im Allgemeinen in der Nutzung von Daten aus einem übergeordneten Zweck. Um diesen Zweck zu erfüllen und damit das Projektziel zu erreichen, braucht es im Rahmen von Datenprojekten unterschiedliche Expertenteams, die in definierten Phasen des Projekts mit ihrem entsprechenden Expertenwissen zu dem Projekt beitragen.[285] Abbildung 2-37 ordnet die verschiedenen Expertenteams in den typischen Verlauf eines Datenprojekts ein.

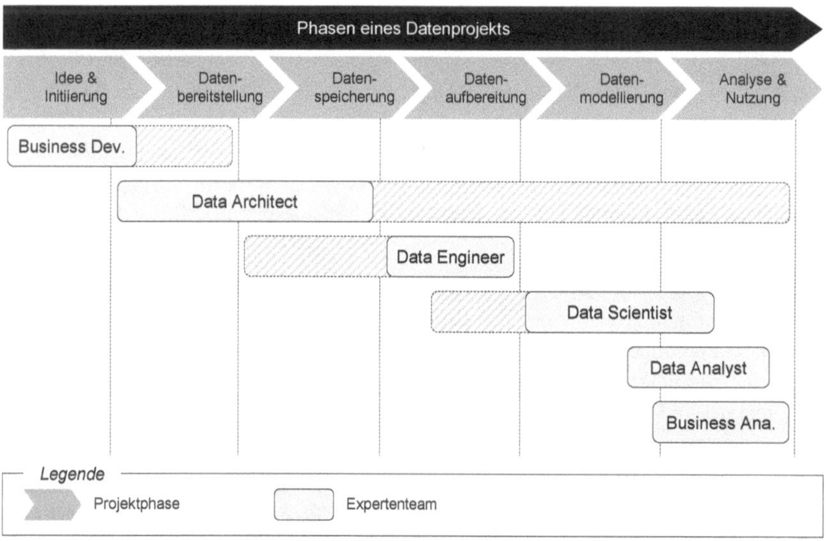

Abbildung 2-37: Relevante Expertenteams entlang eines Datenprojekts[286,287,288]

Die Idee und Initiierung eines Datenprojekts erfolgen in der Regel aus einer domänenspezifischen Problem- bzw. Fragestellung heraus. Da dafür insbesondere Domänenwissen erforderlich ist, fällt dies in den Aufgabenbereich der **Business Developer**, die

284 vgl. Ennen, Pabich et al. 2019 – Leitfaden Selbstlernende Produktionsprozesse, S. 24.
285 vgl. Schmitt, Ellerich et al. 2020 – Datenbasiertes Qualitätsmanagement, S. 508.
286 i.A.a. Papp, Weidinger et al. 2019 – Handbuch Data Science, S. 10.
287 i.A.a. Schulz, Neuhaus et al. 2020 – Vorgehensmodell für Data-Science-Projekte, S. 23.
288 Anmerkung zu Abbildung 2-37: Die fünfte Phase (Datenmodellierung) ist dabei in der Regel mit der zweiten Phase des ML-Entwicklungsprozesses gleichzusetzen (siehe Abbildung 2-36).

häufig das Bindeglied zwischen dem Management, den Unternehmenszielen und den Datenprojekten bilden.[289]

Die primäre Aufgabe von **Data Architects** besteht in der Bereitstellung und Speicherung der Daten (auf geeigneten Datenplattformen), sodass diese im Nachgang ihrem Verwendungszweck entsprechend weiterverarbeitet werden können. Da die hierfür erforderliche IT-Infrastruktur in der Regel während des gesamten Projekts notwendig ist, erstreckt sich der Aufgabenbereich der Data Architects ebenfalls auf die nachfolgenden Phasen.[290]

Die Tätigkeiten der **Data Engineers** knüpfen unmittelbar an den Tätigkeitsbereich der Data Architects an. Häufig liegen die bereitgestellten Rohdaten nicht im richtigen Format auf der Datenplattform vor, sodass die Datensätze zunächst aufbereitet werden müssen. Obwohl diese Transformation der Datensätze keinen wissensgenerierenden Schritt darstellt, ist sie insbesondere für komplexe und vielschichtige Datenprojekte unverzichtbar.[291,292]

Liegen die Daten in aufbereiteter Form vor, werden die Data Engineers von **Data Scientists** abgelöst, die in der Lage sind, eigene Modelle für Datenanalysen zu entwickeln und auch neu entwickelte Lösungsbausteine in bestehende Modelle zu integrieren. Die Arbeit der Data Scientists ist dabei eng mit der Arbeit der **Data Analysts** verwandt, die jedoch primär die bereitgestellten Analysemodelle für explorative Datenanalysen nutzen, diese aber nicht erstellen.[293]

Das Expertenteam der **Business Analysts** besteht (analog zu den Business Developer) aus Domänenexpert:innen, die die entwickelten Modelle sowie die Analysewerkzeuge für den zu Beginn des Projekts identifizierten Anwendungsfall innerhalb ihres Fachbereichs nutzen. Business Analysts geben anhand der Analyseergebnisse Entscheidungsempfehlungen und stellen damit ebenfalls ein Bindeglied zwischen dem Management und dem Datenprojekt dar.[294,295]

Je nach Art und Phase des Datenprojekts werden die beschriebenen Expertenteams unterschiedlich stark in das Projekt eingebunden. Die Arten von Datenprojekten können außerdem je nach Anwendungsfeld im Unternehmen stark voneinander abweichen. Besteht das Projektziel bspw. in der Einbindung und Nutzung maschineller Lernverfahren in der Produktion (vgl. Kapitel 2.4.2), so existieren dabei die in Abbildung 2-38 gezeigten potenziellen Anwendungsfelder.

---

289 vgl. Schulz, Neuhaus et al. 2020 – Vorgehensmodell für Data-Science-Projekte, S. 21.
290 vgl. Schulz, Neuhaus et al. 2020 – Vorgehensmodell für Data-Science-Projekte, S. 21.
291 vgl. Papp, Weidinger et al. 2019 – Handbuch Data Science, S. 12f.
292 vgl. Frick, Gadatsch et al. 2021 – Data Science, S. 86.
293 vgl. Schulz, Neuhaus et al. 2020 – Vorgehensmodell für Data-Science-Projekte, S. 20.
294 vgl. Papp, Weidinger et al. 2019 – Handbuch Data Science, S. 11.
295 vgl. Schulz, Neuhaus et al. 2020 – Vorgehensmodell für Data-Science-Projekte, S. 21.

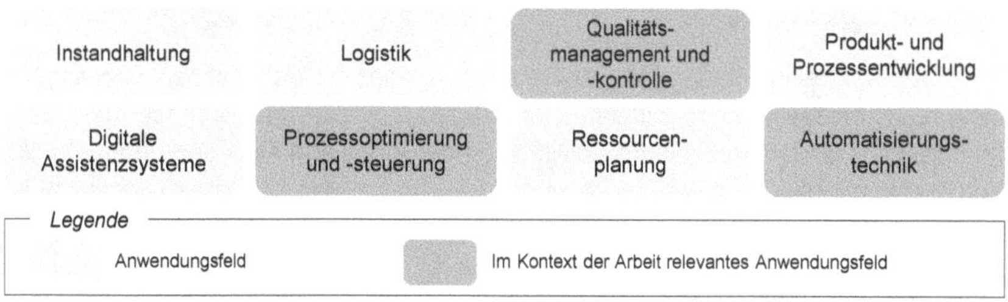

Abbildung 2-38: Anwendungsfelder des Maschinellen Lernens in der Produktion[296,297]

Im Kontext der vorliegenden Arbeit sind dabei insbesondere die drei hervorgehobenen Anwendungsfelder Qualitätsmanagement und -kontrolle, Prozessoptimierung und -steuerung sowie Automatisierungstechnik relevant. Die folgende Abbildung greift diese Anwendungsfelder auf und überträgt diese auf die drei Kategorien Prozessüberwachung, Prozessoptimierung und Prozesssteuerung.

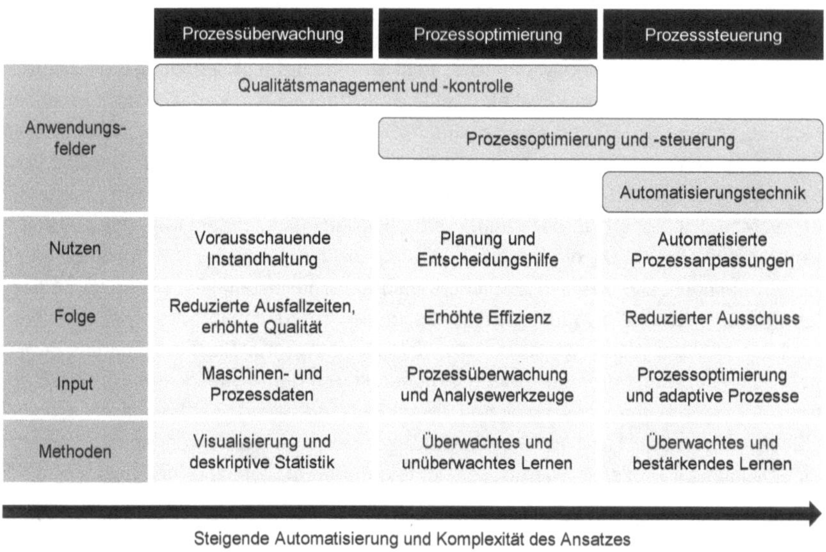

Abbildung 2-39: Ebenen der Prozessautomatisierung[298]

Aufgrund der im weiteren Verlauf der Dissertation hohen Relevanz der drei genannten Kategorien werden diese in den folgenden Unterkapiteln näher beleuchtet.

---

296 i.A.a. Hatiboglu, Schuler et al. 2019 – Einsatzfelder von KI im Produktionsumfeld, S. 14.
297 vgl. Lundborg, Märkel 2019 – Künstliche Intelligenz im Mittelstand, S. 11f.
298 i.A.a. Ennen, Pabich et al. 2019 – Leitfaden Selbstlernende Produktionsprozesse, S. 6.

2.4.3.1 Prozessüberwachung

Eine weit verbreitete, datenbasierte Methode im Bereich der Prozessüberwachung stellt die vorausschauende Instandhaltung (engl. predictive maintenance) dar. Während traditionelle Instandhaltungsaktivitäten in der Regel erst nach dem Auftreten des Fehlers durchgeführt werden und damit reaktiv sind, treten sich anbahnende Fehler durch den Einsatz vorausschauender Ansätze erst gar nicht auf. Produktionsseitig hat dies zur Folge, dass Wertschöpfungsverluste durch Fehlproduktionen oder Maschinenausfälle durch den Einsatz solch proaktiver Ansätze vermieden werden können.[299,300] Datenseitig beruht der Ansatz auf der gezielten Aufzeichnung umfassender Maschinen- und Prozessdaten (in Echtzeit) sowie ihrer Auswertung mittels Methoden der deskriptiven Statistik[301]. Das Ziel der statistischen Analyse besteht darin, Wechselwirkungen zwischen Zustandsdaten der Anlage und definierten Zielvariablen zu quantifizieren und diese mit dem Soll-Zustand zu vergleichen.[302,303]

2.4.3.2 Prozessoptimierung

Während die vorausschauende Instandhaltung auf der Prozessseite zur Steigerung der Anlageneffektivität angewandt wird, existieren weiterhin Anwendungsfälle der Prozessoptimierung, die sich unmittelbar auf das Produkt auswirken. Die dort genutzten Modelle können auf Grundlage der durch geeignete Sensorik erfassten Messdaten Abweichungen vom Soll-Zustand in den Datensätzen einer produzierten Einheit erkennen, wodurch die anschließende Ursachenanalyse deutlich erleichtert wird bzw. direkt in das Modell integriert werden kann. Hierfür werden insbesondere Methoden aus dem Bereich des ÜL und UL eingesetzt.[304] Analog zur vorausschauenden Instandhaltung auf Produktionsseite besteht dadurch ebenso die Möglichkeit, sich anbahnende Fehlermöglichkeiten auf Produktseite frühzeitig im Produktionsprozess zu erkennen. Dadurch wird den Verantwortlichen eine Entscheidungsgrundlage zur Planung geeigneter Gegenmaßnahmen zur Verfügung gestellt, um die Abweichungen durch Adaption der Folgeprozesse auszugleichen. Geschieht die Adaption der Folgeprozesse vollständig automatisiert und auf Grundlage Maschineller Lernverfahren, spricht man von einer adaptiven Prozesssteuerung, die im folgenden Kapitel näher beleuchtet wird.[305]

2.4.3.3 Prozesssteuerung

Die Prozesssteuerung baut unmittelbar auf der Prozessoptimierung auf, indem die Optimierungsergebnisse und die dadurch entwickelten Gegenmaßnahmen für aufgetre-

---

299 vgl. Cerquitelli, Nikolakis et al. 2021 – Predictive Maintenance in Smart Factories, S. 7.
300 vgl. Bink, Zschech 2018 – Predictive Maintenance in der industriellen Praxis, S. 552.
301 vgl. Hatiboglu, Schuler et al. 2019 – Einsatzfelder von Künstlicher Intelligenz, S. 19.
302 vgl. Bink, Zschech 2018 – Predictive Maintenance in der industriellen Praxis, S. 552.
303 vgl. Gronwald 2020 – Integrierte Business-Informationssysteme, S. 122ff.
304 vgl. Ennen, Pabich et al. 2019 – Leitfaden Selbstlernende Produktionsprozesse, S. 5.
305 vgl. Hatiboglu, Schuler et al. 2019 – Einsatzfelder von Künstlicher Intelligenz, S. 22.

tene Fehler automatisiert und adaptiv im Prozess umgesetzt werden. Bei dieser direkten Interaktion mit dem Prozess stoßen manche Methoden des Maschinellen Lernens an ihre Grenzen, da die Optimierung und Steuerung des Prozesses häufig zeitgleich stattfinden muss. Eine weitere Herausforderung besteht darin, dass bei komplexen Anwendungsfällen in der Regel enorm viele Parameter existieren, die die erforderliche Echtzeitfähigkeit der Prozesssteuerung beeinflussen[306]. Aus diesem Grund bietet sich im Bereich der adaptiven Prozesssteuerung häufig das Bestärkende Lernen an, da die dort zugrundeliegenden Lernverfahren die direkte Interaktion für ihren erfolgreichen Einsatz benötigen und dadurch auf die parallele Optimierung und Steuerung des Prozesses ausgelegt sind (vgl. Kapitel 2.4.2.3).[307] Neben den unmittelbaren Prozessdaten fließen dabei auch historische Daten in die Steuerungsprozesse mit ein, um entweder wertvolle Informationen aus vorherigen Prozessdurchläufen miteinzubeziehen oder Daten aus vorgelagerten Prozessschritten zu berücksichtigen.[308]

2.4.4 Zwischenfazit

Es wurde gezeigt, dass durch die vierte industrielle Revolution sowohl während der Produktion als auch in vor- und nachgelagerten Phasen (Entwicklung und Nutzung) eine enorme Anzahl an Rohdaten generiert werden. Die durch die Middleware⁺ (zweite IoP-Ebene) vorgefilterten Daten können anschließend durch den Einsatz verschiedener Analysemethoden (dritte IoP-Ebene) untersucht werden, wobei die Analyseergebnisse schließlich für verschiedene Assistenzsysteme eingesetzt werden können (vierte IoP-Ebene). Im Bereich der Assistenzsysteme haben sich insbesondere adaptive Prozesse etabliert, die sich an veränderte Umgebungsbedingungen aktiv anpassen können, um der im industriellen Produktionsumfeld herrschenden Komplexität gerecht zu werden. Zeitgleich hat sich im Bereich der Analysemethoden das Maschinelle Lernen aufgrund zahlreicher verfügbarer Lernverfahren mit unterschiedlichen Anwendungsschwerpunkten durchgesetzt. Als typische Anwendungsfelder wurden das Qualitätsmanagement, die Prozessoptimierung und die Automatisierungstechnik identifiziert.

Gleichwohl wurde erkannt, dass für einen überwiegenden Teil der Maschinellen Lernmethoden eine ausreichende Datengrundlage zur Verfügung stehen muss. In bereits laufenden Serienproduktionen werden in der Regel große Datenmengen generiert, die im Anschluss als ausreichende Datengrundlage zur Verfügung stehen. Zu Beginn von Anlaufphasen disruptiver Produkte ist dies in den meisten Fällen nicht gegeben. Um die Potenziale maschineller Lernverfahren bereits ab dem ersten hergestellten Produkt bestmöglich auszuschöpfen, ergibt sich demzufolge zum Zeitpunkt des Beginns der Anlaufphase eine Diskrepanz zwischen der erforderlichen und existierenden Datenbasis. Auf diese Diskrepanz wird im folgenden Kapitel detaillierter eingegangen.

---

[306] vgl. Wennker 2020 – Künstliche Intelligenz in der Praxis, S. 139.
[307] vgl. Ennen, Pabich et al. 2019 – Leitfaden Selbstlernende Produktionsprozesse, S. 6.
[308] vgl. Hatiboglu, Schuler et al. 2019 – Einsatzfelder von Künstlicher Intelligenz, S. 22.

2.5 Handlungsbedarf aus der industriellen Praxis

Zu Beginn des Grundlagenkapitels wurde die produkt- und prozessseitige Komplexität des Hairpin-Stators sowie der zugrundeliegenden Prozesskette aufgezeigt und Methoden der präventiven Qualitätssicherung beschrieben, um dieser Komplexität produktionsseitig gerecht zu werden. Daran anschließend wurden die Grundlagen datenbasierter Ansätze mit Fokus auf Methoden des Maschinellen Lernens erläutert, die ein starkes Instrument in Bezug auf die Umsetzung qualitätssichernder Maßnahmen darstellen. Abbildung 2-40 greift die genannten Themenbereiche auf und nutzt diese, um das Praxisdefizit zu veranschaulichen, dem sich die vorliegende Arbeit widmet.

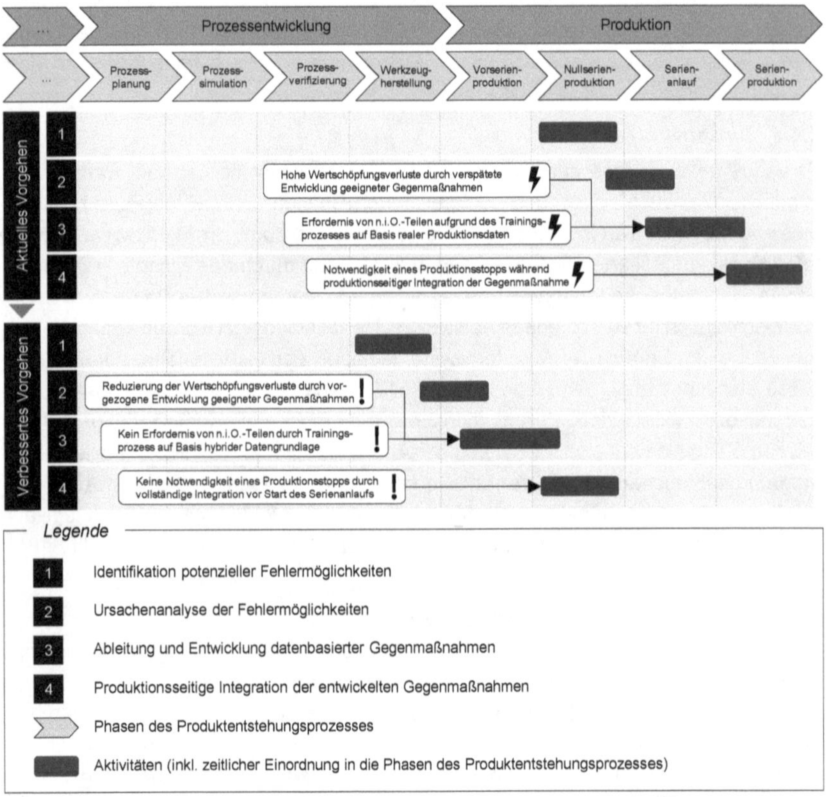

Abbildung 2-40: Integration datenbasierter Ansätze in die Produktion[309]

Der obere Teil der Abbildung stellt die aktuelle Vorgehensweise bei der Integration datenbasierter Ansätze in die Produktionsumgebung sowie die daraus unmittelbar folgenden Konsequenzen für produzierende Unternehmen dar. Die Abbildung zeigt dafür

309 Eigene Darstellung; i.A.a. Westkämper, Löffler 2016 – Strategien der Produktion, S. 103ff.

in horizontaler Richtung die bereits eingeführten Phasen des Produktentstehungsprozesses (vgl. Abbildung 2-12). In vertikaler Richtung sind die Phasen und Aufgabenumfänge dargestellt, die bei auftretenden Produktionsfehlern und daraufhin einzuleitenden datenbasierten Gegenmaßnahmen zu durchlaufen sind:

1. Identifikation potenzieller Fehlermöglichkeiten
2. Ursachenanalyse der Fehlermöglichkeiten
3. Ableitung und Entwicklung datenbasierter Gegenmaßnahmen
4. Produktionsseitige Integration der entwickelten Gegenmaßnahmen

Die vier genannten Phasen sind im oberen Teil der Abbildung durch das Gantt-Chart zeitlich in die Phasen des Produktentstehungsprozesses eingeordnet. Aus den Zeitpunkten sowie den Inhalten der Aufgabenumfänge resultieren verschiedene Wertschöpfungsverluste für produzierende Unternehmen. Zunächst besteht durch die späte Entwicklung und den entsprechend späten Einsatz datenbasierter Ansätze ein vermeidbarer hoher Ausschuss, der auf eine niedrige Gesamtanlageneffektivität zurückzuführen ist (z.B. durch unvorhergesehene Wechselwirkungen zwischen Prozessschritten, die einen negativen Einfluss auf die Produktqualität besitzen). Weiterhin wird für einen hinreichenden Lernprozess eines datenbasierten Ansatzes eine heterogene Datengrundlage benötigt, die sowohl auf Basis von i.O.-Teilen als auch n.i.O.-Teilen generiert wurde, wofür Ausschussteile aus der laufenden Produktion erforderlich sind.[310] ZÜHLKE[311] weiß um diese Problematik und fasst zusammen:

> *„Einer Produktionsanlage, die selbstständig lernen und sich verbessern soll, müsste gestattet werden, Fehler zu machen. Und das heißt gegebenenfalls auch Ausschuss zu produzieren, denn Fehlentscheidungen gehören zu einem Lernprozess dazu. Das können wir uns in einer realen Produktion aber meistens nicht leisten."*[312]

Die Ursache einer weiteren in Abbildung 2-40 dargestellten Problematik liegt in der Hardware, die für den Einsatz eines datenbasierten Ansatzes notwendig ist (z.B. Sensorik und Aktorik). Um diese in die Produktionsumgebung integrieren zu können, ist in der Regel ein außerordentlicher Produktionsstopp erforderlich, der wiederum zu hohen Wertschöpfungsverlusten durch die während der Stillstandszeit nicht produzierten Einheiten führt. [313]

---

310 vgl. Reuter, Massalsky et al. 2021 – Qualität durch synthetische Datensätze, S. 673.

311 Prof. Detlef Zühlke ist ehemaliger Executive Director des Deutschen Forschungszentrums für Künstliche Intelligenz (DFKI) und fokussiert in seinen Forschungsaktivitäten insbesondere die Anwendung von datenbasierten Methoden im realen Fabrikbetrieb.

312 vgl. Spinnarke 2017 – Künstliche Intelligenz.

313 Das geschilderte Praxisdefizit inkl. der produktionsseitigen Folgen für Unternehmen wurde im Rahmen eines vom PEM der RWTH Aachen durchgeführten Industrieprojekts identifiziert.

Im Rahmen der Problemstellung der vorliegenden Arbeit (siehe Kapitel 1.2) wurde das Potenzial datenbasierter Ansätze während der Anlaufphase disruptiver Produkte bereits schematisch dargestellt (siehe Abbildung 1-2). Abbildung 2-41 greift diese Überlegungen auf und ergänzt diese durch das zuvor beschriebene Praxisdefizit, aus dem sich unmittelbar der Handlungsbedarf aus der industriellen Praxis ergibt.

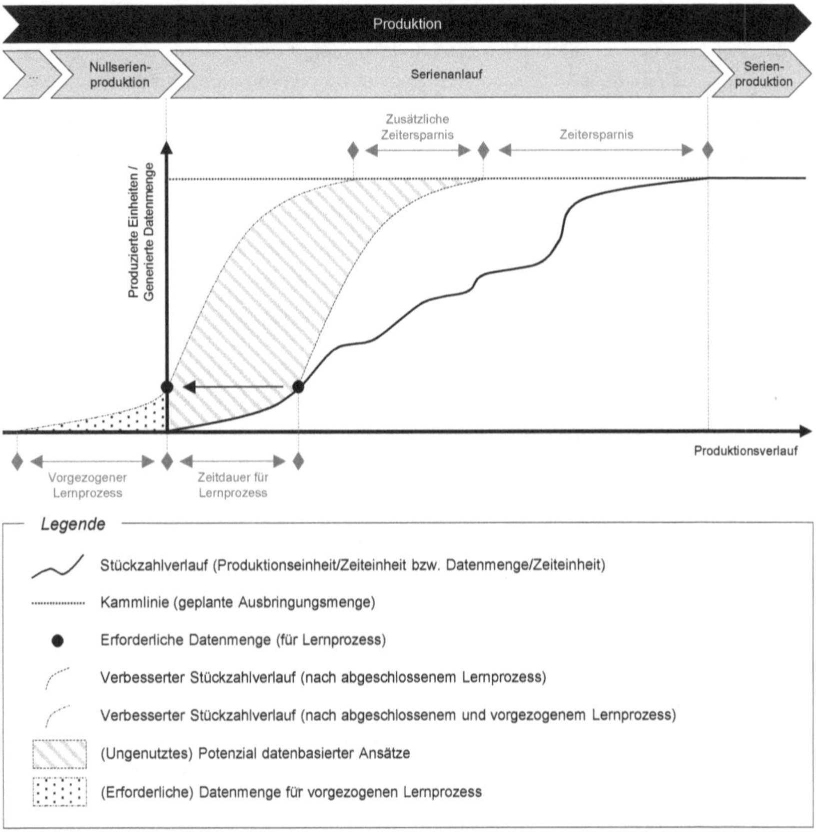

Abbildung 2-41: Bedarf an Trainingsdaten vor der Anlaufphase (schematisch)[314,315,316]

Das derzeit ungenutzte Potenzial datenbasierter Ansätze in der Anlaufphase disruptiver Produkte wird in der Abbildung durch die schraffierte Fläche dargestellt. Zur vollständigen Nutzbarmachung des Potenzials müssen die Lernprozesse der datenbasier-

314 i.A.a. Corsten, Gössinger et al. (Hg.) 2018 – Produktions- und Logistikmanagement, S. 540.
315 i.A.a. Dombrowski, Hanke 2017 – Lean Ramp-up, S. 387 (vgl. Abbildung 1-2).
316 i.A.a. Burggräf, Schuh 2021 – Fabrikplanung, S. 505.

ten Ansätze bereits vor Beginn der Anlaufphase abgeschlossen sein. Die Voraussetzung dafür – also das Vorliegen der für den Lernprozess erforderlichen Trainingsdaten – ist insbesondere bei disruptiven Produkten aufgrund des hohen Neuheitsgrads nicht gegeben. Aus diesen Überlegungen wird der Handlungsbedarf aus der industriellen Praxis geschlussfolgert, dem sich die vorliegende Arbeit widmet:

Es besteht ein ungenutztes Potenzial datenbasierter Ansätze während der Anlaufphase disruptiver Produkte, das auf einen ungedeckten Bedarf an Trainingsdaten vor der Anlaufphase zurückzuführen ist.

Die gepunktete Fläche in Abbildung 2-41 repräsentiert somit den Bedarf an Trainingsdaten, die für das in Abbildung 2-40 dargestellte Vorziehen des Lernprozesses erforderlich sind. Das Erfordernis solcher Trainingsdaten, die nicht der realen Produktion entstammen, unterstreicht auch QUENDT[317] und fordert:

> *„Ein ‚Lernen durch Fehler' ist in der Industrie (...) heikel bis indiskutabel und es müssen andere Herangehensweisen gewählt werden."*[318]

Aus der Motivation heraus, die geforderten alternativen Herangehensweisen zu erforschen und damit die oben genannten Wertschöpfungsverluste zu vermeiden, wurde im Rahmen der vorliegenden Arbeit folgende Lösungshypothese entwickelt, die unmittelbar der eingangs definierten Zielsetzung (siehe Kapitel 1.3) entstammt:

Durch die Verwendung hybrider Trainingsdaten, die vor der Anlaufphase generiert werden, kann das Potenzial datenbasierter Ansätze bereits während der Anlaufphase genutzt und Wertschöpfungsverluste reduziert werden.

Die aufgezeigte Lösungshypothese wird in Kapitel 4 und 5 aufgegriffen und in Form der Methodik konzeptionell sowie inhaltlich ausdetailliert. Das folgende Kapitel legt nun zunächst die Grundlagen des Gestaltungsbereichs dar, um neben dem Handlungsbedarf aus der industriellen Praxis ebenso den Handlungsbedarf aus der wissenschaftlichen Theorie herzuleiten.

---

[317] Dr. Bernhard Quendt ist ehemaliger CTO der Digital Factory Division der Siemens AG, die sich mit der Digitalisierung von Fabriken und daraus entstehenden neuen Geschäftsmodellen beschäftigt.

[318] vgl. Spinnarke 2017 – Künstliche Intelligenz.

3 Grundlagen des Gestaltungsbereichs

Basics of the Design Area

Die Zielsetzung der vorliegenden Arbeit adressiert die Entwicklung einer Methodik zur frühzeitigen Integration datenbasierter Ansätze in die Anlaufphase disruptiver Produkte, um Wertschöpfungsverluste in der Produktion zu reduzieren (vgl. Kapitel 1.3). Der industrielle Handlungsbedarf, der im vorigen Kapitel hergeleitet wurde und der Zielsetzung zugrunde liegt, besteht in der Notwendigkeit des Vorliegens geeigneter Trainingsdaten, um diese frühzeitige Integration zu ermöglichen (vgl. Kapitel 2.5). Neben diesem gezeigten Praxisdefizit wird nun das Theoriedefizit der vorliegenden Dissertation hergeleitet, indem im folgenden Kapitel untersucht wird, inwieweit in der wissenschaftlichen Literatur bereits Ansätze existieren, die eine vergleichbare Zielsetzung sowie einen übereinstimmenden Handlungsbedarf besitzen. Dafür werden zunächst die inhaltlichen Anforderungen an die Methodik definiert (Kapitel 3.1). Darauf aufbauend wird das wissenschaftliche Suchfeld hergeleitet, in dem nach bereits bestehenden Ansätzen recherchiert wird (Kapitel 3.2). Auf Grundlage des definierten Suchfelds sowie der Zielsetzung und des Handlungsbedarfs werden anschließend bestehende wissenschaftliche Ansätze zusammenfassend beschrieben (Kapitel 3.3). Abschließend werden die Ansätze anhand der definierten Anforderungen systematisch bewertet, woraufhin der Handlungsbedarf aus der wissenschaftlichen Theorie abgeleitet wird, der das oben genannte Theoriedefizit der vorliegenden Arbeit darstellt (Kapitel 3.4).

3.1 Inhaltliche Anforderungen an die Methodik

In der folgenden Tabelle sind die inhaltlichen Anforderungen an die Methodik aufgelistet und zusammengefasst.

#	Anforderung	Erläuterung
01	Zielsetzung	Die Methodik verfolgt die **Zielsetzung** der Wertschöpfungssteigerung in der Anlaufphase neuartiger Produkte.
02	Lösungsansatz	Die Methodik nutzt als **Lösungsansatz** datenbasierte Ansätze als Gegenmaßnahmen für potenzielle Fehlermöglichkeiten.
03	Schwerpunkt	Die Methodik legt den **Schwerpunkt** auf die hybride Datengenerierung durch die Integration bestehenden Wissens.
04	Vollständigkeit	Die Methodik umfasst die Fehleridentifikation bis hin zur Detaillierung geeigneter Gegenmaßnahmen **vollständig**.
05	Anwendbarkeit	Die Methodik ist im Produktionskontext und bereits vor Beginn der Anlaufphase **anwendbar**.

Tabelle 3-1: Inhaltliche Anforderungen an die Methodik

Die erste Anforderung adressiert die **Zielsetzung** der vorliegenden Arbeit, die in einer Wertschöpfungssteigerung in der Anlaufphase neuartiger Produkte besteht. Die Wertschöpfungssteigerung sollte dabei insbesondere aus der Reduzierung der Anlaufzeit oder der Anlaufkosten resultieren. Die zweite Anforderung bezieht sich auf den zugrundeliegenden **Lösungsansatz** der Methodik, wobei hier der Fokus auf die Nutzung datenbasierter Ansätze als Gegenmaßnahme für potenzielle Fehlermöglichkeiten innerhalb der Anlaufphase liegt. Durch die dritte Anforderung wird der **Schwerpunkt** der Methodik definiert, der auf der hybriden Datengenerierung insbesondere durch die Integration bereits bestehenden Wissens liegt. Durch die **Vollständigkeit** der Methodik als vierte Anforderung wird sichergestellt, dass die Methodik sowohl die Identifikation potenzieller Fehlermöglichkeiten als auch die Detaillierung geeigneter Gegenmaßnahmen umfasst. Die letzte inhaltliche Anforderung an die Methodik adressiert deren vollständige **Anwendbarkeit** bereits vor Beginn der Anlaufphase.

3.2 Herleitung des wissenschaftlichen Suchfelds

Die grundlegende Thematik der vorliegenden Dissertation befindet sich aufgrund ihrer Problemstellung, Lösungshypothese und Zielsetzung in der Schnittmenge zwischen den Produktionswissenschaften und den Datenwissenschaften. Aus diesem Grund werden die beiden Wissenschaftsgebiete im Folgenden mit dem Ziel der Herleitung des wissenschaftlichen Suchfelds näher betrachtet.

Im Rahmen der Produktionswissenschaft befasst sich das unternehmerische Produktionsmanagement mit der Gestaltung, Planung, Überwachung und Steuerung eines Produktionssystems sowie den betrieblichen Ressourcen Mensch, Maschine, Material und Information. Das strategische Produktionsmanagement widmet sich dabei der strategischen Ausrichtung des Unternehmens auf Grundlage definierter Ziele, Prinzipien und Normen, während das operative Produktionsmanagement das Ziel verfolgt, die Produkte des Unternehmens in der erforderlichen Menge und Qualität unter Einsatz eines bestimmten Kostenaufwands zu erstellen.[319,320] Das Anlaufmanagement befasst sich mit der initialen Realisierung und Inbetriebnahme des Produktionssystems. Darunter fallen alle Tätigkeiten und Maßnahmen zur Planung, Beschaffung, Koordination und Steuerung relevanter Ressourcen innerhalb des Produktionssystems ab der Freigabe der Vorserie bis zum Erreichen der geplanten Ausbringungsmenge (vgl. Abbildung 2-12).[321,322] Im Bereich des Anlaufmanagements hat sich in den letzten Jahren insbesondere in der Automobilindustrie ein Anlaufmanagementmodell als Strukturierungshilfe etabliert. Das Modell umfasst dabei verschiedene Akteure, Managementdimensionen und Zieldimensionen, die jeweils miteinander in Beziehung stehen (siehe Abbildung 3-1).[323] Aus der Abbildung wird ersichtlich, dass neben anderen Managementdimensionen auch das zuvor definierte Produktionsmanagement eine wesentliche Rolle innerhalb des Modells spielt. Wie bereits in der Ausgangssituation

319 vgl. Schuh, Kampker 2011 – Strategie und Management produzierender Unternehmen, S. 342.
320 vgl. Schuh, Schmidt 2014 – Produktionsmanagement, S. 1.
321 vgl. Schuh, Kampker 2011 – Strategie und Management produzierender Unternehmen, S. 342.
322 vgl. Dombrowski, Krenkel 2021 – Ganzheitliches Produktionsmanagement, S. 537.
323 vgl. Schuh, Stölzle et al. 2008 – Anlaufmanagement, S. 3ff.

der vorliegenden Arbeit beschrieben (vgl. Kapitel 1.1), besteht die wesentliche Herausforderung in Anlaufphasen aus Produktionssicht in dem Neuheitsgrad der Prozesse und Produktionsmittel sowie den daraus resultierenden qualitätsbeeinflussenden Fehlermöglichkeiten.[324]

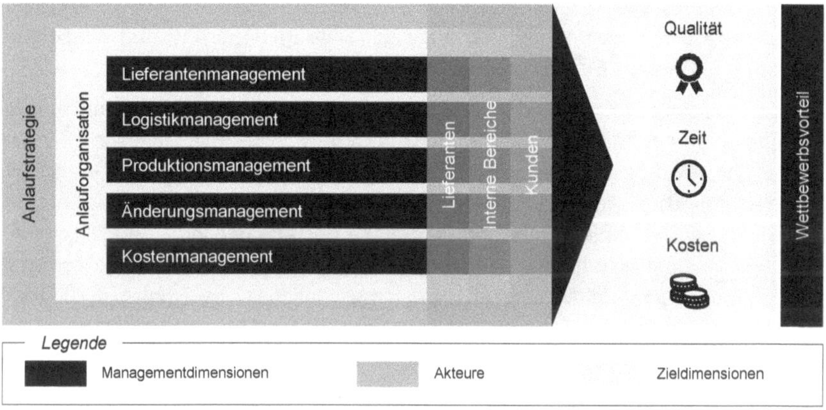

Abbildung 3-1: Integriertes Anlaufmanagementmodell[325]

Da die vorliegende Arbeit genau diese Herausforderung adressiert und damit eine vergleichbare produktionswissenschaftliche Problemstellung und Zielsetzung besitzt, werden die **Methoden des Anlauf- und Qualitätsmanagements** als erstes Suchfeld definiert.

Die Datenwissenschaft (engl. Data Science) ist ein eigenständiger Wissenschaftsbereich, in dem im Allgemeinen das „Problemlösen mit Computern"[326] im Vordergrund steht. Um dies im Kontext produzierender Unternehmen möglich zu machen, hat sich in den vergangenen Jahrzehnten mit zunehmender Relevanz von „Daten als das Öl des 21. Jahrhunderts" der Bereich des Datenmanagements etabliert[327]. Da Daten unmittelbar Informationen widerspiegeln, ist das Datenmanagement aus Unternehmensperspektive sehr eng mit dem Informationsmanagement verbunden[328]. Die Aufgabe des Informations- bzw. Datenmanagements besteht darin, die richtigen Informationen bzw. Daten zum richtigen Zeitpunkt in der richtigen Menge am richtigen Ort in der erforderlichen Qualität bereitzustellen[329]. Der Aufgabenbereich des Datenmanagements umfasst folglich insbesondere die Datenbereitstellung (vgl. Abbildung 2-37)[330,331], der

---

324 vgl. Schuh, Stölzle et al. 2008 – Anlaufmanagement, S. 23f.
325 i.A.a. Schuh, Stölzle et al. 2008 – Anlaufmanagement, S. 4.
326 Aust 2021 – Das Zeitalter der Daten, S. 3.
327 vgl. Bühler, Schlaich et al. 2019 – Datenmanagement, S. 2ff.
328 vgl. Bodendorf 2003 – Daten- und Wissensmanagement, S. 1f.
329 vgl. Frick, Gadatsch et al. 2021 – Data Science, S. 42.
330 vgl. IBM 2022 – Datenmanagement.
331 vgl. Groba, Scholz et al. 2022 – Data Management.

im Kontext der vorliegenden Arbeit eine besondere Bedeutung zukommt, da bei neuartigen Produkten die Bereitstellung der Daten in der erforderlichen Qualität und Quantität aufgrund des Neuheitsgrads nicht möglich ist. Die Lösungshypothese der vorliegenden Arbeit, die die Generierung hybrider Datenmengen auf Grundlage bestehenden Wissens adressiert, stellt dabei einen möglichen alternativen Lösungsweg dar. Aus diesem Grund werden die **Methoden der Datengenerierung und Wissensintegration** als zweites Suchfeld definiert.

Da die intelligente Nutzung von Daten im Produktionsbereich von produzierenden Unternehmen bereits seit einigen Jahren forciert wird, ist in der Schnittmenge zwischen Produktions- und Datenwissenschaften ein eigener wissenschaftlicher Teilbereich entstanden. Ein wesentliches Aufgabengebiet dieses Teilbereichs befasst sich mit der **Entwicklung und Implementierung datenbasierter Ansätze** in die Produktionsumgebung sowie mit allen daraus resultierenden organisatorischen und prozessseitigen Herausforderungen. Da dies ebenso die datenwissenschaftliche Problemstellung und Zielsetzung der vorliegenden Arbeit darstellt, wird dieser Teilbereich als drittes Suchfeld definiert. Die Einordnung der Problemstellungen, Zielsetzungen sowie der Lösungshypothese in die genannten Wissenschaftsgebiete ist in Abbildung 3-2 dargestellt.

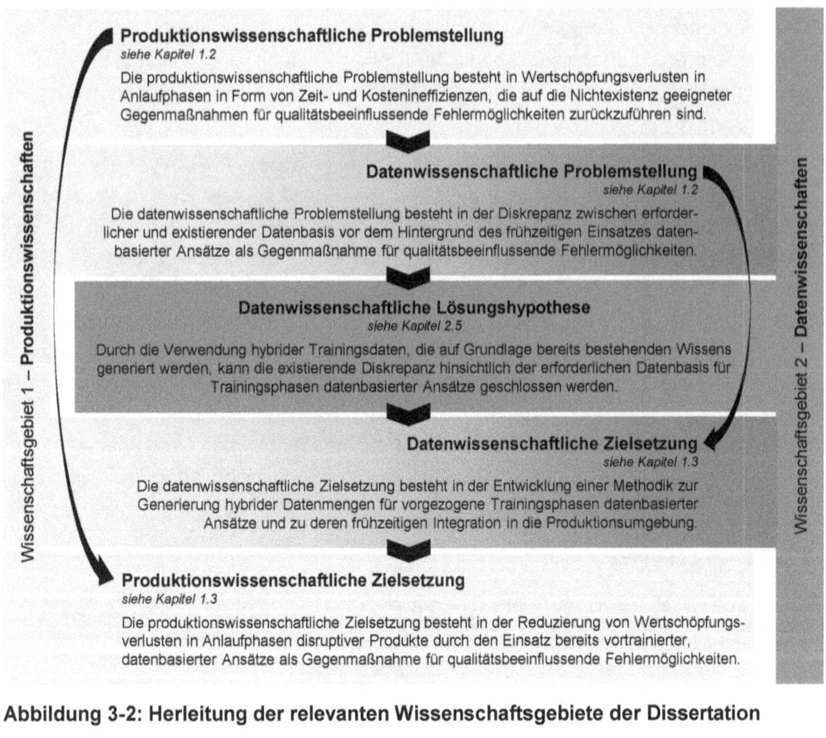

Abbildung 3-2: Herleitung der relevanten Wissenschaftsgebiete der Dissertation

Abbildung 3-2 folgend wird festgehalten, dass die produktionswissenschaftliche Problemstellung sowie die produktionswissenschaftliche Zielsetzung, die Ineffizienzen in der Anlaufphase disruptiver Produkte sowie geeignete Lösungsansätze zur Steigerung der Anlaufleistung umfassen, in den Bereich der **Produktionswissenschaften** einzuordnen sind. Die Lösungshypothese der Dissertation, die die Generierung hybrider Trainingsdaten für einen frühzeitigen Einsatz datenbasierter Ansätze in der Anlaufphase umfasst, entstammt hingegen vollständig den **Datenwissenschaften**. Die datenwissenschaftliche Problemstellung und die datenwissenschaftliche Zielsetzung (als Bindeglieder zwischen der produktionswissenschaftlichen Problemstellung, der datenwissenschaftlichen Lösungshypothese und der produktionswissenschaftlichen Zielsetzung) sind demnach in die **Schnittmenge zwischen Produktions- und Datenwissenschaften** einzuordnen. Dies steht im Einklang mit dem der Dissertation zugrundeliegenden Motiv, datenwissenschaftliche Methoden zu nutzen, um produktionswissenschaftliche Problemstellungen zu lösen. Aufgrund dieser thematischen Interdisziplinarität ergeben sich die drei Suchfelder der Dissertation aus der Vereinigungsmenge der beiden oben genannten Wissenschaftsgebiete. In Abbildung 3-3 sind die Suchfelder sowie ihr entsprechender Recherchefokus zusammenfassend dargestellt.

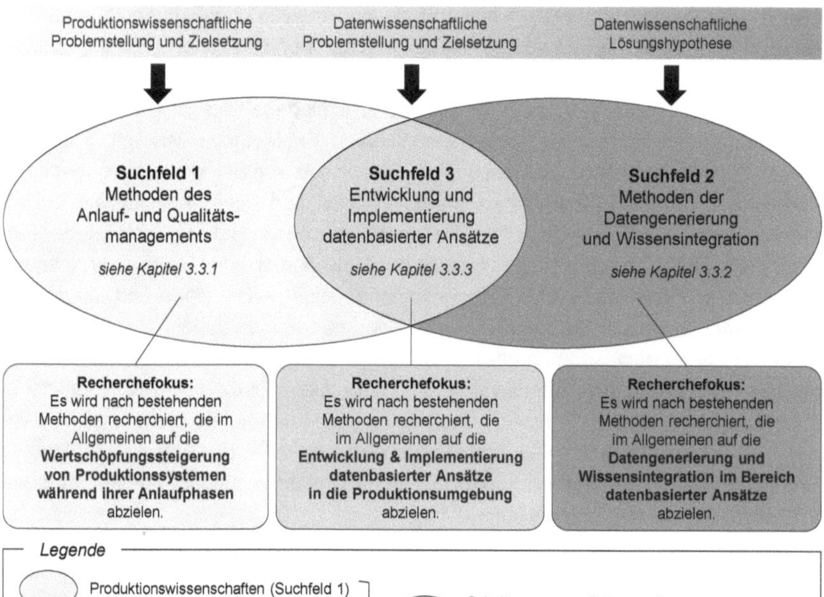

Abbildung 3-3: Wissenschaftliche Suchfelder der Dissertation

Damit ist das Gesamtsuchfeld der vorliegenden Dissertation sowie ihre jeweiligen Rechercheschwerpunkte vollständig definiert. Im Folgenden werden nun die innerhalb der Suchfelder bereits bestehenden Ansätze beschrieben.

3.3 Beschreibung bestehender Ansätze

Das folgende Kapitel stellt das Ergebnis der im Rahmen der Dissertation durchgeführten Literaturrecherche dar.[332] Dafür werden zunächst die existierenden Methoden des Anlauf- und Qualitätsmanagements beschrieben (Suchfeld 1, Kapitel 3.3.1). Daran anschließend werden bestehende Methoden der Datengenerierung und Wissensintegration zusammenfassend dargestellt (Suchfeld 2, Kapitel 3.3.2). Abschließend werden existierende Methoden erläutert, die auf die Entwicklung und Implementierung datenbasierter Ansätze in die Produktionsumgebung abzielen (Suchfeld 3, Kapitel 3.3.3).

3.3.1 Methoden des Anlauf- und Qualitätsmanagements

Beitrag zur Effizienzsteigerung während Produktionsanläufen – SCHMAHLS

Der Ansatz von SCHMAHLS untersucht die Effektivität und Effizienz während Produktionsanläufen als Bausteine der Anlaufleistung eines Unternehmens. Das Ziel dieser Untersuchung ist die Aufdeckung der Problemfelder innerhalb der Produktion in einer frühen Phase des Produktentwicklungsprozesses sowie die bereichsübergreifende Entwicklung geeigneter Gegenmaßnahmen.[333] Zur Erreichung einer Effizienzsteigerung während der Anlaufphase eines Produkts dient die Entwicklung eines umfangreichen Kennzahlensystems, das insbesondere vom Anlaufcontrolling genutzt wird. Das Kennzahlensystem berücksichtigt dabei sechs verschiedene Leistungsgrößen (Menge, Zeit, Häufigkeit, Neuartigkeit, Qualität und Verantwortung).[334] Neben den Leistungsgrößen existieren außerdem sechs verschiedene Kategorien, die die Effizienz während des Anlaufs maßgeblich beeinflussen (6M-Methode: Mensch, Maschine, Milieu, Material, Methode und Messung).[335] Der Ansatz von SCHMAHLS beschreibt darüber hinaus mögliche Maßnahmen, die der terminlichen sowie quantitativen Einhaltung des geplanten Produktionsanlaufs dienen. Da sich sowohl der Zeitpunkt der Planung als auch der Zeitpunkt des Einsatzes der Maßnahmen zum Teil stark unterscheiden, werden diese in die drei Kategorien langfristige, mittelfristige und kurzfristige Maßnahmen eingeteilt. Die langfristigen Maßnahmen werden dabei bereits in der Produktentwicklung eingesetzt und basieren bspw. auf dem Prinzip Simultaneous Engineering (SE). Die Mitarbeitermotivation durch ein mitarbeiterorientiertes Produktionsanlaufprogramm ist nach SCHMAHLS als mittelfristige Maßnahme zu sehen, die kurz vor der Anlaufphase einsetzt. Als kurzfristige Maßnahme dient der Einsatz von Trouble Shooting Teams, die innerhalb kürzester Zeit nach einer Lösung für das aufgetretene Problem während des Anlaufs suchen.[336]

---

332 Die Literaturrecherche wurde anwendungsfallneutral und damit unabhängig von dem Betrachtungsbereich der Elektromotorenproduktion (siehe Kapitel 2.1 und Kapitel 2.2) durchgeführt.

333 vgl. Schmahls 2001 – Beitrag zur Effizienzsteigerung während Produktionsanläufen, S. 2f.

334 vgl. Schmahls 2001 – Beitrag zur Effizienzsteigerung während Produktionsanläufen, S. 64ff.

335 vgl. Schmahls 2001 – Beitrag zur Effizienzsteigerung während Produktionsanläufen, S. 60ff.

336 vgl. Schmahls 2001 – Beitrag zur Effizienzsteigerung während Produktionsanläufen, S. 29ff.

Der Ansatz von SCHMAHLS zielt auf eine Wertschöpfungssteigerung in der Anlaufphase ab und umfasst dabei sowohl die Identifizierung möglicher Problemfelder als auch die Detaillierung entsprechender Abstellmaßnahmen. Datenbasierte Ansätze als geeignete Gegenmaßnahmen bleiben dabei unberücksichtigt. Aufgrund der Berücksichtigung langfristiger, mittelfristiger als auch kurzfristiger Gegenmaßnahmen ist die Methodik nur teilweise bereits vor Beginn der Anlaufphase anwendbar.

Ramp-Up Management in der Automobilindustrie – TÜCKS

Das Ziel des Ansatzes von TÜCKS liegt in der Verbesserung von Produktionsanläufen aus einer systemorientierten Sicht. Dafür werden die relevanten Parameter identifiziert und in eine ganzheitliche, standardisierte Methodik integriert.[337] Die Methodik besteht dabei aus vier Modulen (Planungsmodul, Entscheidungsmodul, Messmodul und Anpassungsmodul), die in unterschiedlichen Zeiträumen während des PEP zum Einsatz kommen.[338] Das Planungsmodul wird parallel zu den Phasen der Produkt- und Prozessentwicklung (vgl. Abbildung 2-12) eingesetzt. Es findet somit unmittelbar vor der Phase der Produktion statt und plant die Prozesse und Strukturen während der Anlaufphase.[339] In der Übergangsphase zwischen dem Planungs- und Entscheidungsmodul nimmt der Einfluss der Planungsaktivitäten ab, wobei der Einfluss des Entscheidungsmoduls stetig zunimmt. Während dieses Moduls werden Anlauffehler bewertet, auf deren Basis zuvor entwickelte Behebungsmaßnahmen zum Einsatz kommen.[340] Das Messmodul, das im Zeitraum zwischen der Vorserienfreigabe und dem Erreichen der Kammlinie Anwendung findet, erfasst relevante Betriebsdaten (Ist-Werte) und vergleicht diese mit zuvor festgelegten Soll-Werten. Die Betriebsdaten umfassen insbesondere Maschinendaten (z.B. Nutzungsgrade und Störungen) und Qualitätsdaten (z.B. Fehlerkennziffern und Ausschussgründe) und werden primär für die Steuerung und Überwachung betrieblicher und produktionstechnischer Abläufe benötigt. Durch die Übertragung der Daten aus der realen Produktion in die digitale Welt (vgl. Abbildung 2-24 und Abbildung 2-25) können bspw. Maschinen von unterschiedlichen Herstellern, die in der Anlaufphase erstmalig aufeinandertreffen, in mehreren Optimierungsschritten miteinander vernetzt werden.[341] Das Anpassungsmodul wird ab dem Start of Production (SoP) und darüber hinaus noch während der Serienproduktion eingesetzt. Das Ziel des Moduls ist es, Erfahrungen und Lerneffekte aus der Anlaufphase sowie aus der Serienproduktion zu nutzen, um das Planungsmodul durch rückläufige Informationsflüsse iterativ zu optimieren. Dies geschieht, indem Anlauffehler zeitlich und inhaltlich klassifiziert sowie Ursachen identifiziert und aufbereitet werden.[342]

---

337 vgl. Tücks 2010 – Ramp-Up Management, S. 2f.
338 vgl. Tücks 2010 – Ramp-Up Management, S. 105ff.
339 vgl. Tücks 2010 – Ramp-Up Management, S. 108f.
340 vgl. Tücks 2010 – Ramp-Up Management, S. 111ff.
341 vgl. Tücks 2010 – Ramp-Up Management, S. 141.
342 vgl. Tücks 2010 – Ramp-Up Management, S. 116f.

Der Ansatz von TÜCKS zielt auf eine Zeitersparnis während Anlaufphasen bis zur Erreichung der geplanten Ausbringungsmenge der Produktionslinie ab, wobei sowohl die Identifikation potenzieller Anlauffehler als auch geeignete Behebungsmaßnahmen Berücksichtigung finden. Im Rahmen der Behebungsmaßnahmen werden zwar Betriebsdaten in Form von Maschinen- und Qualitätsdaten genutzt, datenbasierte Ansätze im Sinne der vorliegenden Arbeit finden jedoch keine Anwendung. Aufgrund der vier verschiedenen Module, die sowohl während der Anlaufplanung als auch während der Anlaufphase selbst eingesetzt werden, ist die Methodik nur teilweise vor Beginn der Anlaufphase anwendbar.

Simulationsbasierte Anlaufunterstützung – LANZA

Das Ziel des Ansatzes von LANZA liegt in der Verkürzung des Produktionsanlaufs durch eine anlaufbegleitende Optimierung und proaktive Bewertung des Anlaufsystems. Als Instrument hierfür wird eine Anlaufunterstützung entwickelt, die einen kontrollierten Übergang des Produktionssystems von der Entwicklungsphase in eine stabile Serienproduktion ermöglicht. Im Ergebnis soll sowohl ein vorgegebenes Mengenziel (z.B. Ausbringungsmenge) als auch ein vorgegebenes Qualitätsziel (z.B. ppm-Kennwerte) erreicht werden, weshalb die Qualitätsfähigkeit und Mengenleistungsfähigkeit als zwei zentrale Anforderungen an das Modell der Anlaufunterstützung abgeleitet werden.[343] Das Modell soll dabei sowohl während der Planungsphase als auch während der eigentlichen Anlaufphase zum Einsatz kommen. In der Planungsphase unterstützt es die Anlaufmanager dabei, eine realitätsnahe Ressourcenplanung auf Basis der Leistungsfähigkeit des Produktionssystems durchführen zu können. In der Anlaufphase dient es als Werkzeug zur Früherkennung von Abweichungen zuvor definierter Soll-Kurven und damit zur rechtzeitigen Einleitung entsprechender Korrekturmaßnahmen, deren Wirkung anhand einer virtuellen Simulation vorab bewertet werden kann.[344] Die Simulation ist dabei ein Teil eines Regelkreises, der zudem aus dem Planungssystem (als Regler und Stellglied), dem Produktionssystem (als Regelstrecke) sowie definierten Ziel- und Regelgrößen besteht. Die Simulation kann dabei entweder planungsbegleitend (als Planungsunterstützung) oder anlaufbegleitend (als Controlling- und Diagnosesystem) eingesetzt werden. Im Ergebnis stellt die Simulation die Gesamtanlageneffektivität des Produktionssystems im Zeitverlauf dar. Der Fokus der planungsbegleitenden Simulation liegt auf der Modellierung des geplanten Ablaufs des Produktionssystems, während bei der anlaufbegleitenden Simulation die Bewertung von Maßnahmen während des Anlaufs im Vordergrund steht.[345] Die Simulation hat dabei die Aufgabe, die Produktionsprozesse mittels standardisierter Basisbausteine zu modellieren, die als Elementarprozesse bezeichnet werden. Die Charakterisierung eines Elementarprozesses erfolgt dabei durch eine erwartete Qualitätsfähigkeitskurve. Dabei ist die

343 vgl. Lanza 2005 – Simulationsbasierte Anlaufunterstützung, S. 5f.
344 vgl. Lanza 2005 – Simulationsbasierte Anlaufunterstützung, S. 54f.
345 vgl. Lanza 2005 – Simulationsbasierte Anlaufunterstützung, S. 71ff.

Qualitätsfähigkeitskurve eines Elementarprozesses das Produkt mehrerer Qualitätsfähigkeitskurven, die jeweils ein kritisches Qualitätsmerkmal repräsentieren, das durch den Elementarprozess beeinflusst wird. Die Qualitätsmerkmale sind als Einflussfaktoren auf das Prozessergebnis zu verstehen und werden in die vier Gruppen Vollständigkeit/Erscheinung, physikalisch-chemische Eigenschaften, geometrische Eigenschaften und funktionale Eigenschaften klassifiziert.[346]

Der Ansatz von LANZA verfolgt das Ziel der Wertschöpfungssteigerung in Form von verkürzten Anlaufphasen. Der Lösungsansatz besteht aus der planungs- oder anlaufbegleitenden Simulation der Anlaufphase und verfolgt damit nicht den Einsatz datenbasierter Ansätze als Gegenmaßnahme für Fehlermöglichkeiten im Sinne der vorliegenden Arbeit. Der Ansatz berücksichtigt zwar die Erkennung solcher Fehlermöglichkeiten bis hin zur Detaillierung alternativer Gegenmaßnahmen, ist jedoch aufgrund des anlaufbegleitenden Charakters nicht vollständig vor Beginn des Anlaufs einsetzbar.

Anlaufrobuste Produktionssysteme – WIENDAHL ET AL.

Der Ansatz von WIENDAHL ET AL. konzentriert sich auf die Auslegung von Produktionssystemen neuartiger Produkte mit der Intention, bereits während des Anlaufs eine hohe Prozessstabilität aufzuweisen. Das Ziel des Ansatzes besteht demnach in der Schließung der Lücke zwischen der geplanten und der realen Anlaufkurve und damit in die Realisierung einer stetig steigenden Ausbringungs- und Qualitätsleistung des Produktionssystems.[347] Um ein Produktionssystem anlaufrobust zu gestalten, werden zunächst die Barrieren eines erfolgreichen Produktionsanlaufs definiert, die sich nach WIENDAHL ET AL. in folgende fünf Hauptkategorien einteilen lassen:

- Planung, Controlling, Organisation
- Produktänderungsmanagement
- Produktionssystem
- Kooperations- und Referenzmodelle
- Erfahrungs- und Wissensmanagement, Qualifizierung des Personals[348]

Anschließend werden in der Kategorie des Produktionssystems interne sowie externe Störeinflüsse identifiziert, die direkt am Produktionssystem ab dem Zeitpunkt der Inbetriebnahme eintreten können. Da die externen Störeinflüsse außerhalb des Betrachtungsbereichs der vorliegenden Arbeit liegen werden diese im Folgenden nicht weiter betrachtet. Im Bereich der internen Störeinflüsse differenzieren WIENDAHL ET AL. zwischen unzureichender Prozessreife, Inkompatibilität der Subsysteme, keinen Serienbedingungen, geringen Datenbeständen und fehlenden Werkzeugen.[349] Auf Grundlage der fünf Störeinflüsse leiten WIENDAHL ET AL. u.a. Lösungen auf der Technikebene

---

346 vgl. Lanza 2005 – Simulationsbasierte Anlaufunterstützung, S. 88ff.

347 vgl. Wiendahl, Hegenscheidt et al. 2002 – Anlaufrobuste Produktionssysteme, S. 650.

348 vgl. Wiendahl, Hegenscheidt et al. 2002 – Anlaufrobuste Produktionssysteme, S. 653.

349 vgl. Wiendahl, Hegenscheidt et al. 2002 – Anlaufrobuste Produktionssysteme, S. 653f.

her, bei denen die Realisierung von sog. Plug-and-Produce-Lösungen auf Basis bereits erprobter Module und standardisierter Schnittstellen im Vordergrund steht. Beim Einsatz von neuen Technologien muss deren Prozesssicherheit frühzeitig bewiesen werden, indem vorab Mindest-Prozessreifegrade definiert werden. Darüber hinaus muss der Einfluss des Automatisierungsgrads geprüft und anlaufgerecht ausgelegt werden, um unnötige Störrisiken zu verringern.[350]

Der Ansatz von WIENDAHL ET AL. zielt auf die anlaufrobuste Auslegung von Produktionssystemen ab, um Wertschöpfungsverluste durch potenzielle Störeinflüsse zu vermeiden. Die Methodik findet dabei vollständig vor Beginn der Anlaufphase des Produktionssystems statt. Potenzielle Fehlermöglichkeiten während des Anlaufs werden zwar betrachtet, geeignete Gegenmaßnahmen werden jedoch nicht weiter detailliert. Geringe Datenbestände zu Beginn von Anlaufphasen werden zwar als Störeinfluss erwähnt, der Einsatz datenbasierter Ansätze im Sinne der vorliegenden Arbeit wird jedoch nicht weiterverfolgt.

Anlaufoptimierung durch virtuelle Fertigungssysteme – DENKENA & BRECHER

Der Ansatz von DENKENA & BRECHER verfolgt das Ziel, die während der Produkt- und Prozessentwicklung (vgl. Abbildung 2-12) auftretenden Fehler und Probleme frühzeitig zu erkennen und diese zu beheben. Der dafür erforderliche Aufwand wird dabei von einem realen auf einen virtuellen Prototyp verlagert. Im Zentrum des Modells steht somit die Entwicklung sowie der Einsatz eines virtuellen Prototyps, der als eine Umgebung gekoppelter, hochspezialisierter Simulationssysteme verstanden werden kann.[351] Der virtuelle Prototyp basiert dabei auf einem virtuellen Anlaufmodell, das aus vier Ebenen besteht. Die erste Ebene stellt die zeitliche Abfolge des virtuellen Anlaufs dar, in die auf den drei weiteren Ebenen (Prozess-, Maschinen- und Anlagenebene) die zur Verfügung stehenden Methoden eingeordnet werden.[352] Auf Prozessebene werden computergestützte numerische Steuerungen (Numerical Control, NC) eingesetzt. NC-Simulationen funktionieren auf Basis dreidimensionaler Modelle, die sämtliche am Prozess beteiligten Komponenten (Maschinenkinematik, Werkzeuge etc.) integrieren. Neben der visuellen Darstellung der Abläufe bieten NC-Simulationen darüber hinaus auch geometrische Untersuchungen an, wie bspw. Kollisionserkennungen, Materialabträge und Bahnverfolgungen.[353] Die Maschinenebene umfasst die Integration der virtuellen Steuerung, deren Ziel darin besteht, die bereits bestehenden Teilsysteme zu einem integrierten Gesamtsystem zu koppeln, um auf diese Weise Schnittstellenproblemen zwischen den Teilsystemen vorzubeugen.[354] Auf Anlagen-

---

[350] vgl. Wiendahl, Hegenscheidt et al. 2002 – Anlaufrobuste Produktionssysteme, S. 656ff.
[351] vgl. Denkena, Brecher 2007 – Anlaufoptimierung durch virtuelle Fertigungssysteme, S. 10.
[352] vgl. Denkena, Brecher 2007 – Anlaufoptimierung durch virtuelle Fertigungssysteme, S. 11.
[353] vgl. Denkena, Brecher 2007 – Anlaufoptimierung durch virtuelle Fertigungssysteme, S. 21f.
[354] vgl. Denkena, Brecher 2007 – Anlaufoptimierung durch virtuelle Fertigungssysteme, S. 91f.

ebene werden systematische Testwerkzeuge auf Basis realitätsgetreuer Systemmodelle appliziert. Die einzelnen Einheiten (wie z.B. Werkzeugmaschinen) werden im Vergleich zur Maschinenebene dabei deutlich abstrakter betrachtet.[355]

Der Ansatz von DENKENA & BRECHER verfolgt die Entwicklung und Einsatzplanung von Simulationswerkzeugen als Absicherungsmethoden in frühen Phasen des Produktentstehungsprozesses zur Steigerung der Anlaufleistung von Produktionssystemen. Durch den frühzeitigen Einsatz der Methodik ist diese bereits vor Beginn der Anlaufphase anwendbar. Die Identifikation qualitätsbeeinflussender Fehlermöglichkeiten auf Prozessebene zum zielgerichteten Einsatz geeigneter Gegenmaßnahmen bleibt im Rahmen der Methodik unberücksichtigt. Auch datenbasierte Ansätze im Sinne der vorliegenden Arbeit werden als entsprechende Gegenmaßnahmen nicht vollständig betrachtet.

Modellierung vernetzter Wirkbeziehungen im Produktionsanlauf – WINKLER

Der Ansatz von WINKLER zielt auf einen reduzierten Zeit- und Kostenaufwand bei der Durchführung von Anlaufprojekten ab.[356] Der entwickelte Ansatz der proaktiven Anlaufsteuerung besteht dabei aus den folgenden vier Kernkomponenten:

- Anlaufdatenerfassung
- Diagnosesystem
- Prognosesystem
- Reaktionssystem[357]

Die Anlaufdatenerfassung umfasst die kontinuierliche Aufnahme von Realdaten (in Form von Betriebsdaten, Maschinendaten, Materialdaten und Qualitätsdaten) während des Produktionsanlaufs und stellt diese den relevanten Personenkreisen in aufbereiteter Form zur Verfügung. Das Diagnosesystem dient der Ermittlung des Ist-Zustands auf Grundlage der ermittelten Anlaufdaten sowie der Transformation in ursachenorientierte Kennzahlen. Die Technologiediagnose als ein Instrument des Diagnosesystems beschreibt dabei bspw. die Zusammenhänge zwischen Ausschussquoten und den entsprechenden Ursachen (wie Produktmerkmale oder Maschinenparameter). Die Kennzahlen des Diagnosesystems werden im Anschluss im Rahmen des Prognosesystems für weitere Berechnungen, Tabellenkalkulationen oder Qualitätssimulationen genutzt, um daraus den Verlauf vorab definierter Projektzielgrößen zu ermitteln. Das Reaktionssystem greift die Ergebnisse des Prognosesystems auf und liefert technische, organisatorische oder qualifikatorische Gegenmaßnahmen für prognostizierte Anlaufprobleme.[358] Die vier genannten Kernkomponenten der Anlaufsteuerung werden zudem durch drei Unterstützungskomponenten ergänzt, zu denen u.a.

---

[355] vgl. Denkena, Brecher 2007 – Anlaufoptimierung durch virtuelle Fertigungssysteme, S. 141ff.
[356] vgl. Winkler 2007 – Modellierung vernetzter Wirkbeziehungen im Produktionsanlauf, S. 3.
[357] vgl. Winkler 2007 – Modellierung vernetzter Wirkbeziehungen im Produktionsanlauf, S. 50.
[358] vgl. Winkler 2007 – Modellierung vernetzter Wirkbeziehungen im Produktionsanlauf, S. 50f.

das anlaufspezifische Wissensmanagementsystem zählt. Das System wird zur systematischen Verwaltung von gesammeltem Erfahrungswissen aus aktuellen oder vergangenen Projekten eingesetzt und stellt daher die Grundlage des o.g. Reaktionssystems dar.[359]

Das übergeordnete Ziel des Ansatzes von WINKLER besteht in der Reduzierung von Wertschöpfungsverlusten während der Anlaufphase durch den Einsatz einer proaktiven Anlaufsteuerung, die auf der Nutzung von Anlaufdaten beruht. Die entwickelte Methodik umfasst dabei zwar die Identifikation potenzieller Anlauffehler, die Detaillierung geeigneter Gegenmaßnahmen bleibt jedoch außen vor. Da die Methodik sowohl in der Planungsphase als auch im Produktionsanlauf selbst Anwendung findet, ist diese nicht vollständig vor Beginn der Anlaufphase einsetzbar.

Umgang mit Störungen im Produktionsanlauf – ULRICH

Der Ansatz von ULRICH adressiert den Umgang mit Störungen im Produktionsanlauf neuartiger Produkte durch den Einsatz einer methodischen Vorgehensweise zur systematischen Begegnung gegenüber auftretenden Störungen.[360] Dafür wurde ein Modell entwickelt, das im Wesentlichen aus einer Aufbau- und Ablauforganisation zur Störungsbehebung besteht.[361] Während die Aufbauorganisation ein System zum Umgang mit Störungen beinhaltet, besteht die Ablauforganisation im Wesentlichen aus einem definierten Prozess zum Umgang mit Störungen. Ein Teilprozess adressiert dabei definierte Maßnahmen zur Störungsbehebung, die sich wiederum folgender vier Methoden bedienen:

- Analyse von Störungen im Produktionsanlauf
- Änderungsmanagement im Produktionsanlauf
- Problem- und Schnittstellencharakterisierung im Produktionsanlauf
- Problemlösung und Stabilisierung im Produktionsanlauf[362]

Ein weiterer Bestandteil des Modells ist die Vorbereitung auf die Störungsbehebung, die entweder aus einer entsprechenden Ausbildung (Übungen, Training on the job, Fortbildungen etc.) oder aus geeigneten Standards (Konzepte, Checklisten, Methoden des Qualitätsmanagements etc.) besteht.[363]

Die Zielsetzung des Ansatzes von ULRICH besteht in der Reduzierung von Wertschöpfungsverlusten in der Anlaufphase durch einen effektiven und zielgerichteten Umgang mit Anlaufstörungen. Das Modell ist jedoch primär auf reaktive Gegenmaßnahmen ausgelegt, die auf eine schnelle und zielgerichtete Behebung der Störungen abzielen, sodass der Ansatz für einen vollständigen Einsatz vor Beginn der Anlaufphase nicht

359 vgl. Winkler 2007 – Modellierung vernetzter Wirkbeziehungen im Produktionsanlauf, S. 51f.
360 vgl. Ulrich 2016 – Umgang mit Störungen im Produktionsanlauf, S. 5.
361 vgl. Ulrich 2016 – Umgang mit Störungen im Produktionsanlauf, S. 138.
362 vgl. Ulrich 2016 – Umgang mit Störungen im Produktionsanlauf, S. 63ff.
363 vgl. Ulrich 2016 – Umgang mit Störungen im Produktionsanlauf, S. 139f.

geeignet ist. Die Identifikation potenzieller Fehlermöglichkeiten sowie die Detaillierung entsprechender Abstellmaßnahmen werden zwar berücksichtigt, jedoch nicht ausdetailliert. Datenbasierte Ansätze werden als mögliche Gegenmaßnahmen für auftretende Fehler im Produktionssystem in das Modell nicht miteinbezogen.

DIDOV-Phasenmodell – SCHMITT & PFEIFER

Das DIDOV[364]-Phasenmodell nach SCHMITT & PFEIFER zielt auf eine möglichst fehlerfreie und effiziente Produktrealisierung bereits ab der ersten hergestellten Einheit und damit auf eine effiziente Anlaufphase neuartiger Produkte ab. Der Grundgedanke des Phasenmodells besteht dabei aus einer frühen Verknüpfung von Produkt- und Prozessentwicklung, indem ein definiertes Vorgehen bestehend aus folgenden fünf Schritten durchlaufen wird:

1. Define (deutsch: Festlegung)
2. Identify (deutsch: Identifizierung)
3. Design (deutsch: Gestaltung)
4. Optimize (deutsch: Optimierung)
5. Verify (deutsch: Verifizierung)[365]

In der Define-Phase werden zunächst das Projektziel, der Projektumfang sowie die Produktstrategie festgelegt. Die Identify-Phase dient sowohl der Identifizierung und Priorisierung der Kundenanforderungen als auch der technischen Analyse und des Wettbewerbsvergleichs, wonach die Freigabe zur Produkt- und Prozessgestaltung erfolgt.[366] In der Design-Phase werden zunächst verschiedene Design-Alternativen ermittelt und deren Herstellbarkeit geprüft. Am Ende der Design-Phase wird die Freigabe zur Detailentwicklung erteilt, womit das Vorgehen in die Optimize-Phase übergeht. In dieser Phase werden insbesondere die zur Herstellung des Produkts erforderlichen Prozesse analysiert und hinsichtlich einer möglichst hohen Prozessqualität optimiert. Am Ende der Optimize-Phase sind daher auf Grundlage der durchgeführten Prozessanalysen und Prozessmodellierungen die kritischen Prozessmerkmale entlang der Prozesskette bekannt.[367] In der abschließenden Verify-Phase erfolgen eine Reihe von Fähigkeitsuntersuchungen, die primär auf die Einhaltung der festgelegten Produktqualitäten mit den ausgewählten Herstellungsprozessen abzielen. Darüber hinaus werden Maßnahmen festgelegt, die zum einen der Absicherung der Prozess- und Produktqualität dienen und zum anderen für eine schnelle Ursachenfindung potenzieller Fehlermöglichkeiten in der Anlaufphase angewendet werden können.[368]

---

364 Das DIDOV-Phasenmodell stellt dabei eine Erweiterung des IDOV-Phasenmodells des Verbands der Automobilindustrie (VDA) dar.
365 vgl. Schmitt, Pfeifer 2015 – Qualitätsmanagement, S. 83.
366 vgl. Schmitt, Pfeifer 2015 – Qualitätsmanagement, S. 84f.
367 vgl. Schmitt, Pfeifer 2015 – Qualitätsmanagement, S. 85ff.
368 vgl. Schmitt, Pfeifer 2015 – Qualitätsmanagement, S. 87f.

Das Phasenmodell nach SCHMITT & PFEIFER zielt auf die Realisierung einer zeit- und kosteneffizienten Anlaufphase durch einen starken Fokus auf die Prozess- und Produktqualität ab. Da dem Modell die frühzeitige Verknüpfung der Produkt- und Prozessentwicklung zugrunde liegt kann das entwickelte Vorgehen überwiegend vor Beginn der Anlaufphase angewendet werden. Die Identifikation qualitätsbeeinflussender Fehlermöglichkeiten wird durch die Optimize-Phase abgedeckt, wobei die Detaillierung geeigneter datenbasierter Gegenmaßnahmen nicht im Vordergrund steht.

Diagnosestrategien für einen schnellen Ramp-up – FLEISCHER ET AL.

Der Ansatz von FLEISCHER ET AL. zielt auf eine schnelle Ermittlung sowie Beseitigung technologischer Störungen in Anlaufphasen ab, die insbesondere durch verkettete Anlagen und prozessseitige Wechselwirkungen hervorgerufen werden können.[369] Der Ansatz nutzt dafür Diagnosewerkzeuge, die die zugrundeliegenden Ausfallursachen schnell und sicher identifizieren, um daraufhin zielgerichtet Gegenmaßnahmen einzuleiten. Das entwickelte System basiert dabei auf einem Diagnosekonzept, das aus einer technikbasierten und einer kennzahlenbasierten Diagnose besteht.[370] Im Rahmen der technikbasierten Diagnose erfolgt eine kontinuierliche Überwachung kritischer Baugruppen. Bei Abweichungen von einem vorab definierten Soll-Zustand wird der Maschinenbediener informiert, um präventive Maßnahmen zu ergreifen und damit einer unmittelbar folgenden Störung vorzubeugen (vgl. vorausschauende Instandhaltung in Kapitel 2.4.3.1). Die Diagnosestrategie erfordert daher bereits im Vorfeld eine hinreichend genaue Kenntnis über das Maschinenverhalten. Auch bei einer bereits aufgetretenen Störung wird der Bediener durch das Diagnosesystem dabei unterstützt, eine für eine bestimmte Störung geeignete Gegenmaßnahme zu identifizieren und umzusetzen.[371] Die Grundlage der kennzahlenbasierten Diagnose besteht aus aktuellen Daten des Instandhaltungssystems und der Betriebsdatenerfassung. Anhand der softwaretechnischen Zusammenführung sowie der zentralen Auswertung der Daten können geeignete Kennzahlen ermittelt werden, die bei zukünftigen Störungen Aufschluss über kritische Baugruppen geben, die mit einer ermittelten Wahrscheinlichkeit ursächlich für die Störung sind.[372] Zusätzlich zu den beiden beschriebenen Diagnosesystemen bestehen zwei weitere Möglichkeiten, einen robusten Serienanlauf zu unterstützen, indem die Qualität der Diagnosen deutlich erhöht wird. Die erste Möglichkeit besteht in dem temporären Einsatz zusätzlicher Sensorik, die ein bereits existierendes Diagnosesystem an einer Maschine sinnvoll ergänzt, um weitere Messdaten für Analysezwecke zu erheben. Die zweite Möglichkeit besteht in dem zeitlich begrenzten Ein-

369 vgl. Fleischer, Schopp et al. 2006 – Diagnosestrategien für einen schnellen Ramp-up, S. 509.
370 vgl. Fleischer, Schopp et al. 2006 – Diagnosestrategien für einen schnellen Ramp-up, S. 510.
371 vgl. Fleischer, Schopp et al. 2006 – Diagnosestrategien für einen schnellen Ramp-up, S. 510f.
372 vgl. Fleischer, Schopp et al. 2006 – Diagnosestrategien für einen schnellen Ramp-up, S. 511.

satz eines autarken Diagnosesystems, das unmittelbar für einen bestimmten Maschinentyp konfiguriert werden kann, ohne dass die Rechenleistungen der vorhandenen Systeme mit der Datenaufnahme und -auswertung belastet werden.[373]

Der Ansatz von FLEISCHER ET AL. beabsichtigt die Wertschöpfungssteigerung in Serienanläufen durch die Nutzung datenbasierter Diagnosesysteme. Eine Erweiterung des Ansatzes hin zu der Nutzung von cyber-physischen Systemen (vgl. Kapitel 2.4.1.1), die auf auftretende Störungen autonom und mit datenbasierten Gegenmaßnahmen reagieren, wird nicht berücksichtigt. Die frühzeitige Integration bestehenden Wissens in die entwickelten Diagnosesysteme wird zwar erwähnt, jedoch nicht weiter detailliert. Der Schwerpunkt des Ansatzes liegt vielmehr auf der Identifikation von Störungen während des Produktionsanlaufs als auf der Detaillierung datenbasierter Gegenmaßnahmen. Aus diesem Grund ist der Ansatz nur teilweise bereits vor Beginn der Anlaufphase anwendbar.

Aachener Modell zum interdisziplinären Anlaufmanagement – SCHMITT ET AL.

Das Modell von SCHMITT ET AL. zielt auf die Steigerung des Gesamterfolgs des Produktionsanlaufs ab.[374] Das Erfordernis des Modells ist dabei insbesondere durch drei wesentliche Merkmale der Anlaufphase bedingt: Intransparenz der Situation, Intransparenz der Wirkbeziehung und die Nichtentsprechung zwischen lokalem und globalem Zielsystem.[375] Für eine optimale Entscheidungsfindung im Rahmen des Produktionsanlaufs müssen weiterhin drei Grundvoraussetzungen erfüllt sein. Dazu gehören die Entscheidungsgrundlage (Erkennen des Entscheidungsbedarfs), die Entscheidungsfähigkeit (Vorliegen eines ausreichenden Einschätzungsvermögens) und ein einheitliches Zielsystem (Treffen der Entscheidungen im Sinne des Gesamtziels).[376] In dem entwickelten Modell sind insgesamt sieben Kernfunktionen (Lieferantenmanagement, Logistikmanagement, Produktionsmanagement, Produktentwicklung, Kostenmanagement, Qualitätsmanagement und Vertrieb & Marketing) in die genannten Grundvoraussetzungen eingebettet, innerhalb derer sich drei verschiedene Entscheidungsklassen wiederfinden (Sach-, Organisations- und Strukturentscheidungen).[377]

Der Ansatz von SCHMITT ET AL. adressiert die Wertschöpfungssteigerung in Produktionsanläufen anhand eines Modells, das die optimale Entscheidungsqualität als übergeordnetes Ziel definiert. Da das Modell überwiegend für den Einsatz in der Anlaufphase selbst bestimmt ist, ist dessen Anwendbarkeit vor der Anlaufphase nur teilweise gegeben. Datenbasierte Ansätze als Gegenmaßnahmen für prozessbedingte Fehlermöglichkeiten in der Produktion werden im Rahmen des Modells nicht berücksichtigt.

---

373 vgl. Fleischer, Schopp et al. 2006 – Diagnosestrategien für einen schnellen Ramp-up, S. 511.
374 vgl. Schmitt, Schuh et al. 2010 – Modell zum interdisziplinären Anlaufmanagement, S. 317.
375 vgl. Schmitt, Schuh et al. 2010 – Modell zum interdisziplinären Anlaufmanagement, S. 318.
376 vgl. Schmitt, Schuh et al. 2010 – Modell zum interdisziplinären Anlaufmanagement, S. 319.
377 vgl. Schmitt, Schuh et al. 2010 – Modell zum interdisziplinären Anlaufmanagement, S. 320.

3.3.2 Methoden der Datengenerierung und Wissensintegration

Informed Machine Learning – VON RUEDEN ET AL.

Der Ansatz nach VON RUEDEN ET AL. adressiert die Herausforderung der Verwendung maschineller Lernverfahren bei einer unzureichenden Datengrundlage. Der Ansatz nutzt dafür das Konzept des Informed Machine Learning, bei dem bereits bestehendes Vorwissen in die ML-Pipeline integriert wird (siehe Abbildung 3-4).[378]

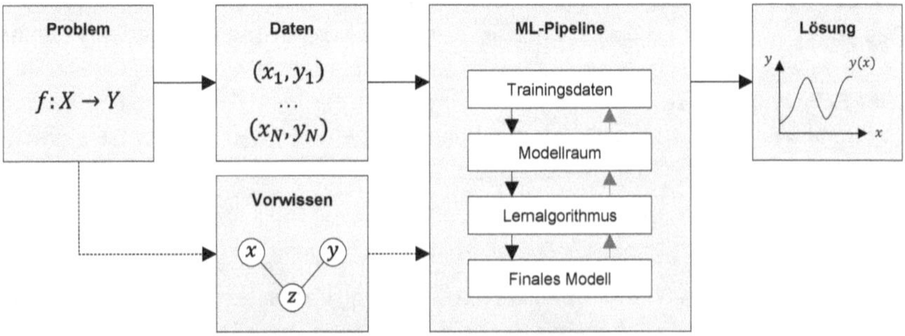

Abbildung 3-4: Ansatz des Informed Machine Learning[379]

Das Vorwissen entstammt dabei drei verschiedenen Quellarten (wissenschaftliches Wissen, Weltwissen und Expertenwissen) und kann in acht verschiedenen Formen repräsentiert werden (algebraische Gleichungen, Differentialgleichungen, Simulationsergebnisse, räumliche Invarianzen, Logik-Regeln, Wissensgraphen, Wahrscheinlichkeitsbeziehungen und menschliches Feedback). Darüber hinaus kann das repräsentierte Wissen in die vier verschiedenen Phasen der ML-Pipeline (Trainingsdaten, Modellraum, Lernalgorithmus und finales Modell) integriert werden.[380] Bei der Wissensintegration besteht die Möglichkeit, neben dem repräsentierten Wissen auch die Originaldaten als Grundlage für das Modelltraining zu verwenden (hybrides Lernen).[381]

Der Schwerpunkt des Ansatzes nach VON RUEDEN ET AL. liegt auf der Integration bestehenden Wissens in datenbasierte Ansätze. Da der Ansatz unmittelbar die Herausforderung unzureichender Datengrundlagen adressiert, ist das Vorgehen vor Beginn der Anlaufphase vollständig anwendbar. Die Identifikation der Fehlermöglichkeiten, für die geeignete datenbasierte Ansätze als Gegenmaßnahmen entwickelt werden sollen, sowie die entsprechende Maßnahmendetaillierung werden dabei nicht berücksichtigt.

Hybrid Modelling Approach – VON RUEDEN ET AL.

Der Ansatz nach VON RUEDEN ET AL. umfasst die Kombination vom Maschinellen Lernen und Simulationen zu einem hybriden Modellierungsansatz. Dabei wird sowohl das

378 vgl. von Rueden, Mayer et al. 2019 – Informed Machine Learning, S. 1.
379 i.A.a. von Rueden, Mayer et al. 2019 – Informed Machine Learning, S. 2.
380 vgl. von Rueden, Mayer et al. 2019 – Informed Machine Learning, S. 3ff.
381 vgl. von Rueden, Mayer et al. 2019 – Informed Machine Learning, S. 7.

Konzept des simulationsbasierten Maschinellen Lernens als auch das Konzept der ML-basierten Simulation erläutert (siehe Abbildung 3-5).[382]

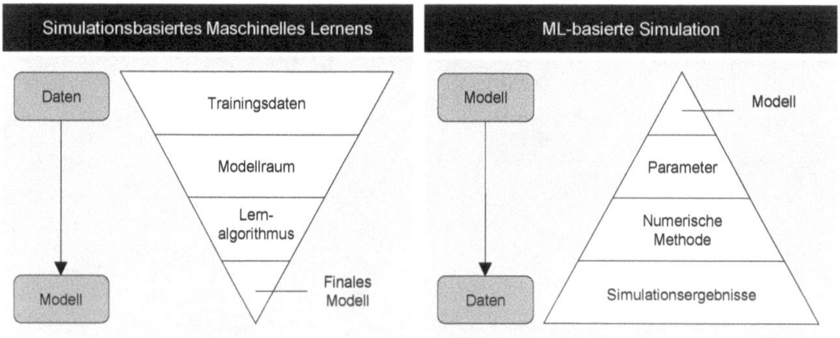

Abbildung 3-5: Hybrider Modellierungsansatz[383]

Im Rahmen des simulationsbasierten Maschinellen Lernens werden anhand einer existierenden Simulation, die bspw. ein physikalisches Phänomen repräsentiert, geeignete Daten generiert, die anschließend für den Trainingsprozess eines ML-Modells genutzt werden (siehe Abbildung 3-5 links).[384] Bei der ML-basierten Simulation hingegen werden Bereiche des Maschinellen Lernens (insb. das finale Modell) im Rahmen der Simulationserstellung verwendet (siehe Abbildung 3-5 rechts).[385]

Im Rahmen des hybriden Modellierungsansatzes nach VON RUEDEN ET AL. wird bestehendes Wissen in Form von Simulationsergebnissen in das Training von ML-Modellen integriert. Analog zu dem zuvor beschriebenen Ansatz nach VON RUEDEN ET AL. kann auch dieser Ansatz bereits vor Beginn der Anlaufphase angewendet werden. Die Identifikation der Fehlermöglichkeiten, für die die simulationsbasierten ML-Modelle als Gegenmaßnahmen entwickelt werden können, sowie die entsprechende Maßnahmendetaillierung werden dabei nicht berücksichtigt.

<u>Hybrides Maschinelles Lernen im Kontext der Produktion – GAUGER ET AL.</u>

Der Ansatz nach GAUGER ET AL. begegnet der Herausforderung der i.d.R. großen benötigten Datenmengen sowie der mangelnden Transparenz und Erklärbarkeit beim Einsatz von ML-Modellen. Dafür kombiniert der Ansatz die Verwendung von Daten (datenbasierte Modelle) mit der Verwendung von in der Industrie vorhandenem Fachwissen (wissensbasierte Modelle) zu dem Konzept des hybriden Maschinellen Lernens (siehe Abbildung 3-6).[386]

---

382 vgl. von Rueden, Mayer et al. 2020 – Combining Machine Learning and Simulation, S. 548.
383 i.A.a. von Rueden, Mayer et al. 2020 – Combining Machine Learning and Simulation, S. 551f.
384 vgl. von Rueden, Mayer et al. 2020 – Combining Machine Learning and Simulation, S. 551f.
385 vgl. von Rueden, Mayer et al. 2020 – Combining Machine Learning and Simulation, S. 552f.
386 vgl. Gauger, Nagel et al. 2022 – Hybrides Maschinelles Lernen, S. 64f.

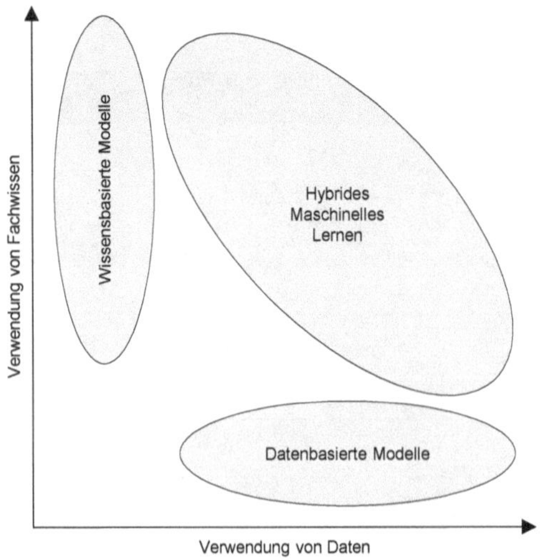

Abbildung 3-6: Konzept des hybriden Maschinellen Lernens[387]

Wissensbasierte Modelle werden im Produktionskontext dabei häufig in Form von analytischen Modellen, regelbasierten Systemen, multiphysikalischen Simulationen oder weiteren Formen der expliziten Wissensrepräsentation eingesetzt und sind damit für die Anwender:innen nachvollziehbar.[388] Bei datenbasierten Modellen wie bspw. Künstliche Neuronale Netze (KNN, vgl. Kapitel 2.4.2) wird das Wissen hingegen implizit anhand von Trainingsdaten erlernt und ist daher für die Anwender:innen mitunter nicht mehr erklärbar, jedoch häufig genauer als wissensbasierte Modelle.[389] Durch die Kombination von wissensbasierten und datenbasierten Modellen entsteht eine Reihe geeigneter Möglichkeiten des hybriden Maschinellen Lernens (Residuen-Ansatz, Stellvertreteransatz, Reihenschaltung, synthetische Trainingsdaten, Ergebnisvalidierung und integrierte Lernalgorithmen & Modellarchitekturen).[390]

Der Ansatz nach GAUGER ET AL. legt den Fokus auf die Kombination von wissensbasierten und datenbasierten Modellen, aus der das Konzept des hybriden Maschinellen Lernens resultiert. Durch seinen hybriden Charakter ist der Ansatz bereits vor der Anlaufphase anwendbar.

---

387 i.A.a. Gauger, Nagel et al. 2022 – Hybrides Maschinelles Lernen, S. 68.
388 vgl. Gauger, Nagel et al. 2022 – Hybrides Maschinelles Lernen, S. 65f.
389 vgl. Gauger, Nagel et al. 2022 – Hybrides Maschinelles Lernen, S. 66.
390 vgl. Gauger, Nagel et al. 2022 – Hybrides Maschinelles Lernen, S. 67ff.

Farming for Mining – RABE & SCHEIDLER

Der Ansatz nach RABE & SCHEIDLER zielt auf die Kombination von Techniken der Wissensentdeckung und Simulationen ab. Dabei nutzt der Ansatz ein Beispiel aus dem Supply Chain Management und adressiert die dort bestehende Herausforderung bei der Anwendung von KDD-Methoden (Knowledge Discovery in Databases), um versteckte Muster und Korrelationen zwischen unterschiedlichen Effekten im Bereich des Supply Chains aufzudecken, während dafür jedoch keine ausreichende Realdatenbasis vorliegt, die diese Muster und Korrelationen enthält.[391] Das im Ansatz nach RABE & SCHEIDLER angewandte Konzept des Data Farming[392] nutzt Simulationen (hier: ereignisdiskrete Simulationen, engl. Discrete Event Simulation, DES), um die wenigen vorhandenen Realdaten um Simulationsdaten zu erweitern, in denen weitere Szenarien enthalten sind. Die so entstehende Datenlandschaft wird im Anschluss mittels verschiedener Techniken (hier: KDD) analysiert. Der Unterschied zwischen den Realdaten und den Simulationsdaten besteht darin, dass bei den Simulationsdaten die Ausgangssituation (Simulationsaufbau und Parameter) bekannt und kontrollierbar ist, sodass gezielte Veränderungen in der Ausgangssituation unmittelbare Veränderungen in der generierten Datenbasis verursachen.[393] Das Konzept des Data Farming am Beispiel des SCM ist in Abbildung 3-7 dargestellt.

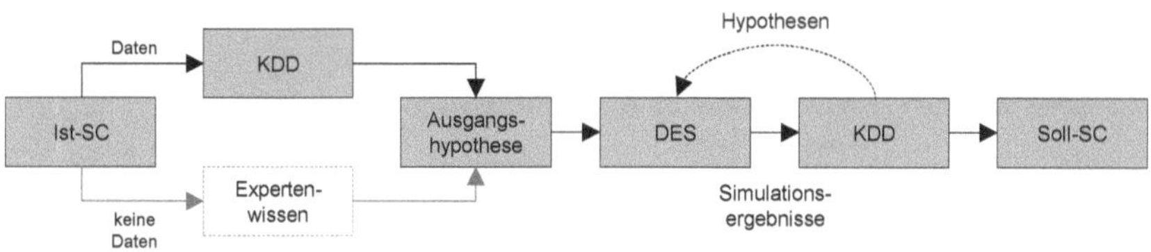

Abbildung 3-7: Konzept des Data Farming (am Beispiel des SCM)[394]

Um zunächst eine Ausgangshypothese für die Simulation entwickeln zu können, müssen üblicherweise Realdaten vorliegen. Ist dies nicht der Fall, muss die Ausgangshypothese anhand von vorhandenem Expertenwissen abgeleitet werden. Auf Grundlage der Ausgangshypothese werden durch die nachfolgende Anwendung der DES Simulationsergebnisse erzeugt, die mittels des KDD-Prozesses analysiert werden. Die so gewonnenen Erkenntnisse werden über neue Hypothesen in die Simulation zurückgeführt, was zu einer Veränderung des Aufbaus und der Parameter der Simulation führt.

---

391 vgl. Rabe, Scheidler 2015 – Farming for Mining, S. 672f.

392 Data Farming: Konzept der Erweiterung einer bestehenden Datenbasis durch bewusstes „Kultivieren" von Daten mittels Simulationsszenarien und dem anschließenden „Ernten" der Daten aus den durchgeführten Simulationsläufen (siehe auch Feldkamp, Bergmann et al. 2017 – Data Farming im Kontext von Produktion und Logistik, Lechler, Sjarov et al. 2021 – Data Farming in Production Systems sowie Schuh, Prote et al. 2019 – Anwendung von Verfahren des maschinellen Lernens)

393 vgl. Rabe, Scheidler 2015 – Farming for Mining, S. 673f.

394 i.A.a. Rabe, Scheidler 2015 – Farming for Mining, S. 674.

Am Beispiel des SCM erfolgt auf diese Weise aus der Ist-SC iterativ ein Vorschlag für die Soll-SC (vgl. Abbildung 3-7).[395]

Der Ansatz nach RABE & SCHEIDLER nutzt das Konzept des Data Farming zur Generierung von Simulationsdaten, die im Anschluss als Grundlage für Datenanalysemethoden dienen. Da für die Anwendung des Konzepts keine bzw. nur wenige Realdaten vorliegen müssen, ist der Ansatz vor Anlaufbeginn anwendbar. Datenbasierte Ansätze im Sinne der vorliegenden Arbeit sind dabei nicht Gegenstand des Ansatzes.

Qualitätsmanagement auf Basis synthetischer Datensätze – REUTER ET AL.

Der Ansatz nach REUTER ET AL. kombiniert technologisches Expertenwissen mit mathematischen Modellen zur Erzeugung synthetischer Datensätze, mit denen fehlende Datengrundlagen für die Nutzung datenbasierter Ansätze weitestgehend kompensiert werden können.[396] Das Konzept zur Erstellung eines synthetischen Datensatzes zeigt Abbildung 3-8.

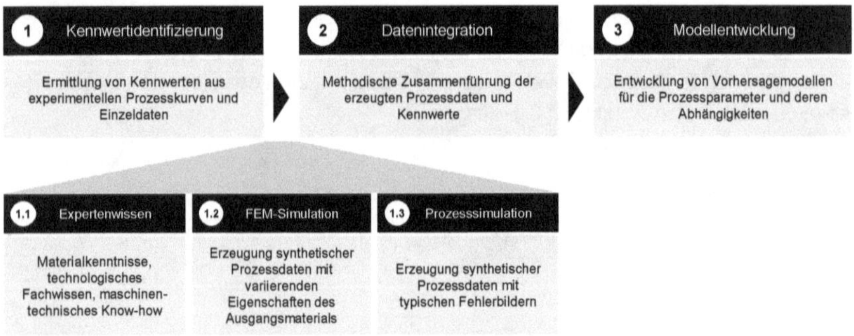

Abbildung 3-8: Konzept zur Erstellung eines synthetischen Datensatzes[397]

Das Konzept beginnt mit der Kennwertidentifizierung, in der alle relevanten Merkmale des betrachteten Produktionsprozesses aus experimentellen Prozesskurven identifiziert werden. Durch die Ergänzung von Expertenwissen, FEM- und Prozesssimulationen (vgl. Schritt 1.1–1.3 in Abbildung 3-8) werden in der anschließenden Datenintegration die erzeugten Prozessdaten und Kennwerte zusammengeführt, woraus ein synthetischer Datensatz resultiert. Dieser dient im Rahmen der Modellentwicklung als Grundlage für die Entwicklung von Vorhersagemodellen für die Prozessparameter sowie deren Abhängigkeiten.[398]

Der Ansatz nach REUTER ET AL. nutzt synthetische Datensätze, die auf Grundlage bestehenden Wissens erzeugt werden, als Datenbasis zur Entwicklung datenbasierter

395 vgl. Rabe, Scheidler 2015 – Farming for Mining, S. 673f.
396 vgl. Reuter, Massalsky et al. 2021 – Qualität durch synthetische Datensätze, S. 673.
397 i.A.a. Reuter, Massalsky et al. 2021 – Qualität durch synthetische Datensätze, S. 675.
398 vgl. Reuter, Massalsky et al. 2021 – Qualität durch synthetische Datensätze, S. 675ff.

Vorhersagemodelle zur Produktionsprozessoptimierung. Aufgrund seines hybriden Charakters kann der Ansatz bereits vor Beginn der Anlaufphase angewendet werden, die vorgelagerte Fehleridentifikation bleibt dabei jedoch unberücksichtigt.

Industrial Transfer Learning – TERCAN ET AL.

Der Ansatz nach TERCAN ET AL. adressiert das Konzept des Transfer Learning (TL) in industriellen Anwendungen.[399] Die grundlegende Idee des TL besteht in dem Transfer der Erfahrungen, die im Rahmen einer bestimmten Aufgabe gesammelt worden sind, auf eine andere ähnliche Aufgabenstellung. Die Verwendung dieses Konzepts dient entweder der Reduzierung der für das Training erforderlichen Zeit und Datenmenge oder der Leistungssteigerung des Modells. Im Rahmen des Transfer Learning existieren mehrere Ansätze, wobei sich in der Industrie insbesondere zwei Ansätze durchgesetzt haben. Dabei wird entweder das trainierte Modell (oder Teile davon) auf die neue Aufgabe und die dort existierenden Bedingungen übertragen oder der Merkmalsraum der ursprünglichen und neuen Aufgabe wird auf den neuen Merkmalsraum mit ähnlichen Merkmalen übertragen.[400] Das Konzept des Transfer Learning eignet sich insbesondere für Bildklassifizierungen durch Neuronale Netze (vgl. Kapitel 2.4.2).[401]

Das von TERCAN ET AL. in ihrem Ansatz genutzte Konzept des Transfer Learning überträgt das in Datenmodellen bereits existierende Wissen zu einer bestimmten Aufgabe auf eine andere ähnliche Aufgabe und eignet sich daher zur Anwendung vor Beginn der Anlaufphase. Die prozessseitige Fehleridentifikation sowie die Maßnahmendetaillierung bleiben im Rahmen des Ansatzes unberücksichtigt.

Generation of Training Set for Machine Learning – MANTSEROV ET AL.

Der Ansatz nach MANTSEROV ET AL. befasst sich mit dem Realdatenmangel während Trainings- und Testphasen von ML-Modellen.[402] Der Ansatz beinhaltet eine Methodik zur Erzeugung synthetischer Bilddaten, die auf Generative Adversarial Networks (GAN, deutsch: erzeugende gegnerische Netzwerke) beruht (siehe Abbildung 3-9).

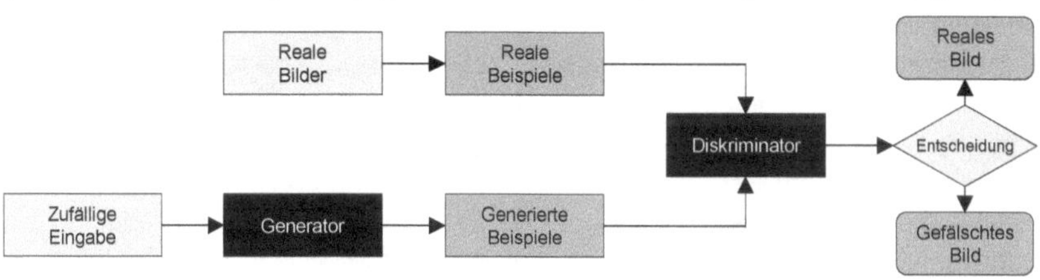

Abbildung 3-9: Erzeugung synthetischer Bilder durch ein GAN[403]

[399] vgl. Tercan, Guajardo et al. 2019 – Industrial Transfer Learning, S. 274.
[400] vgl. Tercan, Guajardo et al. 2019 – Industrial Transfer Learning, S. 275.
[401] vgl. Tercan, Guajardo et al. 2019 – Industrial Transfer Learning, S. 275f.
[402] vgl. Mantserov, Fedosova et al. 2019 – Generation of Training Set for Machine Learning, S. 1.
[403] i.A.a. Mantserov, Fedosova et al. 2019 – Generation of Training Set for Machine Learning, S. 2.

Das GAN besteht aus zwei Künstlichen Neuronalen Netzen, die als Generator und Diskriminator bezeichnet werden. Der Generator erzeugt synthetische Beispiele auf Basis von zufälligen Eingaben, während der zuvor mit realen Bildern trainierte Diskriminator versucht, zwischen realen und generierten (gefälschten) Beispielen zu unterscheiden (vgl. Abbildung 3-9). Das Vorgehen wird iterativ so lange wiederholt, bis der Diskriminator nicht mehr zwischen realen und generierten Beispielen unterscheiden kann.[404] MANTSEROV ET AL. wenden diese Methodik im Rahmen eines Praxisbeispiels an, bei dem auf Grundlage weniger realer Bilder eines Defekts durch die Nutzung eines GAN weitere Bilder des Defekts erzeugt werden. Die realen und künstlich erzeugten Bilder dienen im Anschluss als erweiterte Trainingsdatengrundlage zur automatisierten Erkennung von Defekten.[405]

Der Schwerpunkt des Ansatzes nach MANTSEROV ET AL. liegt auf der Erzeugung künstlicher (Bild-)Daten auf Grundlage weniger realer Datensätze, um so die Trainingsdatengrundlage für datenbasierte Ansätze zu erweitern. Der Ansatz ist daher bereits vor Beginn des Produktionsanlaufs einsetzbar. Die vorgelagerte Identifikation prozessseitiger Fehlermöglichkeiten sowie die vollständige Detaillierung von Gegenmaßnahmen bleibt dabei außen vor.

Incorporating prior information in Machine Learning – NIYOGI ET AL.

Die zugrundeliegende Idee des Ansatzes nach NIYOGI ET AL. besteht in der Erweiterung der Trainingsdatenbasis für Methoden aus dem Bereich des Überwachten Lernens (vgl. Kapitel 2.4.2.1) durch die Einbindung von im Kontext der Problemstellung existierendem Vorwissen.[406] Dafür wird zwischen den folgenden drei Varianten differenziert:

- Einbringung von Vorwissen bei der Auswahl von Merkmalen
- Einbringung von Vorwissen in das Lernverfahren
- Generierung neuer Beispiele auf Basis von Vorwissen

Bei der ersten Variante wird Vorwissen bspw. im Falle einer automatisierten Objekterkennung genutzt, da eine um einen bestimmten Winkel gedrehte Version des zu erkennenden Objekts nach wie vor dasselbe Objekt darstellt. In diesem Beispiel könnten daher zur Erkennung des Objekts Merkmale verwendet werden, die räumlich invariant sind (vgl. Ansatz „Informed Machine Learning" nach VON RUEDEN ET AL.).[407] Bei der zweiten Variante wird das Vorwissen direkt in das Lernverfahren (wie bspw. ein Klassifizierungsverfahren, siehe Kapitel 2.4.2.1) einbezogen. Dies geschieht dadurch, dass dem Lernverfahren zugrundeliegenden Algorithmus bspw. eine Invarianz in Bezug auf

404 vgl. Mantserov, Fedosova et al. 2019 – Generation of Training Set for Machine Learning, S. 2.
405 vgl. Mantserov, Fedosova et al. 2019 – Generation of Training Set for Machine Learning, S. 5.
406 vgl. Niyogi, Girosi et al. 1998 – Incorporating Prior Information in Machine Learning, S. 2196.
407 vgl. Niyogi, Girosi et al. 1998 – Incorporating Prior Information in Machine Learning, S. 2199.

eine bestimmte Transformation beigebracht wird.[408] Bei der dritten Variante wird Vorwissen in den datenbasierten Ansatz eingebracht, indem virtuelle Beispiele auf Grundlage eines bestehendes Datensatzes erzeugt und für eine Erweiterung des Trainingsdatensatzes genutzt werden. Die virtuellen Beispiele können dabei Situationen enthalten, die zwar realistisch sind, jedoch nur mit hohem Aufwand unter realen Bedingungen erzeugt werden können.[409]

Der Schwerpunkt des Ansatzes nach NIYOGI ET AL. liegt in der Einbringung von Vorwissen in Methoden aus dem Bereich des Überwachten Lernens, um den zeitlichen und finanziellen Aufwand zur Generierung der Trainingsdatenbasis zu reduzieren. Da für die Durchführung des Ansatzes nur wenige Realbeispiele zur Verfügung stehen müssen, eignet sich der Ansatz für eine Anwendung vor Beginn der Anlaufphase. Die erforderliche Identifikation prozessseitiger Fehlermöglichkeiten sowie die Detaillierung von Gegenmaßnahmen bleibt im Rahmen des Ansatzes außen vor.

Few-Shot Learning – WANG ET AL.

Der Ansatzes nach WANG ET AL. beschreibt das Konzept des Few-Shot Learning, bei dem Modelle aus dem Bereich des Überwachten Lernens (vgl. Kapitel 2.4.2.1) für ihren Lernprozess nur wenige gelabelte Trainingsdaten benötigen. Dadurch wird das häufig bestehende Problem adressiert, dass nur eine unzureichende Datengrundlage im Rahmen der Trainingsphase vorliegt.[410] Das Few-Shot Learning basiert dabei (analog zu anderen beschriebenen Ansätzen) auf der Verwendung von Vorwissen zur Erzeugung der wenigen Datensätze, die als Grundlage für das Modelltraining genutzt werden.[411] Das Few-Shot Learning kann dabei zum einen für Klassifizierungsprobleme genutzt werden, indem für jede relevante Klasse nur wenige Datensätze ausreichen, um die entsprechende Klasse hinreichend genau zu definieren. Zum anderen kann der Ansatz im Rahmen von Regressionsproblemen verwendet werden, indem die zugrundeliegende Regressionsfunktion anhand nur weniger (meist auf Vorwissen basierender) Datenpunkte geschätzt wird.[412,413]

Der Ansatz nach WANG ET AL. eignet sich aufgrund der Einbindung von Vorwissen und der daraus resultierenden geringen Anzahl an erforderlichen Datensätzen für den Einsatz vor Beginn der Anlaufphase. An dieser Stelle sei jedoch erwähnt, dass das Few-Short Learning im Allgemeinen nur für ausgewählte Anwendungsfälle und unter bestimmten Gegebenheiten angewendet werden kann.

---

408 vgl. Niyogi, Girosi et al. 1998 – Incorporating Prior Information in Machine Learning, S. 2199.
409 vgl. Niyogi, Girosi et al. 1998 – Incorporating Prior Information in Machine Learning, S. 2199f.
410 vgl. Wang, Yao et al. 2020 – Few-shot Learning, S. 1.
411 vgl. Wang, Yao et al. 2020 – Few-shot Learning, S. 1ff.
412 vgl. Wang, Yao et al. 2020 – Few-shot Learning, S. 4f.
413 siehe auch Samsonov, Lipp et al. 2019 – More Machine Learning for Less.

3.3.3 Entwicklung und Implementierung datenbasierter Ansätze

Cross-Industry Standard Process for Data Mining (CRISP-DM) – CHAPMAN ET AL.

Der von CHAPMAN ET AL. entwickelte CRISP-DM beinhaltet einen industrie- und anwendungsfallneutralen Leitfaden zur strukturierten Vorgehensweise von Data Mining-Projekten.[414] Der Prozess besteht dabei aus insgesamt sechs Phasen, die in einer definierten Reihenfolge durchlaufen werden (siehe Abbildung 3-10).

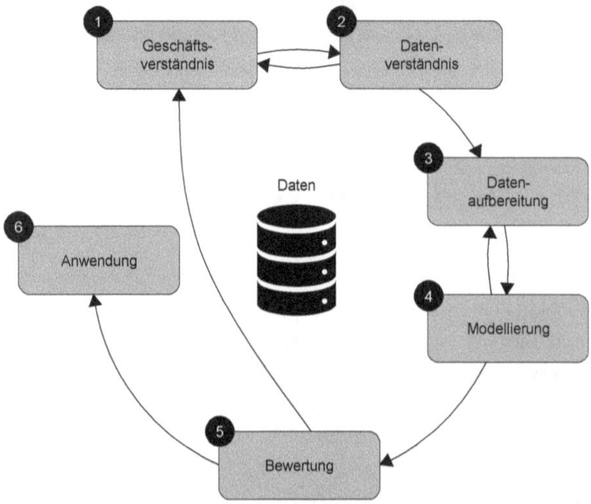

Abbildung 3-10: Cross-Industry Standard Process for Data Mining (CRISP-DM)[415]

Der Abbildung zufolge ist der Ablauf der einzelnen Phasen jedoch nicht starr sequenziell. Die erste Phase dient dem Problemverständnis sowie der Definition der Projektziele aus Unternehmensperspektive.[416] Die zweite Phase beginnt mit der Erhebung und ersten Analyse von Datenmengen, die im Kontext der Problemstellung relevant erscheinen. Währenddessen können Qualitätsprobleme identifiziert und erste Hypothesen zur Problemlösung abgeleitet werden. Zu der in der dritten Phase durchzuführenden Datenaufbereitung zählen u.a. Aufgaben wie die Auswahl relevanter Datensätze, deren Bereinigung bzw. Vorfilterung sowie eine ggfs. erforderliche Transformation in das für spätere Analysezwecke erforderliche Format. Im Rahmen der vierten Phase werden verschiedene Modellierungstechniken zur Datenanalyse ausgewählt und auf die aufbereiteten Datensätze angewendet. Da einige Techniken spezielle Anforderungen an das Datenformat besitzen, erfolgt die Durchführung der dritten und vierten Phase in der Regel iterativ. Die fünfte Phase dient der Bewertung der Analy-

---

414 vgl. Chapman, Clinton et al. 2000 – CRISP-DM 1.0, S. 3.

415 i.A.a. Chapman, Clinton et al. 2000 – CRISP-DM 1.0, S. 13.

416 vgl. Chapman, Clinton et al. 2000 – CRISP-DM 1.0, S. 13.

seergebnisse in Hinsicht auf die Erreichung der in der ersten Phase definierten Projektziele. Das Ergebnis der fünften Phase besteht in der Entscheidung über die weitere Verwendung der Analyseergebnisse. Das Ziel der letzten Phasen besteht in der Ableitung von Maßnahmen, die für die Integration des entwickelten Modells bzw. zur Nutzung der Analyseergebnisse notwendig sind.[417]

Das Modell von CHAPMAN ET AL. dient der Entwicklung und Implementierung datenbasierter Ansätze im Unternehmenskontext. Das Ziel der Wertschöpfungssteigerung im Produktionskontext wird dabei nicht explizit verfolgt. Das Modell kann u.a. dafür genutzt werden, Fehlermöglichkeiten frühzeitig zu identifizieren; die Detaillierung datenbasierter Gegenmaßnahmen bleibt jedoch außen vor. Je nach Datenverfügbarkeit kann das Modell bereits vor Beginn der Anlaufphase angewendet werden.

Data Mining Methodology for Engineering Applications (DMME) – WIEMER ET AL.

Der von WIEMER ET AL. entwickelte DMME stellt eine Erweiterung des von CHAPMAN ET AL. entwickelten CRISP-DM für ausschließlich technische Anwendungen im Fertigungskontext dar.[418] Der rechte Teil der Abbildung 3-11 zeigt die drei zusätzlichen Phasen sowie ihre Einsatzzeitpunkte im Rahmen des CRISP-DM.

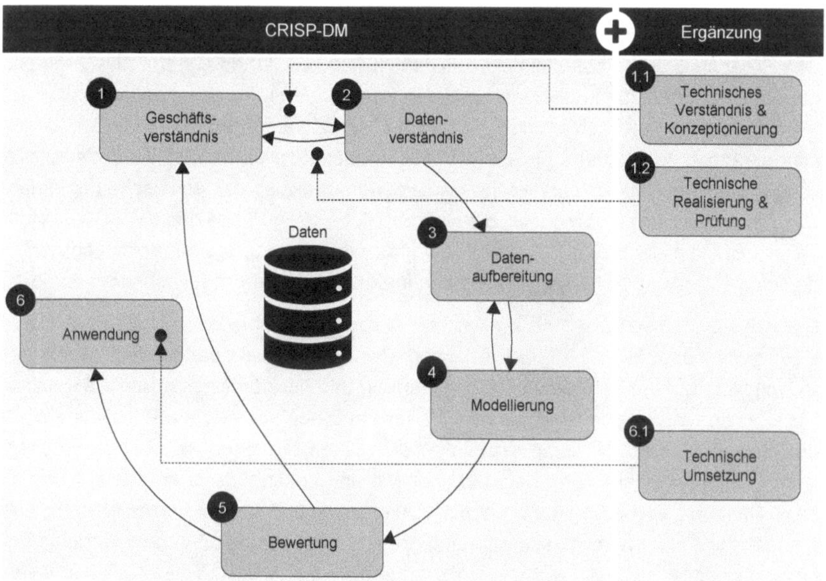

Abbildung 3-11: Data Mining Methodology for Engineering Applications (DMME)[419]

[417] vgl. Chapman, Clinton et al. 2000 – CRISP-DM 1.0, S. 14.
[418] vgl. Wiemer, Drowatzky et al. 2019 – Data Mining Methodology for Engineering Appl., S. 1.
[419] i.A.a. Wiemer, Drowatzky et al. 2019 – Data Mining Methodology for Engineering Appl., S. 4.

Die erste zusätzliche Phase des DMME (Technisches Verständnis & Konzeptionierung) findet zwischen den ersten beiden Phasen des CRISP-DM statt und beinhaltet folgende Teilaufgaben, die nacheinander bearbeitet werden:

- Festlegung technischer Ziele
- Analyse der technischen Situation
- Konzeptionierung
- Versuchsplanung
- Spezifikation und Projektplan[420]

Am Ende dieser Phase stehen die finalen Konzeptbeschreibungen, die Versuchspläne und bestehendes Wissen zur Integration in das Modell zur Verfügung. Analog zur ersten zusätzlichen Phase des DMME findet unmittelbar im Anschluss auch dessen zweite zusätzliche Phase (Technische Realisierung & Prüfung) zwischen den ersten beiden Phasen des CRISP-DM statt und umfasst folgende Teilaufgaben:

- Prototypische Realisierung
- Test des Generierungskonzepts
- Versuchsdurchführung und Datensammlung
- Dokumentation[421]

Das Ergebnis dieser Phase besteht aus den im Rahmen der durchgeführten Versuche generierten Daten, die zum einen die vorab festgelegten Informationen beinhalten sowie zum anderen die im Vorhinein definierten Qualitätsanforderungen erfüllen, um die Datenmengen nachfolgend für Analysezwecke nutzen zu können.[422] Die dritte zusätzliche Phase des DMME (Technische Umsetzung) adressiert die technische Implementierung des entwickelten Modells, die während der letzten Phase des CRISP-DM stattfindet (vgl. Abbildung 3-11). Die Phase umfasst insbesondere die Identifikation erforderlicher Hard- und Software sowie deren Integration in die Produktionsumgebung.[423]

Der Ansatz von WIEMER ET AL. umfasst die Nutzung datenbasierter Ansätze aus dem Bereich des Data Mining in der Produktion. Der Schwerpunkt des Modells liegt dabei jedoch nicht auf der hybriden Datengenerierung und der damit zusammenhängenden Auswahl und Integration bestehenden Wissens in Datenmodelle, sondern vielmehr auf der ausschließlichen Nutzung experimenteller Daten aus prototypischen Versuchen. Durch die verwendete Form der Datengenerierung ist der Ansatz bereits vor Beginn der Anlaufphase vollständig anwendbar. Die explizite und systematische Identifikation potenzieller Fehlermöglichkeiten entlang der Prozesskette bleibt dabei allerdings unberücksichtigt.

---

420 vgl. Wiemer, Drowatzky et al. 2019 – Data Mining Methodology for Engineering Appl., S. 4f.

421 vgl. Wiemer, Drowatzky et al. 2019 – Data Mining Methodology for Engineering Appl., S. 7f.

422 vgl. Wiemer, Drowatzky et al. 2019 – Data Mining Methodology for Engineering Appl., S 7ff.

423 vgl. Wiemer, Drowatzky et al. 2019 – Data Mining Methodology for Engineering Appl., S. 8f.

Ansatz zur Systematisierung von Digitalisierungsprojekten in der Produktion – SCHOCK

Der Ansatz zur Systematisierung von Digitalisierungsprojekten nach SCHOCK zielt auf die Entwicklung eines Instruments für produzierende Unternehmen ab, das diese bei der eigenständigen Durchführung von Digitalisierungsprojekten unterstützt.[424] Der Ansatz beruht auf dem CRISP-DM und ergänzt diesen durch insgesamt sieben weitere Phasen (siehe Abbildung 3-12).

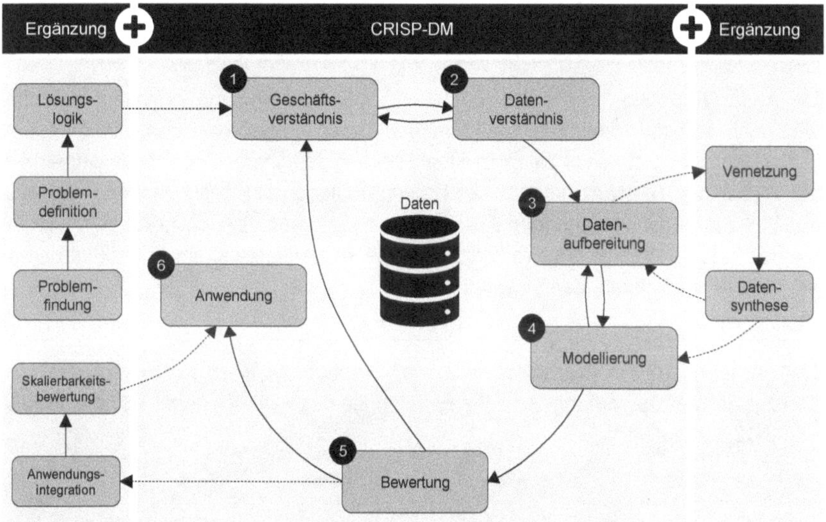

Abbildung 3-12: Ansatz zur Systematisierung von Digitalisierungsprojekten[425]

Die sechs Phasen des CRISP-DM bleiben an sich durch die Ergänzungen unverändert. Zunächst wird die Phase des Geschäftsverständnisses durch die drei zeitlich vorgelagerten Phasen Problemfindung, Problemdefinition und Lösungslogik ergänzt (siehe Abbildung 3-12 links). In der Phase Problemfindung erforschen unterschiedliche Stakeholder aktuelle Problemstellungen aus dem Produktionsumfeld, aus denen in der anschließenden Phase (Problemdefinition) eine konkrete Problemstellung abgeleitet wird. In der Phase Lösungslogik werden verschiedene Lösungsansätze zu einer ganzheitlichen Lösungslogik kombiniert, die nun als Grundlage für die Phase des Geschäftsverständnisses dient.[426] Dem CRISP-DM zufolge werden im Anschluss die Phasen Datenverständnis, Datenaufbereitung und Modellierung durchgeführt. Die beiden Letzteren werden dabei durch die beiden zusätzlichen Phasen Vernetzung und Datensynthese erweitert (siehe Abbildung 3-12 rechts). Die beiden Phasen dienen der Ableitung von Datenbedarfen, der erforderlichen sensorischen Nachvernetzung von

---

424 vgl. Schock 2018 – Ansatz zur Systematisierung von Digitalisierungsprojekten, S. 2.
425 i.A.a. Schock 2018 – Ansatz zur Systematisierung von Digitalisierungsprojekten, S. 9.
426 vgl. Schock 2018 – Ansatz zur Systematisierung von Digitalisierungsprojekten, S. 9.

Anlagen sowie der Datensynthese. Die Datensynthese dient dabei der Homogenisierung der existierenden Bestandsdaten mit den Daten aus der Nachvernetzung zu einer gemeinsamen Datenbasis.[427] Dem CRISP-DM zufolge werden anschließend die Phasen Bewertung und Anwendung durchgeführt, die durch den Ansatz nach SCHOCK durch die beiden Phasen Anwendungsintegration und Skalierbarkeitsbewertung ergänzt werden (siehe Abbildung 3-12 links). Im Rahmen der Anwendungsintegration wird der Umfang sowie das Vorgehen der Implementierung der Digitalisierungsanwendung definiert, während in der Skalierbarkeitsbewertung die Bestandteile der Anwendung in Hinsicht auf die Skalierbarkeit und Übertragbarkeit untersucht werden.[428]

Der Ansatz nach SCHOCK dient als Leitfaden zur Entwicklung und Integration datenbasierter Ansätze in Produktionsumfeldern. Der Ansatz umfasst die Identifikation potenzieller Fehlermöglichkeiten bis hin zur Detaillierung geeigneter Gegenmaßnahmen dabei vollständig. Die Nutzung hybrider Datengrundlagen auf Basis bestehenden Wissens im Sinne der vorliegenden Arbeit bleibt dabei unberücksichtigt. Je nach bestehender Datengrundlage vor Produktionsstart ist der Ansatz daher nur bedingt bereits vor Beginn der Anlaufphase anwendbar.

Knowledge Discovery in Databases (KDD) – FAYYAD ET AL.

Der Ansatz nach FAYYAD ET AL. umfasst ein Vorgehensmodell zur Extraktion von Wissen aus großen Datenmengen.[429] Die fünf Schritte des KDD-Vorgehens sind in Abbildung 3-13 dargestellt.

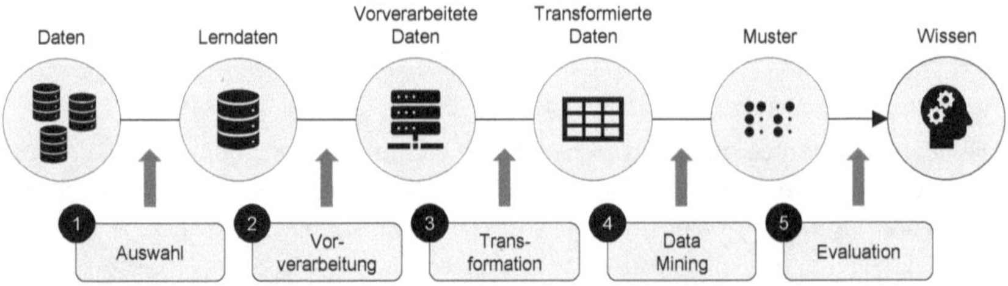

Abbildung 3-13: Knowledge Discovery in Databases (KDD)[430] [431]

Der erste Schritt des Vorgehensmodells dient dem Verständnisaufbau im Kontext des Anwendungsfalls sowie der Definition der Zielsetzung. Dabei wird insbesondere aus einer bestehenden Datenmenge eine Teilmenge (Lerndaten) ausgewählt, die als Untersuchungsgegenstand dienen soll. Im zweiten Schritt wird der ausgewählte Lerndatensatz vorverarbeitet, indem die Daten vorgefiltert, vervollständigt und konsistent gemacht werden. Die vorverarbeiteten Daten werden im Rahmen des dritten Schrittes

[427] vgl. Schock 2018 – Ansatz zur Systematisierung von Digitalisierungsprojekten, S. 4.
[428] vgl. Schock 2018 – Ansatz zur Systematisierung von Digitalisierungsprojekten, S. 9f.
[429] vgl. Fayyad, Piatetsky-Shapiro et al. 1996 – The KDD process, S. 28.
[430] i.A.a. Fayyad, Piatetsky-Shapiro et al. 1996 – The KDD process, S. 29.
[431] i.A.a. Ester, Sander 2000 – Knowledge Discovery in Databases, S. 2.

transformiert, um sie in ein zur Erreichung der festgelegten Zielsetzung geeignetes Format zu bringen. Im vierten Schritt werden zunächst für den Anwendungsfall geeignete Algorithmen aus dem Bereich des Data Mining ausgewählt und anschließend auf die transformierten Daten angewendet, um dort enthaltene Muster zu erkennen. Im letzten Schritt des KDD-Prozesses werden die identifizierten Muster in geeigneter Form repräsentiert und von einem Expert:innenkreis (i.d.R. mit Domänenwissen) hinsichtlich der eingangs festgelegten Ziele bewertet.[432] [433]

Der KDD-Prozess nach FAYYAD ET AL. dient der systematischen Aufdeckung versteckter Muster in großen Datenmengen und entspricht daher nur bedingt dem Begriff eines datenbasierten Ansatzes im Sinne der vorliegenden Arbeit. Da der Einsatz des KDD das Vorhandensein einer großen Datenmenge voraussetzt, kann das Vorgehensmodell im Produktionskontext vor Beginn der Anlaufphase i.d.R. nicht eingesetzt werden.

Vorgehensmodell für Machine Learning for Production (ML4P) – BEYERER ET AL.

Der Ansatz nach BEYERER ET AL. umfasst ein toolgestütztes Vorgehensmodell für Maschinelles Lernen in der industriellen Produktion. Das Vorgehensmodell besteht aus insgesamt sechs sequentiell zu durchlaufenden Phasen sowie einem Schalenmodell zur Erfassung der existierenden Datenlage (siehe Abbildung 3-14).[434]

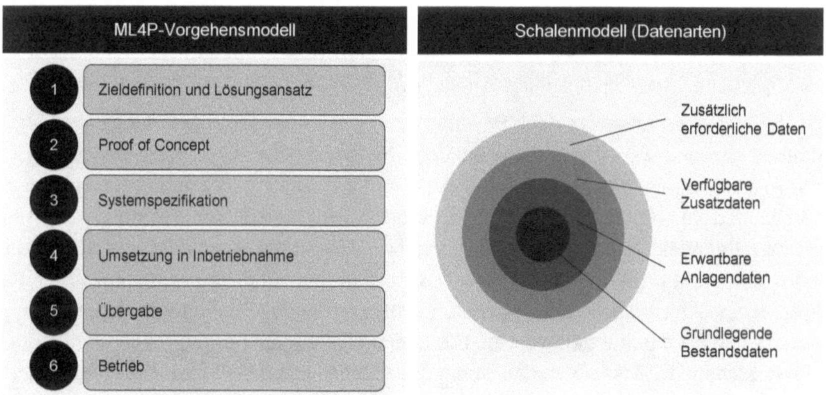

Abbildung 3-14: Vorgehensmodell für Machine Learning for Production (ML4P)[435,436]

Die erste Phase umfasst die Definition des Projektziels sowie die Entwicklung eines geeigneten Lösungsansatzes zur Zielerreichung. Die zweite Phase dient der Nach-

---

[432] vgl. Fayyad, Piatetsky-Shapiro et al. 1996 – The KDD process, S. 30f.
[433] vgl. Ester, Sander 2000 – Knowledge Discovery in Databases, S. 2ff.
[434] vgl. Beyerer, Pfrommer et al. 2020 – Vorgehensmodell Machine Learning for Production, S. 2ff.
[435] Beyerer, Pfrommer et al. 2020 – Vorgehensmodell Machine Learning for Production, S. 3.
[436] Beyerer, Pfrommer et al. 2020 – Vorgehensmodell Machine Learning for Production, S. 7.

weisführung auf Basis exemplarisch erhobener Daten, durch welche Ansätze die definierten Ziele erreicht werden.[437] In der dritten Phase wird das Modell für den dauerhaften Einsatz in der Produktion spezifiziert. Die Spezifikation umfasst dabei die Datenaufnahme und -aufbereitung, den Datenaustausch sowie ein detailliertes Betriebskonzept. Das Kernergebnis der vierten Phase besteht in dem finalen Programmcode zur Nutzung des datenbasierten Ansatzes im kontinuierlichen Produktionsbetrieb.[438] Im Rahmen der vierten Phase erfolgt die von Qualifizierungsmaßnahmen begleitete Übergabe des funktionsfähigen Ansatzes an den Anlagenbetreiber. Die letzte Phase dient der dauerhaften Etablierung des Ansatzes in der laufenden Produktion, wobei hier insbesondere dessen Anpassung an prozesstechnische Weiterentwicklungen sowie produktseitige Neuentwicklungen im Vordergrund stehen.[439]

Abbildung 3-14 zufolge umfasst das Schalenmodell vier verschiedene Datenarten. Unter den grundlegenden Bestandsdaten werden alle Daten zur Produktionslage subsumiert, die mit geringem Aufwand bereitgestellt werden können (bspw. Typ, Seriennummer, Anlagenhersteller und verfügbare Messwerte). Die erwartbaren Anlagendaten umfassen u.a. die Konstruktionsdaten, die Hard- und Software des Steuerungssystems sowie aktuelle Zustandsdaten. Die verfügbaren Zusatzdaten beinhalten typischerweise Ursache-Wirkungs-Zusammenhänge (bspw. in Form von Materialsimulationen). Unter den zusätzlich erforderlichen Daten wird primär das bestehende Erfahrungswissen der Anlagenbetreiber und -hersteller verstanden, das bspw. in Form von Vermutungen hinsichtlich weiterer Ursache-Wirkungs-Zusammenhänge vorliegt.[440]

Die Intention des Ansatzes nach Beyerer et al. besteht in der Entwicklung eines standardisierten und werkzeuggestützten Vorgehensmodells zur ML-Implementierung in der Produktion. Da das Modell primär auf den ML-Einsatz in laufenden Produktionen (Brownfield-Ansatz) ausgelegt ist, ist dessen Anwendbarkeit vor Beginn der Anlaufphase (Greenfield-Ansatz) nur bedingt gegeben. Das Vorgehensmodell legt den Fokus insbesondere auf die Integration des Ansatzes in das Produktionsumfeld, wobei die Fehleridentifikation sowie die Detaillierung entsprechender Gegenmaßnahmen jeweils nur oberflächlich behandelt werden. Die hybride Datengenerierung durch die Integration bestehenden Wissens in das Datenmodell bleibt gänzlich unberücksichtigt.

---

437 vgl. Beyerer, Pfrommer et al. 2020 – Vorgehensmodell Machine Learning for Production, S. 8f.
438 vgl. Beyerer, Pfrommer et al. 2020 – Vorgehensmodell Machine Learning for Production, S. 10f.
439 vgl. Beyerer, Pfrommer et al. 2020 – Vorgehensmodell Machine Learning for Production, S. 12f.
440 vgl. Beyerer, Pfrommer et al. 2020 – Vorgehensmodell Machine Learning for Production, S. 6f.

Vorgehensmodell für KI-Engineering (PAISE[441]) – HASTEROK ET AL.

Das Vorgehensmodell nach HASTEROK ET AL. zielt auf die Entwicklung datenbasierter Ansätze aus dem Bereich der Künstlichen Intelligenz ab. Die beiden primären Anwendungsfelder für das Modell sind die Mobilität und die Produktion.[442] Das Vorgehen besteht aus insgesamt sieben aufeinanderfolgenden Schritten, die in Abbildung 3-15 dargestellt sind.

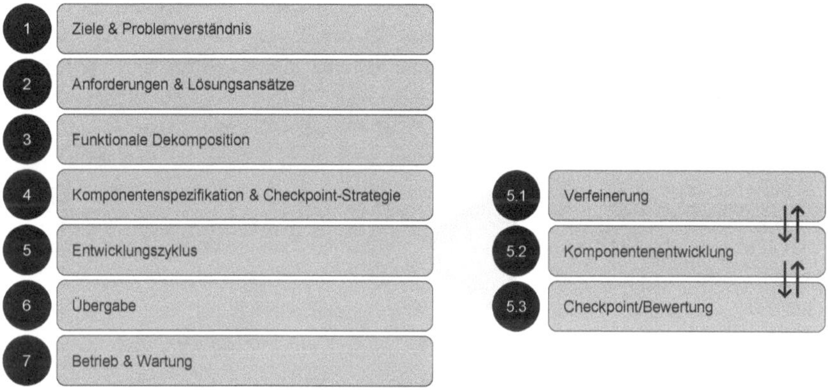

Abbildung 3-15: Vorgehensmodell für KI-Engineering (PAISE)[443]

In der ersten Phase wird zunächst die Ausgangssituation analysiert, das Problemverständnis geschärft und die Projektziele definiert.[444] Auf Grundlage der Projektziele werden die Funktionsanforderungen an das Gesamtsystem abgeleitet und mögliche Lösungsansätze zur Zielerreichung hergeleitet.[445] Die dritte Phase dient der Dekomposition der Funktionen des Gesamtsystems auf einzelne Subsysteme mit definierten Schnittstellen zueinander.[446] Im Rahmen des vierten Schrittes wird eine erste Version der Komponentenspezifikation erstellt und Checkpoints zur Synchronisation der einzelnen Entwicklungsstände eingeführt.[447] In der fünften Phase findet der iterative Entwicklungszyklus der Komponenten statt, der aus einem Verfeinerungsschritt, der Komponentenentwicklung und einem Checkpoint inkl. Ergebnisbewertung besteht. Während dieser Phase wird u.a. die Datenbereitstellung berücksichtigt, die auf verschiedenen Methoden basiert (gestaffelte Umsetzung, Messkampagnen, Simulationen und externe Datenquellen[448]).[449] Innerhalb der sechsten Phase wird das finale Modell inkl.

---

441 PAISE: Process Model for AI Systems Engineering
442 vgl. Hasterok, Stompe et al. 2021 – PAISE, S. 4ff.
443 i.A.a. Hasterok, Stompe et al. 2021 – PAISE, S. 7.
444 vgl. Hasterok, Stompe et al. 2021 – PAISE, S. 9.
445 vgl. Hasterok, Stompe et al. 2021 – PAISE, S. 10f.
446 vgl. Hasterok, Stompe et al. 2021 – PAISE, S. 12f.
447 vgl. Hasterok, Stompe et al. 2021 – PAISE, S. 14f.
448 vgl. Hasterok, Stompe et al. 2021 – PAISE, S. 5.
449 vgl. Hasterok, Stompe et al. 2021 – PAISE, S. 16ff.

erarbeitetem Wartungskonzept von dem Entwicklungsteam an die verantwortliche organisatorische Einheit übergeben.[450] Der letzte Schritt dient der Umsetzung des Wartungskonzepts sowie der Gewährleistung aller entwickelten Funktionalitäten.[451]

Das Vorgehensmodell nach Hasterok et al. zielt auf die Entwicklung und Integration datenbasierter Ansätze in den Bereichen Mobilität und Produktion ab. Das Modell ist im Vergleich zum Ansatz nach Beyerer et al. auf den Einsatz vor Beginn von laufenden Produktionen (Greenfield-Ansatz) ausgelegt und adressiert die Nutzung datenbasierter Ansätze aus dem Bereich der Künstlichen Intelligenz. Die Identifikation der prozessseitigen Fehlermöglichkeiten, denen die datenbasierten Ansätze entgegenwirken sollen, bleibt jedoch unberücksichtigt. Existierende Datenquellen zur Nutzung bestehenden Wissens werden zwar erwähnt, die erforderliche Transformation sowie die Integration der Quellen in das Datenmodell werden jedoch nicht weiter detailliert.

Data-Science-Process-Model (DASC-PM) – Schulz et al.

Das Data-Science-Process-Model nach Schulz et al. beschreibt ein allgemeines Vorgehensmodell für Data Science-Projekte.[452] Das Modell besteht aus insgesamt vier Schritten, die nacheinander durchlaufen werden, wobei zwischen zwei benachbarten Phasen jeweils ein iteratives Vorgehen vorgesehen ist (siehe Abbildung 3-16).

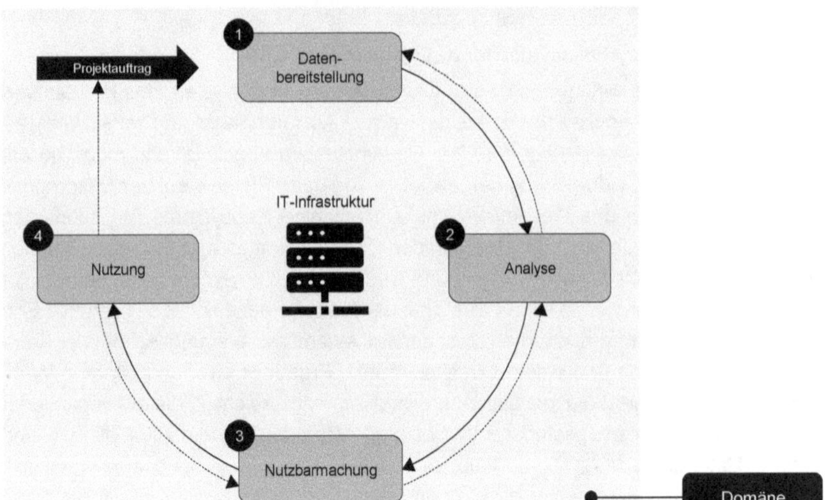

Abbildung 3-16: Data-Science-Process-Model (DASC-PM)[453]

[450] vgl. Hasterok, Stompe et al. 2021 – PAISE, S. 26.
[451] vgl. Hasterok, Stompe et al. 2021 – PAISE, S. 27.
[452] vgl. Schulz, Neuhaus et al. 2020 – Vorgehensmodell für Data-Science-Projekte, S. 23.
[453] i.A.a Schulz, Neuhaus et al. 2020 – Vorgehensmodell für Data-Science-Projekte, S. 23.

Das gesamte Vorgehensmodell ist zum einen in eine bestimmte Domäne eingebettet, in der datenbasierte Anwendungsfälle identifiziert werden, und zum anderen von der zugrundeliegenden IT-Infrastruktur abhängig, die daher als limitierender Faktor in den einzelnen Projektphasen berücksichtigt werden muss.[454] Die erste Phase des Vorgehensmodells umfasst die Datenbereitstellung, zu der insbesondere die Beschaffung, Integration, Transformation, Speicherung und Erkundung der Daten gehört.[455] Im Rahmen der zweiten Phase stehen sowohl die Analyse geeigneter Analysemethoden als auch deren Durchführung auf Basis der im ersten Schritt bereitgestellten Datenmenge im Vordergrund.[456] Die dritte Phase dient der Nutzbarmachung der Ergebnisse aus der vorangegangenen Phase. Dies geschieht i.d.R. durch die Aufbereitung der Analyseergebnisse, sodass diese für die ursprünglich geplante Nutzung geeignet sind.[457] Die letzte Phase adressiert abschließend die Nutzung der Analyseergebnisse sowie ein geeignetes Monitoring der Projektergebnisverwendung.[458]

Das Vorgehensmodell nach SCHULZ ET AL. umfasst die Entwicklung und Umsetzung datenbasierter Ansätze, die als Gegenmaßnahme für potenzielle Fehlermöglichkeiten genutzt werden können. Die systematische Identifikation qualitätsbeeinflussender Fehlermöglichkeiten in der Produktion ist dabei jedoch nicht Teil des Vorgehens. Das Vorgehensmodell ist überwiegend im Rahmen von bereits laufenden Produktionen geeignet und ist daher nicht vollständig vor Beginn von Serienanläufen anwendbar. Der Schwerpunkt des Ansatzes liegt insgesamt auf der Auswahl und Durchführung geeigneter Analyseverfahren und der anschließenden Nutzbarmachung der Analyseergebnisse, wodurch die hybride Datengenerierung auf Grundlage bestehenden Wissens nur oberflächlich betrachtet wird.

Ablaufplan für wissensgetriebene ML-Projekte in der Produktion – BLUM ET AL.

Der Ansatz nach BLUM ET AL. zielt auf eine Vorgehensweise zur Durchführung von Projekten des Maschinellen Lernens mit wissensbasierten Ansätzen in der Produktion ab.[459] Das Vorgehensmodell besteht dabei aus verschiedenen Schritten und Entscheidungspunkten, die in einer festgelegten Reihenfolge durchlaufen werden (siehe Abbildung 3-17).

---

454 vgl. Schulz, Neuhaus et al. 2020 – Vorgehensmodell für Data-Science-Projekte, S. 24f.
455 vgl. Schulz, Neuhaus et al. 2020 – Vorgehensmodell für Data-Science-Projekte, S. 26f.
456 vgl. Schulz, Neuhaus et al. 2020 – Vorgehensmodell für Data-Science-Projekte, S. 37f.
457 vgl. Schulz, Neuhaus et al. 2020 – Vorgehensmodell für Data-Science-Projekte, S. 53f.
458 vgl. Schulz, Neuhaus et al. 2020 – Vorgehensmodell für Data-Science-Projekte, S. 66.
459 vgl. Blum, Wilhelm et al. 2022 – Ablaufplan für wissensgetriebene ML-Projekte, S. 363.

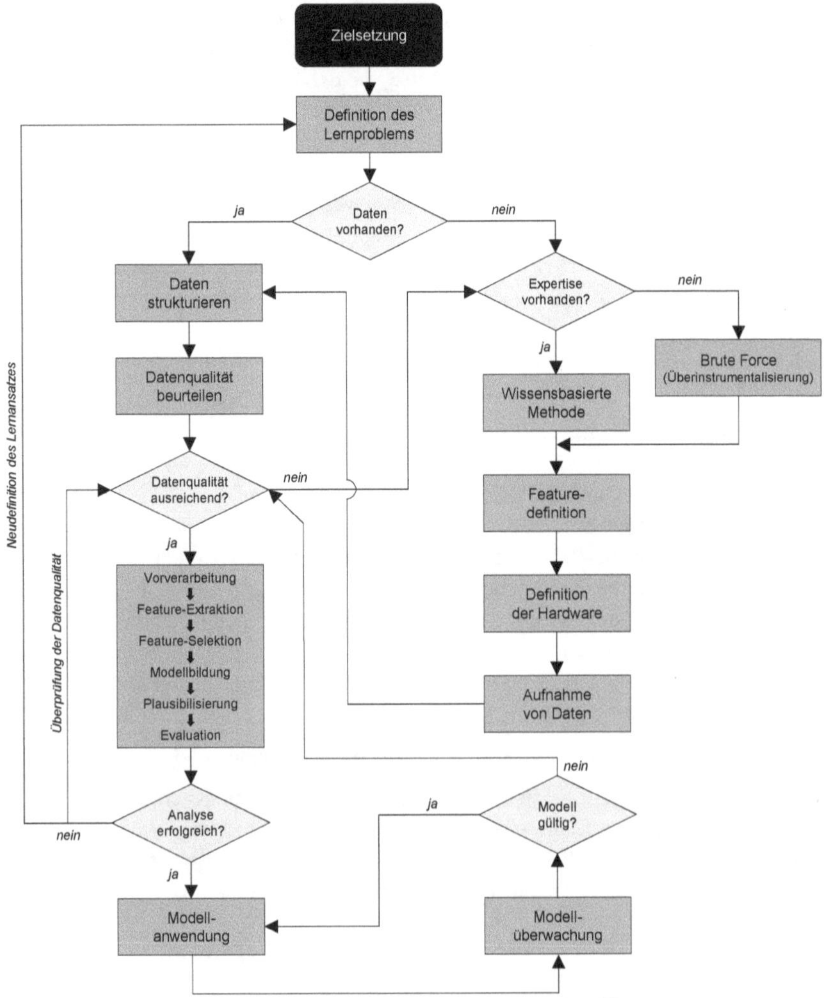

Abbildung 3-17: Ablaufplan für wissensgetriebene ML-Projekte[460]

Das Vorgehensmodell beginnt mit der produktionstechnischen Zielsetzung des Projekts, auf deren Grundlage das datenseitige Lernproblem abgeleitet wird (vgl. Lernaufgaben und Lernverfahren in Kapitel 2.4.2).[461] Für den Fall, dass bereits Daten vorhanden sind, folgt die Strukturierung der Daten sowie die Beurteilung der Datenqualität

460 i.A.a. Blum, Wilhelm et al. 2022 – Ablaufplan für wissensgetriebene ML-Projekte, S. 368.
461 vgl. Blum, Wilhelm et al. 2022 – Ablaufplan für wissensgetriebene ML-Projekte, S. 367ff.

(anhand einer Plausibilitätsprüfung und Kausalitätsanalyse). Ist die Datenqualität ausreichend, folgt die Modellbildung einschließlich ihrer vor- und nachgelagerten Schritte. Ist das Datenanalysemodell erfolgreich getestet, kann das Modell im Produktionsumfeld (inkl. Modellüberwachung) angewendet werden. Abschließend wird stetig überprüft, ob das Modell gültig ist. Falls ja, kann das Modell weiterhin angewendet werden. Falls nicht, erfolgt eine erneute Überprüfung der Datenqualität und der Prozess beginnt ab diesem Zeitpunkt erneut (vgl. Abbildung 3-17). Ist die Datenqualität nicht ausreichend, erfolgt entweder die Neudefinition des Lernproblems oder die Überprüfung der Datenqualität. Für den Fall, dass zu Beginn des Projekts entweder keine Daten vorhanden sind oder vor der Modellbildung die Datenqualität nicht ausreichend ist, wird auf vorhandene Expertise im Unternehmen zurückgegriffen. Ist Expertise in ausreichender Form vorhanden, folgt die Durchführung einer wissensbasierten Methode, der Feature- und Hardwaredefinition und der Datenaufnahme, bevor anschließend die Datenstrukturierung analog für den Fall vorhandener Daten erfolgt (vgl. Abbildung 3-17). Sind weder ausreichend Daten noch die erforderliche Expertise vorhanden wird auf den Brute-Force-Ansatz[462] zurückgegriffen, bei dem im Rahmen des betrachteten Prozesses anhand einer Vielzahl von Sensoren (Überinstrumentalisierung) und einer maximalen Abtastrate möglichst viele Daten aufgezeichnet werden.[463]

Der Ansatz nach BLUM ET AL. dient als Vorgehensmodell für den Einsatz datenbasierter Ansätze aus dem Bereich des Maschinellen Lernens in der Produktion, das bereits vor Beginn der Anlaufphase anwendbar ist. Der Fokus des Ansatzes liegt auf der Detaillierung datenbasierter Ansätze als Gegenmaßnahme für potenzielle Fehlermöglichkeiten, wobei die vorgelagerte und systematische Identifikation dieser Fehlermöglichkeiten entlang der Prozesskette weitestgehend unberücksichtigt bleibt. Die Nutzung vorhandener Expertise im Falle einer unzureichend existierenden Datengrundlage wird zwar berücksichtigt, eine strukturierte Recherche nach vorhandenen Wissensquellen (WQ) sowie die erforderliche Transformation des bestehenden Wissens bleibt jedoch außen vor.

Enabling Data Analytics in Large Scale Manufacturing – KAMPKER ET AL.

Der Ansatz von KAMPKER ET AL. ermöglicht einen frühzeitigen und skalierbaren Einsatz von Methoden aus dem Bereich der Data Analytics im Produktionsumfeld.[464] Die entwickelte Methode besteht aus insgesamt drei übergeordneten Schritten, die in Abbildung 3-18 dargestellt sind.

[462] Brute Force-Ansatz (deutsch: Ansatz der rohen Gewalt): Methode aus der Informatik, die aus dem Ausprobieren aller potenziellen Möglichkeiten innerhalb eines Lösungsraums basiert.

[463] vgl. Blum, Wilhelm et al. 2022 – Ablaufplan für wissensgetriebene ML-Projekte, S. 369f.

[464] vgl. Kampker, Heimes et al. 2018 – Enabling Data Analytics in Manufacturing, S. 120.

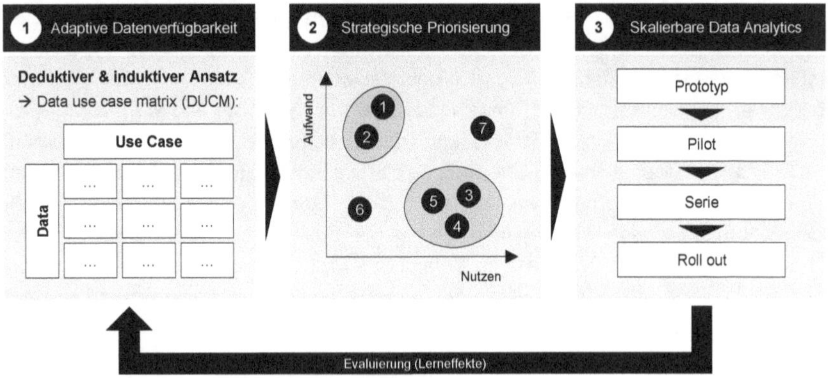

Abbildung 3-18: Methode zur Befähigung von Data Analytics in der Fertigung[465]

Im ersten Schritt der Methodik wird die adaptive Datenverfügbarkeit sichergestellt. Die Sicherstellung erfolgt durch die Ermittlung der Daten in Form von Parametern, die den Produktionsprozess oder das herzustellende Produkt beeinflussen und daher relevant sind, um die Umsetzung konkreter Data Analytics-Anwendungsfälle zu ermöglichen. Zur Identifikation der relevanten Parameter wurden ein deduktiver sowie induktiver Ansatz gewählt, die in Form von Workshops umgesetzt werden. Im Rahmen des deduktiven Ansatzes werden relevante Anwendungsfälle auf Grundlage des aktuellen Stands der Technik sowie der Unternehmensstrategie abgeleitet. Der induktive Ansatz beruht hingegen auf Expertenwissen basierend auf vorhandenen Erfahrungen mit aktuellen Diagnoseansätzen. Das Ergebnis des ersten Schrittes wird in einer sog. Data Use Case Matrix (DUCM) festgehalten, in der die im Rahmen der Workshops hergeleiteten datenbasierten Anwendungsfälle sowie die für deren Umsetzung erforderlichen Daten dargestellt sind (siehe Abbildung 3-18 links).[466] In dem zweiten Schritt werden für alle abgeleiteten Anwendungsfälle der jeweils aufzubringende Aufwand sowie der resultierende Nutzen ermittelt, um eine entsprechende Priorisierung der Anwendungsfälle vornehmen zu können. Die vorgenommene Priorisierung und damit das Ergebnis des zweiten Schrittes wird in Form eines Aufwand-/Nutzen-Diagramms festgehalten (siehe Abbildung 3-18 mittig).[467] Im Rahmen des dritten Schrittes wird die Skalierbarkeit der Anwendungsfälle adressiert, indem die priorisierten Anwendungsfälle bereits in der Prototypenfertigung umgesetzt werden. Im Anschluss an die prototypische Umsetzung wird eine erste Pilotanwendung in der laufenden Serienproduktion implementiert, gefolgt von einem Roll-out auf andere geeignete Produktionsstätten.[468]

---

[465] i.A.a. Kampker, Heimes et al. 2018 – Enabling Data Analytics in Manufacturing, S. 123.
[466] vgl. Kampker, Heimes et al. 2018 – Enabling Data Analytics in Manufacturing, S. 123.
[467] vgl. Kampker, Heimes et al. 2018 – Enabling Data Analytics in Manufacturing, S. 124.
[468] vgl. Kampker, Heimes et al. 2018 – Enabling Data Analytics in Manufacturing, S. 124f.

Der Ansatz von KAMPKER ET AL. ermöglicht einen frühzeitigen Einsatz datenbasierter Ansätze als Gegenmaßnahme qualitätsbeeinflussender Fehlermöglichkeiten in der Produktion. Die systematische Identifikation dieser Fehlermöglichkeiten sowie die Entwicklung der entsprechenden Gegenmaßnahmen werden zwar erwähnt, jedoch nicht ausdetailliert. Die hybride Datengenerierung auf Grundlage bestehenden Wissens wird bei der Entwicklung der datenbasierten Ansätze nicht berücksichtigt. Durch die o.g. Frühzeitigkeit ist der Ansatz zum überwiegenden Teil bereits vor Beginn der Anlaufphase anwendbar.

Scalable Data Analytics – HEIMES ET AL.

Der Scalable Data Analytics-Ansatz nach HEIMES ET AL. zielt auf eine proaktive Implementierung von Ansätzen aus dem Bereich der Data Analytics in frühen Entwicklungsphasen ab, um ihre Skalierbarkeit auf Großserienfertigungen zu ermöglichen.[469] Das entwickelte Vorgehen ist in Abbildung 3-19 dargestellt.

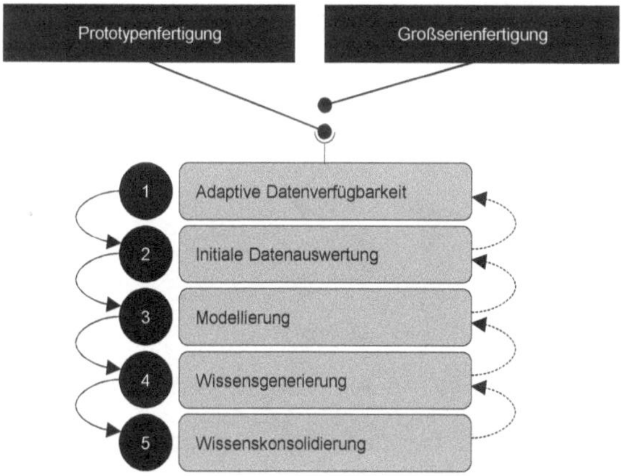

Abbildung 3-19: Scalable Data Analytics[470]

Die erste Phase des Ansatzes nach HEIMES ET AL. baut dabei auf der unmittelbar zuvor beschriebenen Methodik von KAMPKER ET AL. auf. Die dort anhand der DUCM priorisierten Anwendungsfälle werden in einer frühen Prototypenphase implementiert. Auf Basis der in der DUCM enthaltenen Informationen (Datentypen, Datenmengen, Echtzeitanforderungen, Häufigkeit der Datenerzeugung/-erfassung, Datenspeicherung, etc.) können bspw. die optimalen Kommunikationsprotokolle und Kommunikationsbausteine für die speicherprogrammierbare Steuerung (SPS) und Industrie-PCs bestimmt werden.[471] Die zweite Phase dient der initialen Datenauswertung zur Steigerung des Datenverständnisses. Anhand der Ergebnisse der Datenauswertung wird entschieden,

[469] vgl. Heimes, Kampker et al. 2019 – Scalable Data Analytics, S. 1.
[470] i.A.a. Heimes, Kampker et al. 2019 – Scalable Data Analytics, S. 2.
[471] vgl. Heimes, Kampker et al. 2019 – Scalable Data Analytics, S. 2f.

ob die Datenqualität ausreichend ist oder Änderungen an der Datenerfassung vorzunehmen sind.[472] In der dritten Phase werden Methoden aus dem Bereich des Data Mining und des Maschinellen Lernens auf die erhobenen und zuvor aufbereiteten Daten angewendet, um die dem jeweiligen Anwendungsfall zugrundeliegende Hypothese zu verifizieren.[473] Im Rahmen der vierten Phase werden die Ergebnisse der Modellierungsphase durch Prozessexpert:innen validiert, wodurch unmittelbar zur Wissensgenerierung beigetragen wird. Die Expert:innen entscheiden, ob die angewendeten Modelle im Kontext des entsprechenden Anwendungsfalls sinnvoll sind und ob die Implementierung des Anwendungsfalls daher abgebrochen oder weitergeführt wird.[474] Die letzte Phase umfasst die Wissenskonsolidierung, in der die generierten Ergebnisse (von der Datenerfassung über die Modellierung bis hin zur Wissensgenerierung) strukturiert dokumentiert werden, um deren Wiederverwendbarkeit zu erhöhen.[475]

Analog zu dem zuvor beschriebenen Ansatz nach KAMPKER ET AL. ermöglicht der Ansatz nach HEIMES ET AL. einen frühzeitigen Einsatz datenbasierter Ansätze als Gegenmaßnahme potenzieller Fehlermöglichkeiten in der Produktion. Die Frühzeitigkeit ermöglicht auch hier die Anwendbarkeit des Ansatzes bereits vor Beginn der Anlaufphase. Die Fehleridentifikation sowie die Maßnahmendetaillierung werden ebenfalls adressiert, stehen jedoch nicht im Vordergrund des entwickelten Ansatzes. Die hybride Datengenerierung auf Basis bereits existierenden Wissens wird bei der Entwicklung der datenbasierten Gegenmaßnahmen nicht berücksichtigt.

472 vgl. Heimes, Kampker et al. 2019 – Scalable Data Analytics, S. 3.
473 vgl. Heimes, Kampker et al. 2019 – Scalable Data Analytics, S. 3.
474 vgl. Heimes, Kampker et al. 2019 – Scalable Data Analytics, S. 3f.
475 vgl. Heimes, Kampker et al. 2019 – Scalable Data Analytics, S. 4.

3.4 Handlungsbedarf aus der wissenschaftlichen Theorie

In Kapitel 3.1 wurden zunächst die inhaltlichen Anforderungen definiert, woraufhin in Kapitel 3.2 das wissenschaftliche Suchfeld hergeleitet wurde, in dem nach bereits bestehenden Ansätzen der wissenschaftlichen Literatur recherchiert wurde. Die Ansätze wurden im Anschluss in Kapitel 3.3 inhaltlich zusammengefasst und werden im Folgenden je definiertem Suchfeld anhand der inhaltlichen Anforderungen systematisch bewertet (siehe Abbildung 3-20).

<u>Suchfeld 1: Methoden des Anlauf- und Qualitätsmanagements</u>

Aus der Abbildung wird ersichtlich, dass die bestehenden Methoden des Anlauf- und Qualitätsmanagements die Zielsetzung der vorliegenden Arbeit vollständig abdecken. Auch die Vollständigkeit und Anwendbarkeit sind in dem Großteil der beschriebenen Methoden teilweise oder vollständig erfüllt. Der verwendete Lösungsansatz sowie der Schwerpunkt innerhalb der Methoden unterscheiden sich jedoch deutlich von der vorliegenden Arbeit.

<u>Suchfeld 2: Methoden der Datengenerierung und Wissensintegration</u>

Darüber hinaus zeigt die Abbildung, dass die bestehenden Methoden der Datengenerierung und Wissensintegration bezüglich des gewählten Schwerpunkts vollständig mit der vorliegenden Arbeit übereinstimmen. Auch die Anwendbarkeit der Methoden ist vollständig gegeben. Die beiden Kriterien der Zielsetzung und der Vollständigkeit werden jedoch nicht erfüllt. Auch der verwendete Lösungsansatz stimmt nur teilweise mit dem der vorliegenden Arbeit überein.

<u>Suchfeld 3: Entwicklung und Implementierung datenbasierter Ansätze</u>

Die Abbildung zeigt außerdem, dass die bestehenden Methoden zur Entwicklung und Implementierung datenbasierter Ansätze überwiegend vor der Anlaufphase anwendbar sind und denselben Lösungsansatz wie die vorliegende Dissertation nutzen. Das Kriterium der Vollständigkeit ist dabei zum Großteil jedoch nur teilweise erfüllt. Die Zielsetzung sowie der Schwerpunkt der beschriebenen Methoden stimmen dabei nicht oder nur teilweise mit der vorliegenden Arbeit überein.

Die Bewertung der bestehenden Ansätze der wissenschaftlichen Literatur zeigt, dass keiner der existierenden Ansätze die inhaltlichen Kriterien vollumfänglich erfüllt. Auch die einfache Kombination verschiedener Ansätze ist aufgrund der fehlenden Kompatibilität untereinander nicht zielführend. Aus dieser Feststellung wird der Handlungsbedarf aus der wissenschaftlichen Theorie geschlussfolgert:

Es besteht ein konkreter Bedarf an einer anwendungsorientierten Methodik zur frühzeitigen Identifikation potenzieller Fehlermöglichkeiten sowie zur vorgezogenen Entwicklung datenbasierter Gegenmaßnahmen, um eine frühe Integration datenbasierter Ansätze in die Anlaufphase disruptiver Produkte zu ermöglichen.

Dabei besteht die Intention der vorliegenden Arbeit darin, einzelne Aspekte der bestehenden Ansätze aufzugreifen und als Lösungsbaustein in die Methodik zu integrieren.

Suchfeld	Ansatz	❶ Zielsetzung	❷ Lösungsansatz	❸ Schwerpunkt	❹ Vollständigkeit	❺ Anwendbarkeit
		Inhaltliche Anforderungen				
Suchfeld 1 Methoden des Anlauf- und Qualitätsmanagements	Schmahls 2001	●	○	○	●	◐
	Tücks 2010	●	◐	○	●	◐
	Lanza 2005	●	○	○	●	◐
	Wiendahl et al. 2002	●	◐	○	◐	●
	Denkena & Brecher 2007	●	◐	○	◐	●
	Winkler 2007	●	●	○	◐	◐
	Ulrich 2016	●	○	○	◐	○
	Schmitt & Pfeifer 2015	●	○	○	◐	●
	Fleischer et al. 2006	●	◐	○	◐	◐
	Schmitt et al. 2010	●	○	○	○	◐
Suchfeld 2 Methoden der Datengenerierung und Wissensintegration	von Rueden et al. 2019	○	◐	●	○	●
	von Rueden et al. 2020	○	◐	●	○	●
	Gauger et al. 2022	○	◐	●	○	●
	Rabe & Scheidler 2015	○	○	●	○	●
	Reuter et al. 2021	○	◐	●	◐	●
	Tercan et al. 2019	○	○	●	○	●
	Mantserov et al. 2019	○	◐	◐	○	●
	Niyogi et al. 1998	○	○	●	○	●
	Wang et al. 2020	○	◐	●	○	●
Suchfeld 3 Entwicklung und Implementierung datenbasierter Ansätze	Chapman et al. 2000	○	◐	○	◐	◐
	Wiemer et al. 2019	○	◐	◐	◐	●
	Schock 2018	○	●	○	●	◐
	Fayyad et al. 1996	○	◐	○	○	◐
	Beyerer et al. 2020	○	●	○	◐	◐
	Hasterok et al. 2021	○	●	◐	◐	●
	Schulz et al. 2020	○	●	◐	◐	◐
	Blum et al. 2022	○	●	◐	◐	●
	Kampker et al. 2018	◐	●	○	◐	●
	Heimes et al. 2019	◐	●	○	◐	●

Legende: ○ Nicht oder kaum erfüllt; ◐ Teilweise erfüllt; ● Vollständig erfüllt

Abbildung 3-20: Zusammenfassende Bewertung bestehender Ansätze

4 Konzeptionierung der Methodik

Conception of the Methodology

Auf Grundlage des abgeleiteten Handlungsbedarfs aus der industriellen Praxis sowie des identifizierten Handlungsbedarfs aus der wissenschaftlichen Theorie wird im folgenden Kapitel nun eine Methodik konzeptioniert, die beide Handlungsbedarfe adressiert. Dabei zielt die Methodik darauf ab, den bestehenden Bedarf an Trainingsdaten vor der Anlaufphase disruptiver Produkte zu decken (vgl. Kapitel 2.5), indem ein anwendungsorientiertes Vorgehensmodell mit Fokus auf die Trainingsdatengenerierung auf Basis von bestehendem Wissen entwickelt wird (vgl. Kapitel 3.4). Dafür werden zunächst ergänzend zu den inhaltlichen Anforderungen (vgl. Kapitel 3.1) die formalen Anforderungen an die Methodik definiert (Kapitel 4.1). Im Anschluss werden die methodischen Grundlagen in Form der allgemeinen Modelltheorie sowie der Systemtechnik erläutert (Kapitel 4.2), woraufhin anschließend die Aufbau- und Ablaufstruktur der Methodik erläutert wird (Kapitel 4.3). Daraufhin wird auf die verwendete Darstellungsweise und Modellierung der Methodik eingegangen, wonach die Methodik abschließend in die Phasen des Produktentstehungsprozesses eingeordnet wird (Kapitel 4.4).

4.1 Formale Anforderungen an die Methodik

Der Fokus auf die Anwendungsorientierung der im Rahmen der vorliegenden Dissertation entwickelten Methodik macht neben der Erfüllung der inhaltlichen Anforderungen auch die Berücksichtigung formaler Anforderungen erforderlich. Die insgesamt fünf Anforderungen sind in Tabelle 4-1 aufgelistet und zusammengefasst.

#	Anforderung	Erläuterung
01	Übertragbarkeit	Die Methodik ist ohne zusätzlichen Aufwand auf andere Anwendungsfälle im Produktionskontext **übertragbar**.
02	Nachvollziehbarkeit	Die Methodik ist für unterschiedliche Anwendergruppen aus verschiedenen Unternehmensbereichen **nachvollziehbar**.
03	Verhältnismäßigkeit	Die Methodik ist hinsichtlich ihres zeitlichen und finanziellen Aufwands und dem resultierenden Nutzen **verhältnismäßig**.
04	Erweiterbarkeit	Die Methodik ist hinsichtlich sich ändernder Rahmenbedingungen und neuentwickelter Lösungsbausteine **erweiterbar**.
05	Handhabbarkeit	Die Methodik ist für unterschiedliche Expertengruppen aus verschiedenen Unternehmensbereichen **handhabbar**.

Tabelle 4-1: Formale Anforderungen an die Methodik

Die erste Anforderung adressiert die **Übertragbarkeit** der Methodik auf andere Anwendungsfälle im produzierenden Gewerbe. Durch die Übertragbarkeit wird gewährleistet, dass das der Methodik zugrundeliegende Vorgehen nicht nur für spezielle Anwendungsfälle (z.B. einzelne Technologien oder Produktionen) geeignet ist, sondern technologie- und produktionsunabhängig einsetzbar ist. Die zweite Anforderung bezieht sich auf die **Nachvollziehbarkeit** der Methodik für unterschiedliche Anwendergruppen, um sicherzustellen, dass die Inhalte der einzelnen Schritte der Methodik unabhängig vom Hintergrundwissen der Anwender:innen verständlich sind. Durch die dritte Anforderung wird das zeitliche sowie finanzielle Nutzen-/Aufwand-Verhältnis und damit die **Verhältnismäßigkeit** der Methodik im Rahmen ihres Einsatzes im Unternehmenskontext adressiert. Mit der **Erweiterbarkeit** der Methodik als vierte Anforderung wird sichergestellt, dass das Vorgehen zukünftig aufgrund sich ändernder Rahmenbedingungen oder durch neu entwickelte Lösungsansätze sinnvoll zu erweitern ist. Die letzte Anforderung adressiert die **Handhabbarkeit** der Methodik in produzierenden Unternehmen, sodass gewährleistet ist, dass die Durchführung der einzelnen Schritte jeweils den dafür geeigneten Expertengruppen zugeordnet werden können. Der Übersichtlichkeit halber sind die inhaltlichen sowie formalen Anforderungen an die Methodik in Abbildung 4-1 zusammenfassend dargestellt.

Inhaltliche Anforderungen		
1	Zielsetzung	Die Methodik verfolgt die **Zielsetzung** der Wertschöpfungssteigerung in der Anlaufphase neuartiger Produkte.
2	Lösungsansatz	Die Methodik nutzt als **Lösungsansatz** datenbasierte Ansätze als Gegenmaßnahmen für potenzielle Fehlermöglichkeiten.
3	Schwerpunkt	Die Methodik legt den **Schwerpunkt** auf die hybride Datengenerierung durch die Integration bestehenden Wissens.
4	Vollständigkeit	Die Methodik umfasst die Fehleridentifikation bis hin zur Detaillierung geeigneter Gegenmaßnahmen **vollständig**.
5	Anwendbarkeit	Die Methodik ist im Produktionskontext und bereits vor Beginn der Anlaufphase **anwendbar**.

Formale Anforderungen		
1	Übertragbarkeit	Die Methodik ist ohne zusätzlichen Aufwand auf andere Anwendungsfälle im Produktionskontext **übertragbar**.
2	Nachvollziehbarkeit	Die Methodik ist für unterschiedliche Anwendergruppen aus verschiedenen Unternehmensbereichen **nachvollziehbar**.
3	Verhältnismäßigkeit	Die Methodik ist hinsichtlich ihres zeitlichen und finanziellen Aufwands und dem resultierenden Nutzen **verhältnismäßig**.
4	Erweiterbarkeit	Die Methodik ist hinsichtlich sich ändernder Rahmenbedingungen und neuentwickelter Lösungsbausteine **erweiterbar**.
5	Handhabbarkeit	Die Methodik ist für unterschiedliche Expertengruppen aus verschiedenen Unternehmensbereichen **handhabbar**.

Abbildung 4-1: Inhaltliche und formale Anforderungen an die Methodik[476]

Die Überprüfung der inhaltlichen und formalen Anforderungen erfolgt im Rahmen der kritischen Reflektion im Anschluss an die Validierung der Methodik (siehe Kapitel 6.3).

476 vgl. Tabelle 3-1 und Tabelle 4-1

4.2 Methodische Grundlagenbetrachtung

Im Rahmen der methodischen Grundlagenbetrachtung wird zunächst die allgemeine Modelltheorie eingeführt, indem verschiedene Modellarten beschrieben werden (Kapitel 4.2.1). Im Anschluss wird auf die Grundzüge sowie gängige Werkzeuge der Systemtechnik eingegangen (Kapitel 4.2.2), die der Methodik zugrunde liegen.

4.2.1 Allgemeine Modelltheorie

Ausgangspunkt einer modellgestützten Planung ist nach ARNOLD das erwartete Eintreten von Zuständen, die – verglichen mit anderen Zuständen – von dem Planer bzw. der Planerin als nicht zufriedenstellend angesehen werden. Man spricht in diesem Fall von einem Entscheidungsproblem, dem eine Abweichung eines erwarteten Zustands von einem angestrebten Zustand zugrunde liegt. Die Grundlage solcher Entscheidungsprobleme besteht aus komplexen realen Systemen, die sich wiederum aus einzelnen Elementen zusammensetzen, die bestimmte Zustände annehmen können. Im Rahmen der Problemlösung ist es aufgrund der meist hohen Komplexität sinnvoll, ein geeignetes Modell zur vereinfachten Abbildung der Realität zu nutzen.[477] Modelle dienen nach DOMSCHKE und PATZAK als abstraktes Abbild von Systemen, die einen Ausschnitt der Realität hinreichend genau darstellen, indem sie sich in Bezug auf den Anwendungsfall ausschließlich auf die problemrelevanten Merkmale beschränken.[478,479]

Nach DOMSCHKE wird grundsätzlich zwischen fünf verschiedenen Arten von Modellen unterschieden. **Beschreibungsmodelle** dienen der sachlich deskriptiven Darstellung von Phänomenen und bilden somit Elemente und deren Beziehungen untereinander ab, ohne auf existierende Wirkzusammenhänge einzugehen. Diese Kausalzusammenhänge werden in **Erklärungsmodellen** untersucht, die entweder qualitativ oder quantitativ das Auftreten von Zuständen der Elemente durch ein logisch-induktives Vorgehen untersuchen. Auf Basis der Erklärungsmodelle werden **Prognosemodelle** dafür genutzt, um Vorhersagen über zukünftige Zustände der Elemente zu treffen, indem für jeden möglichen Zustand Eintrittswahrscheinlichkeiten ermittelt werden. **Entscheidungsmodelle** beinhalten eine Identifikation, Auswahl und Bewertung ausgewählter Handlungsalternativen anhand zuvor definierter Kriterien und unter Berücksichtigung einer Nutzenfunktion.[480,481] **Simulationsmodelle** sind spezifische Prognosemodelle, die vorwiegend bei komplexeren Systemen Anwendung finden, die nicht ausschließlich durch analytische Prognosewerkzeuge handhabbar sind. Bei dieser Modellart wird das Systemverhalten modelliert, um die Folgen relevanter Systemzustände zu kennen, ohne diese tatsächlich realisieren zu müssen.[482]

---

477 vgl. Arnold, Isermann et al. 2008 – Handbuch Logistik, S. 35f.
478 vgl. Domschke, Scholl 2008 – Grundlagen der Betriebswirtschaftslehre, S. 30.
479 vgl. Patzak 1982 – Systemtechnik, S. 306ff.
480 vgl. Domschke, Scholl 2008 – Grundlagen der Betriebswirtschaftslehre, S. 30.
481 vgl. Patzak 1982 – Systemtechnik, S. 313ff.
482 vgl. Arnold, Isermann et al. 2008 – Handbuch Logistik, S. 36.

4.2.2 Systemtechnik

Die Systemtechnik nach PATZAK bietet ein Instrumentarium zur Lösung der zuvor beschriebenen komplexen und interdisziplinären Problemstellungen.[483] Da sich der Kern der vorliegenden Arbeit in der Schnittmenge zwischen den Produktions- und Datenwissenschaften befindet und daher ein fachübergreifender Lösungsansatz zwischen diesen Teildisziplinen erforderlich ist, wird die Methodik der Dissertation an den Ordnungsrahmen und die vier grundlegenden Prinzipien der Systemtechnik nach HABERFELLNER angelehnt. Das erste Prinzip stellt die Forderung, dass im Rahmen der Analyse des Problemfelds, der Ausgangssituation und des Lösungsansatzes stets **vom Groben ins Feine** heruntergebrochen wird, indem das Blickfeld zunächst weit gefasst und anschließend schrittweise eingegrenzt und konkretisiert wird. Das zweite Prinzip beschreibt eine umfassende **Berücksichtigung von Varianten** in Form von alternativen (Teil-)Lösungsansätzen. Auf diese Weise wird verhindert, dass zu einem fortgeschrittenen Zeitpunkt im Zuge der Lösungsfindung eine bessere Lösungsvariante aufkommt, die zuvor aufgrund einer unzureichenden Variantenberücksichtigung unberücksichtigt geblieben ist. Wird dieses Prinzip stets verfolgt, wird außerdem der Rückkehr zu einer höheren Ebene vorgebeugt (siehe erstes Prinzip). Das dritte Prinzip umfasst die **Gliederung in Phasen**, um das Gesamtvorgehen in abgrenzbare Teilschritte zu strukturieren. Die Vorteile des Prinzips bestehen darin, dass zum einen die hohe Komplexität des Gesamtproblems reduziert wird. Zum anderen können die Teilschritte einzelnen Expert:innenkreisen zugeordnet werden, die für die Bearbeitung eines Teilschrittes am besten geeignet sind. Das vierte Prinzip stellt die Forderung nach einem **logischen Ablauf** im Rahmen der Lösungsfindung in Form eines strukturierten Leitfadens, der in jeder der oben geforderten Phasen (siehe drittes Prinzip) verwendet werden kann.[484] Auf die Strukturierung der Methodik wird daher im folgenden Kapitel näher eingegangen.

4.3 Strukturierung der Methodik

Die Elemente einer Methodik sind nach JENKE mehrere Methoden und eine Systematik, die die Methoden miteinander in Beziehung setzt. Eine Methode als erstes Element einer Methodik ist dabei ein zielgerichtetes Vorgehen, das auf Basis definierter Eingangsgrößen bestimmte Ausgangsgrößen generiert und sich dabei geeigneter Modelle als Hilfsmittel bedient (vgl. Kapitel 4.2.1). Die zugrundeliegende Systematik als zweites Element einer Methodik gibt die planmäßige Abfolge der einzelnen Methoden vor.[485] Durch die Kombination der beiden Elemente ergibt sich eine Gesamtmethodik

---

483 vgl. Patzak 1982 – Systemtechnik, S. 2.
484 vgl. Haberfellner, Weck et al. 2019 – Systems Engineering, S. 27ff.
485 vgl. Jenke 2007 – Konzept zur Lösung technischer Qualitätsprobleme, S. 27ff.

in Form eines strukturierten Vorgehensmodells, das sowohl die zeitliche als auch die logische Verknüpfung einzelner Methoden umfasst (siehe Abbildung 4-2).[486] [487]

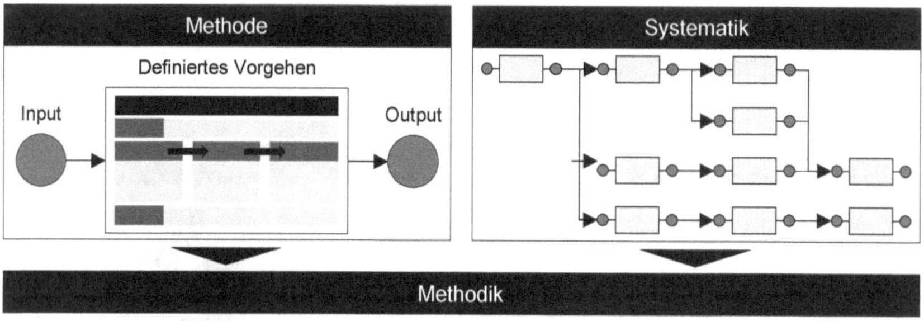

Abbildung 4-2: Allgemeines Methodikmodell[488,489]

Die zugrundeliegende Systematik der zu entwickelnden Methodik wird in Form der von PATZAK definierten Aufbaustruktur dargestellt, die die sachlichen Zusammenhänge und damit die inhaltliche Abfolge der Methodik dargestellt (Kapitel 4.3.1). Die zeitliche Abfolge hingegen wird in Form der Ablaufstruktur der Methodik repräsentiert (Kapitel 4.3.2)[490].

4.3.1 Aufbaustruktur der Methodik

Die Aufbaustruktur zeigt die inhaltlichen Zusammenhänge der Methodik und adressiert damit unmittelbar das vierte Prinzip des Systemtechnik nach PATZAK (vgl. Kapitel 4.2.2). Die Methodik besteht dabei aus einzelnen Schritten, die inhaltlich aufeinander aufbauen und jeweils bestimmten Expert:innenkreisen im Unternehmen zugeordnet werden können. Jeder Schritt besitzt jeweils eigene Eingangs- und Ausgangsgrößen, wobei die Ausgangsgrößen eines Schrittes die Eingangsgrößen eines darauffolgenden Schrittes darstellen können. Die Aufbaustruktur, die diese Beziehungen zwischen den Schritten untereinander beinhaltet, ist in Abbildung 4-3 dargestellt.

Die im Rahmen der Dissertation entwickelte Methodik beginnt mit dem **Initiierungsmodul**, in dem im **ersten Schritt** die relevanten Prozessvariablen und Produktparameter entlang der betrachteten Prozesskette festgestellt werden. Im **zweiten Schritt** werden auf Basis der identifizierten Variablen und Parameter die bestehenden Interdependenzen (in Form von Prozessbeeinflussungen und -sensitivitäten) sowie die potenziell entstehenden Fehlerkosten entlang der Prozesskette quantifiziert. Im Rahmen des **Analysemoduls** wird im **dritten Schritt** die Prozesskette anhand des abgeleiteten

[486] vgl. Jenke 2007 – Konzept zur Lösung technischer Qualitätsprobleme, S. 27ff.
[487] vgl. Buchholz 2014 – Bewertung des Substitutionsrisikos von Fertigungssystemen, S. 44f.
[488] i.A.a. Jenke 2007 – Konzept zur Lösung technischer Qualitätsprobleme, S. 27.
[489] vgl. Stauder 2017 – Anlauforientierte Gestaltung von Fertigungssystemen, S. 41.
[490] vgl. Patzak 1982 – Systemtechnik, S. 39f.

Interdependenz- und Fehlerkostenverlaufs analysiert und somit der kritische Prozessschritt identifiziert. Der **vierte Schritt** dient der Analyse der für den kritischen Prozessschritt relevanten Daten (auf Basis der im ersten Schritt identifizierten Prozessvariablen und Produktparameter) sowie der Ableitung eines geeigneten datenbasierten Ansatzes (inkl. zugrundeliegendem Lernverfahren) als Gegenmaßnahme für die potenzielle Fehlermöglichkeit im Rahmen des Prozessschrittes.

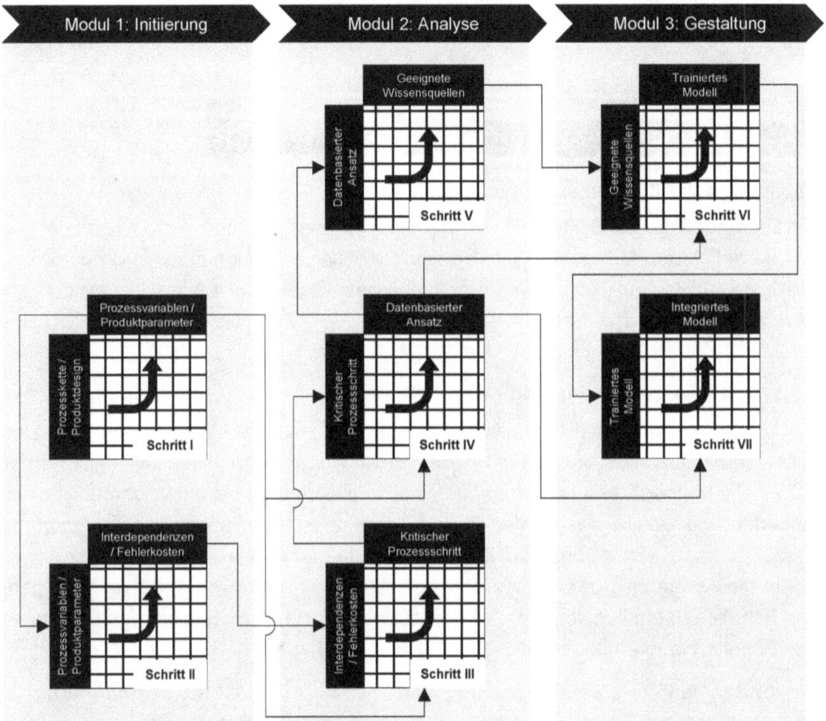

Abbildung 4-3: Aufbaustruktur der Methodik

Im **fünften Schritt** steht die Analyse und Auswahl bestehender Wissensquellen im Vordergrund, die als Grundlage für die Trainingsphase des abgeleiteten datenbasierten Ansatzes zur Verfügung stehen. Das **Gestaltungsmodul** beginnt mit dem **sechsten Schritt** der Methodik, der auf die Transformation des bestehenden Wissens in das für den ausgewählten datenbasierten Ansatz erforderliche Format sowie auf dessen Modellierung und Modelltraining abzielt. Die Methodik endet mit dem **siebten Schritt**, in dem das trainierte Modell im Zusammenspiel mit den übrigen Informationen des datenbasierten Ansatzes (aus dem vierten Schritt) vollständig in die Produktionsumgebung integriert wird, wo es im Anschluss direkt zu Beginn der Anlaufphase eingesetzt werden kann.

4.3.2 Ablaufstruktur der Methodik

Während die Aufbaustruktur die inhaltlichen Zusammenhänge innerhalb der Methodik in Form von Eingangs- und Ausgangsgrößen darstellt, zeigt die Ablaufstruktur die zeitliche Abfolge der Methodik, wodurch unmittelbar das dritte Prinzip der Systemtechnik nach PATZAK adressiert wird (siehe Kapitel 4.2.2). Die Methodik der vorliegenden Arbeit gliedert sich in die drei folgenden Module (vgl. Abbildung 4-3):

- Modul 1: Initiierung
- Modul 2: Analyse
- Modul 3: Gestaltung

Innerhalb der einzelnen Module sind jeweils mehrere Schritte enthalten, deren Inhalte bereits im vorigen Kapitel beschrieben wurden. Die zeitliche Abfolge, in der die insgesamt sieben Schritte innerhalb der Module durchlaufen werden, ist in Abbildung 4-4 in Form der Ablaufstruktur der Methodik dargestellt.

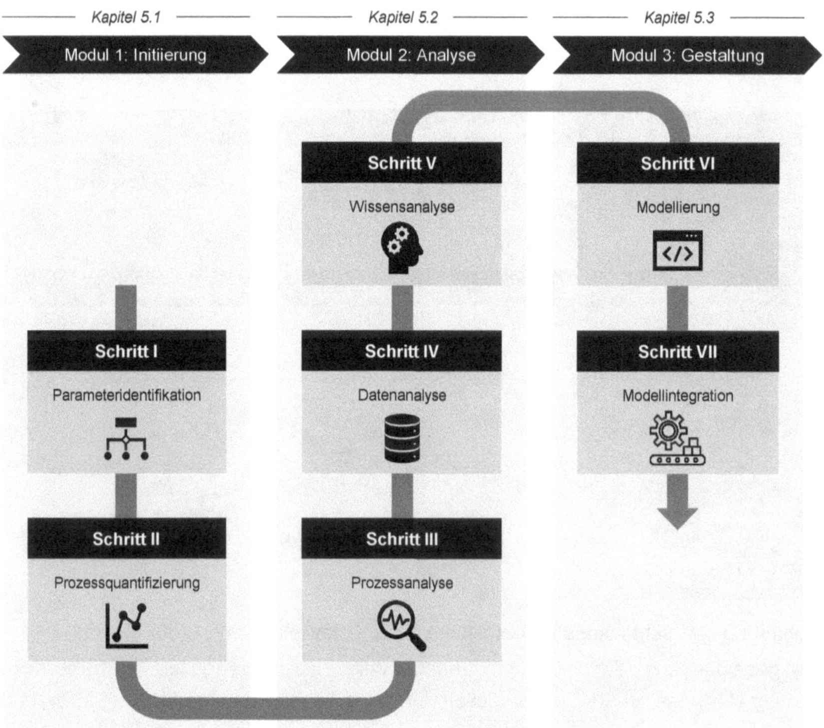

Abbildung 4-4: Ablaufstruktur der Methodik

Da die Methodik so aufgebaut ist, dass mindestens eine Ausgangsgröße jeden Schrittes gleichzeitig eine Eingangsgröße des unmittelbar nachfolgenden Schrittes darstellt (vgl. Abbildung 4-3), werden die einzelnen Schritte der Methodik (analog zu den Modulen) streng sequenziell durchlaufen (Schritt 1, Schritt 2, etc.).

4.4 Darstellung und Einordnung der Methodik

Im Folgenden wird zunächst auf die Darstellung und Einzelheiten der Methoden (vgl. Abbildung 4-2) innerhalb der Methodik eingegangen (Kapitel 4.4.1). Im Anschluss wird der Einsatz der Methodik entlang der Phasen des Produktentstehungsprozesses zeitlich eingeordnet (Kapitel 4.4.2).

4.4.1 Darstellung der Methodik

Um der Anwendungsorientierung der Methodik gerecht zu werden, müssen insbesondere die formalen Anforderungen an die Methodik (vgl. Kapitel 4.1) erfüllt sein. Dafür wird an dieser Stelle eine Modellierungssprache eingeführt, die sich an der in der DIN 69901-2[491] definierten Modellierungssprache orientiert und bereits in verschiedenen Methoden im produktionswissenschaftlichen Kontext eingesetzt wurde (siehe bspw. HEIMES[492]). Im Kontext der vorliegenden Dissertation wird die Modellierungssprache zur Detaildarstellung eines Schrittes innerhalb der Methodik verwendet (siehe Abbildung 4-5).

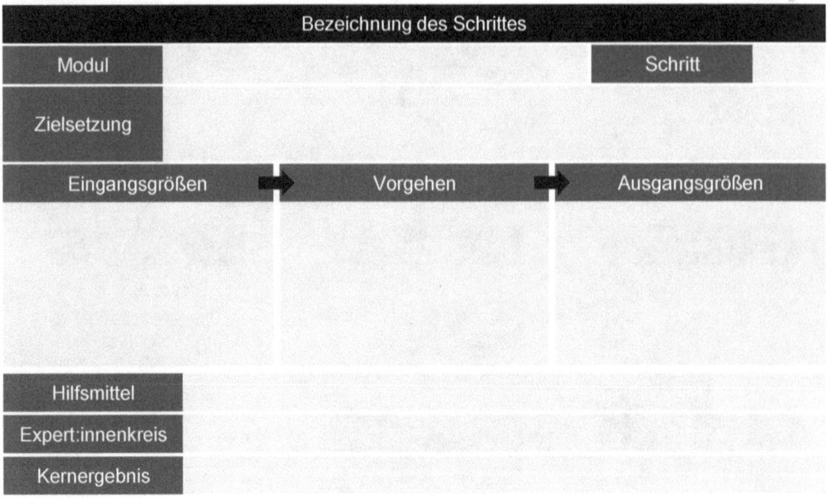

Abbildung 4-5: Schematische Darstellung eines Schrittes innerhalb der Methodik[493]

Die gezeigte Darstellungsform gibt zunächst die **Bezeichnung des Schrittes** (inkl. dessen Nummer) an und ordnet diesen durch die Angabe des **Moduls** in die Struktur

491 vgl. Deutsches Institut für Normung 2009 – DIN 69901-2:2009-01, S. 18.

492 vgl. Heimes 2014 – Methodik zur Auswahl von Fertigungsressourcen, S. 110.

493 i.A.a. Deutsches Institut für Normung 2009 – DIN 69901-2:2009-01, S. 18 und Heimes 2014 – Methodik zur Auswahl von Fertigungsressourcen, S. 110.

der Gesamtmethodik ein. Im Sinne des ersten Prinzips der Systemtechnik (vom Groben ins Feine) wird für jeden Schritt eine eigene **Zielsetzung** definiert, die in Kombination mit den anderen Schritten einer Phase zu einem übergeordneten Ziel und damit zur Lösung einer übergeordneten Problemstellung beiträgt. Ein weiterer wesentlicher Bestandteil der Darstellungsform sind die **Eingangsgrößen** des Schrittes, die durch die Anwendung eines strukturierten **Vorgehens** in die **Ausgangsgrößen** desselben Schrittes transformiert werden. Das Vorgehen wird dabei durch den Einsatz verschiedener Modelle unterstützt (vgl. Kapitel 4.2.1), die in der Modellierungssprache als **Hilfsmittel** bezeichnet werden. Ergänzend zu der DIN 69901-2 wird aufgrund der Interdisziplinarität des Lösungsansatzes der vorliegenden Dissertation das Feld **Expert:innenkreis** hinzugefügt, aus dem hervorgeht, welche Expert:innen für die zielgerichtete Durchführung des Vorgehens erforderlich sind. Abschließend ist das **Kernergebnis** des Schrittes dargestellt, das im unmittelbaren Zusammenhang mit der definierten Zielsetzung und den Ausgangsgrößen steht.

4.4.2 Einordnung der Methodik

Um die skizzierte Methodik im Rahmen des Produktentstehungsprozesses zielgerichtet einsetzen zu können, erscheint eine zeitliche Einordnung in dessen Phasen sinnvoll (vgl. Abbildung 2-12). Abbildung 4-6 zeigt dafür den frühesten Startzeitpunkt sowie den spätesten Endzeitpunkt für den Einsatz der Methodik.

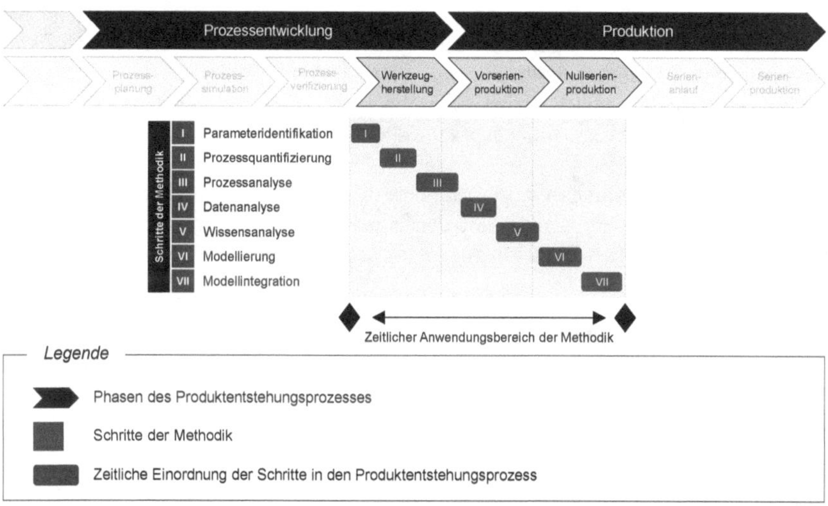

Abbildung 4-6: Einordnung der Methodik in den Produktentstehungsprozess[494]

Der Abbildung zufolge setzt die Anwendung der Methodik die praktischen Anforderungsnachweise der eingesetzten Fertigungstechnologien voraus, die in der Regel am

494 i.A.a. Westkämper, Löffler 2016 – Strategien der Produktion, S. 103ff.

Ende der Prozessverifizierung vorliegen. Die Notwendigkeit des Vorliegens der Anforderungsnachweise ist dadurch begründet, dass die eingesetzten Fertigungstechnologien im Anschluss nicht mehr durch andere Technologievarianten substituiert werden. Dadurch sind insbesondere die Prozessvariablen der einzelnen Prozessschritte, die bereits im ersten Schritt der Methodik (Parameteridentifikation) im Vordergrund stehen und einen wesentlichen Einfluss auf das Endergebnis der Methodik besitzen, endgültig festgelegt. Um den durch die Methodik generierten Mehrwert im Serienanlauf vollständig nutzen zu können, muss der letzte Schritt der Methodik (Modellierung) vor dem Start der Anlaufphase abgeschlossen sein. Die Anwendung der Methodik findet folglich parallel zur Werkzeugherstellung sowie der Vorserien- und Nullserienproduktion statt (vgl. Abbildung 4-6).

4.5 Zwischenfazit

Zu Beginn des Kapitels wurden zunächst die formalen Anforderungen an die zu entwickelnde Methodik gestellt, die die Übertragbarkeit, Nachvollziehbarkeit, Verhältnismäßigkeit, Erweiterbarkeit und Handhabbarkeit umfassen, um der übergeordneten Anforderung der Anwendungsorientierung gerecht zu werden. Im Anschluss wurde die allgemeine Modelltheorie und die dort existierenden Modellarten erläutert (Beschreibungs-, Erklärungs-, Prognose-, Entscheidungs- und Simulationsmodelle). Darauf aufbauend wurden im Bereich der Systemtechnik, die der Behandlung und Lösung komplexer interdisziplinärer Problemstellungen wie in der vorliegenden Arbeit dient, die vier grundlegenden Prinzipien beschrieben (vom Groben ins Feine, Berücksichtigung von Varianten, Gliederung in Phasen und logischer Ablauf), die der Methodik zugrunde liegen sollen. Im Anschluss wurde die Aufbau- und Ablaufstruktur der Methodik beschrieben sowie die Modellierungssprache eingeführt, durch die die einzelnen Schritte der Methodik dargestellt werden. Abbildung 4-7 stellt die Zusammenhänge zwischen den formalen Anforderungen an die Methodik (Kapitel 4.1), den methodischen Grundlagen (Kapitel 4.2) sowie den daraus resultierenden formalen Eigenschaften der Methodik (Kapitel 4.3 und Kapitel 4.4) zusammenfassend dar.

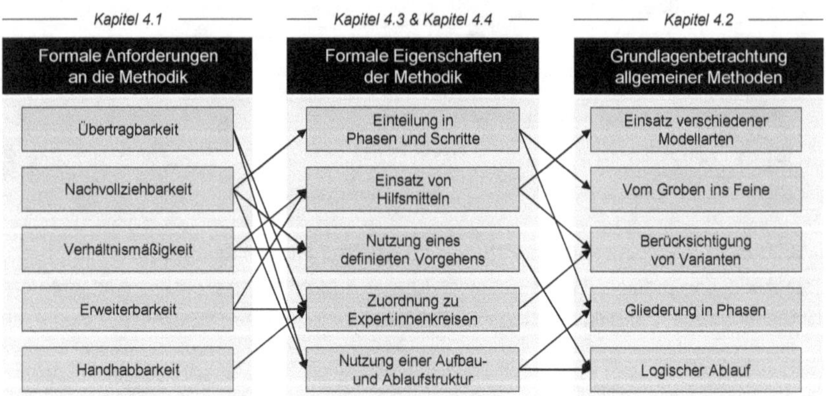

Abbildung 4-7: Zusammenfassende Darstellung der Formalitäten der Methodik

Damit liegt nun ein geeignetes Konzept der Methodik vor, das die formalen Anforderungen berücksichtigt, die eingeführten Modellarten miteinbezieht und die Prinzipien der Systemtechnik verfolgt.

Wie zu Beginn der vorliegenden Arbeit bereits erläutert, dient die Methodik primär der Beantwortung der eingangs definierten Nebenforschungsfragen, die wiederum zur umfassenden Beantwortung der Hauptforschungsfrage erforderlich sind (siehe Kapitel 1.5). Die inhaltlichen Zusammenhänge zwischen den einzelnen Schritten der Methodik und den Nebenforschungsfragen sind in Abbildung 4-8 dargestellt.

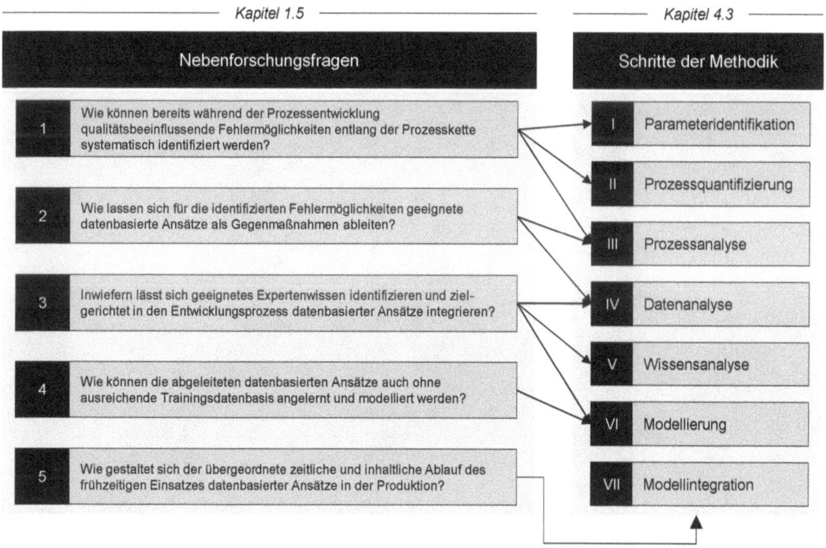

Abbildung 4-8: Adressierung der Nebenforschungsfragen

Das folgende Kapitel dient nun der Detaillierung der Schritte und damit der ausführlichen Beantwortung der aufgezeigten Nebenforschungsfragen.

5 Detaillierung der Methodik

Detailing of the Methodology

Das folgende Kapitel dient der Detaillierung der Methodik zur frühzeitigen Identifikation potenzieller Fehlermöglichkeiten sowie zur vorgezogenen Entwicklung datenbasierter Gegenmaßnahmen. Die Struktur des Kapitels orientiert sich dabei an den drei Modulen und den dort enthaltenen Schritten der Methodik (siehe Abbildung 5-1).

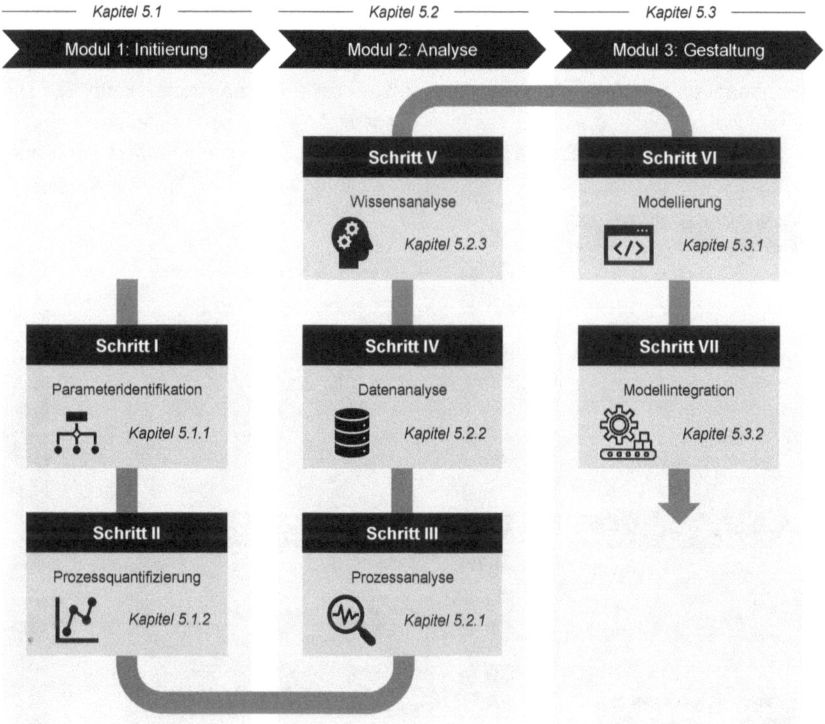

Abbildung 5-1: Module und Schritte der Methodik[495]

Zu Beginn des Kapitels wird das Initiierungsmodul mit den beiden Schritten der Parameteridentifikation und der Prozessquantifizierung erläutert (Kapitel 5.1). Aufbauend auf den Ergebnissen des Initiierungsmoduls werden im Analysemodul die Vorgehensweisen der Prozessanalyse, die Datenanalyse und Wissensanalyse beschrieben (Kapitel 5.2). Die Ergebnisse des zweiten Moduls dienen im Rahmen des Gestaltungsmoduls abschließend der Modellierung sowie der Modellintegration (Kapitel 5.3).

495 vgl. Ablauflaufstruktur der Methodik (Abbildung 4-4)

5.1 Modul 1: Initiierung

Die Zielsetzung des ersten Moduls der Methodik besteht darin, eine detaillierte Analyse- und Entscheidungsgrundlage für das zweite Modul zu schaffen. Zu Beginn des Initiierungsmoduls wird dafür zunächst ein Beschreibungsmodell zur Darstellung der Prozessvariablen, Produktparameter und Übergabegrößen (sowie deren Beziehungen untereinander) für alle Prozessschritte der Prozesskette eines zuvor ausgewählte Produktes erzeugt (Kapitel 5.1.1), das gleichzeitig den Untersuchungsgegenstand der Methodik darstellt. Im Anschluss dient ein entwickeltes Erklärungsmodell zur quantitativen Untersuchung der identifizierten Beziehungen zwischen den oben genannten Elementen (Kapitel 5.1.2). Das Ergebnis des ersten Moduls besteht aus dem ermittelten Interdependenz- und Fehlerkostenverlauf entlang der betrachteten Prozesskette. Die Nebenforschungsfragen, die durch das Initiierungsmodul vorwiegend adressiert werden, sowie die verwendeten Modellarten sind in Abbildung 5-2 zusammenfassend dargestellt.

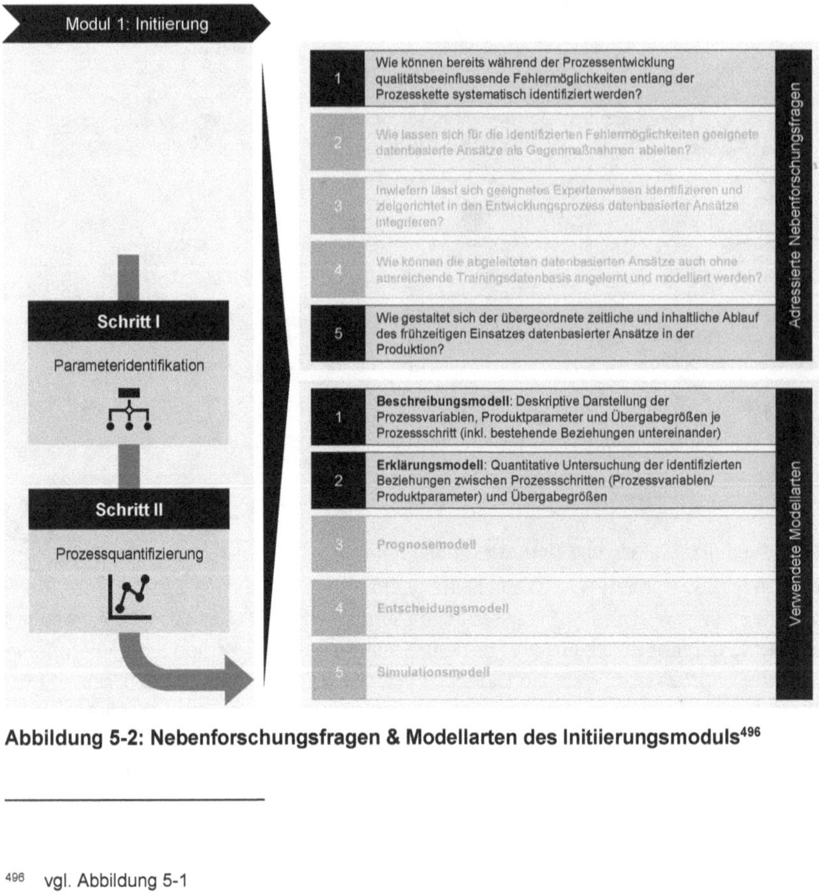

Abbildung 5-2: Nebenforschungsfragen & Modellarten des Initiierungsmoduls[496]

[496] vgl. Abbildung 5-1

5.1.1 Schritt I: Parameteridentifikation

Der erste Schritt zielt auf die Identifikation der für den weiteren Verlauf der Methodik relevanten Prozessgrößen ab. Dazu zählen die Prozessvariablen und Produktparameter je Prozessschritt sowie die Übergabegrößen der gesamten Prozesskette. Die Eingangsgrößen, die für die Durchführung des ersten Schrittes erforderlich sind, bestehen aus der final festgelegten Prozesskette sowie den für die einzelnen Prozessschritte jeweils ausgewählten Fertigungstechnologien. Außerdem müssen die Parameterlisten der einzelnen Anlagensteuerungen sowie das Produktlastenheft mit den entsprechenden Qualitätsanforderungen an das Produkt bzw. die Produktkomponente vorliegen. Das Vorgehen im Zuge des ersten Schrittes besteht aus insgesamt drei Teilschritten, wobei zunächst die Analyseebene und damit der Untersuchungsgegenstand der Methodik ausgewählt wird (Teilschritt i). Im Anschluss werden daraufhin nacheinander die Prozessvariablen (Teilschritt ii) und Produktparameter (Teilschritt iii) sowie deren Beziehungen zu geeigneten Übergabegrößen identifiziert, die zeitgleich die Ausgangsgrößen und das Kernergebnis des Schrittes darstellen. Als Hilfsmittel kommen die Produktarchitektur- sowie die Prozesskettendarstellung zum Einsatz, während sich der erforderliche Expert:innenkreis aus Qualitätsingenieur:innen und Prozessexpert:innen zusammensetzt. Die zugrundeliegende Methode sowie die Inhalte des ersten Schrittes sind in Abbildung 5-3 zusammenfassend dargestellt.

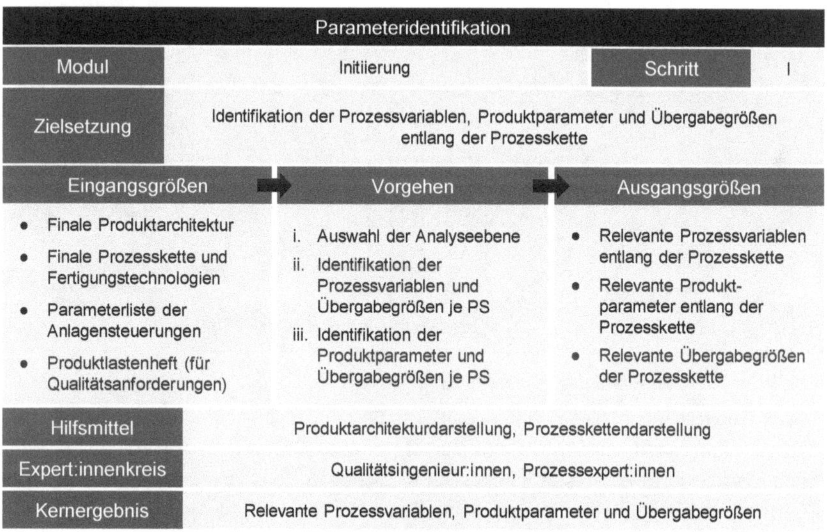

Abbildung 5-3: Methode und Inhalte des ersten Schrittes[497]

[497] vgl. Abbildung 4-5

Zur Auswahl einer geeigneten Analyseebene werden mithilfe der Produktarchitekturdarstellung die einzelnen Produktebenen visualisiert, die sich aus Baugruppen, Komponenten und Subkomponenten zusammensetzen (siehe Abbildung 5-4). Als Grundlage dafür dient die finale Produktarchitektur aus der Produktentwicklungsphase (vgl. Abbildung 2-12). Bei der Visualisierung ist darauf zu achten, dass alle Komponenten einer Baugruppe (bzw. alle Subkomponenten einer Komponente) im Zuge des Herstellungsprozesses der Baugruppe (bzw. der Komponente) berücksichtigt werden.

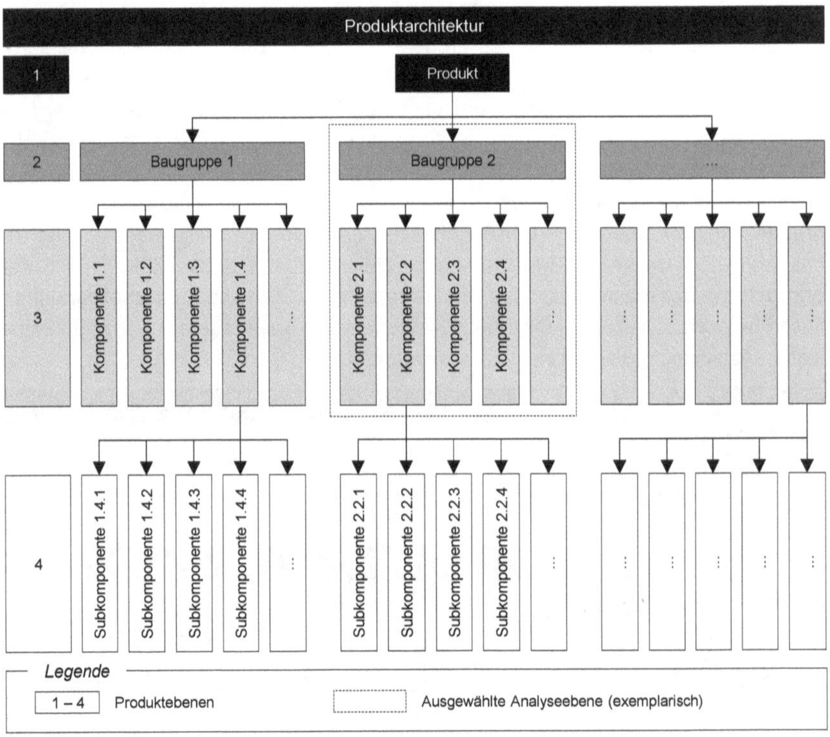

Abbildung 5-4: Auswahl der Analyseebene[498]

Die im Rahmen des ersten Schrittes eingebundenen Qualitätsingenieur:innen und Prozessexpert:innen entscheiden auf Basis der Komplexität des Produkts sowie ggfs. vorhandenem Erfahrungswissen hinsichtlich ähnlicher Produkttypen, welche Baugruppe, Komponente oder Subkomponente im weiteren Verlauf analysiert werden sollte. In der in Abbildung 5-4 gezeigten Produktarchitektur wurde exemplarisch Baugruppe 2 (mit ihren entsprechenden Komponenten 2.1, 2.2 etc.) als Untersuchungsgegenstand aus-

498 i.A.a. Krause, Vietor et al. 2021 – Konstruktionslehre, S. 337.

gewählt. Nach Festlegung des Untersuchungsgegenstands werden mithilfe der Prozesskettendarstellung die einzelnen Prozessschritte aufgezeigt, aus denen sich die Prozesskette der Baugruppe zusammensetzt. Zusätzlich werden für jeden Prozessschritt die Prozessvariablen aufgelistet. Prozessvariablen sind dabei Prozessgrößen, die durch die Produktionsanlage eingestellt werden, um den Fertigungsprozess zu regeln[499] (vgl. Tabelle 2-7). Der obere Teil von Abbildung 5-5 zeigt die Auflistung der Prozessvariablen exemplarisch für eine Prozesskette.

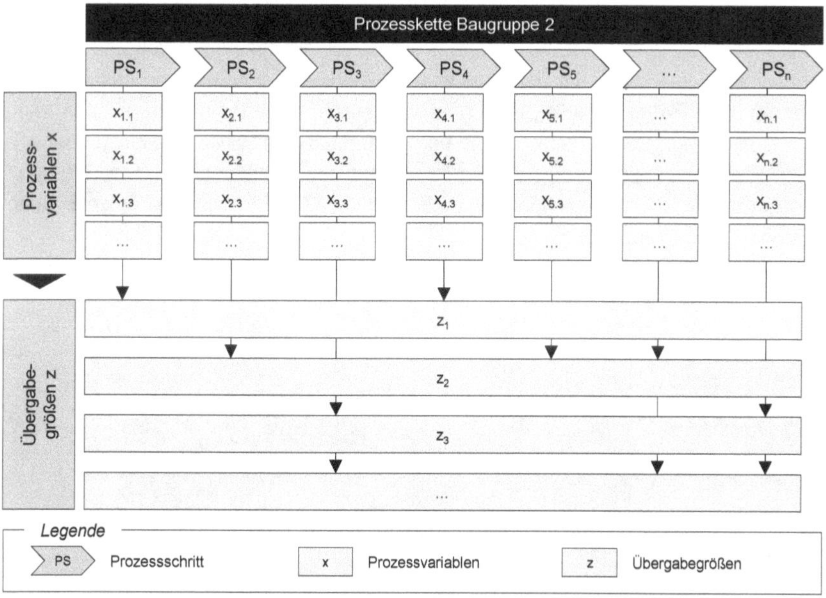

Abbildung 5-5: Identifikation der Prozessvariablen und Übergabegrößen je PS

Der untere Teil der Abbildung zeigt darüber hinaus die Übergabegrößen der Prozesskette. Anhand der Übergabegrößen werden i.A.a. Klocke et al.[500] die Zwischenzustände der herzustellenden Komponente beschrieben, um die Zustände der herzustellenden Komponente nach der Bearbeitung durch einen Prozessschritt exakt beschreiben zu können. Als Übergabegrößen stehen dabei je nach Art der Komponente verschiedene Varianten zur Auswahl. Zum einen eignen sich nach Klocke et al. für viele Prozessketten die Geometrie, Form- und Maßabweichung, Eigenspannung, Bauteilhärte und Oberflächenbeschaffenheit als Übergabegrößen. Zum anderen können auch abstrakte Prüfmerkmale wie die innere Beschaffenheit, Objekt, geometrische Gestalt, elektrische Eigenschafen und Oberflächenbeschaffenheit (vgl. Abbildung 2-15) oder die Hauptgruppen der Fertigungsverfahren nach DIN 8580 (Urformen, Umformen,

499 Beispiele für Prozessvariablen: Schnittgeschwindigkeit, Laserleistung etc.
500 Klocke, Buchholz et al. 2014 – Technology chain optimization, S. 673.

Trennen, Fügen, Beschichten und Stoffeigenschaft ändern)[501] als Übergabegrößen genutzt werden. Sind passende Übergabegrößen für die betrachtete Prozesskette festgelegt, wird anhand der Prozesskettendarstellung sukzessive der Einfluss jeden Prozessschrittes auf die Übergabegrößen visualisiert (siehe unterer Teil von Abbildung 5-5). Ein Prozessschritt hat dabei auf mindestens eine oder auch alle Übergabegrößen Einfluss. Ist dies nicht gegeben, müssen neue Übergabegrößen definiert und der letzte Teilschritt wiederholt werden.

Analog zu den Prozessvariablen und ihren Beziehungen zu den Übergabegrößen werden anschließend die Produktparameter betrachtet. Produktparameter sind dabei Eigenschaften, durch die die herzustellende Komponente produktseitig charakterisiert werden kann[502] (vgl. Tabelle 2-7). Im dritten Teilschritt werden die Produktparameter den Übergabegrößen zugeordnet, die bereits durch die im zweiten Teilschritt betrachteten Prozessvariablen festgelegt worden sind (siehe Abbildung 5-6). Die Übergabegrößen stellen damit die technologische Schnittstelle (TS)[503] zwischen Prozessvariablen und Produktparametern dar.

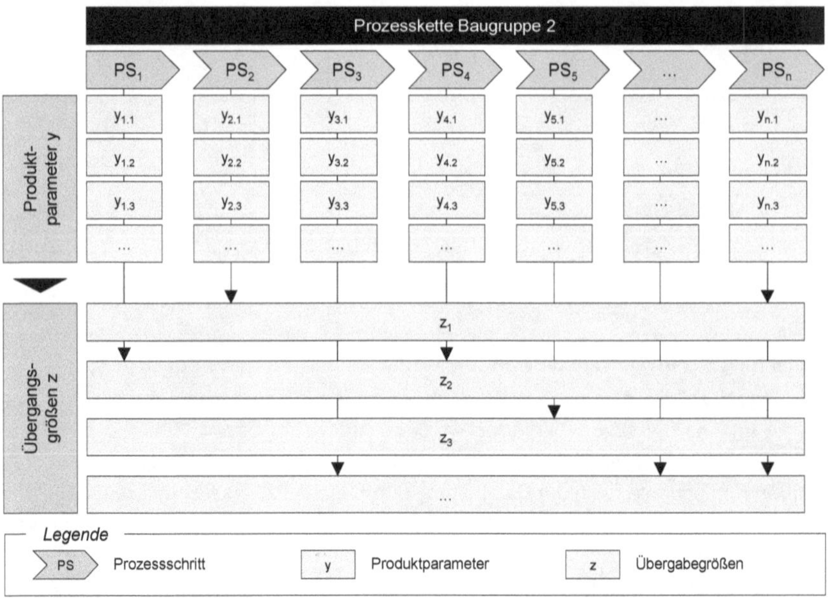

Abbildung 5-6: Identifikation der Produktparameter und Übergabegrößen je PS[504]

---

[501] Deutsches Institut für Normung 2003 – DIN 8580:2003-09.

[502] Beispiele für Produktparameter: Schnittgrat, Schweißnahtquerschnitt, etc.

[503] vgl. Klocke, Buchholz et al. 2014 – Technology chain optimization, S. 671.

[504] vgl. Abbildung 5-5

5.1.2 Schritt II: Prozessquantifizierung

Der zweite Schritt zielt auf die Quantifizierung der Beeinflussungen, Sensitivitäten und Fehlerkosten entlang der Prozesskette ab. Die zur Durchführung des Schrittes notwendigen Eingangsgrößen setzen sich aus den relevanten Prozessvariablen, Produktparametern und Übergabegrößen (siehe Kernergebnis des ersten Schrittes) sowie Informationen zu den Fertigungs- und Materialkosten des Herstellungsprozesses zusammen. Das Vorgehen innerhalb des zweiten Schrittes, das aus insgesamt vier Teilschritten besteht, beginnt mit der Quantifizierung der Technologieeinflüsse und -sensitivitäten auf die Übergabegrößen (Teilschritt i). Im Anschluss werden die Beeinflussungs- und Sensitivitätsmatrix ermittelt (Teilschritt ii) sowie die Interdependenzmatrix und der entsprechende Interdependenzverlauf (Teilschritt iii) abgeleitet, woraufhin abschließend der Fehlerkostenverlauf ermittelt wird (Teilschritt iv). Die genannten Matrizen sind zeitgleich die Ausgangsgrößen des Schrittes, während der Interdependenzverlauf und der Fehlerkostenverlauf das Kernergebnis darstellen. Die Technologiekettendarstellung, die Prozessinterdependenzanalyse und die Fehlerkostenanalyse (vgl. Kapitel 2.3.2) dienen im Rahmen des zweiten Schrittes als Hilfsmittel. Der erforderliche Expert:innenkreis setzt sich – analog zum ersten Schritt – aus Qualitätsingenieur:innen und Prozessexpert:innen zusammen. Die zugrundeliegende Methode sowie die Inhalte des zweiten Schrittes sind in Abbildung 5-7 zusammenfassend dargestellt.

Abbildung 5-7: Methode und Inhalte des zweiten Schrittes[505]

[505] vgl. Abbildung 4-5

Zur Quantifizierung der Technologieeinflüsse und -sensitivitäten auf die definierten Übergabegrößen wird auf die Technologiekettendarstellung nach STAUDER[506] zurückgegriffen. Dabei umfasst jeder Prozessschritt die zugrundeliegende Fertigungstechnologie (FT) sowie eine technologische Schnittstelle (siehe oberer Teil von Abbildung 5-8), die bereits im ersten Schritt als Schnittstelle zwischen Prozessvariablen und Produktparametern eingeführt worden ist und aus den einzelnen Übergabegrößen besteht. Die Beeinflussungen und Sensitivitäten eines Prozessschrittes treten dabei häufig nur an bestimmten Stellen der betrachteten Baugruppe auf. Aus diesem Grund wird die beschriebene Quantifizierung für alle Komponenten der Baugruppe (vgl. Abbildung 5-4) separat durchgeführt. Abbildung 5-8 zeigt die durchgeführte Quantifizierung exemplarisch für die Komponente 2.1 der Baugruppe 2.

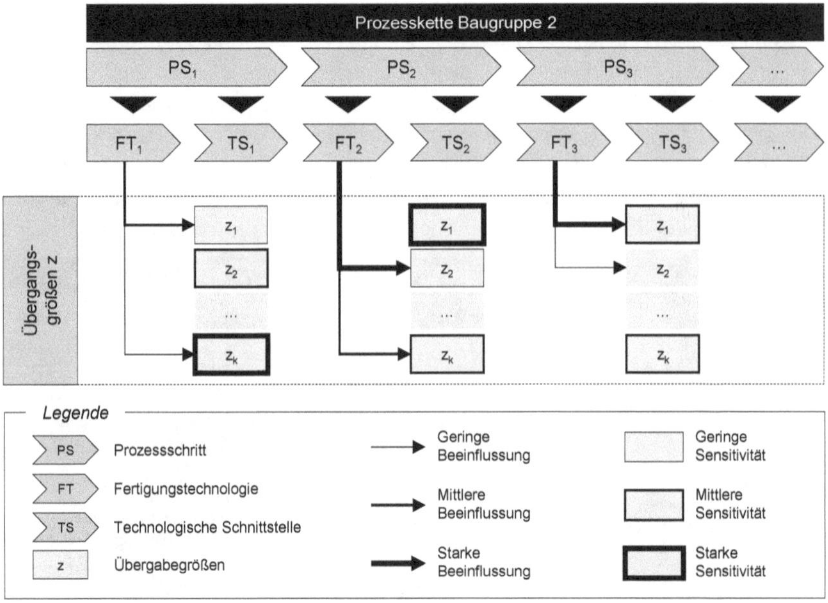

Abbildung 5-8: Quantifizierung der Technologieeinflüsse und -sensitivitäten

Die Abbildung dient damit der allgemeinen Modelltheorie folgend als Erklärungsmodell zur quantitativen Untersuchung der Zusammenhänge zwischen Prozessschritten und den Übergabegrößen (vgl. Kapitel 4.2.1). Wie in Abbildung 5-8 dargestellt kann eine Fertigungstechnologie dabei mehrere Übergabegrößen parallel beeinflussen. Analog dazu können auch mehrere Übergabegrößen zeitgleich sensitiv gegenüber einer Fertigungstechnologie sein. Darüber hinaus können auch die Stärke der Beeinflussungen

---

506 vgl. Stauder 2017 – Anlauforientierte Gestaltung von Fertigungssystemen, S. 53.

und Sensitivitäten variieren. Um dies im Erklärungsmodell zu berücksichtigen, wird folgende Bewertungsskala eingeführt:

Beschreibung	Bewertung	Beschreibung	Bewertung
Keine Beeinflussung	0	Keine Sensitivität	0
Geringe Beeinflussung	1	Geringe Sensitivität	1
Mittlere Beeinflussung	2	Mittlere Sensitivität	2
Starke Beeinflussung	3	Starke Sensitivität	3

Tabelle 5-1: Bewertungsskala für Beeinflussungen/Sensitivitäten

Die unterschiedlichen Stärken der Beeinflussungen bzw. Sensitivitäten, die von den Prozessexpert:innen festgelegt werden, sind in Abbildung 5-8 durch die verschiedenen Strichstärken der Pfeile bzw. Umrandungen der Kästen dargestellt.

Um im weiteren Verlauf des zweiten Schrittes auf Grundlage der Beeinflussungen und Sensitivitäten konkrete Berechnungen und Vergleiche anstellen zu können, werden anhand der Technologiekettendarstellung (siehe Abbildung 5-8) für jede Komponente der Baugruppe die Beeinflussungsmatrix und Sensitivitätsmatrix abgeleitet. Abbildung 5-9 zeigt exemplarisch die Beeinflussungsmatrix für die Komponente 2.1.

Beeinflussungsmatrix (Komponente 2.1)

	PS_1	PS_2	PS_3	PS_4	PS_5	...	PS_n	Σ	norm.
z_1	$\varphi_{1.1}$	$\varphi_{2.1}$	$\varphi_{3.1}$	$\varphi_{4.1}$	$\varphi_{5.1}$	...	$\varphi_{n.1}$	$\varphi_{z1,ges}$	$\bar{\varphi}_{z1,ges}$
z_2	$\varphi_{1.2}$	$\varphi_{2.2}$	$\varphi_{3.2}$	$\varphi_{4.2}$	$\varphi_{5.2}$	...	$\varphi_{n.2}$	$\varphi_{z2,ges}$	$\bar{\varphi}_{z2,ges}$
...	...	...	...	...	...	...	...	...	...
z_k	$\varphi_{1.k}$	$\varphi_{2.k}$	$\varphi_{3.k}$	$\varphi_{4.k}$	$\varphi_{5.k}$	...	$\varphi_{n.k}$	$\varphi_{zk,ges}$	$\bar{\varphi}_{zk,ges}$
Σ	$\varphi_{1,ges}$	$\varphi_{2,ges}$	$\varphi_{3,ges}$	$\varphi_{4,ges}$	$\varphi_{5,ges}$	...	$\varphi_{n,ges}$	$\hat{\varphi}_{2.1,ges}$	
norm.	$\bar{\varphi}_{1,ges}$	$\bar{\varphi}_{2,ges}$	$\bar{\varphi}_{3,ges}$	$\bar{\varphi}_{4,ges}$	$\bar{\varphi}_{5,ges}$	...	$\bar{\varphi}_{n,ges}$		

Legende

PS_n	Prozessschritt n
z_k	Übergabegröße k
$\varphi_{n.k}$	Beeinflussung von PS_n auf z_k
$\varphi_{n,ges}$	Gesamtbeeinflussung von PS_n auf alle Übergabegrößen (z_1 bis z_k)
$\bar{\varphi}_{n,ges}$	Normierte Gesamtbeeinflussung von PS_n auf alle Übergabegrößen (z_1 bis z_k)
$\varphi_{zk,ges}$	Gesamtbeeinflussung der Technologiekette (PS_1 bis PS_n) auf z_k
$\bar{\varphi}_{zk,ges}$	Normierte Gesamtbeeinflussung der Technologiekette (PS_1 bis PS_n) auf z_k
$\hat{\varphi}_{2.1,ges}$	Summe der Gesamtbeeinflussung der Technologiekette (PS_1 bis PS_n) auf Komponente 2.1

Abbildung 5-9: Ermittlung der Beeinflussungsmatrix

Die φ-Werte werden dabei aus der Technologiekettendarstellung übernommen. Ergänzend dazu werden zunächst jeweils die Gesamtbeeinflussungen der einzelnen Prozessschritte auf alle Übergabegrößen mittels folgender Gleichung ermittelt (exemplarisch für Prozessschritt n):

$$\varphi_{n,ges} = \sum_{i=1}^{k} \varphi_{n.i} \tag{5-1}$$

$\varphi_{n,ges}$ Gesamtbeeinflussung von PS_n auf alle ÜG (z_1 bis z_k)

$\varphi_{n.i}$ Beeinflussung von PS_n auf z_i

Für eine bessere und komponentenübergreifende Vergleichbarkeit der Beeinflussungen werden anschließend die normierten Gesamtbeeinflussungen durch folgende Gleichung berechnet:

$$\bar{\varphi}_{n,ges} = \frac{\varphi_{n,ges}}{max(\varphi_{1,ges}, \dots, \varphi_{n,ges})} \tag{5-2}$$

$\bar{\varphi}_{n,ges}$ Normierte Gesamtbeeinflussung von PS_n auf alle ÜG (z_1 bis z_k)

$\varphi_{1,ges}$ Gesamtbeeinflussung von PS_1 auf alle ÜG (z_1 bis z_k)

$\varphi_{n,ges}$ Gesamtbeeinflussung von PS_n auf alle ÜG (z_1 bis z_k)

Zur Ermittlung der Gesamtbeeinflussung der Technologiekette auf eine bestimmte Übergabegröße wird folgende Gleichung verwendet:

$$\varphi_{zk,ges} = \sum_{j=1}^{n} \varphi_{j.k} \tag{5-3}$$

$\varphi_{zk,ges}$ Gesamtbeeinflussung der Technologiekette (PS_1 bis PS_n) auf z_k

$\varphi_{j.k}$ Beeinflussung von PS_j auf z_k

Analog zur Normierung der Gesamtbeeinflussung eines einzelnen Prozessschrittes wird auch die Gesamtbeeinflussung der gesamten Technologiekette auf eine bestimmte Übergabegröße mittels folgender Gleichung normiert:

$$\bar{\varphi}_{zk,ges} = \frac{\varphi_{zk,ges}}{max(\varphi_{z1,ges}, \dots, \varphi_{zk,ges})} \tag{5-4}$$

$\bar{\varphi}_{zk,ges}$ Normierte Gesamtbeeinflussung der TK (PS_1 bis PS_n) auf z_k

$\varphi_{z1,ges}$ Gesamtbeeinflussung der Technologiekette (PS_1 bis PS_n) auf z_1

$\varphi_{zk,ges}$ Gesamtbeeinflussung der Technologiekette (PS_1 bis PS_n) auf z_k

Dasselbe Vorgehen, das in Hinsicht auf die Beeinflussungen der Technologiekette angewendet wurde, wird in analoger Weise für die Sensitivitäten durchgeführt. Das Ergebnis des Vorgehens besteht demnach in der Sensitivitätsmatrix, die exemplarisch für die Komponente 2.1 in Abbildung 5-10 dargestellt ist.

Sensitivitätsmatrix (Komponente 2.1)									
	PS_1	PS_2	PS_3	PS_4	PS_5	...	PS_n	Σ	norm.
z_1	$\lambda_{1.1}$	$\lambda_{2.1}$	$\lambda_{3.1}$	$\lambda_{4.1}$	$\lambda_{5.1}$	...	$\lambda_{n.1}$	$\lambda_{z1,ges}$	$\bar{\lambda}_{z1,ges}$
z_2	$\lambda_{1.2}$	$\lambda_{2.2}$	$\lambda_{3.2}$	$\lambda_{4.2}$	$\lambda_{5.2}$	...	$\lambda_{n.2}$	$\lambda_{z2,ges}$	$\bar{\lambda}_{z2,ges}$
...	...	...	...	...	...	...	...	...	...
z_k	$\lambda_{1.k}$	$\lambda_{2.k}$	$\lambda_{3.k}$	$\lambda_{4.k}$	$\lambda_{5.k}$	...	$\lambda_{n.k}$	$\lambda_{zk,ges}$	$\bar{\lambda}_{zk,ges}$
Σ	$\lambda_{1,ges}$	$\lambda_{2,ges}$	$\lambda_{3,ges}$	$\lambda_{4,ges}$	$\lambda_{5,ges}$	...	$\lambda_{n,ges}$	$\hat{\lambda}_{2.1,ges}$	
norm.	$\bar{\lambda}_{1,ges}$	$\bar{\lambda}_{2,ges}$	$\bar{\lambda}_{3,ges}$	$\bar{\lambda}_{4,ges}$	$\bar{\lambda}_{5,ges}$	...	$\bar{\lambda}_{n,ges}$		

Legende

PS_n	Prozessschritt n
z_k	Übergabegröße k
$\lambda_{n.k}$	Sensitivität von PS_n bezüglich z_k
$\lambda_{n,ges}$	Gesamtsensitivität von PS_n bzgl. aller Übergabegrößen (z_1 bis z_k)
$\bar{\lambda}_{n,ges}$	Normierte Gesamtsensitivität von PS_n bzgl. aller Übergabegrößen (z_1 bis z_k)
$\lambda_{zk,ges}$	Gesamtsensitivität der Technologiekette (PS_1 bis PS_n) bzgl. z_k
$\bar{\lambda}_{zk,ges}$	Normierte Gesamtsensitivität der Technologiekette (PS_1 bis PS_n) bzgl. z_k
$\hat{\lambda}_{2.1,ges}$	Summe der Gesamtsensitivität von Komponente 2.1 ggü. der Technologiekette (PS_1 bis PS_n)

Abbildung 5-10: Ermittlung der Sensitivitätsmatrix

Die λ-Werte werden dabei ebenfalls aus der Technologiekettendarstellung übernommen. Die folgende Gleichung dient anschließend der Ermittlung der Gesamtsensitivitäten der einzelnen Prozessschritte bezüglich aller Übergabegrößen (exemplarisch für Prozessschritt n):

$$\lambda_{n,ges} = \sum_{i=1}^{k} \lambda_{n.i} \tag{5-5}$$

$\lambda_{n,ges}$ Gesamtsensitivität von PS_n bzgl. aller ÜG (z_1 bis z_k)

$\lambda_{n.i}$ Sensitivität von PS_n bzgl. z_i

Die Gleichung zur Ermittlung der normierten Gesamtsensitivität eines Prozessschrittes bezüglich aller Übergabegrößen lautet wie folgt:

$$\bar{\lambda}_{n,ges} = \frac{\lambda_{n,ges}}{max(\lambda_{1,ges}, \dots, \lambda_{n,ges})} \tag{5-6}$$

$\bar{\lambda}_{n,ges}$ Normierte Gesamtsensitivität von PS_n bzgl. aller ÜG (z_1 bis z_k)

$\lambda_{1,ges}$ Gesamtsensitivität von PS_1 bzgl. aller ÜG (z_1 bis z_k)

$\lambda_{n,ges}$ Gesamtsensitivität von PS_n bzgl. aller ÜG (z_1 bis z_k)

Zur Ermittlung der Gesamtsensitivität der vollständigen Technologiekette auf eine bestimmte Übergabegröße wird folgende Gleichung verwendet:

$$\lambda_{zk,ges} = \sum_{j=1}^{n} \lambda_{j.k} \tag{5-7}$$

$\lambda_{zk,ges}$ Gesamtsensitivität der Technologiekette (PS_1 bis PS_n) bzgl. z_k

$\lambda_{j.k}$ Sensitivität von PS_j bzgl. z_k

Abschließend wird ebenfalls die Gesamtsensitivität der gesamten Technologiekette bezüglich einer bestimmten Übergabegröße mittels folgender Gleichung normiert:

$$\bar{\lambda}_{zk,ges} = \frac{\lambda_{zk,ges}}{max(\lambda_{z1,ges}, \ldots, \lambda_{zk,ges})} \tag{5-8}$$

$\bar{\lambda}_{zk,ges}$ Normierte Gesamtsensitivität der TK (PS_1 bis PS_n) bzgl. z_k

$\lambda_{z1,ges}$ Gesamtsensitivität der Technologiekette (PS_1 bis PS_n) bzgl. z_1

$\lambda_{zk,ges}$ Gesamtsensitivität der Technologiekette (PS_1 bis PS_n) bzgl. z_k

Sind die Beeinflussungs- und Sensitivitätsmatrizen für alle Komponenten der betrachteten Baugruppe vollständig vorhanden, wird für die Komponente, die die höchste Gesamtbeeinflussung bzw. Gesamtsensitivität und damit die höchste Relevanz für weiterführende Analysen aufweist, eine Interdependenzmatrix abgeleitet (i.A.a. Kapitel 2.3.2.1). Zur Identifikation der Komponente werden zunächst die Beeinflussungsindizes (für jede Komponente der Baugruppe) mittels folgender Gleichungen berechnet (exemplarisch für Komponente 2.1):

$$\eta_{2.1}^{\varphi} = \frac{\hat{\varphi}_{2.1,ges}}{\hat{\varphi}_{2.1,ges} + \hat{\varphi}_{2.2,ges} + \hat{\varphi}_{2.3,ges} + \cdots} \tag{5-9}$$

$\eta_{2.1}^{\varphi}$ Beeinflussungsindex von Komponente 2.1

$\hat{\varphi}_{2.1,ges}$ Summe der GB der TK (PS_1 bis PS_n) auf Komponente 2.1

$\hat{\varphi}_{2.2,ges}$ Summe der GB der TK (PS_1 bis PS_n) auf Komponente 2.2

$\hat{\varphi}_{2.3,ges}$ Summe der GB der TK (PS_1 bis PS_n) auf Komponente 2.3

Der Beeinflussungsindex einer Komponente spiegelt somit die relative Beeinflussungsstärke der Technologiekette auf die Komponente wider (im Vergleich zu den anderen betrachteten Komponenten).[507] Analog werden die Sensitivitätsindizes

[507] Erläuterung: Folglich wird die Komponente mit dem höchsten Beeinflussungsindex durch die zugrundeliegende Technologiekette insgesamt am stärksten beeinflusst.

für jede Komponente der Baugruppe mittels folgender Gleichung ermittelt (exemplarisch für Komponente 2.1):

$$\eta_{2.1}^{\lambda} = \frac{\hat{\lambda}_{2.1,ges}}{\hat{\lambda}_{2.1,ges} + \hat{\lambda}_{2.2,ges} + \hat{\lambda}_{2.3,ges} + \cdots} \tag{5-10}$$

$\eta_{2.1}^{\varphi}$ Sensitivitätsindex von Komponente 2.1

$\hat{\lambda}_{2.1,ges}$ Summe der GS von Komponente 2.1 ggü. der TK (PS_1 bis PS_n)

$\hat{\lambda}_{2.2,ges}$ Summe der GS von Komponente 2.2 ggü. der TK (PS_1 bis PS_n)

$\hat{\lambda}_{2.3,ges}$ Summe der GS von Komponente 2.3 ggü. der TK (PS_1 bis PS_n)

Analog zu dem Beeinflussungsindex siegelt der Sensitivitätsindex einer Komponente ihre relative Sensitivitätsstärke gegenüber der Technologiekette wider (im Vergleich zu den anderen betrachteten Komponenten). Die ermittelten Indizes dienen somit als Entscheidungsgrundlage für die Qualitätsingenieur:innen und Prozessexpert:innen, welche Komponente im weiteren Verlauf der Methodik tiefergehend analysiert wird.[508] Im Folgenden wird nun angenommen, dass Komponente 2.1 den höchsten Beeinflussungs- und Sensitivitätsindex aufweist.

Die nun zu ermittelnde Interdependenzmatrix ist analog zu den bereits dargestellten Beeinflussungs- und Sensitivitätsmatrizen aufgebaut und besteht aus Interdependenzwerten, die sich mittels folgender Gleichung berechnen lassen (exemplarisch für Prozessschritt n und Übergabegröße k):

$$\delta_{n.k} = \lambda_{n.k} \cdot \sum_{j=1}^{n-1} \varphi_{j.k} \tag{5-11}$$

$\delta_{n.k}$ Interdependenz zwischen PS_n und der TK (PS_1 bis PS_{n-1}) bzgl. z_k

$\lambda_{n.k}$ Sensitivität von PS_n bzgl. z_k

$\varphi_{j.k}$ Beeinflussung von PS_j auf z_k

Interdependenzen repräsentieren dabei im Allgemeinen die Wechselwirkungen zwischen Beeinflussungen und Sensitivitäten. Der Interdependenzwert $\delta_{n.k}$ spiegelt demzufolge die Stärke der Wechselwirkung zwischen Prozessschritt n und dem bis dahin erfolgten Produktionsprozess (PS_1 bis PS_{n-1}) in Bezug auf die Übergabegröße z_k wider. Es gilt: Je stärker die Sensitivität von PS_n bzgl. z_k und je stärker die Beeinflussung des vorgelagerten Produktionsprozesses (PS_1 bis PS_{n-1}) auf z_k, desto höher der entsprechende Interdependenzwert. Daraus folgt, dass Prozessschritte, die später in der Prozesskette Anwendung finden, tendenziell höhere Interdependenzwerte besitzen, da bis zum Zeitpunkt ihrer Anwendung potenziell alle vorgelagerten Prozessschritte einen Einfluss auf die betrachtete Übergabegröße

[508] Anmerkung: Sind die ermittelten Indizes für zwei oder mehr Komponenten auf einem ähnlichen Niveau werden diese im Rahmen der weiteren Analyse weiterhin berücksichtigt.

besitzen können. Der obere Teil von Abbildung 5-11 zeigt exemplarisch die Inderdependenzmatrix für Komponente 2.1.

Interdependenzmatrix und Interdependenzverlauf (Komponente 2.1)

	PS_1	PS_2	PS_3	PS_4	PS_5	...	PS_n	Σ	norm.
z_1	$\delta_{1.1}$	$\delta_{2.1}$	$\delta_{3.1}$	$\delta_{4.1}$	$\delta_{5.1}$	...	$\delta_{n.1}$	$\delta_{z1,ges}$	$\bar{\delta}_{z1,ges}$
z_2	$\delta_{1.2}$	$\delta_{2.2}$	$\delta_{3.2}$	$\delta_{4.2}$	$\delta_{5.2}$	...	$\delta_{n.2}$	$\delta_{z2,ges}$	$\bar{\delta}_{z2,ges}$
...	...	...	...	...	...	...	...	...	...
z_k	$\delta_{1.k}$	$\delta_{2.k}$	$\delta_{3.k}$	$\delta_{4.k}$	$\delta_{5.k}$	...	$\delta_{n.k}$	$\delta_{zk,ges}$	$\bar{\delta}_{zk,ges}$
Σ	$\delta_{1,ges}$	$\delta_{2,ges}$	$\delta_{3,ges}$	$\delta_{4,ges}$	$\delta_{5,ges}$	...	$\delta_{n,ges}$		
norm.	$\bar{\delta}_{1,ges}$	$\bar{\delta}_{2,ges}$	$\bar{\delta}_{3,ges}$	$\bar{\delta}_{4,ges}$	$\bar{\delta}_{5,ges}$	...	$\bar{\delta}_{n,ges}$		

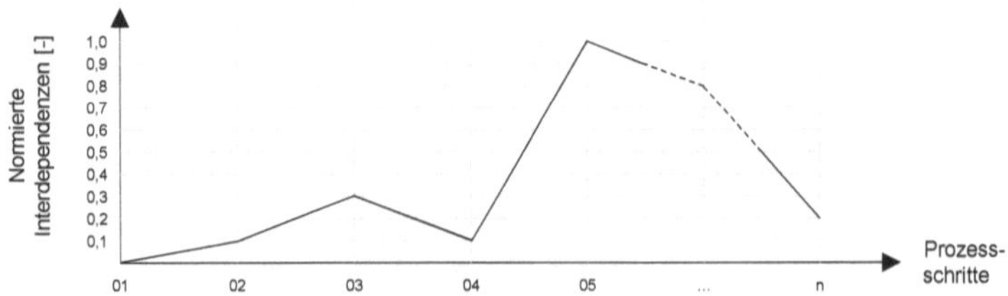

Legende

PS_n	Prozessschritt n
z_k	Übergabegröße k
$\delta_{n.k}$	Interdependenz zwischen PS_n und der Technologiekette (PS_1 bis PS_{n-1}) bezüglich z_k
$\delta_{n,ges}$	Gesamtinterdependenz zwischen PS_n und der TK (PS_1 bis PS_{n-1}) bzgl. aller ÜG (z_1 bis z_k)
$\bar{\delta}_{n,ges}$	Normierte Gesamtint. zwischen PS_n und der TK (PS_1 bis PS_{n-1}) bzgl. aller ÜG (z_1 bis z_k)
$\delta_{zk,ges}$	Gesamtinterdependenz der Technologiekette (PS_1 bis PS_n) bzgl. z_k
$\bar{\delta}_{zk,ges}$	Normierte Gesamtinterdependenz der Technologiekette (PS_1 bis PS_n) bzgl. z_k

Abbildung 5-11: Ermittlung der Interdependenzmatrix und des -verlaufs

Analog zu der Ermittlung der Gesamtbeeinflussungen (vgl. Gleichung 5-1 bis 5-4) und Gesamtsensitivitäten (vgl. Gleichung 5-5 bis 5-8) werden die Gesamtinterdependenzen (GI) berechnet:

$$\delta_{n,ges} = \sum_{i=1}^{k} \delta_{n.i} \tag{5-12}$$

$\delta_{n,ges}$ GI zwischen PS_n und der TK (PS_1 bis PS_{n-1}) bzgl. aller ÜG

$\delta_{n.i}$ Interdependenz zwischen PS_n und der TK (PS_1 bis PS_{n-1}) bzgl. z_i

Die normierte Gesamtinterdependenz zwischen einem Prozessschritt und der Technologiekette (PS_1 bis PS_{n-1}) bzgl. aller Übergabegrößen wird wie folgt ermittelt:

$$\bar{\delta}_{n,ges} = \frac{\delta_{n,ges}}{max(\delta_{1,ges}, \dots, \delta_{n,ges})} \tag{5-13}$$

$\bar{\delta}_{n,ges}$ Norm. GI zwischen PS_n und der TK (PS_1 bis PS_{n-1}) bzgl. aller ÜG

$\delta_{1,ges}$ GI zwischen PS_1 und der TK (PS_1 bis PS_{n-1}) bzgl. aller ÜG (=0)

$\delta_{n,ges}$ GI zwischen PS_n und der TK (PS_1 bis PS_{n-1}) bzgl. aller ÜG

Im Anschluss werden die Gesamtinterdependenzen der Technologiekette bezüglich einer bestimmten Übergabegröße mittels folgender Gleichung berechnet:

$$\delta_{zk,ges} = \sum_{j=1}^{n} \delta_{j.k} \tag{5-14}$$

$\delta_{zk,ges}$ Gesamtinterdependenz der TK (PS_1 bis PS_n) bzgl. z_k

$\delta_{j.k}$ Interdependenz zwischen PS_j und der TK (PS_1 bis PS_{n-1}) bzgl. z_k

Abschließend werden auch diese Gesamtinterdependenzwerte mittels folgender Gleichung normiert:

$$\bar{\delta}_{zk,ges} = \frac{\delta_{zk,ges}}{max(\delta_{z1,ges}, \dots, \delta_{zk,ges})} \tag{5-15}$$

$\bar{\delta}_{zk,ges}$ Normierte Gesamtinterdependenz der TK (PS_1 bis PS_n) bzgl. z_k

$\delta_{z1,ges}$ Gesamtinterdependenz der TK (PS_1 bis PS_n) bzgl. z_1

$\delta_{zk,ges}$ Gesamtinterdependenz der TK (PS_1 bis PS_n) bzgl. z_k

Auf Grundlage der normierten Gesamtinterdependenzen zwischen einem Prozessschritt und der gesamten Technologiekette (PS_1 bis PS_{n-1}) bzgl. aller Übergabegrößen ($\bar{\delta}_{1,ges}$ bis $\bar{\delta}_{n,ges}$) wird der Interdependenzverlauf entlang der Prozesskette abgeleitet (siehe unterer Teil von Abbildung 5-11). Anhand des Interdependenzverlaufs lassen sich diejenigen Prozessschritte identifizieren, die eine starke Wechselwirkung zu vorgelagerten Prozessschritten aufweisen und daher tendenziell anfälliger für interdependenzbasierte Qualitätsfehler sind. Im gezeigten Beispiel in Abbildung 5-11 ist bspw. Prozessschritt 5 deutlich fehleranfälliger als Prozessschritt 4.

Neben den qualitätsbeeinflussenden Interdependenzen ist ebenso die Berücksichtigung potenzieller Fehlerkosten entlang der Prozesskette relevant. Unter den Fehlerkosten eines Prozessschrittes werden dabei solche Kosten subsumiert, die bei einem Prozessfehler anfallen, der während der Durchführung des betrachteten Prozessschrittes auftritt. Darunter fallen sowohl die Materialkosten[509] (ε_{MK}) und Fertigungskosten[510] (ε_{FK}), die zur Durchführung des betrachteten Prozessschrittes erforderlich sind, als auch die Material- und Fertigungskosten der vorgelagerten Prozessschritte, falls

509 Materialkosten: Kosten für verwendete Materialen und (Sub)Komponenten

510 Fertigungskosten: Fertigungseinzelkosten und Fertigungsgemeinkosten

diese ebenfalls unmittelbar von dem Prozessfehler betroffen sind[511]. Auf Grundlage dieser Überlegungen wird für die betrachtete Baugruppe eine entsprechende Fehlerkostenmatrix aufgestellt. Der obere Teil von Abbildung 5-12 zeigt die Fehlerkostenmatrix exemplarisch für die Baugruppe 2.

Fehlerkostenmatrix und Fehlerkostenverlauf (Baugruppe 2)

	PS_1	PS_2	PS_3	PS_4	PS_5	...	PS_n
ε_{FK}	$\varepsilon_{FK,1}$	$\varepsilon_{FK,2}$	$\varepsilon_{FK,3}$	$\varepsilon_{FK,4}$	$\varepsilon_{FK,5}$	...	$\varepsilon_{FK,n}$
ε_{MK}	$\varepsilon_{MK,1}$	$\varepsilon_{MK,2}$	$\varepsilon_{MK,3}$	$\varepsilon_{MK,4}$	$\varepsilon_{MK,5}$	...	$\varepsilon_{MK,n}$
$\varepsilon_{FK,kum}$	$\varepsilon_{FK,1,kum}$	$\varepsilon_{FK,2,kum}$	$\varepsilon_{FK,3,kum}$	$\varepsilon_{FK,4,kum}$	$\varepsilon_{FK,5,kum}$	...	$\varepsilon_{FK,n,kum}$
$\varepsilon_{MK,kum}$	$\varepsilon_{MK,1,kum}$	$\varepsilon_{MK,2,kum}$	$\varepsilon_{MK,3,kum}$	$\varepsilon_{MK,4,kum}$	$\varepsilon_{MK,5,kum}$	...	$\varepsilon_{MK,n,kum}$
Σ	$\varepsilon_{1,ges}$	$\varepsilon_{2,ges}$	$\varepsilon_{3,ges}$	$\varepsilon_{4,ges}$	$\varepsilon_{5,ges}$	...	$\varepsilon_{n,ges}$
norm.	$\bar{\varepsilon}_{1,ges}$	$\bar{\varepsilon}_{2,ges}$	$\bar{\varepsilon}_{3,ges}$	$\bar{\varepsilon}_{4,ges}$	$\bar{\varepsilon}_{5,ges}$	...	$\bar{\varepsilon}_{n,ges}$

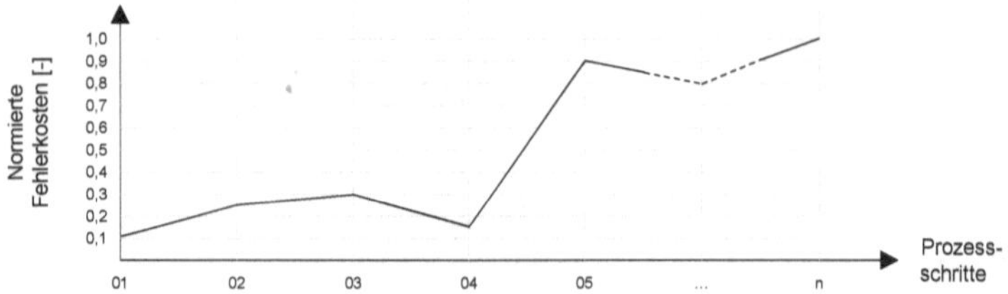

Legende

PS_n	Prozessschritt n
ε_{FK}	Fertigungskosten (Prozessschritt n)
ε_{MK}	Materialkosten (Prozessschritt n)
$\varepsilon_{FK,n,kum}$	Kumulierte Fertigungskosten (PS_1 bis PS_n)
$\varepsilon_{MK,n,kum}$	Kumulierte Materialkosten (PS_1 bis PS_n)
$\varepsilon_{n,ges}$	Kumulierte Gesamtfehlerkosten (PS_1 bis PS_n)
$\bar{\varepsilon}_{n,ges}$	Normierte, kumulierte Gesamtfehlerkosten (PS_1 bis PS_n)

Abbildung 5-12: Ermittlung der Fehlerkostenmatrix und des -verlaufs

Bei den kumulierten Fertigungskosten (bzw. kumulierten Materialkosten) ist zu berücksichtigen, welche der vorgelagerten Prozessschritte fertigungstechnisch (bzw. materi-

511 Beispiel: Werden im Rahmen des Herstellprozesses einer Komponente zwei ihrer Subkomponenten in PS_x irreversibel miteinander verbunden und tritt dabei ein Prozessfehler auf, so werden die Materialkosten und alle bereits angefallenen relevanten Fertigungskosten der beiden Subkomponenten in die Fehlerkosten des PS_x miteingerechnet.

altechnisch) an der hergestellten (Sub-)Komponente beteiligt waren. In den kumulierten Fertigungskosten (bzw. kumulierten Materialkosten) bis zu einem bestimmten Prozessschritt werden nur solche Kosten berücksichtigt, die in der fehlerbetroffenen Komponente „gebunden“ sind.

Auf Basis der Fehlerkostenmatrix werden mittels folgender Gleichung die kumulierten Gesamtfehlerkosten je Prozessschritt ermittelt (exemplarisch für Prozessschritt n):

$$\varepsilon_{n,ges} = \varepsilon_{FK,n} + \varepsilon_{MK,n} \tag{5-16}$$

$\varepsilon_{n,ges}$ Kumulierte Gesamtfehlerkosten (PS_1 bis PS_n)

$\varepsilon_{FK,n}$ Fertigungskosten von PS_n

$\varepsilon_{MK,n}$ Materialkosten von PS_n

Analog zu den Beeinflussungs-, Sensitivitäts- und Interdependenzwerten werden auch die Fehlerkosten mittels folgender Gleichung normiert:

$$\bar{\varepsilon}_{n,ges} = \frac{\varepsilon_{n,ges}}{max(\varepsilon_{1,ges}, \ldots, \varepsilon_{n,ges})} \tag{5-17}$$

$\bar{\varepsilon}_{n,ges}$ Normierte Gesamtfehlerkosten (PS_1 bis PS_n)

$\varepsilon_{1,ges}$ Kumulierte Gesamtfehlerkosten (PS_1)

$\varepsilon_{n,ges}$ Kumulierte Gesamtfehlerkosten (PS_1 bis PS_n)

Der untere Teil von Abbildung 5-12 zeigt den Fehlerkostenverlauf, der die normierten Fehlerkosten über der Prozesskette aufträgt. Anhand des Fehlerkostenverlaufs wird ersichtlich, aus welchen Prozessschritten im Falle eines Prozessfehlers hohe Fehlerkosten resultieren.

5.1.3 Zusammenfassung des ersten Moduls

Im Rahmen des ersten Moduls der Methodik wurden zunächst alle relevanten Prozessvariablen, Produktparameter und Übergabegrößen entlang der Prozesskette identifiziert (Kernergebnis des ersten Schrittes). Auf Grundlage dieser identifizierten Größen wurde eine Quantifizierung der Prozesskette hinsichtlich der Beeinflussungen, Sensitivitäten und Interdependenzen vorgenommen, um auf Grundlage des abgeleiteten Interdependenzverlaufs potenziell fehleranfällige Prozessschritte zu identifizieren. Abschließend wurde auf Basis der Fertigungs- und Materialkosten ein Fehlerkostenverlauf ermittelt, der gemeinsam mit dem Interdependenzverlauf die Grundlage für das nachfolgende Analysemodul der Methodik darstellt (Kernergebnis des zweiten Schrittes).

5.2 Modul 2: Analyse

Die Zielsetzung des zweiten Moduls der Methodik besteht darin, kritische Prozessschritte hinsichtlich Qualität und Kosten zu ermitteln, um sowohl einen geeigneten datenbasierten Ansatz als Gegenmaßnahme als auch geeignete bestehende Wissensquellen für dessen vorgezogenes Modelltraining zu identifizieren. Dafür werden im Verlauf des Moduls auf Grundlage der Ergebnisse des ersten Moduls drei verschiedene Analysen mit jeweils unterschiedlichen Schwerpunkten durchgeführt. Im Rahmen der Prozessanalyse werden kritische Prozessschritte entlang der Prozesskette identifiziert (Kapitel 5.2.1), woraufhin im Zuge der Datenanalyse geeignete datenbasierte Ansätze als Gegenmaßnahmen für potenzielle Fehlermöglichkeiten abgeleitet werden (Kapitel 5.2.2). Die Wissensanalyse dient abschließend der Ermittlung geeigneter Wissensquellen für die datenbasierte Ansätze (Kapitel 5.2.3). Die Nebenforschungsfragen, die durch das Analysemodul vorwiegend adressiert werden, sowie die verwendeten Modellarten sind in Abbildung 5-13 zusammenfassend dargestellt.

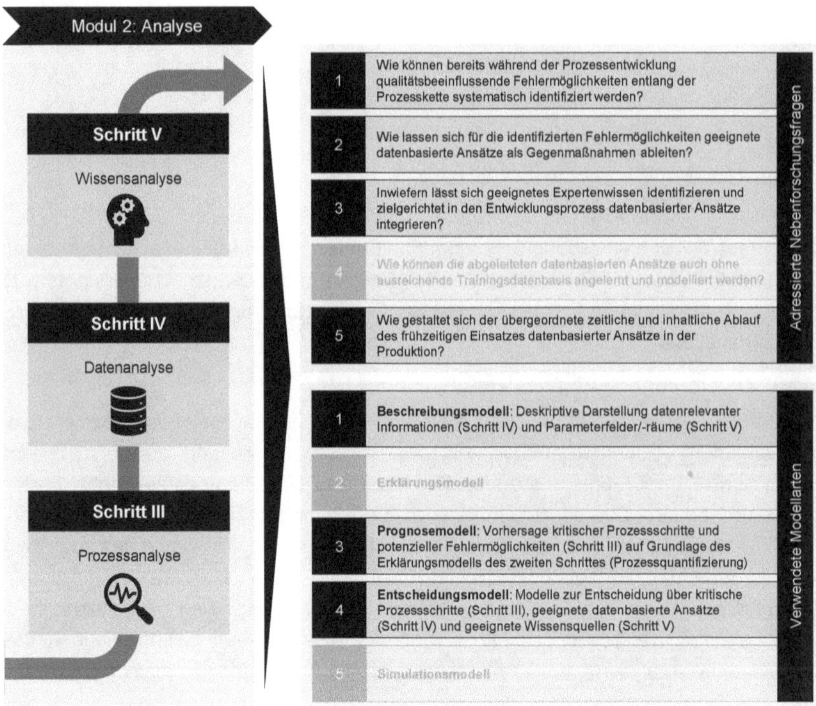

Abbildung 5-13: Nebenforschungsfragen & Modellarten des Analysemoduls[512]

[512] vgl. Abbildung 5-1

5.2.1 Schritt III: Prozessanalyse

Der dritte Schritt der Methodik zielt auf die Ermittlung der hinsichtlich Qualität und Kosten kritischen Prozessschritte entlang der Prozesskette ab. Die Analysegrundlage besteht dabei aus den Interdependenz- und Fehlerkostenverläufen (siehe zweiter Schritt), die insofern die Eingangsgrößen des dritten Schrittes darstellen. Das Vorgehen innerhalb des Schrittes gliedert sich in insgesamt vier Teilschritte. Zunächst werden die Interdependenz- und Fehlerkostenverläufe superponiert und mit Eintrittswahrscheinlichkeiten versehen (Teilschritt i), woraus sich der Kritikalitätsverlauf ergibt (Teilschritt ii). Dieser wird anschließend zur Analyse der Produktionshistorie genutzt, um die für den weiteren Verlauf der Methodik relevanten Prozessschritte zu ermitteln (Teilschritt iii). Abschließend werden durch eine detaillierte Interdependenzanalyse zwischen den ermittelten Prozessschritten die relevanten Prozessvariablen und Produktparameter identifiziert, die den Prozessschritten zugrunde liegen (Teilschritt iv). Die Ausgangsgrößen des dritten Schrittes bestehen folglich aus dem Kritikalitätsverlauf, der Auflistung kritischer Prozessschritte (Kernergebnis) und den Interdependenzen zwischen ihren Prozessvariablen und Produktparametern. Als Hilfsmittel dienen dabei die Technologieketten- und Matrixdarstellung. Der erforderliche Expert:innenkreis wird im Vergleich zu den ersten beiden Schritten um die Business Developer erweitert (vgl. Erläuterungen in Kapitel 2.4.3). Die zugrundeliegende Methode sowie die Inhalte des dritten Schrittes sind in Abbildung 5-14 zusammenfassend dargestellt.

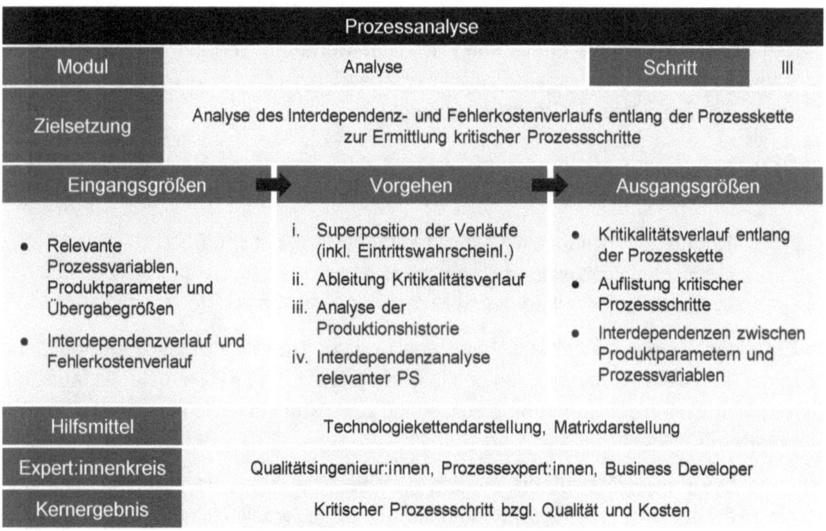

Abbildung 5-14: Methode und Inhalte des dritten Schrittes[513]

---

[513] vgl. Abbildung 4-5

Zu Beginn des dritten Schrittes steht die Superposition des Interdependenz- und Fehlerkostenverlaufs, die mathematisch durch die Multiplikation der zugrundeliegenden Werte durchgeführt wird:

$$\kappa_n = \bar{\delta}_{n,ges} \cdot \bar{\varepsilon}_{n,ges} \tag{5-18}$$

κ_n Kritikalität von PS_n

$\bar{\delta}_{n,ges}$ Norm. GI zwischen PS_n und der TK (PS_1 bis PS_{n-1}) bzgl. aller ÜG

$\bar{\varepsilon}_{n,ges}$ Normierte Gesamtfehlerkosten (PS_1 bis PS_n)

Im Anschluss bewerten die Qualitätsingenieur:innen und Prozessexpert:innen auf Basis ihrer Erfahrungen die Eintrittswahrscheinlichkeiten (σ_1 bis σ_n) von Fehlermöglichkeiten im Rahmen der einzelnen Prozessschritte (vgl. Vorgehen einer FMEA in Kapitel 2.3.2.2). Im Anschluss werden diese im Rahmen der folgenden Gleichung zur Ermittlung der wahrscheinlichkeitsbedingten Kritikalitäten verwendet:

$$\kappa_n^{\sigma} = \kappa_n \cdot \sigma_n \tag{5-19}$$

κ_n^{σ} Wahrscheinlichkeitsbedingte Kritikalität von PS_n

κ_n Kritikalität von PS_n

σ_n Fehlereintrittswahrscheinlichkeit im Rahmen von PS_n

Abschließend werden die ermittelten Kritikalitätswerte normiert, um daraus den Kritikalitätsverlauf abzuleiten (analog zum Interdependenz- und Fehlerkostenverlauf). Zur Normierung wird folgende Gleichung verwendet:

$$\bar{\kappa}_n^{\sigma} = \frac{\kappa_n^{\sigma}}{max(\kappa_1^{\sigma}, \ldots, \kappa_n^{\sigma})} \tag{5-20}$$

$\bar{\kappa}_n^{\sigma}$ Normierte, wahrscheinlichkeitsbedingte Kritikalität von PS_n

κ_1^{σ} Wahrscheinlichkeitsbedingte Kritikalität von PS_1

κ_n^{σ} Wahrscheinlichkeitsbedingte Kritikalität von PS_n

In Ergänzung zu der mathematischen Herleitung der Kritikalitätswerte zeigt Abbildung 5-15 die graphische Superposition des Interdependenz- und Fehlerkostenverlaufs, die in Kombination mit der Normierung schließlich zum (wahrscheinlichkeitsbedingten und normierten) Kritikalitätsverlauf führt.

Anhand des Kritikalitätsverlaufs werden nun die hinsichtlich Interdependenzen und Kosten kritischsten Prozessschritte identifiziert. Der exemplarische Kritikalitätsverlauf im unteren Teil von Abbildung 5-15 zeigt, dass Prozessschritt 5 im Vergleich zu den anderen Prozessschritten eine hohe Kritikalität aufweist, sodass dieser für die im folgenden Teilschritt anstehende Analyse der Produktionshistorie (siehe Abbildung 5-16) die Ausgangsbasis darstellt.

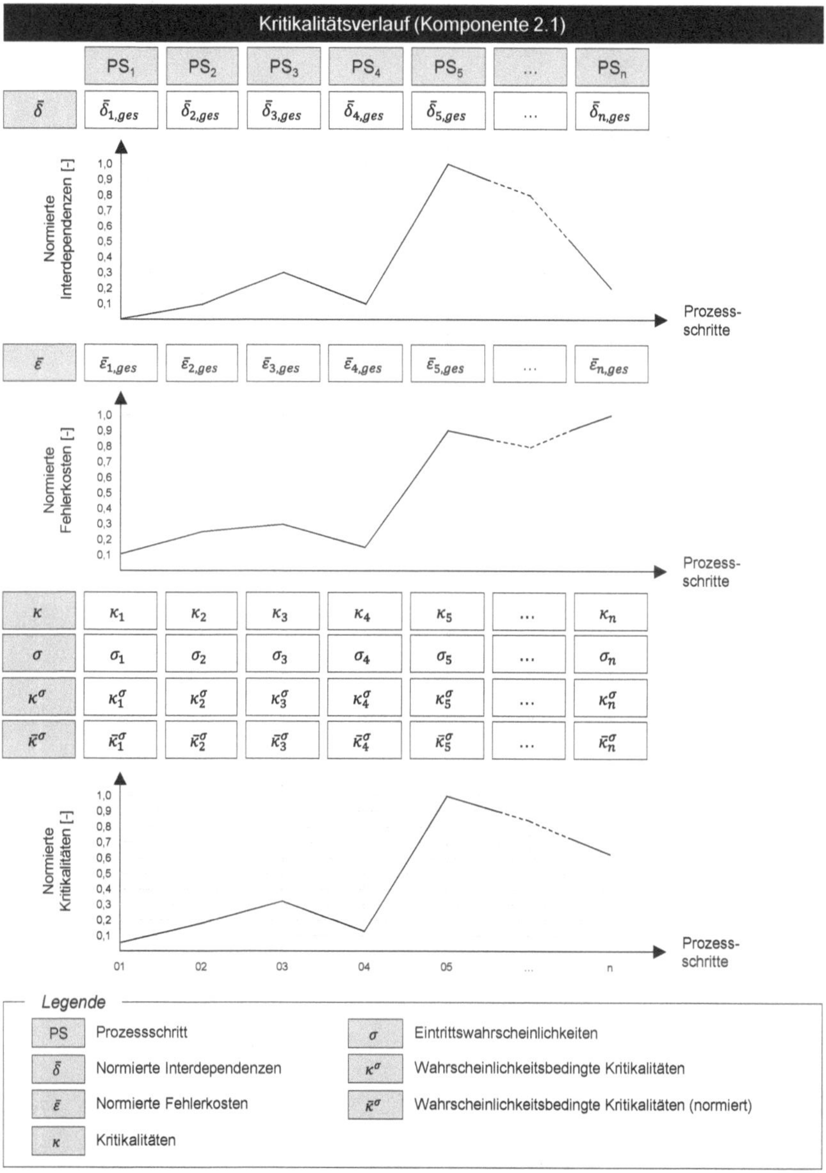

Abbildung 5-15: Ermittlung des Kritikalitätsverlaufs[514]

[514] vgl. Abbildung 5-11 und Abbildung 5-12

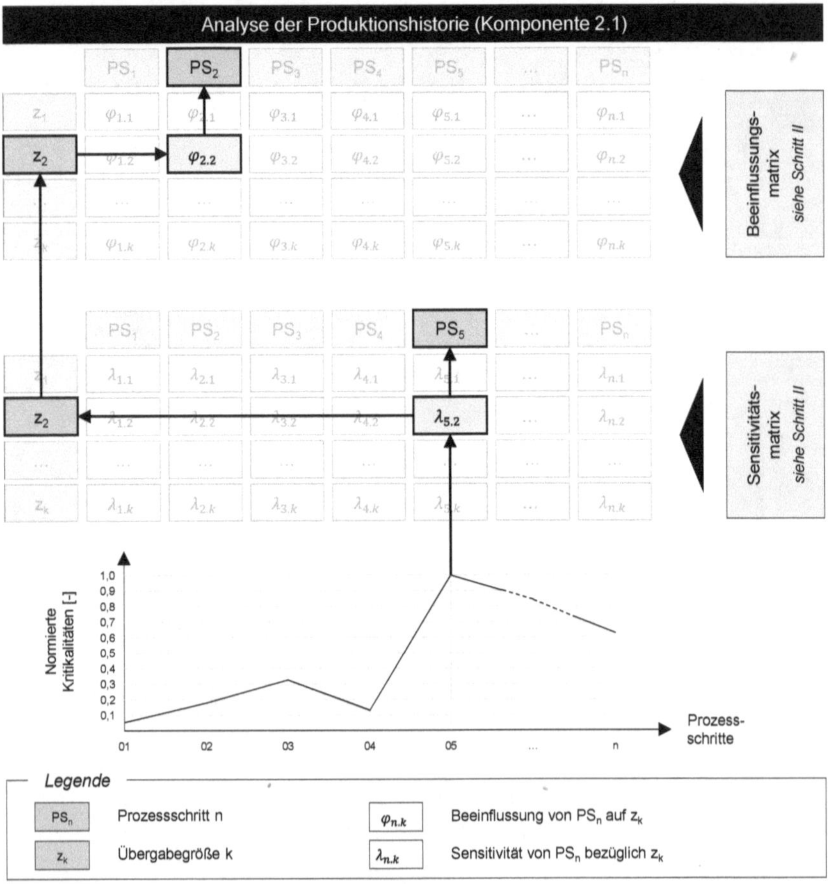

Abbildung 5-16: Analyse der Produktionshistorie

Ausgehend von dem kritischsten Prozessschritt wird anhand der Sensitivitätsmatrix aus dem zweiten Schritt der Methodik (vgl. Abbildung 5-10) diejenige Übergabegröße ermittelt, bezüglich der der kritische Prozessschritt die stärkste Sensitivität aufweist. Am Beispiel von Prozessschritt 5 wird dafür folgende Gleichung genutzt:

$$\lambda_{5,max} = \max(\lambda_{5.1}, \ldots, \ _{5.k}) = \lambda_{5.2} \qquad (5\text{-}21)$$

$\lambda_{5,max}$ Maximaler Sensitivitätswert von PS_5

$\lambda_{5.1}$ Sensitivität von PS_5 bzgl. z_1

$\lambda_{5.k}$ Sensitivität von PS_5 bzgl. z_k

$\lambda_{5,2}$ Sensitivität von PS_5 bzgl. z_2

Im dargestellten Beispiel entspricht dies der zweiten ÜG (z_2). Daran anschließend wird anhand der Beeinflussungsmatrix (ebenfalls aus dem zweiten Schritt der Methodik, vgl. Abbildung 5-9) untersucht, welche dem kritischen PS vorgelagerten Prozessschritte den stärksten Einfluss auf die ermittelte ÜG besitzen. Am Beispiel der zweiten ÜG wird dafür folgende Gleichung genutzt:

$$\varphi_{max,2} = \max(\varphi_{1.2}, \dots, \varphi_{5.2}) = \varphi_{2.2} \tag{5-22}$$

$\varphi_{max,2}$ Maximaler Beeinflussungswert der TK (PS_1 bis PS_n) auf z_2
$\varphi_{1.2}$ Beeinflussung von PS_1 auf z_2
$\varphi_{n.5}$ Beeinflussung von PS_5 auf z_2
$\varphi_{2.2}$ Beeinflussung von PS_2 auf z_2

Im dargestellten Beispiel entspricht dies dem zweiten Prozessschritt (vgl. Abbildung 5-16). Im Rahmen des letzten Teilschrittes erfolgt die Detailanalyse in Bezug auf die beiden identifizierten und damit für den weiteren Verlauf der Methodik relevanten Prozessschritte. Dafür werden die Produktparameter y des beeinflussenden Prozessschrittes (im Beispiel PS_2) sowie die Prozessvariablen des sensitiven und damit kritischen Prozessschrittes (im Beispiel PS_5) gegenübergestellt, um im Detail zu ermitteln, welche Produktparameter welche Prozessvariablen beeinflussen (siehe Abbildung 5-17). Das Ergebnis der Analyse dient unmittelbar der Bestimmung eines geeigneten datenbasierten Ansatzes und stellt damit die Grundlage für die im folgenden Schritt durchzuführende Datenanalyse dar.

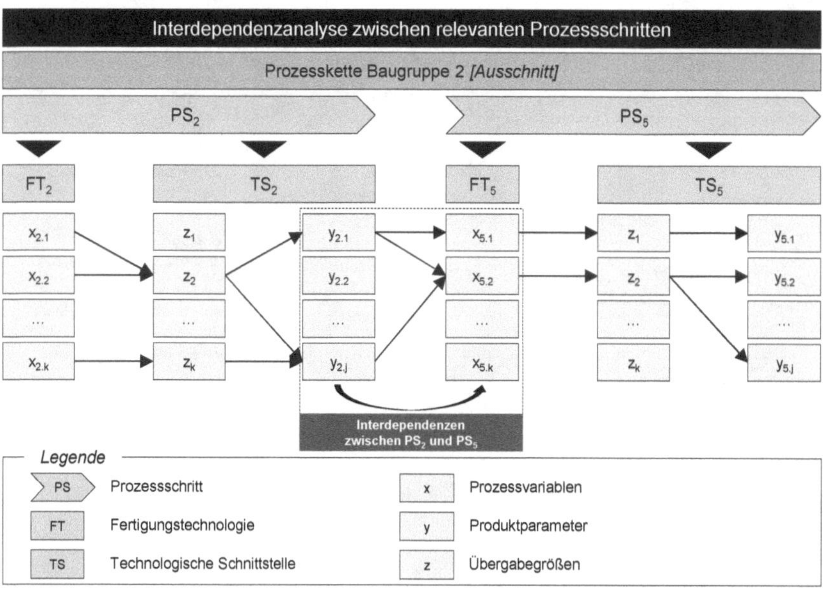

Abbildung 5-17: Interdependenzanalyse zwischen relevanten Prozessschritten

5.2.2 Schritt IV: Datenanalyse

Die Zielsetzung des vierten Schrittes der Methodik besteht in der Ermittlung eines datenbasierten Ansatzes als geeignete Gegenmaßnahme für den im vorigen Schritt identifizierten kritischen Prozessschritt. Als Eingangsgrößen stehen dafür die Prozessvariablen und Produktparameter der Prozesskette (aus Schritt I), der identifizierte kritische Prozessschritt (aus Schritt II) sowie Informationen zu den Anlagensteuerungen und Produktanforderungen zur Verfügung. Das Vorgehen innerhalb des Schrittes besteht aus insgesamt vier Teilschritten. Zu Beginn werden datenrelevante Informationen zu den PV und PP der zugrundeliegenden PS ermittelt (Teilschritt i). Basierend auf diesen Informationen wird ein datenbasierter Ansatz abgeleitet sowie ein entsprechender Steckbrief erstellt (Teilschritt ii). Daran anschließend werden die prozessseitigen Voraussetzungen des Ansatzes überprüft (Teilschritt iii) sowie seine Lernaufgabe und sein Lernverfahren ausgewählt (Teilschritt iv). Die Ausgangsgrößen des vierten Schrittes umfassen die Auflistung der erforderlichen Daten für den datenbasierten Ansatz, dessen Steckbrief sowie dessen Lernaufgabe und Lernverfahren. Während der Durchführung des Schrittes wird auf die Steckbriefdarstellung, bestehende Methodenbaukästen des ML und Leitfragen als Hilfsmittel zurückgegriffen. Neben den Prozessexpert:innen und Business Developer werden Data Architects und Data Scientists hinzugezogen (vgl. Erläuterungen in Kapitel 2.4.3). Die zugrundeliegende Methode sowie die Inhalte des vierten Schrittes sind in Abbildung 5-18 zusammenfassend dargestellt.

Datenanalyse		
Modul: Analyse		Schritt: IV
Zielsetzung: Analyse der für den kritischen Prozessschritt relevanten Daten und Ableitung eines geeigneten datenbasierten Ansatzes		
Eingangsgrößen	**Vorgehen**	**Ausgangsgrößen**
• Relevante Prozessvariablen, Produktparameter und ÜG • Kritischer Prozessschritt bzgl. Qualität/Kosten • Informationen zu Anlagensteuerungen und Produktanforderungen	i. Ermittlung datenrelevanter Informationen zu PV und PP ii. Ableitung des datenbasierten Ansatzes (Steckbrief) iii. Überprüfung prozessseitiger Voraussetzungen iv. Auswahl der Lernaufgabe und des Lernverfahrens	• Auflistung erforderlicher Daten und zugrundeliegender Informationen für kritischen Prozessschritt • Steckbrief des datenbasierten Ansatzes • Lernverfahren des datenbasierten Ansatzes
Hilfsmittel: Steckbriefdarstellung, Methodenbaukasten (Maschinelles Lernen), Leitfragen		
Expert:innenkreis: Prozessexpert:innen, Business Developer, Data Architects, Data Scientists		
Kernergebnis: Datenbasierter Ansatz		

Abbildung 5-18: Methode und Inhalte des vierten Schrittes[515]

515 vgl. Abbildung 4-5

Zu Beginn des vierten Schrittes werden die datenrelevanten Informationen zu den Prozessvariablen und Produktparametern ermittelt, die dem sensitiven und damit kritischen Prozessschritt sowie dem beeinflussenden Prozessschritt zugrunde liegen. Tabelle 5-2 gibt dafür einen Überblick zu den einzuholenden datenrelevanten Informationen und erläutert diese kurz.

#	Information	Abk.	Erläuterung
01	Wertebereich	WB	Bereich (Minimum, Maximum), den die Prozessvariablen / Produktparameter theoretisch annehmen können
02	Einheit	E	Messeinheit, in der die Prozessvariablen / Produktparameter in der Produktion erfasst werden
03	Aktionsraum	AR	Mögliche Merkmalsausprägungen der Prozessvariablen (binär, diskret oder stetig)
04	Zustandsraum	ZR	Mögliche Merkmalsausprägungen der Produktparameter (binär, diskret oder stetig)
05	Beobachtbarkeit	B	Beobachtungsmöglichkeit der Prozessvariablen / Produktparameter (vollständig, partiell, nach Prozessende)
06	Rückführung	RÜ	Rückführungsmöglichkeit der Prozessvariablen / Produktparameter (kontinuierlich, regelmäßig, nach Prozessende)

Tabelle 5-2: Erläuterungen zu datenrelevanten Informationen[516]

Im angeführten Beispiel wurden im vorigen Schritt anhand der Interdependenzanalyse die Produktparameter $y_{2.1}$ und $y_{2.j}$ und die Prozessvariablen $x_{5.1}$ und $x_{5.2}$ identifiziert (vgl. Abbildung 5-17). Abbildung 5-19 zeigt für diese exemplarisch eine Übersicht der einzuholenden datenrelevanten Informationen.

Datenrelevante Informationen der Prozessvariablen und Produktparameter

	Bezeichnung	WB	E	AR / ZR	BK	RÜ
$y_{2.1}$	...	$[-2; +2]$	$[mm]$	diskret	vollständig	kontinuierlich
$y_{2.j}$	...	$[0; 5]$	$[°]$	stetig	partiell	nach Ende
$x_{5.1}$	...	$[4; 8]$	$[kW]$	stetig	nach Ende	regelmäßig
$x_{5.2}$	...	$[0; 1]$	$[-]$	binär	vollständig	kontinuierlich

Legende

x / y	Prozessvariable / Produktparameter	AR/ZR	Aktionsraum / Zustandsraum
WB	Wertebereich	BK	Beobachtbarkeit
E	Einheit	RÜ	Rückführung

Abbildung 5-19: Übersicht datenrelevanter Informationen zu den PS

516 vgl. Ennen, Pabich et al. 2019 – Leitfaden Selbstlernende Produktionsprozesse, S. 16ff.

Auf Basis der eingeholten Informationen zu den Variablen und Parametern der beteiligten Prozessschritte können nun die Prozessexpert:innen gemeinsam mit den Business Developer einen datenbasierten Ansatz als geeignete Gegenmaßnahme für die Fehlermöglichkeit im Rahmen des kritischen Prozessschrittes ableiten. Abbildung 5-20 zeigt den im Anschluss zu erstellenden Steckbrief des datenbasierten Ansatzes.

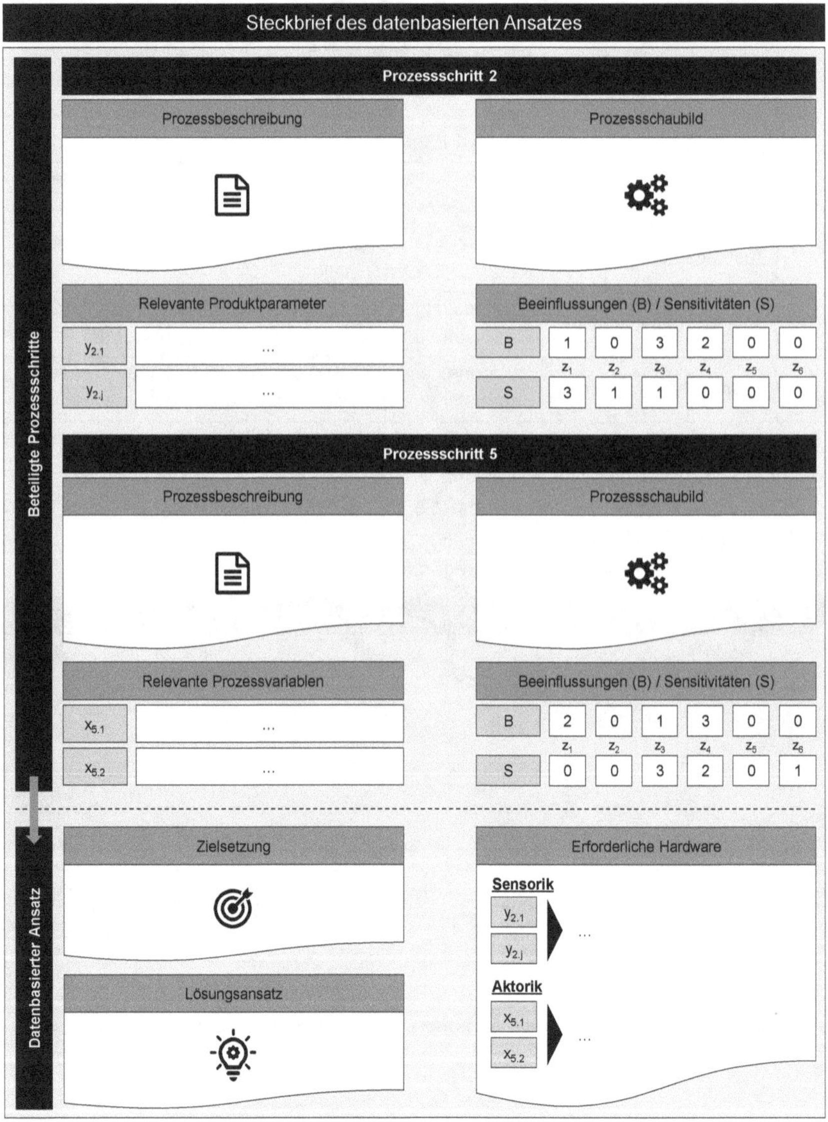

Abbildung 5-20: Steckbrief des datenbasierten Ansatzes

Der obere Teil des Steckbriefs fasst die beteiligten Prozessschritte anhand einer Prozessbeschreibung, einem Prozessschaubild, der relevanten Produktparameter und Prozessvariablen sowie den Beeinflussungs- und Sensitivitätswerten (aus Abbildung 5-9 und Abbildung 5-10) zusammen. Der untere Teil des Steckbriefs umfasst auf der einen Seite die definierte Zielsetzung und den zugrundeliegenden Lösungsansatz des datenbasierten Ansatzes. Auf der anderen Seite wird die Sensorik und Aktorik aufgelistet, die zur Umsetzung des Ansatzes erforderlich ist (vgl. Kapitel 2.4.1.1 und Abbildung 2-23). Sind notwendige Hardwarekomponenten nicht vorhanden, müssen diese beschafft und in die Produktionsumgebung integriert werden.

Nach Festlegung des datenbasierten Ansatzes werden dessen prozessseitige Voraussetzungen überprüft. Je nach Anforderungen des datenbasierten Ansatzes bezüglich der Aktions-/Zustandsräume der Prozessvariablen und Produktparameter sowie deren Beobachtbarkeit und Rückführung kann eine Nach- bzw. Aufrüstung der zuvor definierten Sensorik und Aktorik erforderlich sein (siehe unterer Teil von Abbildung 5-20). Dabei liegt es im Ermessen des verantwortlichen Expert:innenkreises, ob die Nach- bzw. Aufrüstung im Sinne des zugrundeliegenden Nutzen/Aufwand-Verhältnisses sinnvoll ist. Abbildung 5-21 fasst die Leitfragen zur strukturierten Überprüfung der prozessseitigen Voraussetzungen zusammen (vgl. Abbildung 5-19).

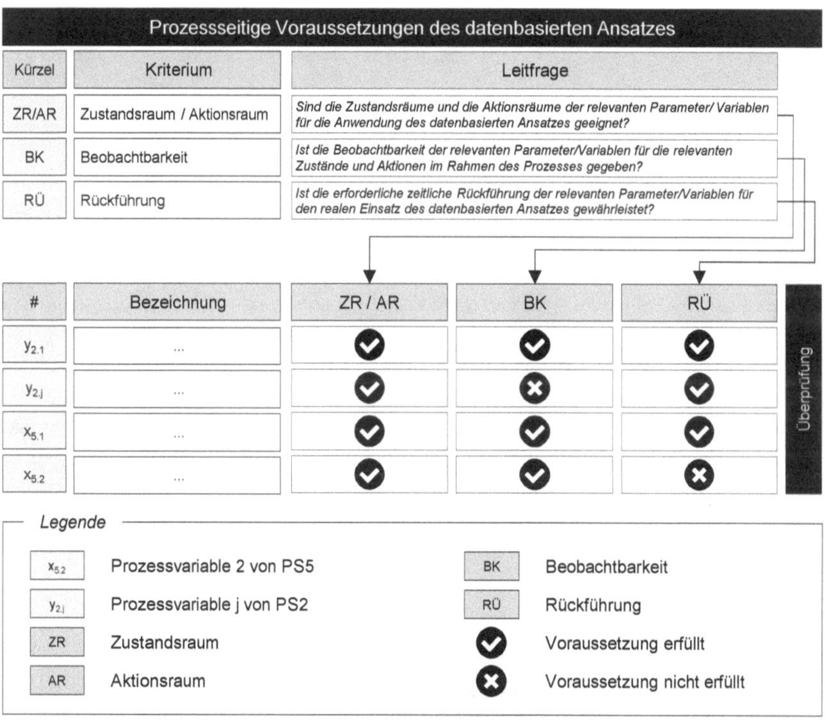

Abbildung 5-21: Überprüfung prozessseitiger Voraussetzungen

Der letzte Teilschritt adressiert die Entscheidungsfindung hinsichtlich der Lernaufgabe und des Lernverfahrens des ermittelten datenbasierten Ansatzes. Im Bereich der Methoden des Überwachten Lernens, die als datenbasierte Gegenmaßnahmen für potenzielle Fehlermöglichkeiten im Sinne der vorliegenden Arbeit am besten geeignet sind, stehen hinsichtlich der Lernaufgabe die Regression und die Klassifikation zur Auswahl (vgl. Kapitel 2.4.2.1). Die Entscheidung zwischen den beiden Lernaufgaben ist davon abhängig, ob der vorherzusagende Wert[517] im Rahmen des datenbasierten Ansatzes stetig/kontinuierlich (Regression) oder diskret/kategorisch (Klassifikation) ist. Falls der datenbasierte Ansatz mehrere vorherzusagende Werte umfasst, werden beide Lernaufgaben (ggfs. separat voneinander) genutzt. Abbildung 5-22 zeigt die Leitfrage sowie die zur Auswahl stehenden Optionen im Rahmen der Entscheidung bezüglich der Lernaufgabe.

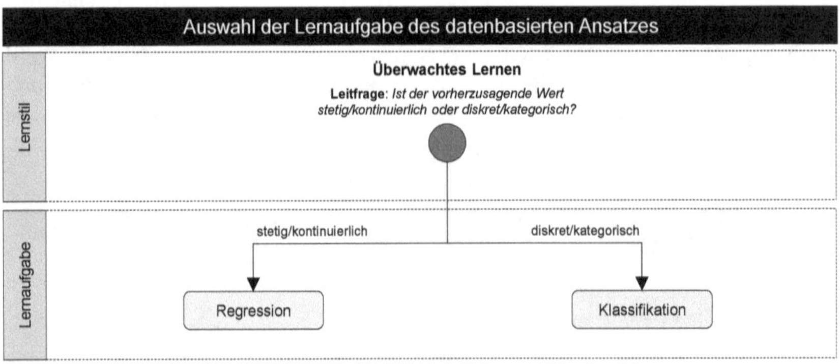

Abbildung 5-22: Auswahl der Lernaufgabe des datenbasierten Ansatzes[518,519]

Ist die Entscheidung hinsichtlich der Lernaufgabe getroffen, stehen innerhalb der Lernaufgabe verschiedene Lernverfahren zur Verfügung. Im Bereich der Regression zählen dazu die lineare Regression, Klassifikations- und Regressionsbäume, Random Forest und Künstliche Neurale Netze. Die beiden letztgenannten stehen ebenfalls im Bereich der Klassifikation zur Auswahl und werden durch die logistische Regression, iterative Dichotomizer, Bayessche Netze und Stützvektormaschinen vervollständigt (siehe mittlerer Teil von Abbildung 5-23). Um zu einem für den datenbasierten Ansatz geeigneten Lernverfahren zu gelangen, stehen (analog zur Auswahl der Lernaufgabe) für jedes zuvor genannte Lernverfahren entsprechende Leitfragen zur Verfügung (siehe unterer Teil von Abbildung 5-23).

---

517 Der vorherzusagende Wert kann bspw. eine Prozessvariable des identifizierten kritischen Prozessschritts sein (im genutzten Beispiel: $x_{5.1}$ oder $x_{5.2}$), die in Abhängigkeit der Produktparameter des beeinflussenden Prozessschritts (im genutzten Beispiel: $y_{2.1}$ und $y_{2.j}$) je nach gemessener Ausprägung adaptiv eingestellt wird.

518 vgl. Döbel, Leis et al. 2018b – Maschinelles Lernen, S. 10.

519 vgl. Ramasubramanian, Singh 2017 – Machine Learning, S. 222.

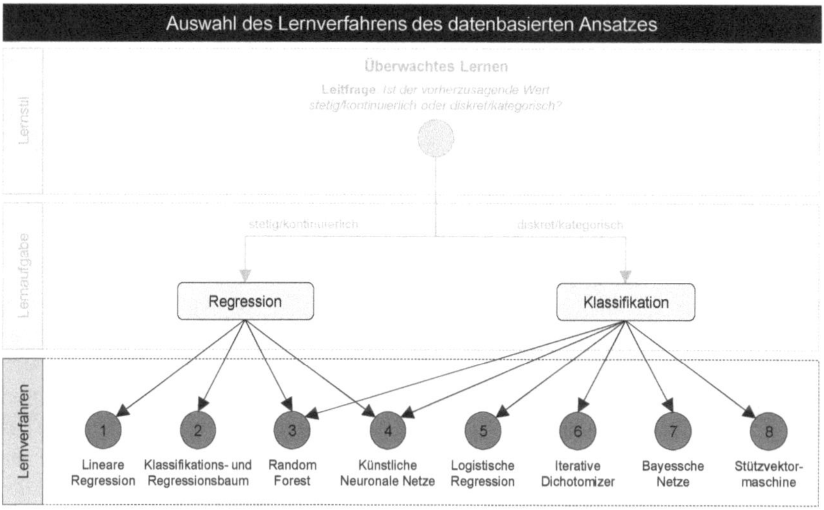

	#	Lernverfahren	Leitfragen
Regression	1	Lineare Regression	*Besteht ein linearer Zusammenhang zwischen den abh. und unabh. Merkmalen? Sind die Merkmale (abhängige/unabhängige) numerisch?*
Regression	2	Klassifikations- und Regressionsbaum	*Bestehen nicht-lineare Zusammenhänge zwischen den abh. und unabh. Merkmalen? Stehen an den Endknoten numerische Werte?*
Regression / Klassifikation	3	Random Forest	*Existieren im Rahmen des Anwendungsfalls viele Klassen sowie abhängige und/oder unabhängige Merkmale?*
Regression / Klassifikation	4	Künstliche Neuronale Netze	*Bestehen nicht-lineare, komplexe Zusammenhänge zwischen den abhängigen und unabhängigen Merkmalen?*
Klassifikation	5	Logistische Regression	*Sind die abhängigen Merkmale numerisch? Soll der vorherzusagende Wert zwei Klassen zugeordnet werden können?*
Klassifikation	6	Iterative Dichotomizer	*Existieren auch nicht-numerische Merkmale (abhängige/unabhängige)? Gibt es mehrere Entscheidungskriterien auf verschiedenen Ebenen?*
Klassifikation	7	Bayessche Netze	*Existieren im Rahmen des Anwendungsfalls bedingte Wahrscheinlichkeiten, die die Entscheidungsfindung zwischen Klassen beeinflussen?*
Klassifikation	8	Stützvektormaschine	*Sind die abhängigen Merkmale numerisch? Soll der vorherzusagende Wert zwei oder mehreren Klassen zugeordnet werden können?*

*Merkmale: Prozessvariablen und/oder Produktparameter

Abbildung 5-23: Auswahl des Lernverfahrens des datenbasierten Ansatzes[520,521]

Bei der Auswahl des für den datenbasierten Ansatz optimalen Lernverfahrens ist es ratsam, neben den Prozessexpert:innen und Business Developer auch Data Scientists in die Entscheidung miteinzubeziehen. Data Scientists sind in der Lage, auf Basis der definierten produktionstechnischen Zielsetzung sowie der zur Verfügung stehenden Datenmengen (siehe Abbildung 5-20) entsprechende Datenmodelle zu entwickeln und können ihre Expertise in diesem Bereich daher bereits bei der Auswahl des Lernverfahrens zielgerichtet einbringen.

520 vgl. Döbel, Leis et al. 2018b – Maschinelles Lernen, S. 10.
521 vgl. Ramasubramanian, Singh 2017 – Machine Learning, S. 222.

5.2.3 Schritt V: Wissensanalyse

Der fünfte Schritt der Methodik zielt auf die Analyse und Auswahl bestehender Wissensquellen für den datenbasierten Ansatz ab, der im vorigen Schritt ermittelt wurde und daher zugleich eine der Eingangsgrößen des vorliegenden Schrittes darstellt. Die andere Eingangsgröße umfasst bestehende Wissensquellen im Kontext des Einsatzbereiches des datenbasierten Ansatzes. Das Vorgehen innerhalb des Schrittes gliedert sich in insgesamt vier Teilschritte und beginnt mit der Herleitung des Parameterfelds bzw. des Parameterraums (Teilschritt i) sowie der Darstellung relevanter Parameterkombinationen (Teilschritt ii). Im Anschluss daran steht die Recherche und Auswahl von Wissensquellen, die für einen frühzeitigen Trainingsprozess des datenbasierten Ansatzes geeignet sind (Teilschritt iii). Abschließend werden die ausgewählten Wissensquellen den dargestellten Kombinationen zugeordnet (Teilschritt iv). Die Ausgangsgrößen des fünften Schrittes umfassen das Parameterfeld bzw. den Parameterraum sowie die Auflistung der ausgewählten Wissensquellen, die gleichzeitig das Kernergebnis darstellen. Als Hilfsmittel dienen Ansätze aus der Kombinatorik (statistischer Versuchsplan), Recherchen, Befragungen und Leitfragen. Der Expert:innenkreis besteht aus Qualitätsingenieur:innen und Prozessexpert:innen, die in ausgewählten Teilschritten durch Data Scientists und Data Engineers unterstützt werden. Die zugrundeliegende Methode sowie die Inhalte des fünften Schrittes sind in Abbildung 5-24 zusammenfassend dargestellt.

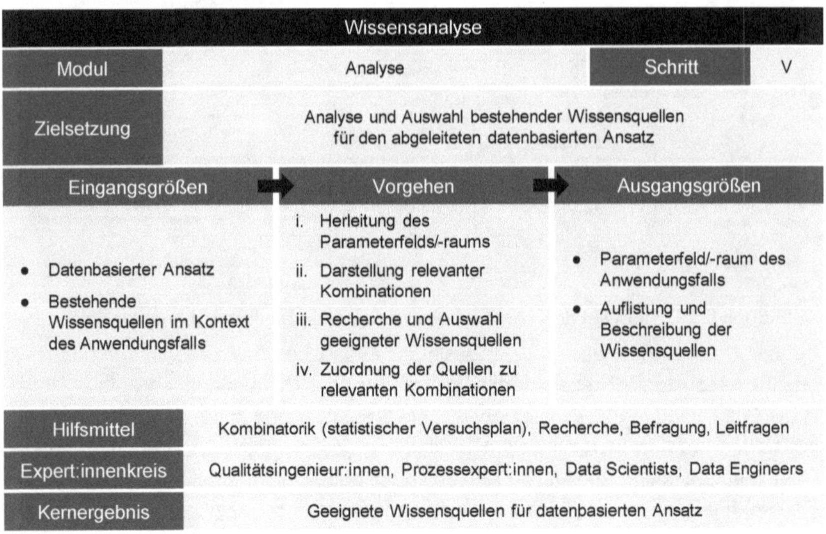

Abbildung 5-24: Methode und Inhalte des fünften Schrittes[522]

522 vgl. Abbildung 4-5

Für eine zielgerichtete Recherche nach bestehenden Wissensquellen muss zunächst festgelegt werden, in welchen Bereichen nach diesen recherchiert wird. Im bereits eingeführten Beispiel stellen die beiden identifizierten Produktparameter $y_{2.1}$ und $y_{2.j}$ des beeinflussenden Prozessschrittes (vgl. Abbildung 5-17) die für diesen Schritt der Methodik relevanten Größen dar[523]. Daher werden folgende Definitionen festgelegt:

$$y_{2.1} \coloneqq p_1 \quad und \quad y_{2.j} \coloneqq p_2$$

Zur Veranschaulichung der Methodik wird nun angenommen, dass die beiden Parameter p_1 und p_2 im realen Anwendungszusammenhang in Kombination auftreten können und ihre Zustandsräume innerhalb ihres festgelegten Wertebereichs (für p_1: $[-X_{p1}; +X_{p1}]$ und für p_2: $[-X_{p2}; +X_{p2}]$) stetig sind (vgl. Abbildung 5-19). Dadurch ergeben sich zunächst vier verschiedene Kombinationen (n_1 bis n_4) zwischen den positiven (+) und negativen (−) Ausprägungen (k) der beiden Parameter, die in Abbildung 5-25 i.A.a. die Darstellung eines statistischen Versuchsplans dargestellt sind.

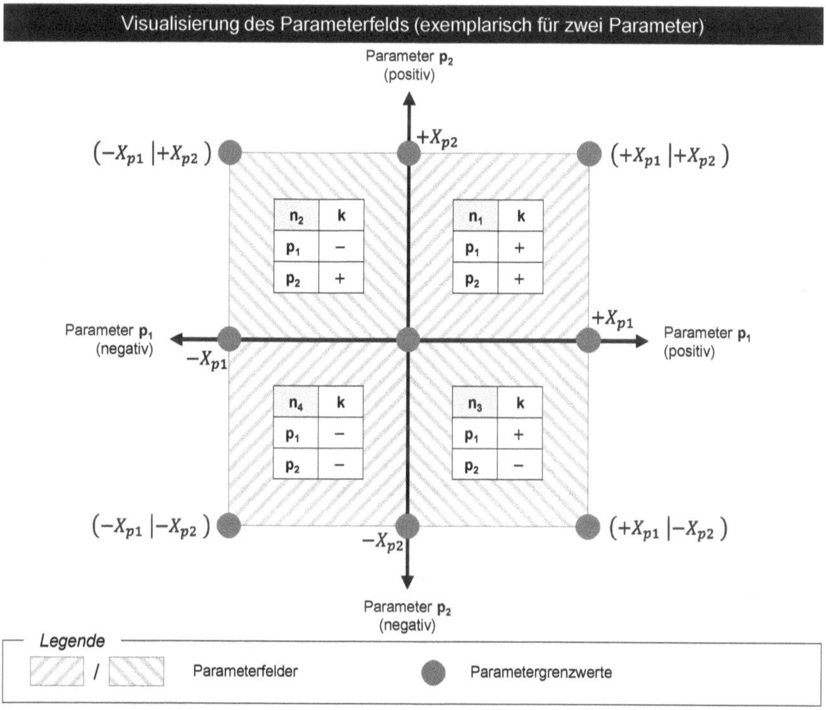

Abbildung 5-25: Parameterfeld (exemplarisch für zwei Parameter)

---

523 Anmerkung: Im Rahmen anderer Anwendungsfälle können auch weitere Parameter (außerhalb der im Rahmen der Interdependenzanalyse identifizierten Produktparameter) relevant sein (z.B. unterschiedliche Materialien, Komponentenmaße etc.).

Die in Abbildung 5-25 eingezeichneten Parametergrenzwerte entsprechen dabei den Wertebereichgrenzen der beiden Parameter (bzw. der Kombination aus diesen), die bereits im vierten Schritt der Methodik definiert wurden (vgl. Abbildung 5-19). Bei Parameterkombinationen gilt i.A. folgender formelmäßiger Zusammenhang[524]:

$$n = k^p \tag{5-23}$$

n Anzahl der Kombinationen

k Anzahl der Ausprägungen

p Anzahl der Parameter

Daraus folgt, dass bspw. im Fall von drei Parametern (p_1, p_2 und p_3) und zwei Ausprägungen (k_1 und k_2) acht Kombinationen (n_1 bis n_8) folgen. In diesem Fall lassen sich die Kombinationen in einem dreidimensionalen Parameterraum darstellen (anstelle eines zweidimensionalen Parameterfelds wie im vorliegenden Beispiel). Bei höheren Anzahlen an Parametern ist die graphische Darstellung daher ungeeignet und es wird ausschließlich auf die tabellarische Form wie in Abbildung 5-26 zurückgegriffen.

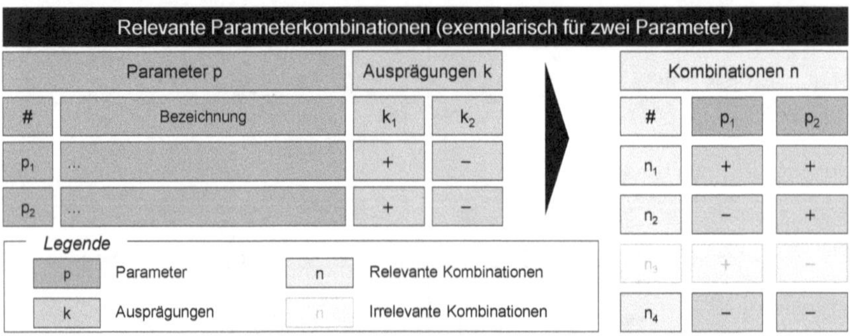

Abbildung 5-26: Parameterkombinationen (exemplarisch für zwei Parameter)[525,526]

Bei einer höheren Anzahl an möglichen Ausprägungen k (bspw. bei drei diskreten Klassen im Falle einer Klassifizierungsaufgabe) können hingegen weitere Achseneinteilungen vorgenommen werden.

Im realen Anwendungszusammenhang kommt es häufig vor, dass bestimmte Parameterkombinationen nicht relevant sind, sodass diese für die weitere Durchführung des Schrittes unberücksichtigt bleiben können (siehe bspw. Kombination n_3 in Abbildung 5-26). Übertragen auf die graphische Darstellung der Parameterkombinationen ergibt sich für das bereits eingeführte Beispiel folglich das in Abbildung 5-27 dargestellte relevante Parameterfeld (inkl. relevanter Parametergrenzwerte).

524 vgl. Siebertz, van Bebber et al. 2010 – Statistische Versuchsplanung, S. 6.
525 i.A.a. Siebertz, van Bebber et al. 2010 – Statistische Versuchsplanung, S. 7.
526 vgl. Prorok 2022 – Statistische Unsicherheit in der industriellen Produktion, S. 357ff.

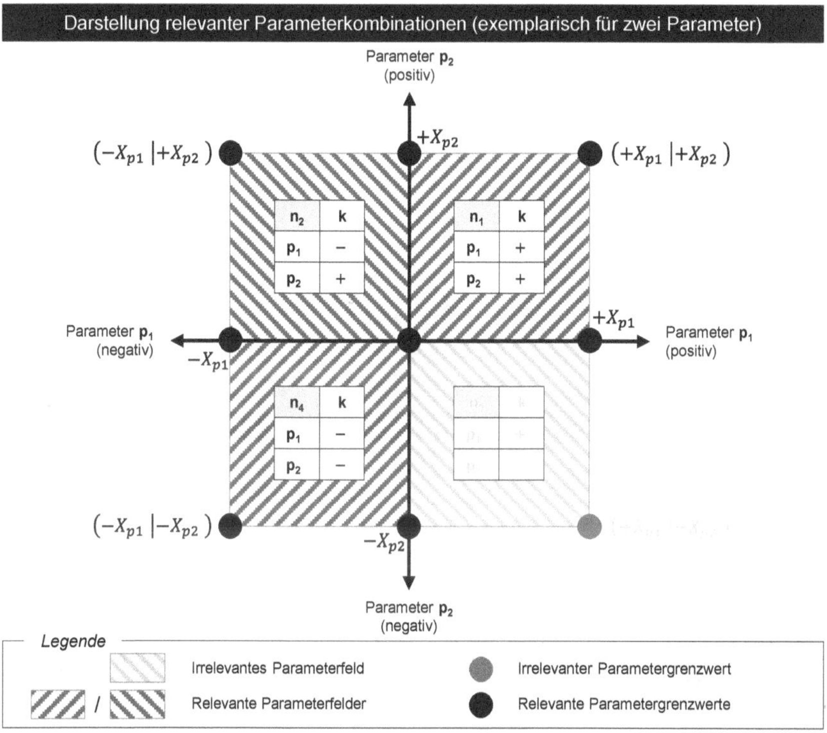

Abbildung 5-27: Relevantes Parameterfeld (exemplarisch für zwei Parameter)[527]

Für die relevanten Parameterfelder gilt es nun nach geeigneten Wissensquellen zu recherchieren, die im Rahmen des Trainingsprozesses des datenbasierten Ansatzes eingesetzt werden können. Im Bereich der Quellen wird i.A.a. GAUGER ET AL. grundsätzlich zwischen datenbasierten und wissensbasierten Quellen unterschieden. Datenbasierte Quellen stehen i.d.R. in Form von Datensätzen zur Verfügung, in denen das Wissen „versteckt" vorhanden ist (implizite Wissensrepräsentation), sodass diese als Trainingsdaten verwendet werden können. Wissensbasierte Quellen hingegen stellen das Wissen i.d.R. in Form von analytischen Modellen, Gleichungen, Simulationen oder weiteren Formen der expliziten Wissensrepräsentation zur Verfügung.[528] Der linke Teil von Abbildung 5-28 gibt einen Überblick über die zur Verfügung stehenden datenbasierten und wissensbasierten Quellen. Ergänzend zu der Übersicht der Wissensquellen gibt der rechte Teil von Abbildung 5-28 geeignete Leitfragen für eine zielgerichtete und strukturierte Recherche vor.

527 vgl. Abbildung 5-25

528 vgl. Gauger, Nagel et al. 2022 – Hybrides Maschinelles Lernen, S. 65ff.

Leitfragen zur Recherche und Auswahl der Wissensquelle			
	#	Wissensquellen	Leitfrage
Datenbasierte Quellen	1	Interne Datengrundlagen	*Existieren unternehmensinterne Datengrundlagen, die durch Transfer Learning auf den neuen Anwendungsfall adaptiert werden können?*
	2	Externe Datengrundlagen	*Existieren unternehmensexterne Datengrundlagen, die durch Transfer Learning auf den neuen Anwendungsfall adaptiert werden können?*
	3	Primotypische Versuche	*Existiert die Möglichkeit, die (ggfs.) bestehende Datengrundlage durch primotypische, datenorientierte Versuche sinnvoll zu erweitern?*
Wissensbasierte Quellen	4	Algebraische Gleichungen	*Existieren algebraische Gleichungen, die funktionale Zusammenhänge des betrachteten Prozesses (oder Teile dessen) annähern?*
	5	Differentialgleichungen	*Existieren Differentialgleichungen, die funktionale Zusammenhänge des betrachteten Prozesses (oder Teile dessen) approximieren?*
	6	Simulationsergebnisse	*Existieren Simulationen (und deren numerische Ergebnisse), die den betrachteten Prozess (oder Teile dessen) repräsentieren?*
	7	Räumliche Invarianzen	*Existieren im Rahmen des betrachteten Prozesses räumliche Invarianzen, die in den Trainingsdaten berücksichtigt werden können?*
	8	Logik-Regeln	*Existieren im Rahmen des betrachteten Prozesses Logik-Regeln, die in den Trainingsdaten berücksichtigt werden können?*
	9	Wissensgraphen	*Existieren Wissensgraphen, deren Entitäten und Beziehungen dem betrachteten Prozess (oder Teile dessen) zugrunde liegen?*
	10	Wahrscheinlichkeitsbeziehungen	*Existieren Wahrscheinlichkeiten für bestimmte Zustände des Prozesses, die in den Trainingsdaten berücksichtigt werden können?*

Abbildung 5-28: Leitfragen zur Recherche und Auswahl von Wissensquellen[529]

Für ein besseres Verständnis und zur korrekten Einordnung der verschiedenen Wissensquellen sind in Abbildung 5-29 zusätzlich Beispiele für jede Quelle festgehalten.

Beispiele für verschiedene Wissensquellen			
	#	Wissensquellen	Beispiele
Datenbasierte Quellen	1	Interne Datengrundlagen	Produktionsdaten von Vorgängerversionen des herzustellenden Produkts
	2	Externe Datengrundlagen	Labordaten von Zulieferunternehmen (z.B. Anlagenhersteller), Forschungsdaten
	3	Primotypische Versuche	Prüfung mechanischer/elektrischer Eigenschaften (Zugversuch/Leitfähigkeitsmessung) des herzustellenden Produkts
Wissensbasierte Quellen	4	Algebraische Gleichungen	Funktionaler Zusammenhang zwischen Prozessvariablen (z.B. Biegegeschwindigkeit) und Produktparametern (z.B. Geometrie)
	5	Differentialgleichungen	Approximation von Naturgesetzen (z.B. Strömungsgeschwindigkeit, Newtonsche Gesetze)
	6	Simulationsergebnisse	FEM-Simulation materialabhängiger Bauteilbelastungen (z.B. Kräfte, Momente, Temperatur)
	7	Räumliche Invarianzen	Spiegel- oder rotationssymmetrische Phänomene (z.B. positiver/negativer Drehwinkel)
	8	Logik-Regeln	Materiale oder formale Implikationen (z.B. „Wenn Zustand A eintritt, wird auch Zustand B eintreten")
	9	Wissensgraphen	Beziehungen zwischen Prozessgrößen (z.B. „Prozessvariable A beeinflusst Produktparameter B")
	10	Wahrscheinlichkeitsbeziehungen	Wahrscheinlichkeiten zwischen Zustandsgrößen (z.B. „Wenn Zustand A eintritt, wird auch Zustand B zu 60% eintreten")

Abbildung 5-29: Beispiele für verschiedene Wissensquellen

529 vgl. von Rueden, Mayer et al. 2019 – Informed Machine Learning, S. 4.

Zur Veranschaulichung der Methodik wird nun angenommen, dass im Rahmen der durchgeführten Recherche exemplarisch vier verschiedene Wissensquellen identifiziert worden sind, wobei darunter zwei datenbasierte Quellen (interne Datengrundlagen und primotypische Versuche) und zwei wissensbasierte Quellen (Simulationsergebnisse und Logik-Regeln) fallen. Im letzten Teilschritt des fünften Schrittes werden die ausgewählten Quellen kurz beschrieben und den relevanten Parameterkombinationen (vgl. Abbildung 5-27) zugeordnet, für die die Wissensquellen im Rahmen des Trainingsprozesses des datenbasierten Ansatzes zielführend eingesetzt werden können (siehe Abbildung 5-30).

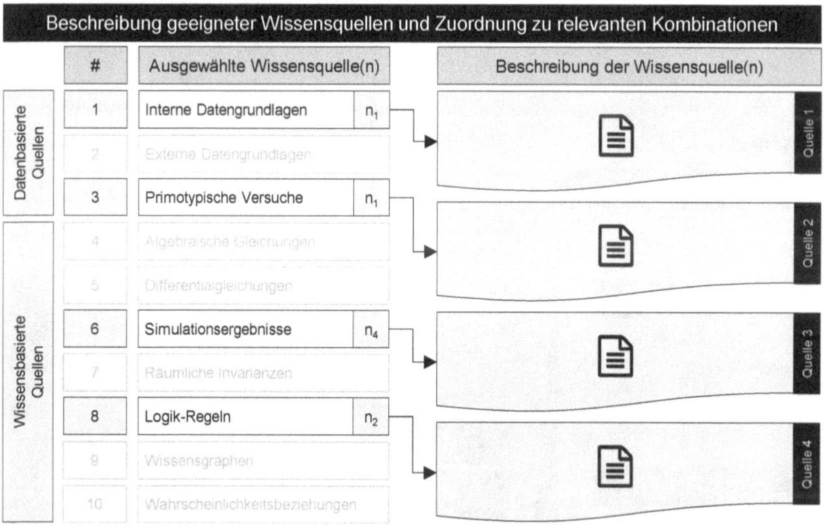

Abbildung 5-30: Zuordnung der Wissensquellen zu relevanten Kombinationen

Wie die Abbildung erkennen lässt können Parameterkombinationen entweder einer Quelle (n_2 und n_4) oder mehreren Quellen gleichzeitig (n_1) zugeordnet werden (und umgekehrt).

5.2.4 Zusammenfassung des zweiten Moduls

Im Rahmen des zweiten Moduls der Methodik wurden zunächst kritische Prozessschritte anhand einer ausführlichen Prozessanalyse identifiziert (Kernergebnis des dritten Schrittes). Darauf aufbauend wurde ein datenbasierter Ansatz (Kernergebnis des vierten Schrittes) als geeignete Gegenmaßnahme für potenzielle Fehlermöglichkeiten im Rahmen der kritischen Prozessschritte ermittelt. Abschließend wurden anhand einer ausführlichen Wissensanalyse geeignete datenbasierte und wissensbasierte Quellen ermittelt (Kernergebnis des fünften Schrittes), die im nachfolgenden Gestaltungsmodul nun zielgerichtet weiterverwendet werden.

5.3 Modul 3: Gestaltung

Die Zielsetzung des dritten Moduls der Methodik besteht darin, die im vorigen Modul ausgewählten Wissensquellen zunächst aufzubereiten und anschließend im Rahmen des Modelltrainings des datenbasierten Ansatzes einzusetzen, um diesen in die Produktionsumgebung integrieren zu können. Dafür werden im Verlauf des Moduls zwei aufeinanderfolgende Schritte durchgeführt. Im Rahmen der Modellierung werden die daten- oder wissensbasierten Quellen zunächst in das erforderliche Format übertragen, woraufhin der datenbasierte Ansatz im Anschluss programmiert, trainiert und validiert wird (Kapitel 5.3.1). Die Modellintegration dient abschließend der vollständigen Implementierung des datenbasierten Ansatzes in die Produktionsumgebung (Kapitel 5.3.2), sodass dieser direkt zu Beginn der Anlaufphase eingesetzt werden kann. Die Nebenforschungsfragen, die durch das Gestaltungsmodul vorwiegend adressiert werden, sowie die verwendeten Modellarten sind in Abbildung 5-31 zusammenfassend dargestellt.

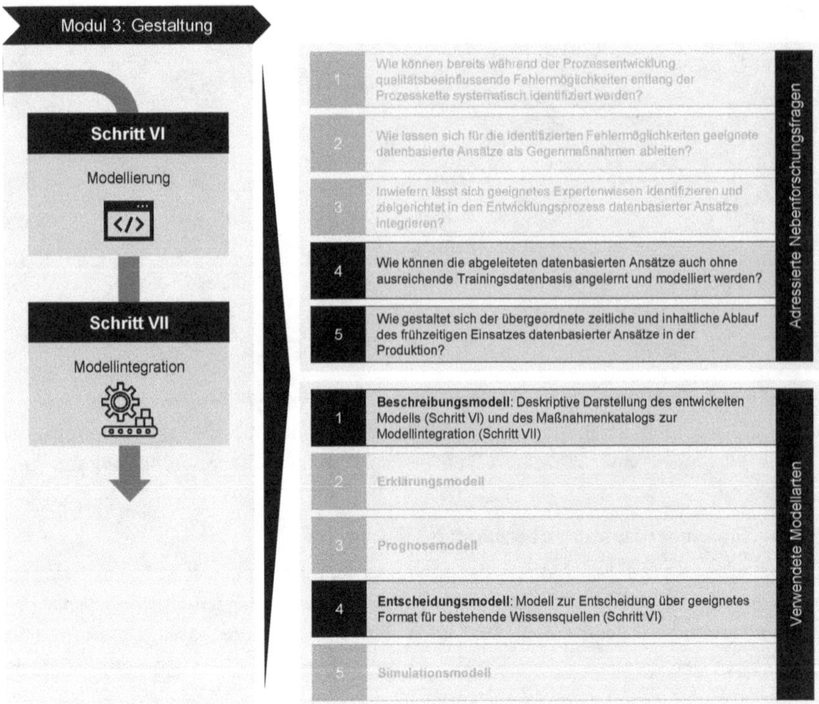

Abbildung 5-31: Nebenforschungsfragen u. Modellarten des Gestaltungsmoduls[530]

---

[530] vgl. Abbildung 5-1

5.3.1 Schritt VI: Modellierung

Der sechste Schritt der Methodik zielt auf Transformation des bestehenden Wissens in das für das anschließend stattfindende Modelltraining erforderliche Format ab. Die Eingangsgrößen umfassen dabei alle Informationen zu dem datenbasierten Ansatz (aus Schritt IV) sowie die getroffene Auswahl an bestehenden Wissensquellen (aus Schritt V). Das Vorgehen innerhalb des Schrittes gliedert sich in insgesamt drei Teilschritte. Zu Beginn werden die daten- und wissensbasierten Quellen den Phasen des ML-Prozesses zugeordnet, in die das Wissen integriert werden sollen (Teilschritt i), woraufhin das Wissen in das für die geplante Integration erforderliche Format übertragen wird (Teilschritt ii). Abschließend wird das Modell programmiert und trainiert sowie anhand geeigneter Methoden validiert (Teilschritt iii). Die Ausgangsgrößen des Schrittes umfassen das transformierte Wissen, den Programmcode, das trainierte Modell (Kernergebnis) sowie dessen Validierungsergebnisse. Als Hilfsmittel dienen dabei die gängige ML-Pipeline, das mathematische Regelwerk, existierende Programmiersprachen und bestehende Bibliotheken, auf die während der Programmierung zurückgegriffen werden können. Der erforderliche Expert:innenkreis setzt sich aus Programmier:innen, Data Scientists, Business Analysts und Prozessexpert:innen zusammen. Die zugrundeliegende Methode sowie die Inhalte des sechsten Schrittes sind in Abbildung 5-32 zusammenfassend dargestellt.

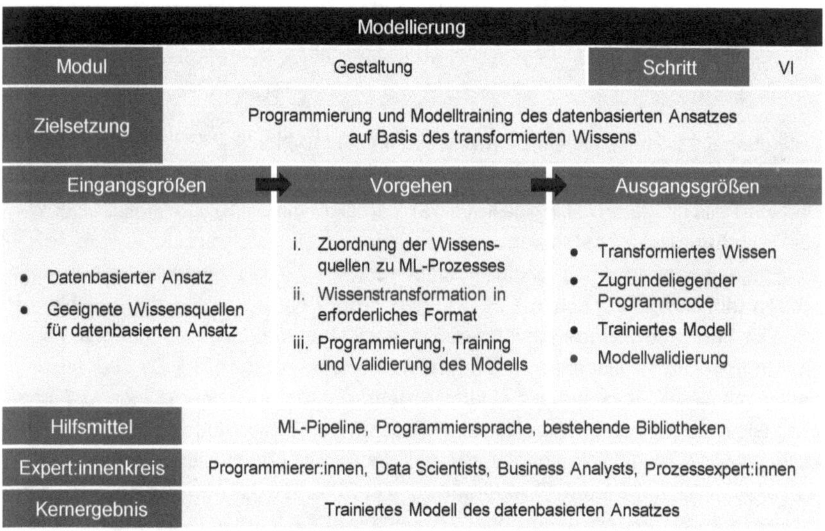

Abbildung 5-32: Methode und Inhalte des sechsten Schrittes[531]

[531] vgl. Abbildung 4-5

Zur effektiven Nutzbarmachung der ausgewählten Wissensquellen müssen diese im richtigen Format vorliegen, um sie im Anschluss zielgerichtet in die ML-Pipeline integrieren zu können. Abbildung 5-33 zeigt dafür zunächst die übergeordneten Phasen des ML-Prozesses (oberer Teil) sowie die einzelnen Phasen der ML-Pipeline im Detail (unterer Teil).

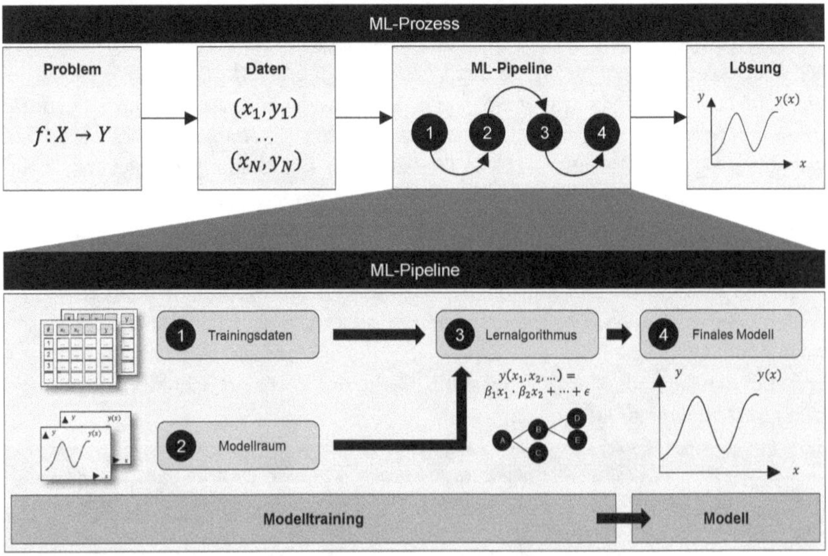

Abbildung 5-33: Phasen des ML-Prozesses und der ML-Pipeline[532,533,534]

Dem unteren Teil von Abbildung 5-33 zufolge gliedert sich die ML-Pipeline in die vier Phasen Trainingsdaten (1), Modellraum (2), Lernalgorithmus (3) und finales Modell (4). Die **Trainingsdaten** bestehen aus einer Reihe von Datensätzen, die jeweils sowohl die Eingangsgrößen (unabhängige Variablen, $X = x_1, ..., x_N$) als auch die Ausgangsgrößen (abhängige Variablen, $Y = y_1, ..., y_N$) in der Form $(x_1, y_1), ..., (x_N, y_N)$ beinhalten. Der **Lernalgorithmus** nutzt diese Trainingsdaten, um eine Gleichung zu finden, die die unbekannte Zielfunktion des **finalen Modells** approximiert. Der Lernalgorithmus wählt diese Gleichung aus einem **Modellraum**, der aus einer Menge aus möglichen Gleichungen besteht (im Falle einer linearen Regression umfasst der Modellraum bspw. alle linearen Gleichungen, von denen der Lernalgorithmus die beste lineare Approximation wählen würde).[535] Aufgrund der vier Phasen existieren ebenfalls vier Möglichkeiten, bestehendes (daten- oder wissensbasiertes) Wissen in die ML-Pipeline zu

532 i.A.a. von Rueden, Mayer et al. 2019 – Informed Machine Learning, S. 2.
533 i.A.a. Abu-Mostafa, Magdon-Ismail et al. 2012 – Learning From Data, S. 4.
534 vgl. Abbildung 3-4
535 vgl. Abu-Mostafa, Magdon-Ismail et al. 2012 – Learning From Data, S. 3f.

integrieren. Je nachdem welche der zehn verschiedenen Arten von Wissensquellen vorliegt (vgl. Abbildung 5-28), bieten sich grundsätzlich verschiedene Phasen der ML-Pipeline zur Integration an. VON RUEDEN ET AL. haben dazu eine umfassende Taxonomie erstellt, die bei der Auswahl einer geeigneten Phase als Entscheidungshilfe dient (siehe Abbildung IX-1 im Anhang). Abbildung 5-34 zeigt eine vereinfachte Darstellung der Taxonomie.

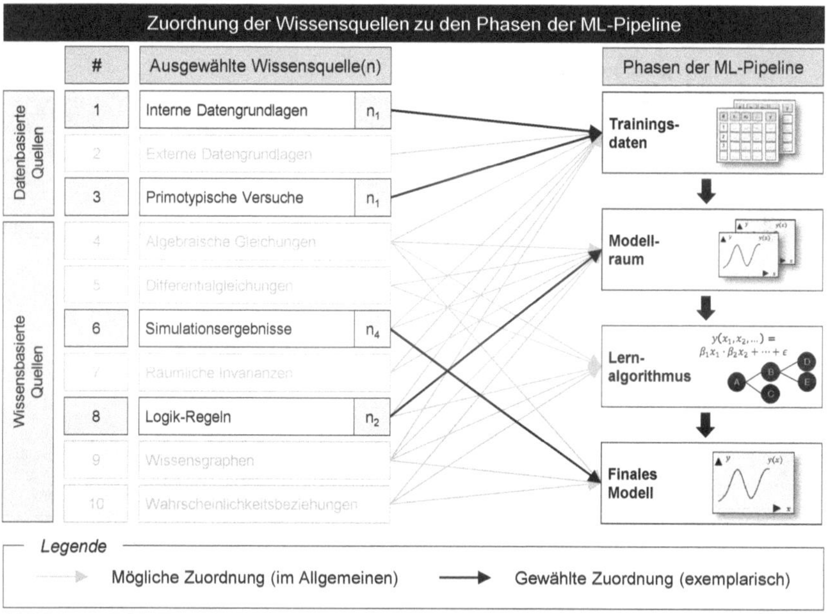

Abbildung 5-34: Zuordnung der Wissensquellen zu den Phasen der ML-Pipeline[536,537]

Des Weiteren führt Abbildung 5-34 das bereits eingeführte Beispiel fort, indem die im fünften Schritt der Methodik exemplarisch ausgewählten Wissensquellen (interne Datengrundlagen, primotypische Versuche, Simulationsergebnisse und Logik-Regel, vgl. Abbildung 5-30) beispielhaft den verschiedenen Phasen der ML-Pipeline zugeordnet werden (Trainingsdaten, Modellraum und finales Modell). Dabei gilt, dass mehrere Quellen (datenbasiert oder wissensbasiert) einer Phase oder auch mehreren Phasen gleichzeitig zugeordnet werden können.

Im Anschluss an die Zuordnung erfolgt die Transformation der Quellen in das für die jeweiligen Phasen erforderliche Format. Der Grund dafür liegt darin, dass sich die erforderlichen Formate je nach betrachteter Phase voneinander unterscheiden können. Dies soll am Beispiel der linearen Regression verdeutlicht werden: Zur Integration von

536 vgl. Abbildung 5-30 und Abbildung 5-33
537 siehe auch Abbildung IX-1 im Anhang (Taxonomie)

bestehendem Wissen in die erste Phase der ML-Pipeline (Trainingsdaten) muss das Wissen in strukturierter Weise vorliegen (häufig in tabellarischer Form), sodass der Lernalgorithmus auf diese zugreifen kann. Soll das Wissen in einer der anderen drei Phasen der ML-Pipeline integriert werden (Modellraum, Lernalgorithmus oder finales Modell), muss dieses i.d.R. in Form von linearen Gleichungen (z.B. $Y_i = \beta_0 + \beta_1 \cdot x_i + \epsilon, i = 1, ..., N$) vorliegen. Da die ausgewählten Wissensquellen in den meisten Fällen nicht unmittelbar im richtigen Format vorliegen, ist die Wissenstransformation i.d.R. ein obligatorischer Schritt, um das bestehende Wissen nutzbar zu machen. Abbildung 5-35 zeigt die Transformation exemplarisch anhand des eingeführten Beispiels.

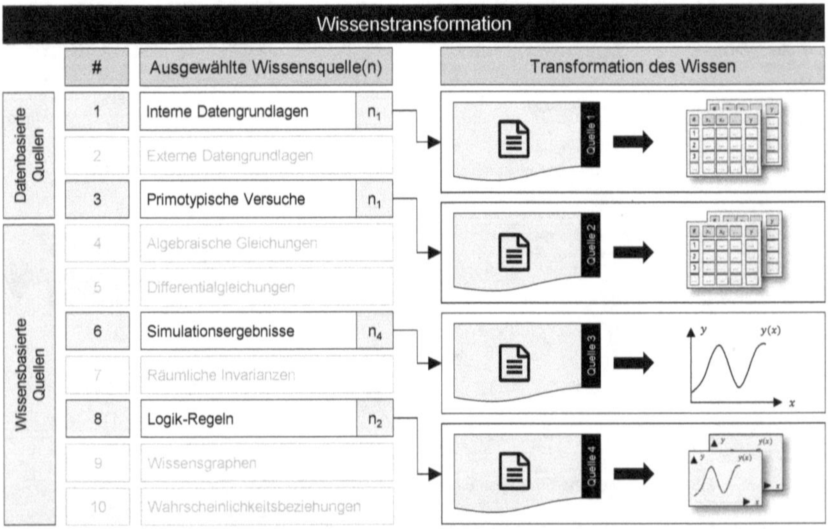

Abbildung 5-35: Wissenstransformation in erforderliches Format[538]

Der letzte Teilschritt des Vorgehens innerhalb des sechsten Schrittes beinhaltet die Programmierung[539] (inkl. des Modelltrainings auf Grundlage des transformierten Wissens) sowie die Validierung[540] des Modells durch Programmierer:innen und Data Scientists. Die Aufgabe der ebenfalls eingebundenen Business Analysts und Prozessexpert:innen, die die Modellergebnisse im realen Produktionsumfeld nutzen werden, besteht in der kritischen Beurteilung der Ergebnisse auf Grundlage ihres vorhandenen Domänenwissens. Nach erfolgreicher Beurteilung steht das trainierte Modell des datenbasierten Ansatzes für dessen produktionsseitige Integration zur Verfügung, die im folgenden Schritt betrachtet wird.

---

538 vgl. Abbildung 5-30
539 Beispiele für Programmiersprachen (anwendungsfallabh.): Python, Java, JavaScript, C, C++
540 Beispiele für Validierungsmethoden (anwendungsfallabh.): Kreuzvalidierung, Holdout-Verfahren

5.3.2 Schritt VII: Modellintegration

Der siebte und damit letzte Schritt der Methodik zielt auf die hard- und softwareseitige Integration des trainierten Modells in die Produktionsumgebung ab. Die für die Integration erforderlichen Eingangsgrößen bestehen aus dem Steckbrief des datenbasierten Ansatzes (aus Schritt IV), dem trainierten Modell (aus Schritt VI) sowie Informationen zu der bestehenden IT-Infrastruktur und IT-Systemlandschaft des betrachteten Unternehmens. Das Vorgehen zur Integration umfasst zwei Teilschritte. Zunächst wird der datenbasierte Ansatz in die Referenzarchitektur für cyber-physische Systeme (vgl. Abbildung 2-23) übertragen, woraus ein CPS-basierter Steckbrief des datenbasierten Ansatzes resultiert (Teilschritt i). Auf Grundlage des Steckbriefs werden im Anschluss die erforderlichen Aufgabenumfänge abgeleitet, die in einem strukturierten Maßnahmenkatalog zur vollständigen Modellintegration zusammengefasst werden (Teilschritt ii). Der Steckbrief und der Maßnahmenkatalog stellen die Ausgangsgrößen des Schrittes dar, während das Kernergebnis in dem produktionsseitig integrierten Modell besteht. Die CPS-Referenzarchitektur, das IoP-Modell, Leitfragen sowie der Maßnahmenkatalog dienen während des beschriebenen Vorgehens als Hilfsmittel. Der erforderliche Expert:innenkreis setzt sich aus Business Analysts, Data Architects, Prozessexpert:innen und Data Scientists zusammen, die im Laufe des Vorgehens durch weitere Personenkreise ergänzt werden. Die zugrundeliegende Methode sowie die Inhalte des siebten Schrittes sind in Abbildung 5-36 zusammenfassend dargestellt.

Modellintegration		
Modul: Gestaltung		Schritt: VII
Zielsetzung	Hard- und softwareseitige Integration des Modells in die Produktionsumgebung	
Eingangsgrößen	Vorgehen	Ausgangsgrößen
• Datenbasierter Ansatz • Trainiertes Modell des datenbasierten Ansatzes • Bestehende IT-Infrastruktur • Bestehende IT-Systemlandschaft	i. Übertragung des datenbasierten Ansatzes in CPS-Referenzarchitektur und Erstellung des Steckbriefs ii. Ableitung definierter Aufgabenumfänge und Erstellung eines Maßnahmenkatalogs	• CPS-basierter Steckbrief des datenbasierten Ansatzes • Maßnahmenkatalog zur Modellintegration
Hilfsmittel	CPS-Referenzarchitektur, IoP-Modell, Leitfragen, Maßnahmenkatalog	
Expert:innenkreis	Business Analysts, Data Architects, Prozessexpert:innen, Data Scientists	
Kernergebnis	Integriertes Modell	

Abbildung 5-36: Methode und Inhalte des siebten Schrittes[541]

[541] vgl. Abbildung 4-5

Zur systematischen Integration des datenbasierten Ansatzes in die Produktionsumgebung bietet sich als Grundlage die bereits eingeführte CPS-Referenzarchitektur nach WESTERMANN an (vgl. Kapitel 2.4.1.1). Die Produktionsanlage des im Rahmen des datenbasierten Ansatzes relevanten Prozessschrittes (im Beispiel: Prozessschritt 5) wird dabei als cyber-physisches System angesehen (siehe Abbildung 5-37).

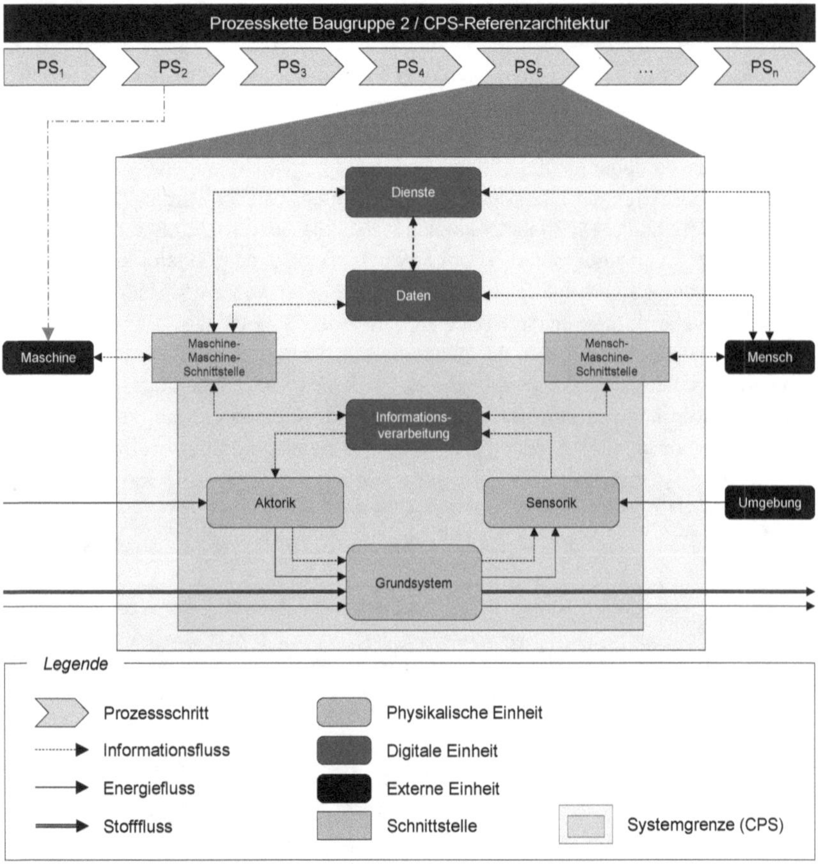

Abbildung 5-37: CPS-Referenzarchitektur des relevanten Prozessschrittes[542]

Die Referenzarchitektur umfasst alle Einheiten eines CPS und berücksichtigt darüber hinaus relevante Informationsschnittstellen zu anderen Systemen, die bei der Modellintegration eine wesentliche Rolle spielen. Die CPS-Einheiten lassen sich in physikalische, digitale und externe Einheiten gliedern. Die physikalischen Einheiten setzen sich dabei aus dem Grundsystem, der Sensorik und der Aktorik zusammen, während

[542] i.A.a. Westermann 2017 – Planung von Cyber-Physical Systems, S. 94.

die digitalen Einheiten aus den Daten, der Informationsverarbeitung und den Diensten bestehen. Die externen Einheiten umfassen den Menschen (inkl. Mensch-Maschine-Schnittstelle), andere Maschinen innerhalb der Produktion (inkl. Maschine-Maschine-Schnittstelle) sowie die Umgebung, die einen Einfluss auf die Sensorik des CPS ausüben kann (vgl. Abbildung 5-37). Die insgesamt neun CPS-Einheiten sind dabei wesentlicher Bestandteil des zu erstellenden Steckbriefs (siehe unterer Teil von Abbildung 5-38).

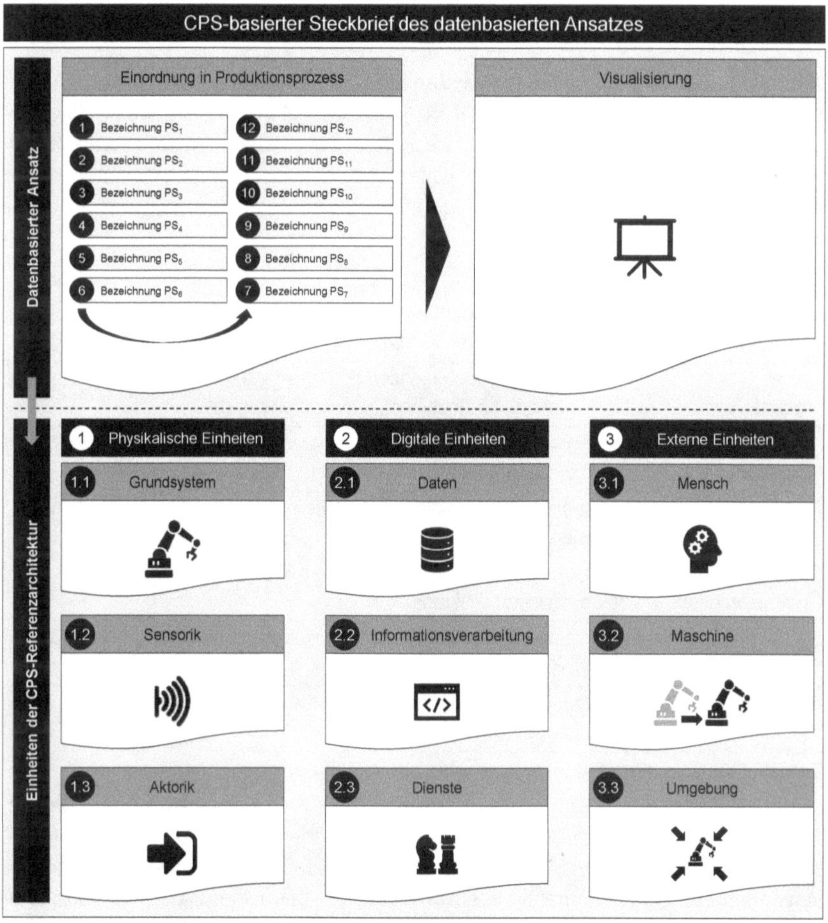

Abbildung 5-38: CPS-basierter Steckbrief des datenbasierten Ansatzes[543]

[543] vgl. Abbildung 5-37

Im oberen Bereich des Steckbriefs wird der datenbasierte Ansatz zunächst in den betrachteten Produktionsprozess eingeordnet und anhand einer Skizze visualisiert. Die zugrundeliegenden Leitfragen der neun CPS-Einheiten werden anschließend in der durch den Steckbrief vorgegebenen Reihenfolge stichpunktartig beantwortet. Da sich datenbasierte Ansätze je nach Anwendungsbereich, Zielsetzung und Lösungsansatz stark voneinander unterscheiden können, sind nicht immer zwangsläufig dieselben CPS-Einheiten relevant. Die CPS-Referenzarchitektur gibt daher den vollständigen äußeren Rahmen zur Integration datenbasierter Ansätze vor ohne die Vorgabe, jede Einheit in allen Fällen berücksichtigen zu müssen.

Nach Beantwortung der Leitfragen werden auf Basis des Steckbriefs konkrete Aufgabenumfänge für die Umsetzung der Modellintegration abgeleitet. Da die produktionsseitige Integration datenbasierter Ansätze i.d.R. mehrere Aufgaben- und damit Verantwortlichkeitsbereiche produzierender Unternehmen einschließt, werden neben den eingangs genannten noch weitere Expert:innenkreise miteinbezogen (siehe Tabelle 5-3).

Expert:innenkreis	Expertise/Aufgabenumfang	CPS-Einheiten
Business Analysts	Nutzung des datenbasierten Ansatzes während des realen Produktionsbetriebs	1.1, 2.3, 3.1
Data Architects	Auswahl und Implementierung der erforderlichen IT-Infrastruktur (insb. zur Datenspeicherung)	2.1, 2.2, 2.3
Prozess-expert:innen	Einbringung von produktions- und anlagentechnischem Domänenwissen	1.1, 1.2, 3.3
Data Scientists	Integration des trainierten Modells in ggfs. bestehende Systeme	2.3
Automatisierungs-ingenieur:innen	Implementierung und Anpassung der Prozesssteuerung und Aktorik	1.3, 2.2
IT-Expert:innen	Umsetzung von Mensch-Maschine-Kommunikation und Maschine-Maschine-Kommunikation	3.1, 3.2, 2.2
Data Engineers	Erhebung und Aufbereitung der zur Verfügung stehenden Daten	2.1, 1.1, 1.2

Tabelle 5-3: Relevante Expert:innenkreise zur produktionsseitigen Integration[544]

Die abgeleiteten Aufgabenumfänge werden anschließend den in der Tabelle genannten Expert:innenkreisen zugeordnet und in einen Maßnahmenkatalog übersetzt. In diesem werden die einzelnen Maßnahmen außerdem den CPS-Einheiten zugeordnet, die im vorigen Teilschritt in Form des Steckbriefs auf den betrachteten datenbasierten Ansatz übertragen worden sind. Abschließend werden dem Katalog Personenkreise hinzugefügt, die bei definierten Maßnahmen unterstützende Tätigkeiten übernehmen. Abbildung 5-39 zeigt dafür einen exemplarischen Maßnahmenkatalog, der somit als

544 vgl. Hasterok, Stompe et al. 2021 – PAISE, S. 28f.

strukturierter Leitfaden für die frühzeitige und vollständige Integration des datenbasierten Ansatzes in die Produktion dient.

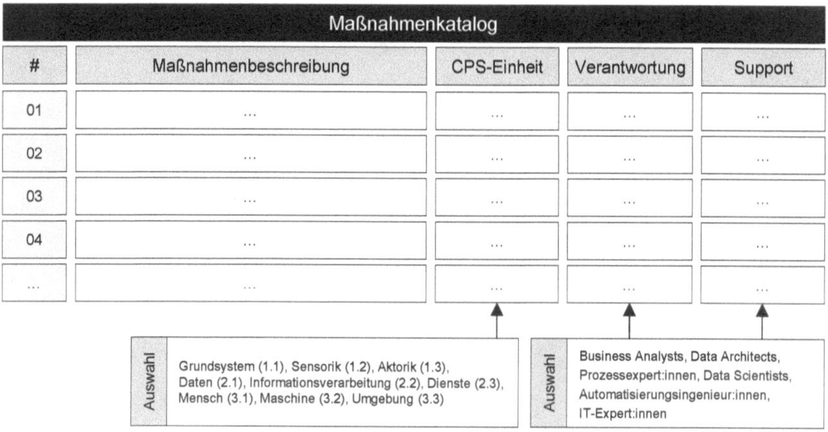

Abbildung 5-39: Erstellung eines Maßnahmenkatalogs zur Modellintegration

5.3.3 Zusammenfassung des dritten Moduls

Im dritten Modul der Methodik wurde zunächst die Modellierung des datenbasierten Ansatzes vorgenommen, die aus der Wissenstransformation, der Programmierung und dem Modelltraining besteht.[545] Daraus folgte das trainierte Modell des zugrunde liegenden datenbasierten Ansatzes (Kernergebnis des sechsten Schrittes). Im Rahmen der anschließend erfolgten Modellintegration wurde durch die Nutzung der CPS-Referenzarchitektur und die Erstellung eines Maßnahmenkatalogs eine strukturierte Vorgehensweise zur produktionsseitigen Integration des datenbasierten Ansatzes entwickelt (Kernergebnis des siebten Schrittes).

[545] Eine zusammenfassende Darstellung der Schritte zeigt Abbildung IX-2 im Anhang.

5.4 Zwischenfazit

Aufbauend auf der in Kapitel 4 konzeptionierten Methodik wurden die drei Module sowie die sieben Schritte der Methodik in Kapitel 5 detailliert. Im Initiierungsmodul wurden zunächst die relevanten Prozessvariablen, Produktparameter und Übergabegrößen entlang der betrachteten Prozesskette identifiziert (Schritt I), woraufhin der Interdependenz- und Fehlerkostenverlauf der Prozesskette ermittelt werden konnte (Schritt II). Die Kombination der beiden Verläufe stellte dabei zu Beginn des Analysemoduls die Grundlage zur Ermittlung des kritischen Prozessschrittes (Schritt III). Für diesen wurde im Anschluss ein datenbasierter Ansatz als geeignete Gegenmaßnahme abgeleitet (Schritt IV) sowie bestehende Wissensquellen für dessen vorgezogene Trainingsphase ausgewählt (Schritt V). Im Gestaltungsmodul wurde daraufhin im Rahmen der Modellierung sowohl die Programmierung als auch das Training des zugrunde liegenden Modells vorgenommen (Schritt VI), woran sich unmittelbar die Integration des Modells in die Produktionsumgebung angeschlossen hat (Schritt VII).

Die entwickelte Methodik dient somit als geeignetes, anwendungsorientiertes Vorgehensmodell zur frühzeitigen Integration datenbasierter Ansätze in die Produktion. Das methodische Vorgehen bietet den Anwender:innen bereits vor Beginn der Anlaufphase einen ganzheitlichen Ansatz zur frühzeitigen Aufdeckung qualitäts- und kostenkritischer Prozessschritte sowie zur Auswahl, Entwicklung und Implementierung datenbasierter Ansätze als geeignete Gegenmaßnahmen. Die Methodik adressiert somit das in Kapitel 2.5 hergeleitete Praxisdefizit und schließt folglich das in Kapitel 3.4 abgeleitete Theoriedefizit, indem die eingangs formulierte Lösungshypothese aufgegriffen und systematisch in ein strukturiertes Vorgehensmodell übersetzt wurde. Im folgenden Kapitel wird die Methodik nun durch die Anwendung in der Praxis validiert.

6 Validierung der Methodik

Validation of the Methodology

Das folgende Kapitel umfasst die Validierung der Methodik anhand eines Anwendungsbeispiels aus der Praxis. Der Forschungsmethodik der vorliegenden Arbeit folgend, dient die Validierung der Methodik der Überprüfung der verwendeten Modelle und Methoden im Anwendungszusammenhang sowie der praktischen Implementierung der Methodik (vgl. Abbildung 1-7). Dafür wird zunächst das Anwendungsbeispiel eingeführt, das der Validierung zugrunde liegt (Kapitel 6.1). Daran anschließend werden die einzelnen Module und Schritte der Methodik ihrer Ablaufstruktur folgend durchlaufen (Kapitel 6.2). Abschließend wird die Methodik auf Grundlage der Erfahrungen und Ergebnisse der Validierung kritisch reflektiert, indem insbesondere die formale und inhaltliche Anforderungserfüllung überprüft wird (Kapitel 6.3).

6.1 Anwendungsbeispiel: Hairpin-Stator-Produktion

Als Anwendungsbeispiel für die Validierung dient die bereits in Kapitel 2.2.2 eingeführte Hairpin-Stator-Produktion. Abbildung 6-1 zeigt dafür zunächst zwei Ansichten eines CAD-Modells eines Hairpin-Stators.

Abbildung 6-1: CAD-Modell eines Hairpin-Stators[546,547]

Die zugrundeliegende Hairpin-Technologie zeichnet sich (im Vergleich zu konventionellen Wicklungstechnologien) aufgrund der Form der Hairpins durch einen höheren Nutfüllfaktor aus (siehe Abbildung 6-2), was zu verschiedenen produktseitigen Vorteilen führt.

---

546 Das CAD-Modell zeigt einen am PEM der RWTH Aachen entwickelten Hairpin-Stator (inkl. Blechpaket, Spulenwicklung und Nutisolation; die Verschaltelemente sind in dem dargestellten CAD-Modell nicht enthalten).
547 vgl. Abbildung 2-4

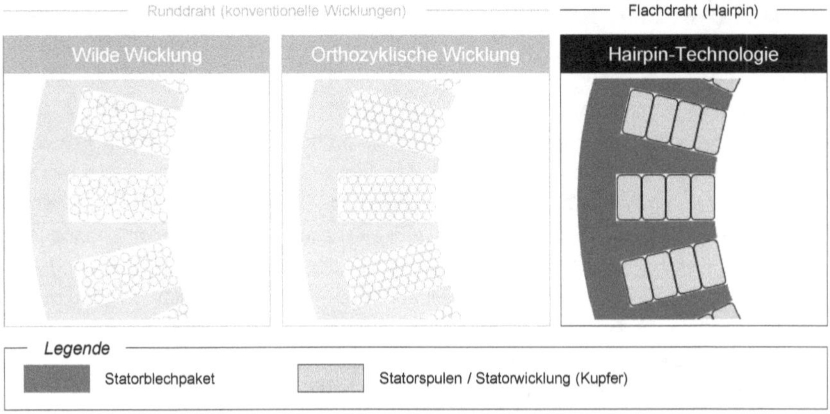

Abbildung 6-2: Detailansicht der Hairpin-Technologie (Statordraufsicht)[548]

Da der Schwerpunkt der Validierung auf der Produktion liegt, zeigt Abbildung 6-3 die insgesamt 14 Prozessschritte der Hairpin-Stator-Produktion, die insbesondere als Grundlage für das erste Modul der Methodik dienen.

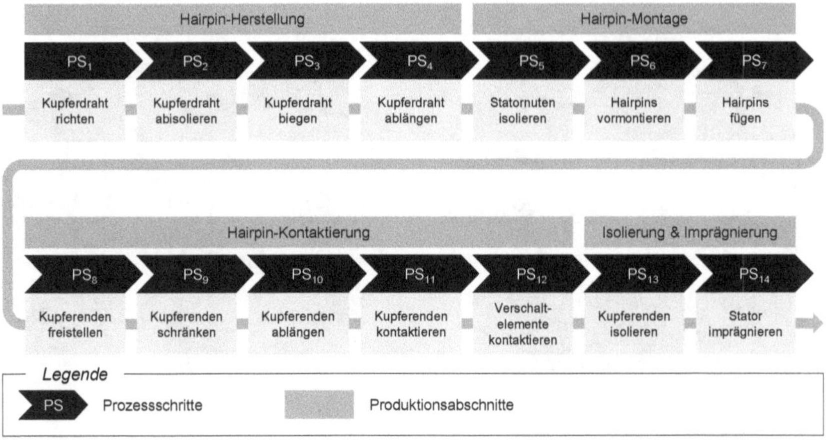

Abbildung 6-3: Prozesskette der Hairpin-Stator-Produktion[549]

Mit der gezeigten Produktarchitektur (siehe Abbildung 6-1) und der dargestellten Prozesskette (siehe Abbildung 6-3) liegen alle Informationen zur Anwendung der Methodik im Rahmen des folgenden Kapitels vor.

548 vgl. Abbildung 2-9
549 vgl. Abbildung 2-11

6.2 Anwendung der Methodik

Die Struktur des vorliegenden Kapitels orientiert sich an der Ablaufstruktur der Methodik und damit zugleich an dem Aufbau von Kapitel 5 (siehe Abbildung 6-4).

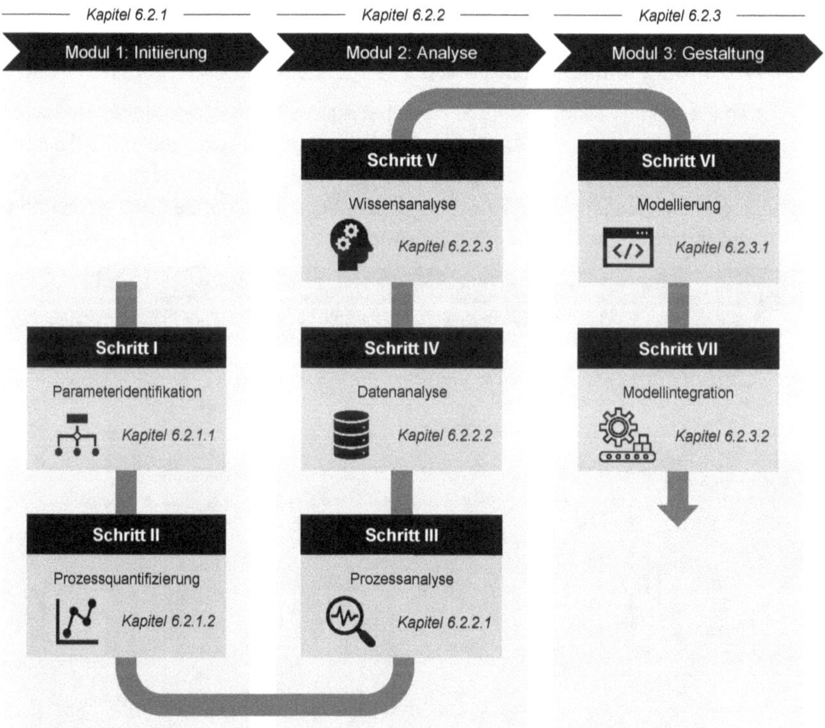

Abbildung 6-4: Struktur der Validierung (Ablaufstruktur der Methodik)[550]

Zu Beginn wird das Initiierungsmodul mit den beiden enthaltenen Schritten der Parameteridentifikation und Prozessquantifizierung angewendet (Kapitel 6.2.1). Im Anschluss folgt die Durchführung des Analysemoduls mit den drei Schritten Prozess-, Daten- und Wissensanalyse (Kapitel 6.2.2). Den Abschluss der Methodikanwendung bildet das Gestaltungsmodul, das aus den beiden Schritten der Modellierung und der Modellintegration besteht (Kapitel 6.2.3).

550 vgl. Abbildung 4-4

6.2.1 Modul 1: Initiierung

Im Folgenden werden die beiden Schritte des Initiierungsmoduls (Parameteridentifikation und Prozessquantifizierung) angewendet. Das übergeordnete Ziel des Initiierungsmoduls besteht in der Ermittlung des Interdependenz- und Fehlerkostenverlaufs, die im anschließenden Analysemodul als Analysegrundlage dienen.

6.2.1.1 Schritt I: Parameteridentifikation

Die Parameteridentifikation zielt dabei zunächst auf die Identifikation der Prozessvariablen, Produktparameter und Übergabegrößen entlang der Prozesskette der Hairpin-Stator-Produktion ab (vgl. Abbildung 5-3). Dafür wurde der Elektromotor (mit Hairpin-Technologie) als Ausgangspunkt der Methodik in seine Baugruppen und Komponenten zerlegt (siehe Ebene 2 und Ebene 3 in Abbildung 6-5).

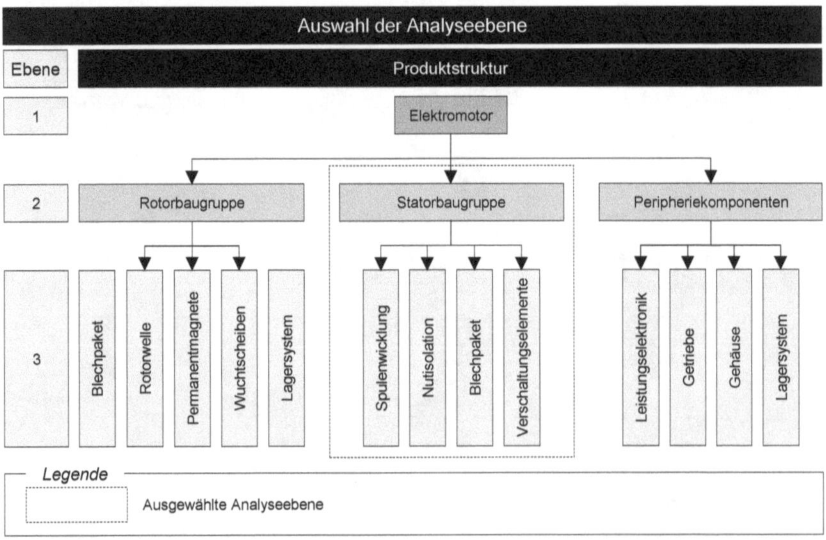

Abbildung 6-5: Auswahl der Analyseebene[551]

Auf Grundlage des Erfahrungswissens der Mitarbeiter des PEM der RWTH Aachen im Bereich der Elektromotorenproduktion wurde die Statorbaugruppe als Analyseebene ausgewählt. Der Grund dafür liegt in der deutlich höheren Produktkomplexität (und einer damit einhergehenden gesteigerten Fehleranfälligkeit in der Produktion) des Stators im Vergleich zur Rotorbaugruppe und den Peripheriekomponenten. Im Anschluss wurde eine vollständige Auflistung der Prozessvariablen der 14 Prozessschritte der Hairpin-Stator-Produktion durchgeführt. Der obere Teil von Abbildung 6-6 zeigt die

551 vgl. Abbildung 5-4

Auflistung exemplarisch für den Prozessschritt 9 (Kupferenden schränken) und den Prozessschritt 11 (Kupferenden kontaktieren).

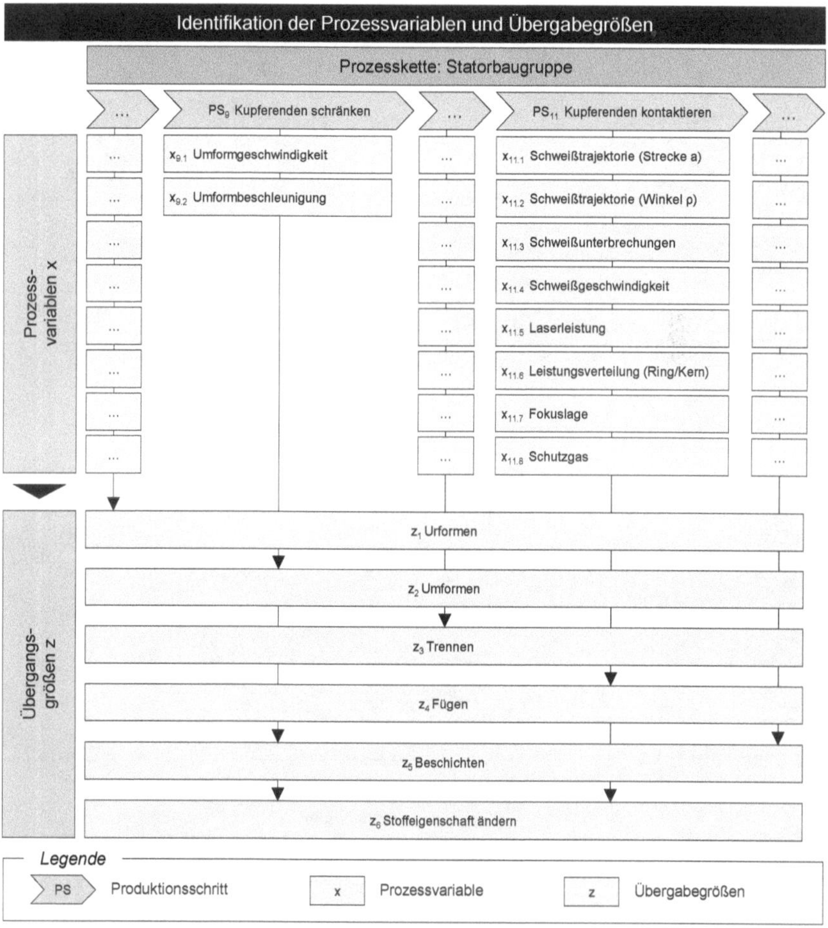

Abbildung 6-6: Identifikation der PV und ÜG (exemplarisch für PS_9 und PS_{11})[552]

Der untere Teil der Abbildung zeigt die Einflüsse der Prozessschritte auf die Übergabegrößen. Als Übergabegrößen für die Hairpin-Stator-Prozesskette haben sich im Zuge der Bearbeitung die sechs Hauptgruppen der Fertigungsverfahren nach DIN 8580 (Urformen, Umformen, Trennen, Fügen, Beschichten und Stoffeigenschaft ändern)[553] als zielführend herausgestellt. Analog zu den Prozessvariablen wurde das

[552] vgl. Abbildung 5-5

[553] Deutsches Institut für Normung 2003 – DIN 8580:2003-09.

Vorgehen für die Produktparameter durchgeführt. Abbildung 6-7 zeigt das Ergebnis des Vorgehens ebenfalls exemplarisch für die Prozessschritte 9 und 11.

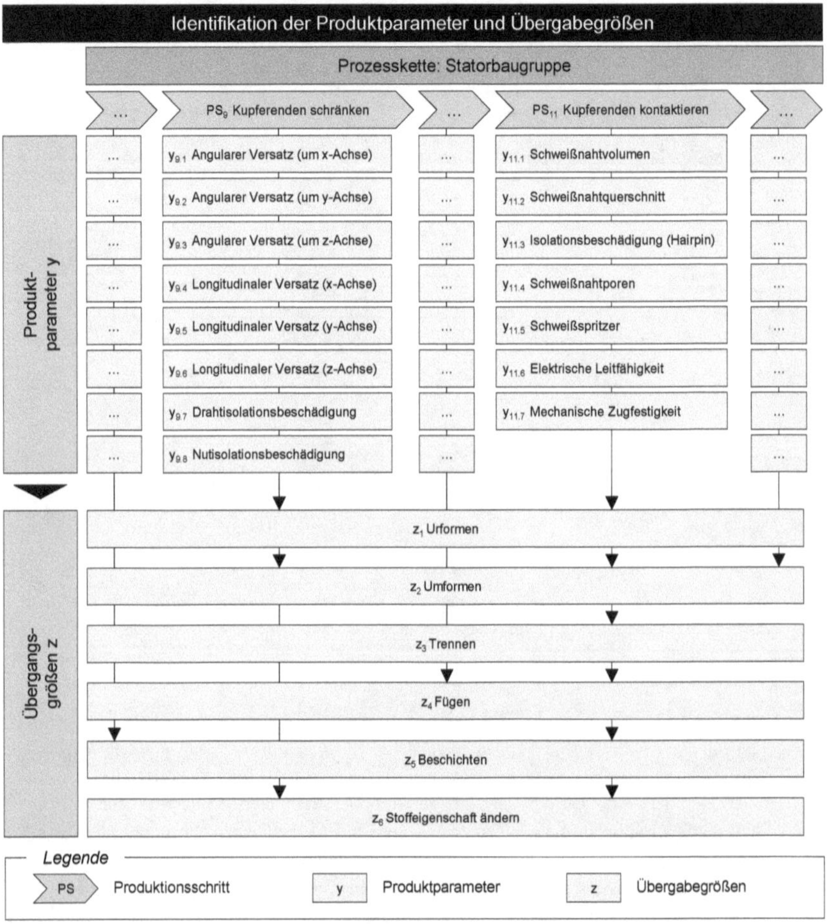

Abbildung 6-7: Identifikation der PP und ÜG (exemplarisch für PS_9 und PS_{11})[554]

Die vollständige Auflistung der Prozessvariablen, Produktparameter und Übergabegrößen der Hairpin-Stator-Produktion ist Abbildung IX-3 im Anhang zu entnehmen und stellt damit das Gesamtergebnis des ersten Schrittes dar.

[554] vgl. Abbildung 5-6

6.2.1.2 Schritt II: Prozessquantifizierung

Die Prozessquantifizierung zielt nun auf die Quantifizierung der Beeinflussungen und Sensitivitäten sowie der Ermittlung der Fehlerkosten entlang der Hairpin-Stator-Prozesskette ab (vgl. Abbildung 5-7). Abbildung 6-8 zeigt die quantifizierten Beeinflussungen und Sensitivitäten exemplarisch für die Prozessschritte 9 und 11 und die Spulenwicklung als betrachtete Komponente.

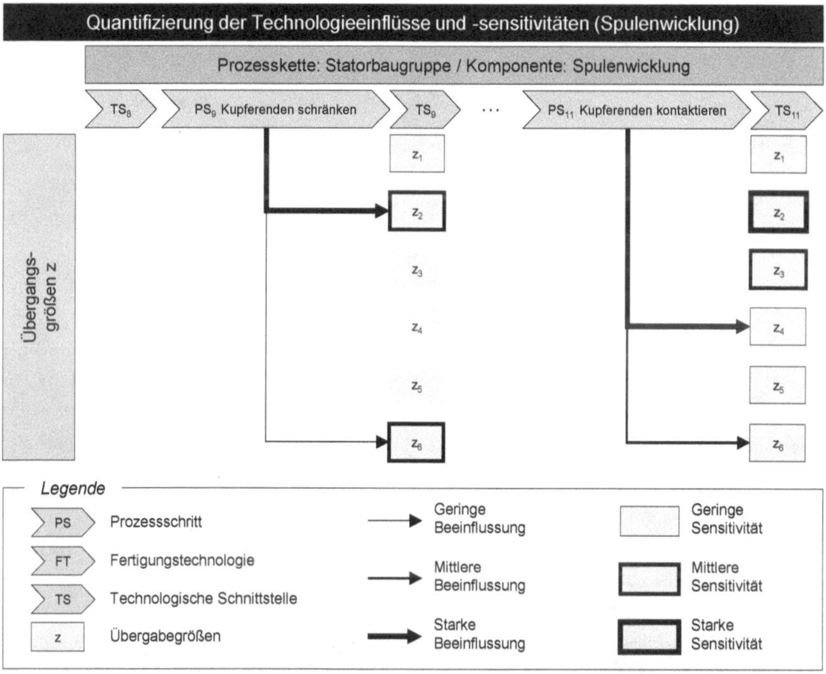

Abbildung 6-8: Quantifizierung der Technologieeinflüsse auf die ÜG[555]

Die quantifizierten Beeinflussungen und Sensitivitäten für die gesamte Prozesskette und alle vier Komponenten der Statorbaugruppe ist sind Abbildung IX-4 bis Abbildung IX-17 im Anhang zu entnehmen (in tabellarischer Form). Anhand der vollständigen Quantifizierung konnten im Anschluss für alle Baugruppenkomponenten sowohl die Beeinflussungsmatrix als auch die Sensitivitätsmatrix ermittelt werden. Abbildung 6-9 zeigt beide Matrizen exemplarisch für die Spulenwicklung.

---

[555] vgl. Abbildung 5-8

Beeinflussungsmatrix und Sensitivitätsmatrix (Spulenwicklung)

Beeinflussungsmatrix (Spulenwicklung)																
Übergabegrößen / Prozessschritte →	01	02	03	04	05	06	07	08	09	10	11	12	13	14	Summe	normiert
Urformen	0	0	0	0	0	0	0	0	0	0	0	0	0	0	0,0	0,0
Umformen	3	0	3	0	0	1	1	3	3	0	0	0	0	0	14,0	1,0
Trennen	0	3	0	3	0	0	0	0	0	3	0	0	0	0	9,0	0,6
Fügen	0	0	0	0	0	0	0	0	0	0	3	3	0	0	6,0	0,4
Beschichten	0	0	0	0	0	0	0	0	0	0	0	0	3	3	6,0	0,4
Stoffeigenschaft ändern	2	0	1	0	0	0	0	1	1	0	2	2	0	0	9,0	0,6
Summe	5,0	3,0	4,0	3,0	0,0	1,0	1,0	4,0	4,0	3,0	5,0	5,0	3,0	3,0	44,0	
normiert	1,0	0,6	0,8	0,6	0,0	0,2	0,2	0,8	0,8	0,6	1,0	1,0	0,6	0,6		

Sensitivitätsmatrix (Spulenwicklung)																
Übergabegrößen / Prozessschritte →	01	02	03	04	05	06	07	08	09	10	11	12	13	14	Summe	normiert
Urformen	2	1	1	0	0	1	1	1	1	0	1	1	1	0	11,0	0,5
Umformen	0	2	1	1	0	2	2	2	2	2	3	3	2	2	24,0	1,0
Trennen	0	0	0	0	0	1	1	0	0	0	2	2	0	0	6,0	0,3
Fügen	0	0	0	0	0	0	0	0	0	2	1	1	1	0	5,0	0,2
Beschichten	1	3	1	0	0	1	1	0	0	0	1	1	3	0	12,0	0,5
Stoffeigenschaft ändern	0	0	2	0	0	0	0	2	2	0	1	1	0	0	8,0	0,3
Summe	3,0	6,0	5,0	1,0	0,0	5,0	5,0	5,0	5,0	4,0	9,0	9,0	7,0	2,0	66,0	
normiert	0,3	0,7	0,6	0,1	0,0	0,6	0,6	0,6	0,6	0,4	1,0	1,0	0,8	0,2		

Abbildung 6-9: Beeinflussungsmatrix (oben) und Sensitivitätsmatrix (unten)[556]

Auf Grundlage der Matrizen konnte (nach Normierung der Spalten- und Zeilensummen) als Zwischenergebnis festgehalten werden, dass PS_{01}, PS_{11} und PS_{12} insgesamt die stärksten Beeinflussungen auf die Spulenwicklung ausüben (siehe Abbildung 6-9 oben). Außerdem weisen die beiden letztgenannten Prozessschritte insgesamt die höchsten Sensitivitäten auf (insb. bezüglich der beiden Übergabegrößen *Umformen* und *Trennen*, siehe Abbildung 6-9 unten). Die Beeinflussungs- und Sensitivitätsmatrizen für die anderen drei Komponenten der Statorbaugruppe sind in Abbildung IX-18 bis Abbildung IX-20 im Anhang dargestellt.

Um die vier Komponenten in Hinsicht auf die Beeinflussungs- und Sensitivitätsstärke der Prozesskette zu vergleichen, wurden die Beeinflussungs- und Sensitivitätsindizes ermittelt (siehe Abbildung 6-10).

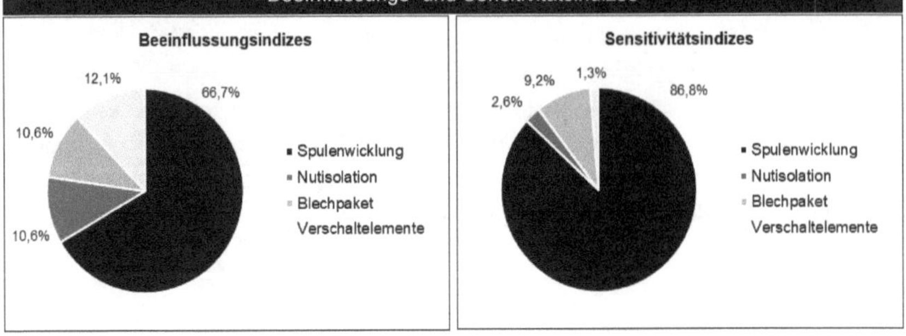

Abbildung 6-10: Beeinflussungsindizes (links) und Sensitivitätsindizes (rechts)

556 vgl. Abbildung 5-9 und Abbildung 5-10

Die beiden Indizes zeigen mit einem Anteil von 66,7% an der Gesamtbeeinflussung und mit einem Anteil von 86,8% an der Gesamtsensitivität, dass die Spulenwicklung im Vergleich zu den anderen drei Komponenten für den weiteren Verlauf der Methodik mit Abstand die höchste Relevanz aufweist. Aufgrund dessen werden die drei Komponenten Nutisolation, Blechpaket und Verschaltelemente im Folgenden nicht weiter berücksichtigt.

Im Anschluss wurde anhand der formelmäßigen Zusammenhänge zwischen den Interdependenz-, Beeinflussungs- und Sensitivitätswerten (vgl. Gleichungen 5-11 bis 5-15) die Interdependenzmatrix für die Spulenwicklung ermittelt (siehe oberer Teil von Abbildung 6-11).

Interdependenzmatrix und Interdependenzverlauf (Spulenwicklung)

	Interdependenzmatrix (Spulenwicklung)																
	Prozessschritte →	01	02	03	04	05	06	07	08	09	10	11	12	13	14	Summe	normiert
Übergabegrößen	Urformen	0	0	0	0	0	0	0	0	0	0	0	0	0	0	0,0	0,00
	Umformen	0	6	3	6	0	12	14	16	22	28	42	42	28	28	247,0	1,00
	Trennen	0	0	0	0	0	6	6	0	0	0	18	18	0	0	48,0	0,19
	Fügen	0	0	0	0	0	0	0	0	0	0	0	3	6	0	9,0	0,04
	Beschichten	0	0	0	0	0	0	0	0	0	0	0	0	0	0	0,0	0,00
	Stoffeigenschaft ändern	0	0	4	0	0	0	0	6	8	0	5	7	0	0	30,0	0,12
	Summe	0,0	6,0	7,0	6,0	0,0	18,0	20,0	22,0	30,0	28,0	65,0	70,0	34,0	28,0	334,0	
	normiert	0,00	0,09	0,10	0,09	0,00	0,26	0,29	0,31	0,43	0,40	0,93	1,00	0,49	0,40		

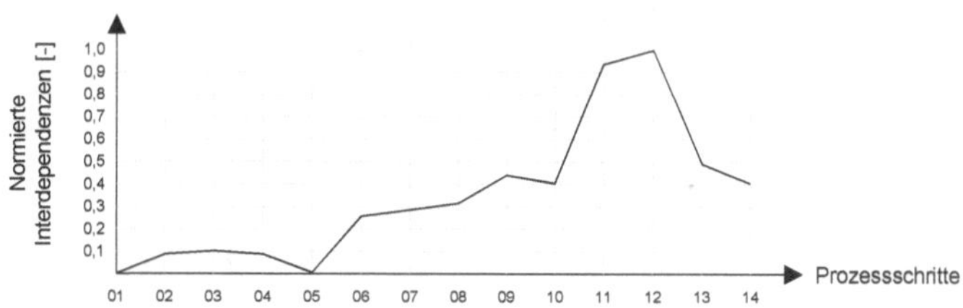

Abbildung 6-11: Interdependenzmatrix (oben) und Interdependenzverlauf (unten)[557]

Der untere Teil der Abbildung zeigt den Interdependenzverlauf für die Spulenwicklung entlang der Prozesskette, der sich unmittelbar aus den normierten Gesamtinterdependenzen ergeben hat (vgl. Gleichung 5-15). Der Verlauf zeigt sehr hohe Interdependenzwerte von PS_{11} und PS_{12}, die sich durch die hohe Sensitivität von PS_{11} und PS_{12} bezüglich der zweiten Übergabegröße (Umformen) erklären lassen (siehe Sensitivitätsmatrix in Abbildung 6-9), die mehrere vorgelagerte Prozessschritte (PS_{01}, PS_{03}, PS_{08} und PS_{09}) stark beeinflussen (siehe Beeinflussungsmatrix in Abbildung 6-9). Als Zwischenergebnis kann demnach festgehalten werden, dass das Kontaktieren der Kupferenden (PS_{11}) sowie das Kontaktieren der Verschaltelemente (PS_{12}) bis zu diesem Zeitpunkt die für den weiteren Verlauf der Methodik relevantesten Prozessschritte darstellen.

557 vgl. Abbildung 5-11

Anschließend wurde basierend auf den Fertigungs- und Materialkosten[558] entlang der Hairpin-Stator-Prozesskette der Fehlerkostenverlauf für die gesamte Statorbaugruppe ermittelt (vgl. Gleichungen 5-16 und 5-17), der in Abbildung 6-12 dargestellt ist.

Fehlerkostenverlauf (Statorbaugruppe)

Fehlerkostenverlauf(Statorbaugruppe)														
Prozessschritte →	01	02	03	04	05	06	07	08	09	10	11	12	13	14
Summe	5,35	10,5	15,6	20,8	14,1	94,9	136	141	226	260	365	420	454	625
normiert	0,01	0,02	0,02	0,03	0,02	0,15	0,22	0,22	0,36	0,42	0,58	0,67	0,73	1,00

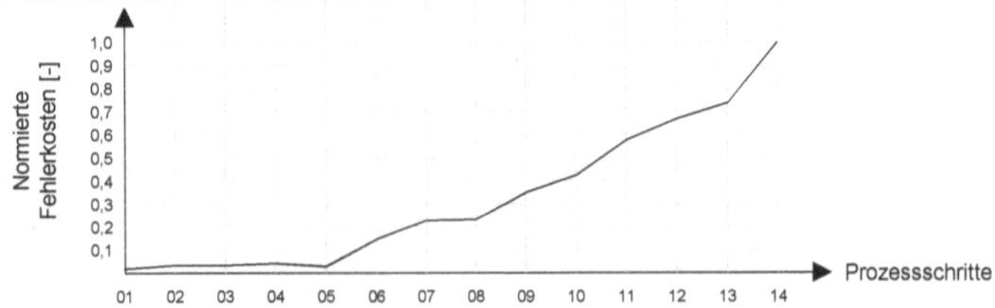

Abbildung 6-12: Fehlerkostenverlauf entlang der Hairpin-Stator-Prozesskette[559]

Der Fehlerkostenverlauf weist dabei einen mit fortschreitendem Produktionsprozess typischen Fehlerkostenanstieg auf.

6.2.1.3 Zusammenfassung des ersten Moduls

Im ersten Schritt des Initiierungsmoduls wurden die Prozessvariablen, Produktparameter und Übergabegrößen für alle Prozessschritte der Hairpin-Stator-Produktion aufgelistet und für den weiteren Verlauf der Methodik zur Verfügung gestellt. Im zweiten Schritt wurde die Spulenwicklung – im Vergleich zu den anderen drei Komponenten der Statorbaugruppe – als die Komponente mit der höchsten Relevanz im Kontext der vorliegenden Arbeit identifiziert. Daran anschließend wurden für die Spulenwicklung PS_{11} und PS_{12} aufgrund ihrer hohen Interdependenzwerte als relevante Prozessschritte festgelegt. Abschließend ist auf Grundlage der Fehlerkostenmatrix der Fehlerkostenverlauf für die Statorbaugruppe abgeleitet worden. Die beiden ermittelten Verläufe dienten nun im folgenden Modul als Analysegrundlage.

---

558 Anmerkung: Die Materialkosten und Fertigungskosten wurden auf Basis der Erfahrungen von durchgeführten Industrie- und Forschungsprojekten im Bereich der Hairpin-Stator-Produktion ermittelt.

559 vgl. Abbildung 5-12

6.2.2 Modul 2: Analyse

Im Folgenden werden die drei Schritte des Analysemoduls (Prozessanalyse, Datenanalyse und Wissensanalyse) angewendet. Das übergeordnete Ziel des Analysemoduls besteht in der Ermittlung geeigneter datenbasierter Ansätze sowie in der Identifikation bestehender und nutzbarer Wissensquellen, die im anschließenden Gestaltungsmodul dem Training des datenbasierten Ansatzes dient.

6.2.2.1 Schritt III: Prozessanalyse

Die Prozessanalyse zielt dabei zunächst auf die Analyse des Interdependenz- und Fehlerkostenverlaufs zur Ermittlung kritischer Prozessschritte ab (vgl. Abbildung 5-14). Abbildung 6-13 zeigt die Herleitung des Kritikalitätsverlaufs.

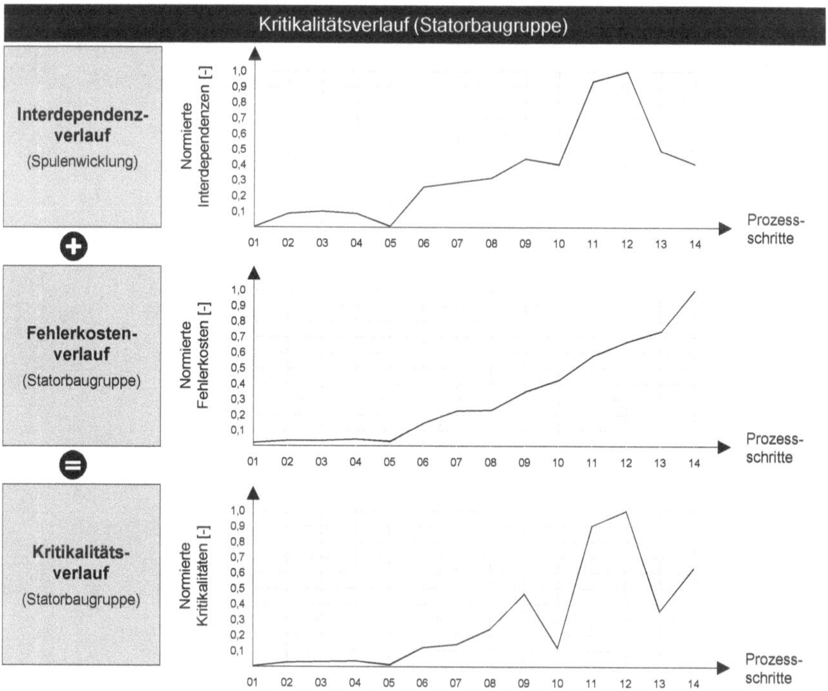

Abbildung 6-13: Herleitung des Kritikalitätsverlaufs[560]

Der Kritikalitätsverlauf beruht dabei auf der Kombination des Interdependenz- und Fehlerkostenverlaufs und den Eintrittswahrscheinlichkeiten[561] potenzieller Fehlermög-

---

560 vgl. Abbildung 5-15

561 Anmerkung: Die Eintrittswahrscheinlichkeiten wurden auf Basis der Erfahrungen von durchgeführten Industrie- und Forschungsprojekten im Bereich der Hairpin-Stator-Produktion ermittelt.

lichkeiten in den einzelnen Prozessschritten der Hairpin-Stator-Produktion. Als Zwischenergebnis konnte festgehalten werden, dass PS_{11} und PS_{12} die höchsten Kritikalitätswerte aufweisen, was vorwiegend auf die hohen Interdependenzwerte und Fehlerkosten der beiden Prozessschritte zurückzuführen ist. Da beide Prozessschritte auf die elektrische Kontaktierung von Statorkomponenten abzielen (bei PS_{11} die Kupferenden und bei PS_{11} die Verschaltelemente) und beide dieselbe Fertigungstechnologie nutzen (Laserschweißen), ist die Ausführung der Prozessschritte sehr ähnlich. Der Prozesskette entsprechend erfolgt die Durchführung von PS_{11} vor der Durchführung von PS_{12}, sodass der Fokus im weiteren Verlauf der Methodik ausschließlich auf PS_{11} liegt. Demzufolge wurde die Analyse der Produktionshistorie auf Basis von PS_{11} durchgeführt (siehe unterer Teil von Abbildung 6-14).

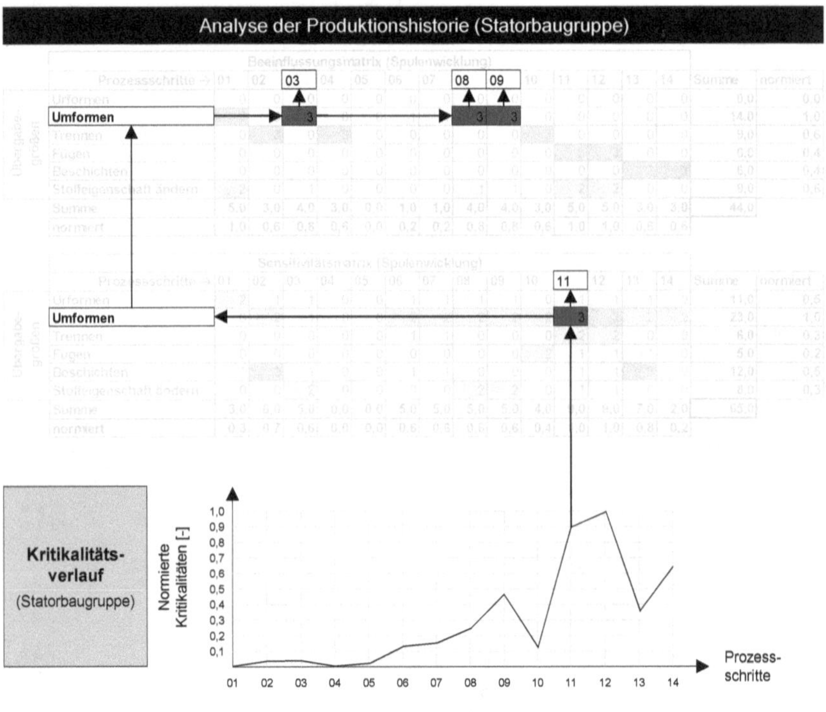

Abbildung 6-14: Analyse der Produktionshistorie[562]

Die Analyse hat ergeben, dass PS_{11} insbesondere in Hinsicht auf die zweite Übergabegröße (Umformen) eine hohe Sensitivität aufweist (vgl. auch Sensitivitätsmatrix in Abbildung 6-9). Die anschließende Projektion auf die Beeinflussungsmatrix hat gezeigt, dass die zweite Übergabegröße insbesondere durch PS_3 (Kupferdraht biegen),

562 vgl. Abbildung 5-16

PS_8 (Kupferenden freistellen) und PS_9 (Kupferenden schränken) stark beeinflusst wird. Da PS_9 in Bezug auf den kritischen Prozessschritt (PS_{11}) von den drei genannten Prozessschritten zeitlich am nächsten vorgelagert ist und daher die Ausgangssituation für den Kontaktierprozess am stärksten charakterisiert, steht dieser bei der folgenden Interdependenzanalyse im Fokus (siehe Abbildung 6-15).

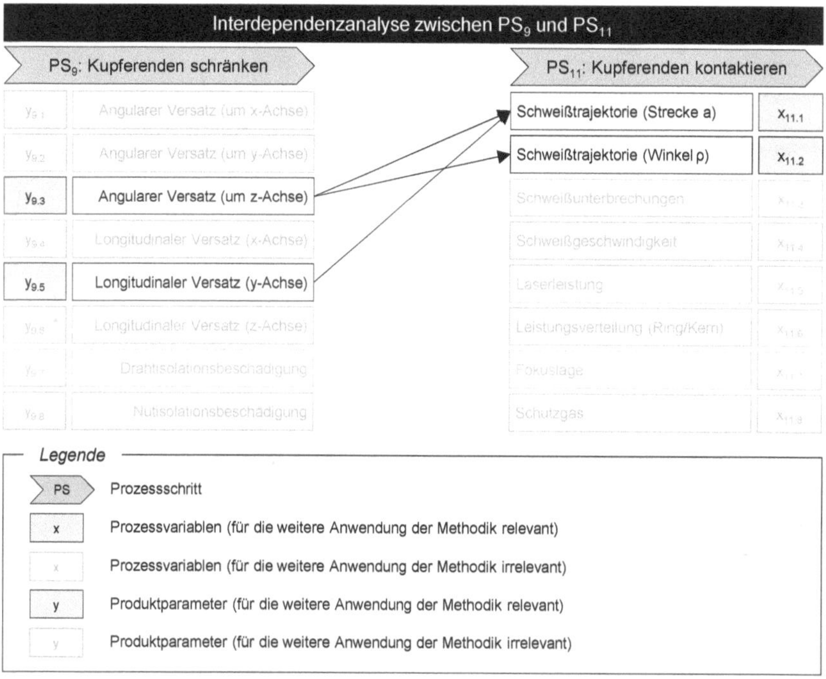

Abbildung 6-15: Interdependenzanalyse zwischen PS_9 und PS_{11}[563]

Im Rahmen der Interdependenzanalyse wurden die Wechselwirkungen zwischen den Produktparametern des beeinflussenden Prozessschrittes (PS_9) und den Prozessvariablen des sensitiven Prozessschrittes (PS_{11}) im Detail untersucht. Das Ergebnis der Untersuchung ist durch die Pfeile in Abbildung 6-15 dargestellt. Um die weitere Anwendung der Methodik anhand von konkreten Interdependenzen zu veranschaulichen, wurden die Produktparametern $y_{9.3}$ und $y_{9.5}$ und die Prozessvariablen $x_{11.1}$ und $x_{11.2}$ ausgewählt (siehe Tabelle 6-1). Das vollständige Ergebnis der Interdependenzanalyse ist in Abbildung IX-21 im Anhang dargestellt.

563 vgl. Abbildung 5-17

Kürzel	Bezeichnung	Erläuterung
$y_{9.3}$	Angularer Versatz um z-Achse (Winkel α)	Drehung des Hairpins um z-Achse (in mathematisch negative Richtung)
$y_{9.5}$	Longitudinaler Versatz in y-Richtung (Strecke s)	Abstand zwischen den beiden Hairpins (in positiver y-Richtung)
$x_{11.1}$	Schweißtrajektorie (Strecke a)	Breite a der Schweißtrajektorie (elliptischer Schweißpfad)
$x_{11.2}$	Schweißtrajektorie (Winkel ρ)	Angulare Neigung ρ der Schweißtrajektorie (in mathematisch negative Richtung)

Tabelle 6-1: Relevante Produktparameter (PS_9) und Prozessvariablen (PS_{11})

Die beiden Produktparameter beschreiben dabei die räumliche Lage der beiden Hairpins, während die beiden Prozessvariablen die Schweißtrajektorie als einen wesentlichen Teil der angewendeten Schweißstrategie charakterisieren. Die relevanten Größen sind zur Veranschaulichung in Abbildung 6-16 visualisiert.

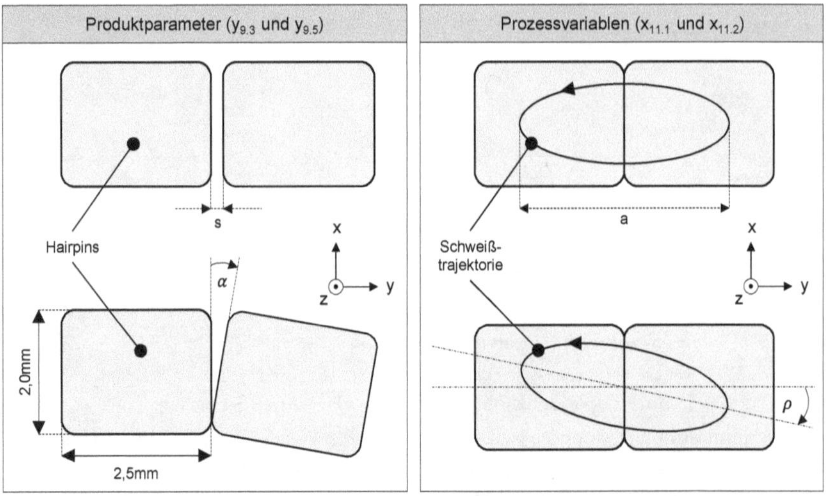

Abbildung 6-16: Veranschaulichung der Produktparameter und Prozessvariablen

Für die weitere Anwendung der Methodik wird ein Hairpin-Querschnitt von 2x2,5mm angenommen (siehe linker Teil von Abbildung 6-16).

6.2.2.2 Schritt IV: Datenanalyse

Die Datenanalyse zielt nun auf die Analyse der für die identifizierten kritischen Prozessschritte (PS_9 und PS_{11}) relevanten Daten sowie die Ableitung eines geeigneten datenbasierten Ansatzes ab (vgl. Abbildung 5-18). Abbildung 6-17 zeigt dafür die ermittelten datenrelevanten Informationen (Wertebereich, Einheit, Aktionsraum bzw. Zustandsraum, Beobachtbarkeit und Rückführung) zu den im vorigen Schritt identifizierten Prozessvariablen und Produktparametern.

Datenrelevante Informationen der Prozessvariablen und Produktparameter						
	Bezeichnung	WB	E	AR / ZR	BK	RÜ
$y_{9.3}$	Angularer Versatz (um z-Achse)	$[-15; +15]$	[°]	stetig	nach Ende	nach Ende
$y_{9.5}$	Longitudinaler Versatz (y-Achse)	$[0; 2{,}5]$	[mm]	stetig	nach Ende	nach Ende
$x_{11.1}$	Schweißtrajektorie (Strecke a)	$[0; 50]$	[mm]	stetig	vollständig	kontinuierlich
$x_{11.2}$	Schweißtrajektorie (Winkel ρ)	$[-45; +45]$	[°]	stetig	vollständig	kontinuierlich

Legende

x / y	Prozessvariable / Produktparameter	AR/ZR	Aktionsraum / Zustandsraum
WB	Wertebereich	BK	Beobachtbarkeit
E	Einheit	RÜ	Rückführung

Abbildung 6-17: Datenrelevante Informationen der PV und PP[564]

Anhand der Übersicht der datenrelevanten Informationen der beteiligten Prozessschritte wurde ein datenbasierter Ansatz abgeleitet, dessen Lösungsansatz in der adaptiven Steuerung der Schweißtrajektorie in Abhängigkeit des auftretenden angularen und longitudinalen Versatzes besteht. Der Ansatz zielt dabei darauf ab, die Produktqualität zu steigern sowie den Produktionsausschuss zu reduzieren, indem die Schweißausgangssituation vor dem Kontaktierungsprozess in der angewendeten Schweißstrategie berücksichtigt wird und somit situationsspezifisch auf schwankende Eingangsbedingungen reagiert werden kann. Der entwickelte Ansatz ist zur Schaffung eines gemeinsamen Verständnisses innerhalb der Anwendergruppe der Methodik in Abbildung 6-18 in Form eines Steckbriefs zusammengefasst. Der obere Teil der Abbildung gibt dafür eine Übersicht der beiden beteiligten Prozessschritte, während der untere Teil der Abbildung die Zielsetzung, den Lösungsansatz und die erforderliche Hardware (Sensorik und Aktorik) zur Umsetzung des datenbasierten Ansatzes zusammenfasst.

[564] vgl. Abbildung 5-19

Steckbrief des datenbasierten Ansatzes

Beteiligte Prozessschritte

Prozessschritt 9: Kupferenden schränken

Prozessbeschreibung

Die voneinander separierten **Kupferenden** (PS_{08}) werden lagenweise mithilfe konzentrischer Schränkscheiben **in tangentialer Richtung umgeformt**, um die Kupferenden gemäß des zugrundeliegenden Schaltschemas zu positionieren.

Prozessschaubild

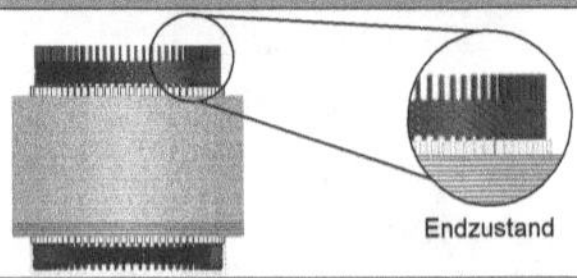

Relevante Produktparameter

$y_{9.3}$	Angularer Versatz (um z-Achse)
$y_{9.5}$	Longitudinaler Versatz (y-Achse)

Beeinflussungen (B) / Sensitivitäten (S)

	z_1	z_2	z_3	z_4	z_5	z_6
B	0	3	0	0	0	1
S	1	2	0	0	0	2

Prozessschritt 11: Kupferenden kontaktieren

Prozessbeschreibung

Die geschränkten (PS_{09}) und abgelängten **Kupferenden** (PS_{10}) werden **mittels Laserschweißens stoffschlüssig miteinander verbunden**, um sie gemäß des zugrundeliegenden Schaltschemas elektrisch zu kontaktieren.

Prozessschaubild

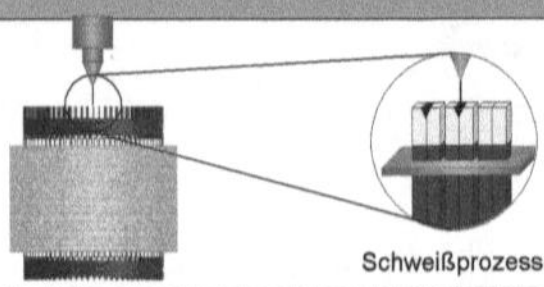

Relevante Prozessvariablen

$x_{11.1}$	Schweißtrajektorie (Strecke a)
$x_{11.2}$	Schweißtrajektorie (Winkel ρ)

Beeinflussungen (B) / Sensitivitäten (S)

	z_1	z_2	z_3	z_4	z_5	z_6
B	0	0	0	3	0	2
S	1	3	2	1	1	1

Datenbasierter Ansatz

Zielsetzung

Steigerung der Produktqualität / Reduzierung des Produktionsausschusses im Rahmen der Hairpin-Kontaktierung (PS_{11})

Lösungsansatz

Adaptive Steuerung der Schweißtrajektorie in Abhängigkeit des auftretenden angularen und longitudinalen Versatzes (nach PS_9)

Erforderliche Hardware

Sensorik

$y_{9.3}$, $y_{9.5}$ ▶ Erfassung des angularen und longitudinalen Versatzes durch **kamerabasierte Messtechnik** (integriert in Laseroptik, PS11)

Aktorik

$x_{11.1}$, $x_{11.2}$ ▶ Steuerung der Schweißtrajektorie durch adaptive **Einstellung der Laseroptik** (PS11)

Abbildung 6-18: Steckbrief des datenbasierten Ansatzes[565]

Im Anschluss wurden anhand der festgelegten Leitfragen sowie der zuvor zusammengetragenen datenrelevanten Informationen die prozessseitigen Voraussetzungen des

565 vgl. Abbildung 5-20

entwickelten Ansatzes überprüft. Sowohl die Zustands- und Aktionsräume der Produktparameter und Prozessvariablen als auch deren Beobachtbarkeit und Rückführung sind für die Umsetzung des datenbasierten Ansatzes geeignet. Das Ergebnis der Prüfung ist in Abbildung 6-19 zusammenfassend dargestellt.

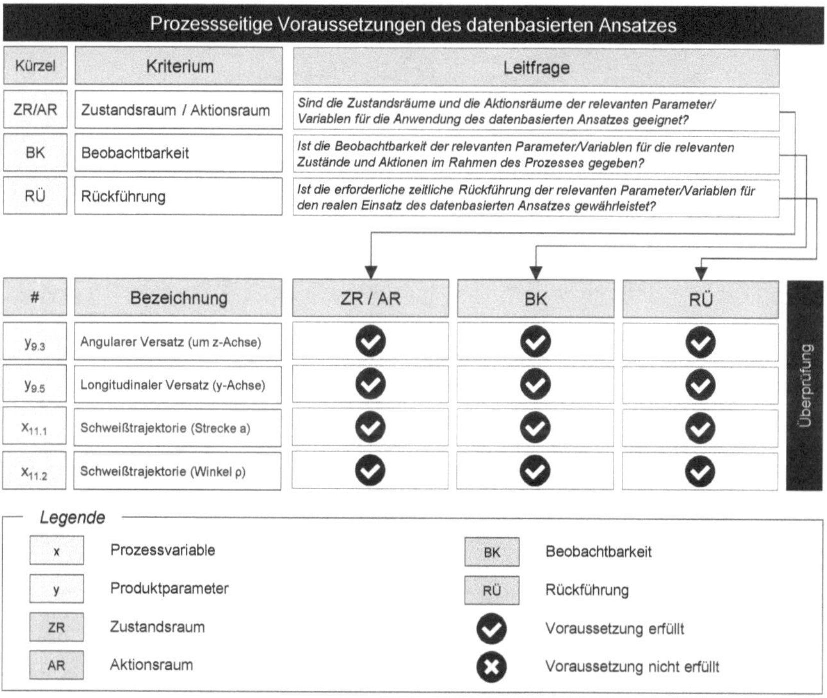

Abbildung 6-19: Überprüfung prozessseitiger Voraussetzungen[566]

Abschließend wurden die Lernaufgabe und das Lernverfahren des datenbasierten Ansatzes abgeleitet. Da beide vorherzusagenden Werte der Schweißstrategie ($x_{11.1}$ und $x_{11.2}$) stetig sind (vgl. Aktionsraum in Abbildung 6-17), wurde die Regression als Lernaufgabe festgelegt. Außerdem konnte auf Grundlage des bestehenden Prozesswissens davon ausgegangen werden, dass zwischen den abhängigen Merkmalen (hier: $x_{11.1}$ und $x_{11.2}$) und unabhängigen Merkmalen (hier: $y_{9.3}$ und $y_{9.5}$) innerhalb des möglichen Wertebereichs der unabhängigen Variablen (vgl. Abbildung 6-17) ein linearer Zusammenhang besteht. Da außerdem sowohl die abhängigen als auch die unabhängigen Merkmale numerisch sind, sind insgesamt alle Voraussetzungen für ein lineares

566 vgl. Abbildung 5-21

Regressionsmodell als zugrundeliegendes Lernverfahren des datenbasierten Ansatzes erfüllt. Das Ergebnis der Auswahl der Lernaufgabe sowie des Lernverfahrens zur adaptiven Steuerung des Laserschweißprozesses ist in Abbildung 6-20 dargestellt.

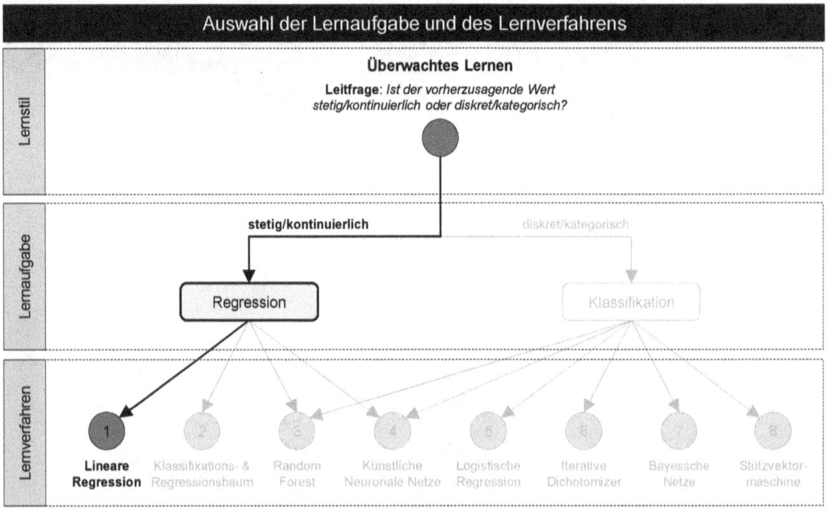

Abbildung 6-20: Lernaufgabe und Lernverfahren des datenbasierten Ansatzes[567]

[567] vgl. Abbildung 5-22 und Abbildung 5-23

6.2.2.3 Schritt V: Wissensanalyse

Die Wissensanalyse zielt zum Abschluss des Analysemoduls auf die Analyse und Auswahl bestehender Wissensquellen für den entwickelten datenbasierten Ansatz ab (vgl. Abbildung 5-24). Zunächst wurden dafür alle potenziell möglichen Kombinationen der Produktparameter ermittelt, um für die nachfolgende Recherche nach bestehenden Wissensquellen sinnvolle Bereiche zu definieren. Neben den beiden Produktparametern ($y_{9.3}$ und $y_{9.5}$) wurde für den vorliegenden Anwendungsfall der Hairpin-Kontaktierung ebenso der Hairpin-Querschnitt als Parameter mitaufgenommen, da die Dimensionen der Hairpins für die nachfolgende Recherche als provisorische Hilfsebene ebenso relevant sind. Abbildung 6-21 zeigt den durch die Parameterkombination entstandenen Parameterraum sowie die dazugehörigen Parametergrenzwerte.

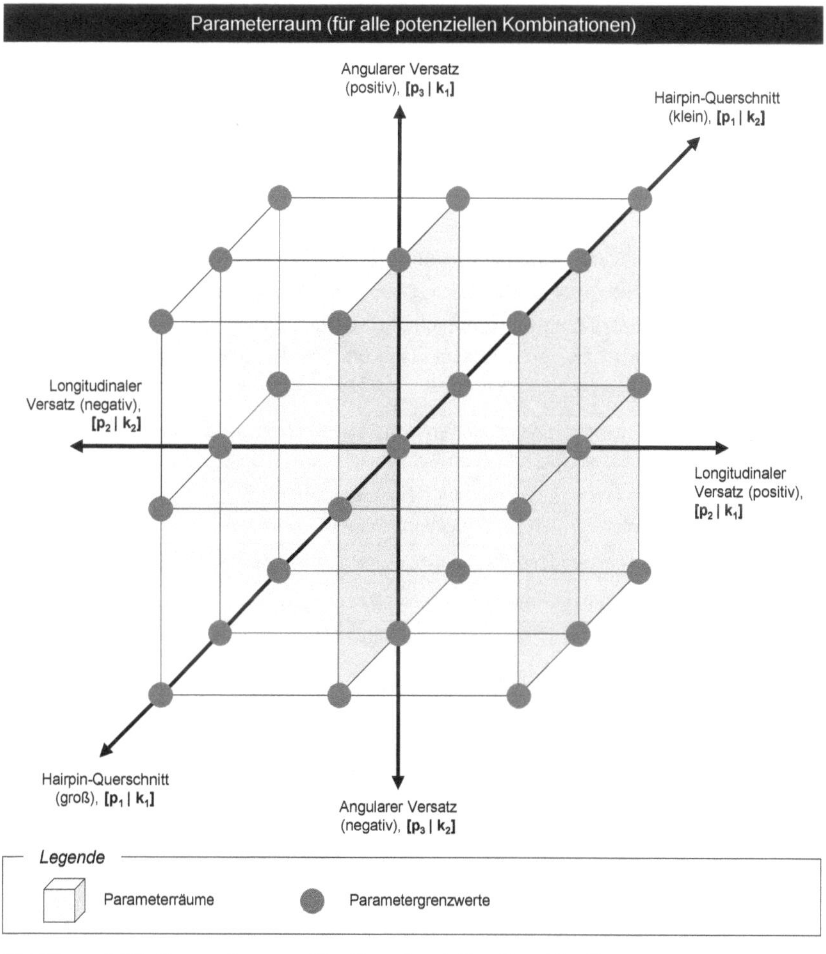

Abbildung 6-21: Parameterraum für alle potenziellen Kombinationen

Anhand des dargestellten Parameterraums für alle potenziell möglichen Parameterkombinationen konnten anschließend die im Kontext des Anwendungsfalls relevanten Kombinationen ermittelt werden (siehe Abbildung 6-22).

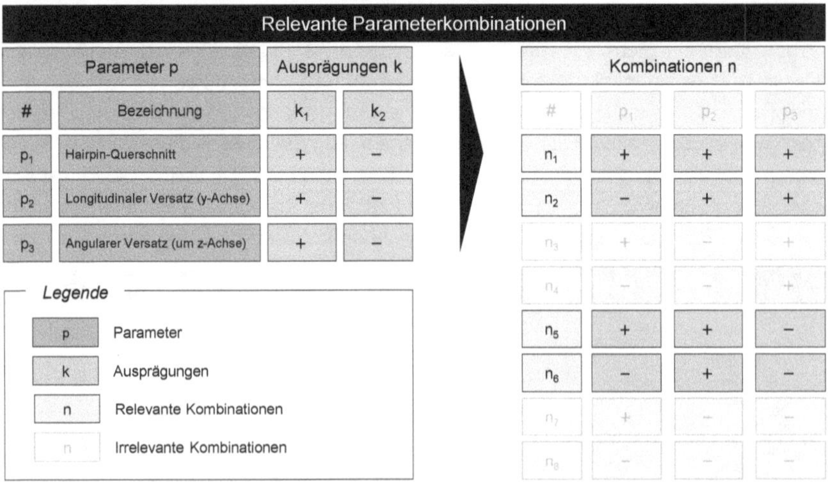

Abbildung 6-22: Relevante Parameterkombinationen[568]

Die Abbildung zeigt, dass ausschließlich die vier Kombinationen n_1, n_2, n_5 und n_6 relevant sind. Tabelle 6-2 gibt einen Überblick der Kombinationen sowie eine kurze Erläuterung ihrer Relevanz bzw. ihres Ausschlussgrunds im Kontext des Anwendungsfalls.

#	Erläuterung/Ausschlussgrund
n_1	Zeitgleiches Auftreten eines positiven longitudinalen Versatzes $[p_2 \vert k_1]$ und positiven angularen Versatzes $[p_3 \vert k_1]$ bei großem Hairpin-Querschnitt $[p_1 \vert k_1]$
n_2	Zeitgleiches Auftreten eines positiven longitudinalen Versatzes $[p_2 \vert k_1]$ und positiven angularen Versatzes $[p_3 \vert k_1]$ bei kleinem Hairpin-Querschnitt $[p_1 \vert k_2]$
n_3	Irrelevant, da kein negativer longitudinaler Versatz möglich
n_4	Irrelevant, da kein negativer longitudinaler Versatz möglich
n_5	Zeitgleiches Auftreten eines positiven longitudinalen Versatzes $[p_2 \vert k_1]$ und negativen angularen Versatzes $[p_3 \vert k_2]$ bei großem Hairpin-Querschnitt $[p_1 \vert k_1]$
n_6	Zeitgleiches Auftreten eines positiven longitudinalen Versatzes $[p_2 \vert k_1]$ und negativen angularen Versatzes $[p_3 \vert k_2]$ bei kleinem Hairpin-Querschnitt $[p_1 \vert k_2]$
n_7	Irrelevant, da kein negativer longitudinaler Versatz möglich
n_8	Irrelevant, da kein negativer longitudinaler Versatz möglich

Tabelle 6-2: Erläuterung und Ausschlussgründe der Kombinationen

568 vgl. Abbildung 5-26

Die Kombinationen n_2 und n_6 stellen dabei die provisorischen Hilfsebenen dar[569]. Abbildung 6-23 zeigt den Parameterraum für die vier relevanten Kombinationen.

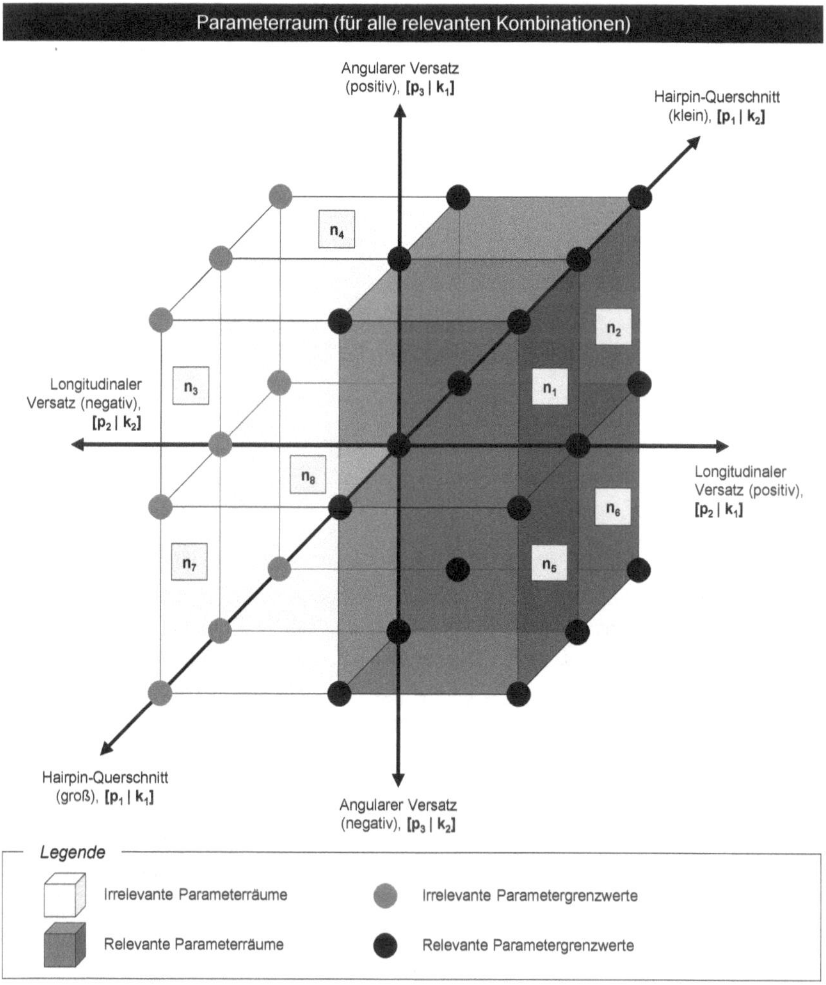

Abbildung 6-23: Parameterraum für alle relevanten Kombinationen[570]

Es wird nun angenommen, dass im Rahmen der Recherche nach bestehenden Wissensquellen drei verschiedene Quellen identifiziert wurden, die zur Übertragung auf

569 Anmerkung: Die Hilfsebenen sind zwar für den realen Einsatz des datenbasierten Ansatzes in der Produktion irrelevant, helfen jedoch dabei, bestehende Wissensquellen durch deren Übertragung auf den vorliegenden Anwendungsfall nutzbar zu machen.

570 vgl. Abbildung 6-21

den vorliegenden Anwendungsfall geeignet sind. Abbildung 6-24 stellt die Wissensquellen sowie die Zuordnung zu den entsprechenden Kombinationen dar.

Abbildung 6-24: Geeignete Wissensquellen für datenbasierten Ansatz

Die erste Quelle umfasst einen Testdatensatz von bereits durchgeführten und in Form von Heatmaps dokumentierten Laserschweißversuchen, bei denen eine festgelegte Schweißstrategie auf unterschiedliche Schweißsituationen (positiver angularer und positiver longitudinaler Versatz und kleiner Hairpin-Querschnitt, sprich 2x2mm) angewendet sowie die Schweißqualität qualitativ bewertet wurde (siehe Abbildung 6-25).

Schweißtrajektorie (Winkel ρ) [°] \ Schweißtrajektorie (Strecke a) [mm]	1,5	1,6	1,7	1,8	1,9	2,0	2,1	2,2	2,3	2,4	2,5	2,6	2,7	2,8	2,9	3,0	3,1	3,2	3,3	3,4	3,5
28	0	0	0	0	0	0	0	0	0	0	0	0	0	0	0	0	0	0	0	0	0
24	0	0	0	0	1	2	0	1	1	1	2	0	1	2	0	1	2	0	1	1	0
20	0	0	0	1	2	3	4	4	5	5	6	6	7	6	6	5	3	2	1	2	0
16	0	0	1	2	2	5	4	6	7	8	9	9	9	9	8	7	6	4	3	2	1
12	0	0	0	1	2	3	5	5	6	8	9	9	10	10	8	8	6	4	4	2	0
8	0	0	0	2	2	4	5	6	7	9	9	10	10	10	9	8	7	5	2	2	1
4	0	0	1	2	2	5	4	6	7	8	9	9	9	9	8	7	6	4	3	2	1
0	0	1	1	2	2	3	3	4	4	5	5	5	5	4	4	4	5	4	2	2	1
-4	0	0	0	1	1	1	2	3	3	2	3	3	3	2	1	1	1	0	0	0	0
-8	0	0	0	0	0	0	0	0	1	1	1	1	1	1	0	0	0	0	0	0	0
-12	0	0	0	0	0	0	0	0	0	0	0	0	0	0	0	0	0	0	0	0	0
-16	0	0	0	0	0	0	0	0	0	0	0	0	0	0	0	0	0	0	0	0	0
-20	0	0	0	0	0	0	0	0	0	0	0	0	0	0	0	0	0	0	0	0	0
-24	0	0	0	0	0	0	0	0	0	0	0	0	0	0	0	0	0	0	0	0	0
-28	0	0	0	0	0	0	0	0	0	0	0	0	0	0	0	0	0	0	0	0	0

V1.2		
p1	2,0x2,0	[mm x mm]
p2	0	[mm]
p3	10	[°]

Legende

0 ... 10 — Qualitative Bewertung des Schweißergebnisses durch optische Prüfung (0 = schlecht ; 10 = optimal)

Abbildung 6-25: Wissensquelle 1 (Heatmap der Laserschweißversuche)

In analoger Weise stehen weitere Heatmaps mit unterschiedlichen Schweißsituationen zur Verfügung. Die Gesamtheit aller Heatmaps stellt die erste (datenbasierte) Quelle dar und wurde dem Parameterraum n_2 zugeordnet. Die zweite identifizierte Quelle beschreibt hingegen eine wissensbasierte Quelle in Form einer Logik-Regel, bei der – basierend auf der ersten Quelle – die logische Schlussfolgerung gezogen wurde, dass die beiden relevanten Prozessvariablen ($x_{11.1}$ und $x_{11.2}$) bei Vergrößerung des Hairpin-Querschnitts (von 2x2mm auf den im vorliegenden Anwendungsfall gegebenen Querschnitt von 2x2,5mm, vgl. Abbildung 6-16) linear skaliert werden können. Aus diesem Grund wurde die Quelle dem Parameterraum n_1 zugewiesen. Die dritte identifizierte Quelle (wissensbasiert) beschreibt eine in der vorliegenden Situation anwendbare räumliche Invarianz. Die Anwendbarkeit liegt in der Spiegelsymmetrie der Hairpins entlang der y-Achse begründet (vgl. Abbildung 6-16), da die Schweißtrajektorie im Falle eines negativen angularen Versatzes lediglich gespiegelt werden muss (Vorzeichenumkehr des Winkels ρ bei gleichbleibender Strecke a). Die dritte Quelle wurde demnach Parameterraum n_5 zugewiesen. Da Parameterraum n_6 lediglich als provisorische Hilfsebene dient, ist die Zuweisung zu einer Wissensquelle nicht erforderlich.

6.2.2.4 Zusammenfassung des zweiten Moduls

Zu Beginn des Analysemoduls wurde anhand des abgeleiteten Kritikalitätsverlaufs die Kontaktierung der Kupferenden (PS_{11}) aufgrund seiner hohen Sensitivität bezüglich des Umformens sowie der hohen Fehlerkosten als kritischster Prozessschritt identifiziert. Durch die anschließende Analyse der Produktionshistorie wurde insbesondere PS_9 (Kupferenden schränken) als beeinflussender Produktionsschritt ermittelt. Im letzten Teilschritt der Prozessanalyse wurden abschließend die beiden Prozessvariablen $x_{11.1}$ und $x_{11.2}$ sowie die beiden Produktparameter $y_{9.3}$ und $y_{9.5}$ als relevante Größen definiert. In der darauffolgenden Datenanalyse wurde ein geeigneter datenbasierter Ansatz abgeleitet, der auf der adaptiven Steuerung der Schweißtrajektorie (charakterisiert durch $x_{11.1}$ und $x_{11.2}$) in Abhängigkeit der vorliegenden Schweißsituation (charakterisiert durch $y_{9.3}$ und $y_{9.5}$) basiert und die lineare Regression als Lernverfahren nutzt. Im Rahmen der Wissensanalyse als letzten Schritt des zweiten Moduls wurden vier relevante Parameterkombinationen definiert, für die anschließend drei geeignete Wissensquellen ermittelt worden sind. Die Wissensquellen, die sich aus einer datenbasierten Quelle (externe Datengrundlage) und zwei wissensbasierten Quellen (räumliche Invarianz und Logik-Regel) zusammensetzen, dienten im folgenden Modul nun als Modellierungs- und Trainingsgrundlage.

6.2.3 Modul 3: Gestaltung

Im Folgenden werden die beiden Schritte des Gestaltungsmoduls (Modellierung und Modellintegration) angewendet. Das übergeordnete Ziel des Gestaltungsmoduls besteht in der Programmierung, dem Training und der abschließenden Integration des datenbasierten Ansatzes in die Produktionsumgebung.

6.2.3.1 Schritt VI: Modellierung

Die Modellierung zielt dabei auf die Programmierung und das Modelltraining des datenbasierten Ansatzes auf Grundlage des transformierten Wissens ab (vgl. Abbildung 5-32). Für die Wissenstransformation werden die drei im vorigen Schritt ausgewählten Wissensquellen den Phasen der ML-Pipeline zugeordnet, um das bestehende Wissen zielgerichtet und mit möglichst geringem Aufwand in die Modellentwicklung zu integrieren (siehe Abbildung 6-26).

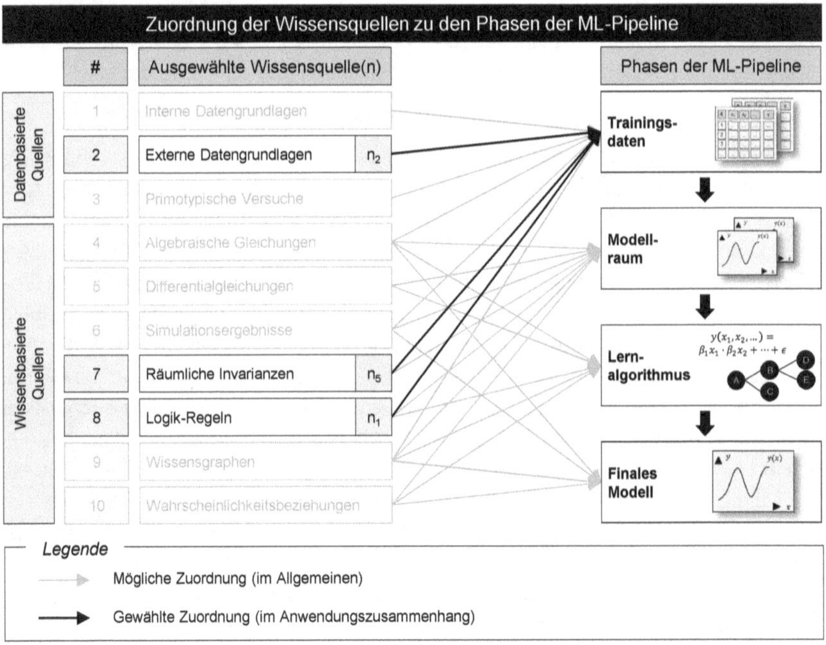

Abbildung 6-26: Zuordnung der Wissensquellen zu den Phasen der ML-Pipeline[571]

Im vorliegenden Anwendungsfall wurden alle drei Wissensquellen der ersten Phase der ML-Pipeline (Trainingsdaten) zugeordnet, da auf diesem Weg das gesamte Wissen in ein einziges Format transformiert werden kann und somit Synergieeffekte erzielt

571 vgl. Abbildung 5-34

werden können.[572] Abbildung 6-27 zeigt das angewendete Vorgehen im Rahmen der Kombination und Transformation der Wissensquellen.

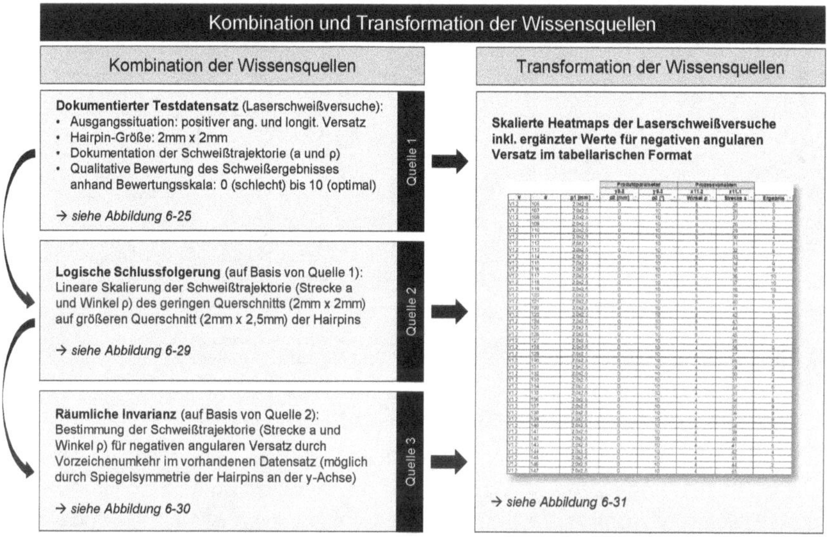

Abbildung 6-27: Kombination und Transformation der Quellen (Übersicht)

Die erste Wissensquelle, die die Heatmap der Laserschweißversuche umfasst (siehe Abbildung 6-25), dient folglich als Grundlage für die Anwendung der zweiten Wissensquelle (siehe Abbildung 6-28).

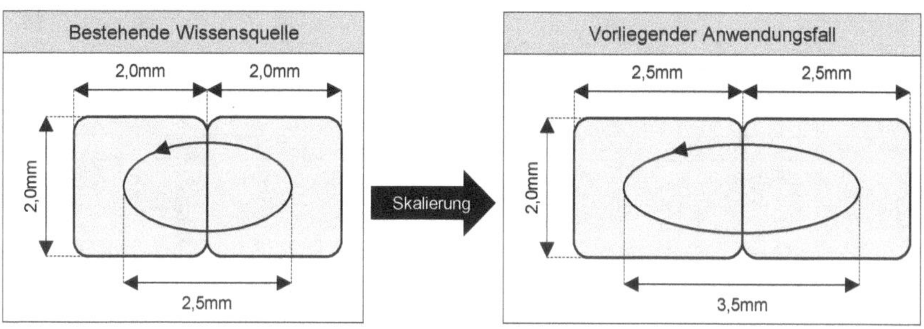

Abbildung 6-28: Veranschaulichung der Skalierung (Wissensquelle 2)

Das Ergebnis der Anwendung der zweiten Wissensquelle ist in Abbildung 6-29 in Form der skalierten Heatmap dargestellt.

572 Anmerkung: Im Falle der Trainingsdaten besteht dieses Format aus einer tabellarischen Aufbereitung und Filterung der zur Verfügung stehenden Daten.

Schweißtrajektorie (Winkel ρ) [°] \ Schweißtrajektorie (Strecke a) [mm]	2,5	2,6	2,7	2,8	2,9	3,0	3,1	3,2	3,3	3,4	3,5	3,6	3,7	3,8	3,9	4,0	4,1	4,2	4,3	4,4	4,5
28	0	0	0	0	0	0	0	0	0	0	0	0	0	0	0	0	0	0	0	0	0
24	0	0	0	0	1	2	0	1	1	1	2	0	1	2	0	1	2	0	1	1	0
20	0	0	0	1	2	3	4	4	5	5	6	6	7	6	6	5	3	2	1	2	0
16	0	0	1	2	2	5	4	6	7	8	9	9	9	9	8	7	6	4	3	2	1
12	0	0	0	1	2	3	5	5	6	8	9	9	10	10	8	8	6	4	4	2	0
8	0	0	0	2	2	4	5	6	7	9	9	10	10	10	9	8	7	5	2	2	1
4	0	0	1	2	2	5	4	6	7	8	9	9	9	9	8	7	6	4	3	2	1
0	0	1	1	2	2	3	3	4	4	5	5	5	5	4	4	4	5	4	2	2	1
-4	0	0	0	1	1	1	2	3	3	2	3	3	3	2	1	1	1	0	0	0	0
-8	0	0	0	0	0	0	0	0	1	1	1	1	1	1	0	0	0	0	0	0	0
-12	0	0	0	0	0	0	0	0	0	0	0	0	0	0	0	0	0	0	0	0	0
-16	0	0	0	0	0	0	0	0	0	0	0	0	0	0	0	0	0	0	0	0	0
-20	0	0	0	0	0	0	0	0	0	0	0	0	0	0	0	0	0	0	0	0	0
-24	0	0	0	0	0	0	0	0	0	0	0	0	0	0	0	0	0	0	0	0	0
-28	0	0	0	0	0	0	0	0	0	0	0	0	0	0	0	0	0	0	0	0	0

V1.2		
p1	2,0x2,5	[mm x mm]
p2	0	[mm]
p3	10	[°]

Legende

0 ... 10 — Qualitative Bewertung des Schweißergebnisses durch optische Prüfung (0 = schlecht ; 10 = optimal)

Abbildung 6-29: Wissensquelle 2 (auf Basis von Wissensquelle 1)[573]

Dasselbe Vorgehen wurde analog auf die übrigen Heatmaps angewendet (siehe Abbildung IX-22 bis Abbildung IX-29 im Anhang). Im Anschluss wurde die dritte Wissensquelle (räumliche Invarianz) auf die skalierte Heatmap angewendet, indem die Spiegelsymmetrie der Hairpins entlang der y-Achse ausgenutzt wurde. Das Ergebnis ist in Abbildung 6-30 dargestellt (vgl. umrandete Zeilen in den Abbildungen).

Schweißtrajektorie (Winkel ρ) [°] \ Schweißtrajektorie (Strecke a) [mm]	2,5	2,6	2,7	2,8	2,9	3,0	3,1	3,2	3,3	3,4	3,5	3,6	3,7	3,8	3,9	4,0	4,1	4,2	4,3	4,4	4,5
28	0	0	0	0	0	0	0	0	0	0	0	0	0	0	0	0	0	0	0	0	0
24	0	0	0	0	0	0	0	0	0	0	0	0	0	0	0	0	0	0	0	0	0
20	0	0	0	0	0	0	0	0	0	0	0	0	0	0	0	0	0	0	0	0	0
16	0	0	0	0	0	0	0	0	0	0	0	0	0	0	0	0	0	0	0	0	0
12	0	0	0	0	0	0	0	0	0	0	0	0	0	0	0	0	0	0	0	0	0
8	0	0	0	0	0	0	0	0	1	1	1	1	1	1	0	0	0	0	0	0	0
4	0	0	0	1	1	1	2	3	3	2	3	3	3	2	1	1	1	0	0	0	0
0	0	1	1	2	2	3	3	4	4	5	5	5	5	4	4	4	5	4	2	2	1
-4	0	0	1	2	2	5	4	6	7	8	9	9	9	9	8	7	6	4	3	2	1
-8	0	0	0	2	2	4	5	6	7	9	9	10	10	10	9	8	7	5	2	2	1
-12	0	0	0	1	2	3	5	5	6	8	9	9	10	10	8	8	6	4	4	2	0
-16	0	0	1	2	2	5	4	6	7	8	9	9	9	9	8	7	6	4	3	2	1
-20	0	0	0	1	2	3	4	4	5	5	6	6	7	6	6	5	3	2	1	2	0
-24	0	0	0	0	1	2	0	1	1	1	2	0	1	2	0	1	2	0	1	1	0
-28	0	0	0	0	0	0	0	0	0	0	0	0	0	0	0	0	0	0	0	0	0

V1.2		
p1	2,0x2,5	[mm x mm]
p2	0	[mm]
p3	-10	[°]

Legende

0 ... 10 — Qualitative Bewertung des Schweißergebnisses durch optische Prüfung (0 = schlecht ; 10 = optimal)

Abbildung 6-30: Wissensquelle 3 (auf Basis von Wissensquelle 2)[574]

---

573 vgl. Abbildung 6-25 (Skalierung der Strecke a)

574 vgl. Abbildung 6-29 (Symmetrie des Winkels ρ)

Nach Anwendung der drei Wissensquellen wurden diese abschließend in ein tabellarisches Format transformiert, das für die Integration der Wissensquellen in die erste Phase der ML-Pipeline (Trainingsdaten) erforderlich ist. Abbildung 6-31 zeigt einen Auszug des Ergebnisses der Transformation.

			Produktparameter		Prozessvariablen		
			y9.5	y9.3	x11.2	x11.1	
V	#	p1 [mm]	p2 [mm]	p3 [°]	Winkel ρ	Strecke a	Ergebnis
V1.2	106	2,0x2,5	0	10	8	2,5	0
V1.2	107	2,0x2,5	0	10	8	2,6	0
V1.2	108	2,0x2,5	0	10	8	2,7	0
V1.2	109	2,0x2,5	0	10	8	2,8	2
V1.2	110	2,0x2,5	0	10	8	2,9	2
V1.2	111	2,0x2,5	0	10	8	3,0	4
V1.2	112	2,0x2,5	0	10	8	3,1	5
V1.2	113	2,0x2,5	0	10	8	3,2	6
V1.2	114	2,0x2,5	0	10	8	3,3	7
V1.2	115	2,0x2,5	0	10	8	3,4	9
V1.2	116	2,0x2,5	0	10	8	3,5	9
V1.2	117	2,0x2,5	0	10	8	3,6	10
V1.2	118	2,0x2,5	0	10	8	3,7	10
V1.2	119	2,0x2,5	0	10	8	3,8	10
V1.2	120	2,0x2,5	0	10	8	3,9	9
V1.2	121	2,0x2,5	0	10	8	4,0	8
V1.2	122	2,0x2,5	0	10	8	4,1	7
V1.2	123	2,0x2,5	0	10	8	4,2	5
V1.2	124	2,0x2,5	0	10	8	4,3	2
V1.2	125	2,0x2,5	0	10	8	4,4	2
V1.2	126	2,0x2,5	0	10	8	4,5	1
V1.2	127	2,0x2,5	0	10	4	2,5	0
V1.2	128	2,0x2,5	0	10	4	2,6	0
V1.2	129	2,0x2,5	0	10	4	2,7	1
V1.2	130	2,0x2,5	0	10	4	2,8	2
V1.2	131	2,0x2,5	0	10	4	2,9	2
V1.2	132	2,0x2,5	0	10	4	3,0	5
V1.2	133	2,0x2,5	0	10	4	3,1	4
V1.2	134	2,0x2,5	0	10	4	3,2	6
V1.2	135	2,0x2,5	0	10	4	3,3	7
V1.2	136	2,0x2,5	0	10	4	3,4	8
V1.2	137	2,0x2,5	0	10	4	3,5	9
V1.2	138	2,0x2,5	0	10	4	3,6	9
V1.2	139	2,0x2,5	0	10	4	3,7	9
V1.2	140	2,0x2,5	0	10	4	3,8	9
V1.2	141	2,0x2,5	0	10	4	3,9	8
V1.2	142	2,0x2,5	0	10	4	4,0	7
V1.2	143	2,0x2,5	0	10	4	4,1	6
V1.2	144	2,0x2,5	0	10	4	4,2	4
V1.2	145	2,0x2,5	0	10	4	4,3	3
V1.2	146	2,0x2,5	0	10	4	4,4	2
V1.2	147	2,0x2,5	0	10	4	4,5	1

Abbildung 6-31: Transformierte Wissensquellen (Auszug)

Der gezeigte Auszug der transformierten Wissensquellen zeigt dabei exemplarisch die Werte der beiden umrandeten Zeilen in Abbildung 6-29.

Im letzten Teilschritt des sechsten Schrittes wurde das zugrundeliegende Modell des datenbasierten Ansatzes programmiert, trainiert und getestet.[575] Abbildung 6-32 zeigt

[575] Anmerkung: Die Programmierung des Modells wurde in der für ML-Projekte gängigen Programmiersprache Python umgesetzt. Zur Umsetzung wurde die webbasierte Computing Platform (Programmierumgebung) JupyterLab genutzt (bereitgestellt von der RWTH Aachen).

einen Auszug des erstellten Programmcodes. Der vollständige Programmcode ist Abbildung IX-30 und Abbildung IX-31 im Anhang zu entnehmen.

```
[ ]: # build the model
     def get_model(n_inputs, n_outputs):
         model = Sequential()
         model.add(Dense(20, input_dim=n_inputs, kernel_initializer='he_uniform', activation='relu'))
         model.add(Dense(n_outputs, kernel_initializer='he_uniform'))
         model.compile(loss='mae', optimizer='adam')
         return model

[ ]: # load dataset
     X, y, long_off, ang_off, train_dist, train_angle = get_dataset()
     n_inputs, n_outputs = X.shape[1], y.shape[1]

     # get model
     model = get_model(n_inputs, n_outputs)

     # split dataset into training and test data
     X_train, X_test, y_train, y_test = train_test_split(X, y, test_size=0.2, random_state=123)

     # fit the model on all data
     history = model.fit(X, y, validation_data=(X_test, y_test), verbose=0, epochs=1000)
     print('Training finished')
     mean_1 = 0
     mean_2 = 0
     for i in range(0, 20):
         mean_1 += abs(model.layers[1].get_weights()[0][i][0])
         mean_2 += abs(model.layers[1].get_weights()[0][i][1])
     mean_1 = mean_1 / 20
     mean_2 = mean_2 / 20

[ ]: #perform k-fold validation and print the evaluations
     kFold = KFold(n_splits=5)
     for train, test in kFold.split(X, y):
          model2 = None
          model2 = get_model(n_inputs, n_outputs)
          model2.fit(np.asarray(X[train]), np.asarray(y[train]), validation_data=(np.asarray(X[test]), np.asarray(y[test])),
                     verbose=0, epochs=1000)
          model2.evaluate(X[test], y[test])
     print('KFold validation done')

[ ]: %matplotlib widget
     # draw first regression graph
     fig = plt.figure()
     ax = plt.axes(projection='3d')
     X1, Y = np.meshgrid(long_off, ang_off)
     ax.plot_surface(X1, Y, abs(mean_1) * X1 + abs(mean_2) * Y + 35, rstride=1, cstride=1, alpha=0.5)
     ax.set_title("Welding regression plane")
     ax.set_xlabel('Longitudinaler Versatz y9.5 [mm]')
     ax.set_ylabel('Angularer Versatz y9.3 [°]')
     ax.set_zlabel('Strecke a [mm]')

[ ]: # draw second regression graph
     fig2 = plt.figure()
     ax2 = plt.axes(projection='3d')
     ax2.plot_surface(X1, Y, abs(mean_2) * X1 + abs(mean_1) * Y + 0, rstride=1, cstride=1, alpha=0.5)
     ax2.set_title("Welding regression plane")
     ax2.set_xlabel('Longitudinaler Versatz y9.5 [mm]')
     ax2.set_ylabel('Angularer Versatz y9.3 [°]')
     ax2.set_zlabel('Winkel ρ [°]')

[ ]: # show both graphs
     plt.show()

     # print loss and surface equations
     print('Overall inaccuracy is: %s %%' % history.history['val_loss'][-1])
     print('Surface equation for Fig. 1: %.4f * x + %.4f * y + %d' % (abs(mean_1), abs(mean_2), 35))
     print('Surface equation for Fig. 2: %.4f * x + %.4f * y + %d' % (abs(mean_2), abs(mean_1), 0))

     Overall inaccuracy is: 2.57112717628479 %
     Surface equation for Fig. 1: 0.9033 * x + 0.1717 * y + 35
```

Abbildung 6-32: Programmcode des datenbasierten Ansatzes (Auszug)[576]

Die im Rahmen der Modellvalidierung ermittelte Modellgüte von 97,43% (Ungenauigkeit von 2,57%, siehe Abbildung 6-32) bestätigt abschließend die Einsatzfähigkeit des

576 Anmerkung: Für das Modelltraining wurden dabei nur die Datensätze verwendet, die bei der qualitativen Bewertung des Schweißergebnisses durch die optische Prüfung einen Wert von 8 oder höher erlangt haben, da nur diese Datensätze eine i.O.-Schweißung repräsentieren und die restlichen Datensätze für das Modelltraining folglich nicht geeignet sind.

zugrundeliegenden Regressionsmodells.[577] Die vom Modell ermittelte Regressionsgleichung zur Prädiktion der Prozessvariable $x_{11.1}$ (Strecke a) lautet wie folgt:

$$x_{11.1}(p_2, p_3) = 0{,}9033 \cdot p_2 + 0{,}1717 \cdot |p_3| + 35 \tag{6-1}$$

$x_{11.1}$	Prädizierte Strecke a (der Schweißtrajektorie) in [mm]
p_2	Longitudinaler Versatz ($y_{9.5}$) in [mm]
p_3	Angularer Versatz ($y_{9.3}$) in [°]

Die Regressionsebene, die der vom Modell erzeugten Regressionsgleichung zur Prädiktion der Strecke a zugrundeliegt, ist in Abbildung 6-33 visualisiert.

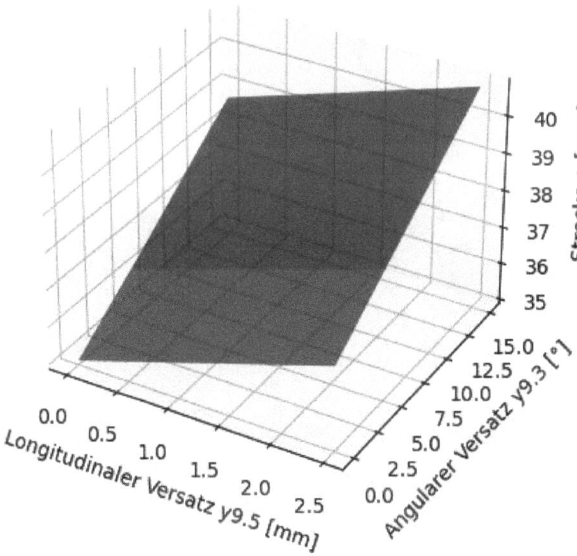

Abbildung 6-33: Visualisierte Regressionsebene zur Prädiktion der Strecke a[578]

Die Regressionsgleichung zur Prädiktion der Prozessvariable $x_{11.2}$ (Winkel ρ) sowie die zugehörige Regressionsebene ist Abbildung IX-32 im Anhang zu entnehmen.

---

577 Anmerkung: Die für einen bestimmten Anwendungsfall erforderliche Modellgüte ist stark abhängig von äußeren Einflussfaktoren (z.B. vorgegebenen Toleranzen) und kann daher von der notwendigen Modellgüte des vorliegenden Anwendungsfalls abweichen.

578 Anmerkung: Aus Darstellungsgründen repräsentiert die Regressionsebene nur den Bereich positiver longitudinaler und positiver lateraler Versätze.

6.2.3.2 Schritt VII: Modellintegration

Die Modellintegration zielt zum Abschluss des Gestaltungsmoduls auf die hard- und softwareseitige Integration des Modells in die Produktionsumgebung ab (vgl. Abbildung 5-36). Abbildung 6-34 zeigt dafür den CPS-basierten Steckbrief, der für den entwickelten datenbasierten Ansatz erstellt wurde.

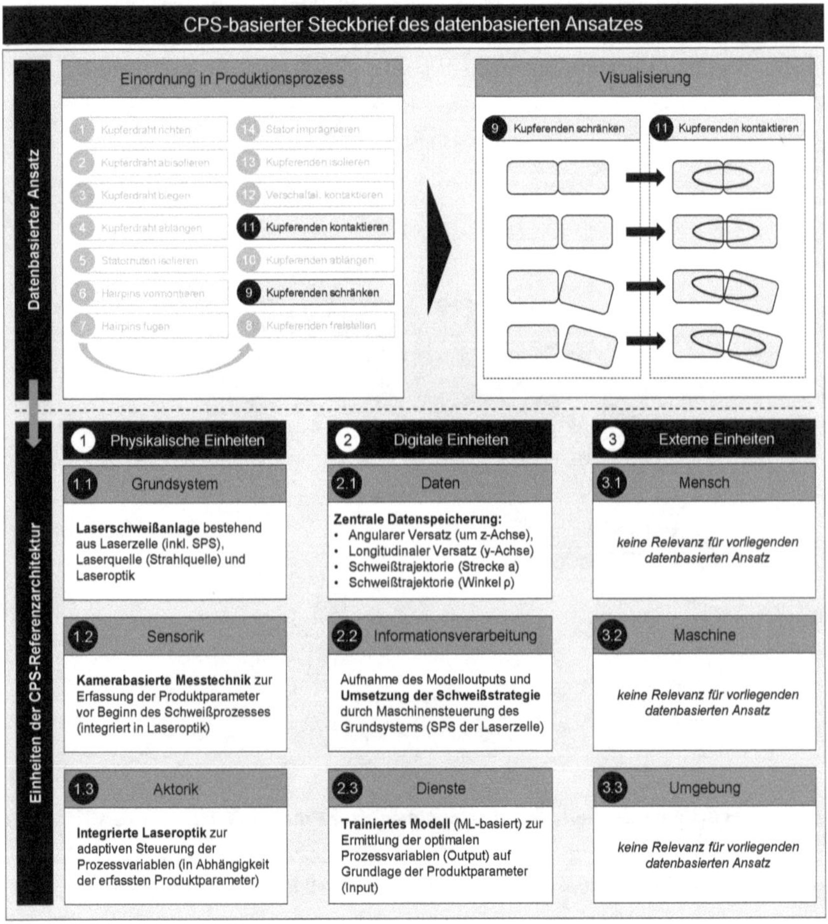

Abbildung 6-34: CPS-basierter Steckbrief des datenbasierten Ansatzes[579]

[579] vgl. Abbildung 5-38

Dem Steckbrief zufolge liegt der Fokus im Rahmen der produktionsseitigen Integration des datenbasierten Ansatzes auf den physikalischen und digitalen Einheiten. Die externen Einheiten besitzen für den betrachteten Anwendungsfall keine Relevanz. Im Bereich der physikalischen Einheiten besteht das Grundsystem aus der gesamten Laserschweißanlage, die aus den drei Komponenten Laserzelle (inkl. SPS), Laserquelle (Strahlquelle) und Laseroptik besteht. Die für die Umsetzung des Anwendungsfalls erforderliche Sensorik umfasst eine kamerabasierte Messtechnik zur Erfassung der Produktparameter vor Beginn des Schweißprozesses, um die Prozessvariablen daraufhin adaptiv einstellen zu können. Im vorliegenden Fall ist die Messtechnik bereits in der Laseroptik integriert. Dasselbe gilt für die Aktorik, die zur adaptiven Einstellung der Prozessvariablen notwendig ist. Im Bereich der digitalen Einheiten umfasst die Daten-Einheit die zentrale Datenspeicherung aller Datensätze, um die derzeit bestehende Trainingsdatenbasis durch reale Produktionsdaten stetig zu erweitern und das Modell dadurch kontinuierlich zu verbessern. Die Informationsverarbeitung adressiert die Aufnahme des Modelloutputs (prädizierte Prozessvariablen) sowie die entsprechende Weiterleitung zur realen Umsetzung der Schweißstrategie durch das Grundsystem. Die Dienste-Einheit umfasst das trainierte Modell zur Prädiktion der beiden Prozessvariablen auf Basis des Inputs (Produktparameter), der zuvor durch die Sensorik des Grundsystems erfasst wurde (vgl. CPS-Referenzarchitektur in Abbildung 5-37).

Auf Basis der sechs relevanten CPS-Einheiten wurde abschließend ein Maßnahmenkatalog erstellt, der die zur produktionsseitigen Umsetzung erforderlichen Maßnahmen inkl. der verantwortlichen Expert:innenkreise beinhaltet (siehe Abbildung 6-35).

Maßnahmenkatalog				
#	Maßnahmenbeschreibung	CPS-Einheit	Verantwortung	Support
01	Softwareseitige Integration des trainierten Modells durch Anpassung der Prozesssteuerung/Aktorik	2.2	Automatisierungs-ingenieur:innen	Data Architects
02	Identifikation und Programmierung ggfs. vorhandener Schnittstellen zu bestehenden IT-Systemen (MES, BDE,...)	2.2	IT-Expert:innen	Data Architects
03	Implementierung der erforderlichen IT-Infrastruktur (hard- und softwareseitig)	2.2	Data Architects	IT-Expert:innen
04	Ggfs. Nachrüstung kamerabasierter Messtechnik (falls bereits integrierte Lösung nicht ausreichend)	1.2	Prozess-expert:innen	---
05	Ggfs. Nachrüstung erforderlicher Aktorik (falls bereits integrierte Lösung nicht ausreichend)	1.3	Automatisierungs-ingenieur:innen	---
06	Einrichtung einer zentralen Datenspeicherung (bspw. cloud-basiert) zur kontinuierlichen Verbesserung der Modells	2.1	Data Architects	---
07	Iterative Durchführung und Dokumentation von Testläufen am Gesamtsystem	1.1	Business Analysts	Prozess-expert:innen
08	Regelmäßige Modellüberprüfung (während des Betriebs) und Einarbeitung von Modellanpassungen	2.3	Data Scientists	Data Architects
09	Regelmäßige Aufbereitung der im realen Produktions-betrieb generierten Daten (zur kont. Modellverbesserung)	2.1	Data Engineers	Data Scientists

Abbildung 6-35: Maßnahmenkatalog zur Modellintegration[580]

[580] vgl. Abbildung 5-39

6.2.3.3 Zusammenfassung des dritten Moduls

Im Gestaltungsmodul wurden zunächst die drei bestehenden Wissensquellen (externe Datengrundlage, räumliche Invarianz und Logik-Regel) der ersten Phasen der ML-Pipeline (Trainingsdaten) zugeordnet, woraufhin die Quellen in das erforderliche Format transformiert wurden. Daran anschließend wurde das Modell des datenbasierten Ansatzes programmiert, auf Grundlage der transformierten Quellen trainiert und anhand der ermittelten Modellgüte validiert. Im letzten Schritt der Methodik wurde der CPS-basierte Steckbrief des datenbasierten Ansatzes erstellt (mit Fokus auf die physikalischen und digitalen Einheiten) sowie ein Maßnahmenkatalog zur vollständigen Integration des Ansatzes in die reale Produktionsumgebung abgeleitet.

6.3 Kritische Reflektion

In Kapitel 6.2 wurde die entwickelte Methodik anhand des Anwendungsbeispiels der Hairpin-Stator-Produktion validiert, wodurch die grundsätzliche Durchführbarkeit der Methodik in der Praxis nachgewiesen werden konnte. In Kapitel 3.1 und Kapitel 4.1 wurden detaillierte Anforderungen an die Methodik definiert. Im Folgenden werden nun die Erfüllung der inhaltlichen Anforderungen (Kapitel 6.3.1) sowie die formalen Anforderungen (Kapitel 6.3.2) kritisch reflektiert.

6.3.1 Überprüfung der inhaltlichen Anforderungserfüllung

Die in Kapitel 3.1 festgelegten inhaltlichen Anforderungen adressierten die Zielsetzung, den Lösungsansatz, den Schwerpunkt, die Vollständigkeit sowie die Anwendbarkeit der Methodik (vgl. Tabelle 3-1).

Die Anforderungen an die Zielsetzung und den Lösungsansatz der Methodik bestehen in der Wertschöpfungssteigerung in Anlaufphasen neuartiger Produkte durch den Einsatz datenbasierter Ansätze als Gegenmaßnahme für potenzielle Fehlermöglichkeiten. Im Zuge der Validierung der Methodik konnte ein datenbasierter Ansatz aus dem Bereich des Maschinellen Lernens entwickelt werden, der für den Laserschweißprozess im Rahmen der Hairpin-Kontaktierung einsetzbar ist. Der Einsatz des datenbasierten Ansatzes dient dabei der robusten Auslegung des Schweißprozesses gegenüber schwankenden Eingangsbedingungen, die insbesondere in Anlaufphasen disruptiver Produkte häufig auftreten und zu Qualitätsfehlern sowie hohen Ausschussraten führen. Die Anforderungen in Bezug auf die Zielsetzung und den Lösungsansatz sind daher erfüllt. Eine weitere inhaltliche Anforderung an die Methodik bestand darin, ihren Schwerpunkt auf die hybride Datengenerierung durch die Integration bestehenden Wissens zu legen. Durch den fünften und sechsten Schritt der Methodik wurde den Anwender:innen ein Vorgehen geboten, dass sowohl der Recherche nach bestehenden datenbasierten und wissensbasierten Quellen dient als auch die Integration des aufgedeckten Wissens in den Entwicklungsprozess datenbasierter Ansätze umfasst. Die Anforderung bezüglich des Schwerpunkts der Methodik kann folglich als erfüllt angesehen werden. Die beiden letzten inhaltlichen Anforderungen adressierten die Vollständigkeit und Anwendbarkeit der Methodik, um zu gewährleisten, dass diese sowohl die initiale Fehleridentifikation bis hin zur produktionsseitigen Implementierung geeigneter Gegenmaßnahmen umfasst als auch vor Beginn der Anlaufphase anwendbar ist. Das Ergebnis der ersten drei Schritte der Methodik bestand in der Identifikation kritischer Prozessschritte, die eine erhöhte Anfälligkeit für Qualitätsfehler und Folgekosten aufweisen. Die folgenden drei Schritte zielten auf die Ableitung und Detaillierung geeigneter datenbasierter Gegenmaßnahmen für diese Prozessschritte ab, woraufhin diese Maßnahmen im Rahmen des letzten Schrittes der Methodik in die Produktionsumgebung integriert wurden. Da alle Schritte der Methodik bereits vor Beginn des Produktionsanlaufs anhand der bis dahin verfügbaren Informationen durchführbar sind, sind diese Anforderungen ebenfalls erfüllt.

6.3.2 Überprüfung der formalen Anforderungserfüllung

Die in Kapitel 4.1 festgelegten formalen Anforderungen adressierten die Übertragbarkeit, die Nachvollziehbarkeit, die Verhältnismäßigkeit, die Erweiterbarkeit sowie die Handhabbarkeit der Methodik (vgl. Tabelle 4-1).

Die erste formale Anforderung an die Methodik bestand in der möglichen Übertragbarkeit auf andere Anwendungsfälle im Produktionskontext. Das inhaltliche Vorgehen innerhalb der ersten Schritte der Methodik wurde so gewählt, dass dieses auch für andere Produkte (bzw. Baugruppen, Komponenten, Subkomponenten etc.) und ihre zugrundeliegenden Prozessketten durchführbar ist, sodass diese Anforderung erfüllt ist. Aufgrund des methodischen und systematischen Vorgehens, das auf den Grundzügen der allgemeinen Modelltheorie und den Prinzipien der Systemtechnik beruht, ist die Methodik darüber hinaus für unterschiedliche Anwendergruppen aus verschiedenen Unternehmensbereichen nachvollziehbar, wodurch auch die zweite formale Anforderung erfüllt ist. Eine weitere Anforderung adressiert die Verhältnismäßigkeit der Methodik im Sinne ihres Nutzen/Aufwand-Verhältnisses. Da alle zur Durchführung der Methodik erforderlichen Eingangsgrößen im Zuge des Produktentstehungsprozesses auch ohne explizite Anwendung der Methodik vorliegen (mit Ausnahme von den bestehenden Wissensquellen im fünften Schritt), gestaltet sich der zeitliche und finanzielle Aufwand der Methodik als verhältnismäßig gering. Wird diesem Aufwand der hohe Nutzen der Methodik gegenübergestellt, der die Prävention von Qualitätsfehlern sowie die daraus resultierenden zeitlichen und finanziellen Einsparungen in der Anlaufphase umfasst, kann die Anforderung bzgl. der Verhältnismäßigkeit daher als erfüllt angesehen werden. Des Weiteren wurde von der Methodik die Erweiterbarkeit hinsichtlich sich ändernder Rahmenbedingungen und neuentwickelter Lösungsbausteine gefordert, da insbesondere im Bereich des Maschinellen Lernens in den kommenden Jahren eine hohe Anzahl neuer und verbesserter Methoden zu erwarten ist. Dieser Grundgedanke wurde insbesondere im vierten Schritt der Methodik berücksichtigt, in dem die zur Auswahl stehenden Lernaufgaben und Lernverfahren des datenbasierten Ansatzes durch weitere Lösungsbausteine erweitert werden können, sodass diese Anforderung erfüllt ist. Abschließend wurde eine fünfte Anforderung an die Methodik formuliert, um diese für unterschiedliche Expertengruppen aus verschiedenen Unternehmensbereichen handhabbar zu machen. Anhand der Erweiterung des verwendeten Methodikmodells (vgl. Abbildung 4-2) durch das Feld des Expert:innenkreises können die einzelnen Schritte der Methodik den jeweils geeigneten Expert:innen aus verschiedenen Unternehmensbereichen zugewiesen werden, wodurch auch die Handhabbarkeit der Methodik gegeben ist.

6.4 Zwischenfazit

Zu Beginn des Kapitels wurde das Praxisbeispiel der Hairpin-Stator-Produktion eingeführt und erläutert, anhand dessen die entwickelte Methodik im Anschluss validiert wurde. Die Validierung der Methodik hat ergeben, dass diese in der Praxis grundsätzlich durchführbar ist und der Erreichung der festgelegten Zielsetzung dient. Die anschließende kritische Überprüfung der Anforderungserfüllung hat zu dem Ergebnis geführt, dass alle inhaltlichen sowie formalen Anforderungen erfüllt sind. Demnach stellt die Methodik ein geeignetes anwendungsorientiertes Vorgehensmodell zur frühzeitigen Identifikation potenzieller Fehlermöglichkeiten sowie zur vorgezogenen Entwicklung datenbasierter Gegenmaßnahmen dar, um eine frühe Integration datenbasierter Ansätze in die Anlaufphase disruptiver Produkte zu ermöglichen. Zusammenfassend kann folglich festgehalten werden, dass die Methodik einen umfassenden Beitrag zur Schließung des zugrundeliegenden Praxisdefizits[581] und Theoriedefizits[582] leistet.

[581] vgl. Handlungsbedarf aus der industriellen Praxis (Kapitel 2.5)

[582] vgl. Handlungsbedarf aus der wissenschaftlichen Theorie (Kapitel 3.4)

7 Zusammenfassung und Ausblick

Summary and Outlook

Produzierende Unternehmen sehen sich seit einigen Jahren mit der Herausforderung einer steigenden Anzahl an Produktionsanläufen konfrontiert, die auch in den kommenden Jahren aufgrund kürzer werdender Entwicklungszyklen und einer steigenden Variantenvielfalt weiterhin zunehmen wird. Insbesondere in vergleichsweise neuen Branchen – wie bspw. der Elektromobilproduktion – fehlen jedoch aufgrund des hohen Neuheitsgrads der Produkte wichtige Erfahrungswerte, die für robuste Anlaufphasen unbedingt erforderlich sind. Datenbasierte Ansätze, die sich bspw. Methoden des Maschinellen Lernens als Teilbereich der Künstlichen Intelligenz bedienen, haben sich im Produktionsumfeld in den vergangenen Jahren als effektives Werkzeug zur Erhöhung der Prozessstabilität in zahlreichen Fertigungsprozessen etabliert. Die wesentliche Voraussetzung für ihren effektiven Einsatz, die in einer ausreichenden Datengrundlage für den erforderlichen Trainingsprozess besteht, ist jedoch insbesondere zu Beginn von Anlaufphasen neuartiger Produkte – also dort, wo die Ansätze am meisten gebraucht werden – nicht gegeben. Die Schaffung einer ausreichenden Datengrundlage bereits vor Produktionsbeginn ist in den meisten Fällen mit einem hohen zeitlichen sowie finanziellen Aufwand verbunden und steigt darüber hinaus mit der Komplexität des Anwendungsfalls rapide an. Daher besteht für produzierende Unternehmen die Notwendigkeit, andere Herangehensweisen für vorgezogene Trainingsphasen datenbasierter Ansätze zu untersuchen, um diese bereits zu Beginn von Anlaufphasen neuartiger Produkte einsetzen zu können und damit einen wesentlichen Beitrag zur Wertschöpfungssteigerung in dieser Phase zu leisten.

In **Kapitel 2** wurden auf Basis der geschilderten Problemstellung und Zielsetzung die zur Problemlösung notwendigen **Grundlagen** aus den Bereichen der Produktions- und Datenwissenschaften dargestellt. Das im Rahmen der vorliegenden Arbeit herausgearbeitete Praxisdefizit besteht in dem ungenutzten Potenzial datenbasierter Ansätze während der Anlaufphase disruptiver Produkte, das auf einen ungedeckten Bedarf an Trainingsdaten vor der Anlaufphase zurückzuführen ist. Aufgrund dieses Handlungsbedarfs adressiert die vorliegende Arbeit die übergeordnete Forschungsfrage, inwiefern datenbasierte Ansätze bereits vor ihrem Einsatz in der Produktion angelernt werden können, um die Anlaufphase disruptiver Produkte durch die Reduzierung von Wertschöpfungsverlusten kosten- und zeiteffizienter zu gestalten.

In **Kapitel 3** wurde daraufhin eine umfassende Recherche nach bestehenden Ansätzen aus der wissenschaftlichen Literatur durchgeführt. Aufgrund der thematischen Interdisziplinarität der vorliegenden Arbeit, die aus der Schnittmenge zwischen Produktions- und Datenwissenschaft resultiert, wurde das Suchfeld der Literaturrecherche auf die drei Bereiche *Methoden des Anlauf- und Qualitätsmanagements* (Produktionswissenschaft, Suchfeld 1), *Methoden der Datengenerierung und Wissensintegration* (Datenwissenschaft, Suchfeld 2) und *Entwicklung und Implementierung datenbasierter Ansätze* (Schnittmenge, Suchfeld 3) ausgeweitet. Durch die anschließende Bewertung der bestehenden Ansätze anhand zuvor definierter inhaltlicher Anforderungen wurde deutlich, dass die produktionswissenschaftlichen Ansätze mit dem Fokus auf die Steigerung der Anlaufleistung zwar dieselbe Zielsetzung wie die vorliegende Arbeit verfolgen, die verwendeten Lösungsansätze sich jedoch deutlich voneinander unterscheiden. Die bestehenden datenwissenschaftlichen Ansätze hingegen legen den Schwerpunkt analog zur vorliegenden Arbeit auf die hybride Datengenerierung als Trainingsdatengrundlage, verfehlen jedoch vollständig die Zielsetzung der vorliegenden Arbeit. Ebenso stimmen weder die Zielsetzungen noch die Schwerpunkte der existierenden Ansätze aus dem genannten Schnittmengenbereich mit der vorliegenden Dissertation überein. Aus diesen Beobachtungen wurde im Rahmen dieser Arbeit als **Theoriedefizit** abgeleitet, dass ein konkreter Bedarf an einer anwendungsorientierten Methodik zur frühzeitigen Identifikation potenzieller Fehlermöglichkeiten sowie zur vorgezogenen Entwicklung datenbasierter Gegenmaßnahmen besteht, um deren frühe Integration in die Anlaufphase disruptiver Produkte zu ermöglichen.

In **Kapitel 4** wurde auf Grundlage der allgemeinen Modelltheorie und den bestehenden Prinzipien der Systemtechnik die **Konzeptionierung der Methodik** fokussiert, die die beiden zuvor abgeleiteten Handlungsbedarfe aus der Theorie und der Praxis unmittelbar adressiert. Durch diese methodische Grundlagenbetrachtung konnte im Anschluss sowohl eine geeignete Aufbaustruktur als auch eine sinnvolle Ablaufstruktur für die Methodik entwickelt werden. Im Ergebnis besteht die Methodik aus insgesamt drei Modulen (Initiierungsmodul, Analysemodul und Gestaltungsmodul), in denen sich insgesamt sieben aufeinanderfolgende Schritte wiederfinden (Parameteridentifikation, Prozessquantifizierung, Prozessanalyse, Datenanalyse, Wissensanalyse, Modellierung und Modellintegration). Abschließend wurde die Methodik zeitlich in den Produktentstehungsprozess eingeordnet, indem die Durchführung der Methodik frühestens nach abgeschlossener Prozessverifizierung startet und spätestens vor Beginn des Serienanlaufs endet.

In **Kapitel 5** wurden die genannten Module und Schritte der zuvor konzeptionierten Methodik sukzessive detailliert. Die **Detaillierung der Methodik** orientierte sich dabei an einer für wissenschaftliche Arbeiten gängigen und häufig verwendeten Modellierungssprache. Im ersten Schritt wurden zunächst alle relevanten Prozessvariablen, Produktparameter und Übergabegrößen entlang der betrachteten Prozesskette identifiziert. Auf Grundlage der identifizierten Größen wurden die auftretenden Beeinflussungen, Sensitivitäten und Interdependenzen der einzelnen Prozessschritte im zweiten Schritt quantifiziert und ein Interdependenzverlauf abgeleitet. Abschließend wurde auf Basis der Fertigungs- und Materialkosten ein Fehlerkostenverlauf ermittelt, der gemeinsam mit dem Interdependenzverlauf das Kernergebnis des ersten Moduls darstellt. Zu Beginn des zweiten Moduls wurden zunächst im Rahmen des dritten Schrittes qualitäts- und kostenkritische Prozessschritte anhand einer ausführlichen Prozessanalyse identifiziert. Darauf aufbauend wurden im vierten Schritt datenbasierte Ansätze als geeignete Gegenmaßnahme für die identifizierten Fehlermöglichkeiten ermittelt.

Zum Abschluss des Analysemoduls wurden im fünften Schritt anhand einer ausführlichen Wissensanalyse geeignete datenbasierte und wissensbasierte Quellen ermittelt, die für hybride Trainingsphasen des ermittelten datenbasierten Ansatzes genutzt werden können. Im dritten Modul der Methodik wurde im Rahmen des sechsten Schrittes zunächst die Modellierung des datenbasierten Ansatzes vorgenommen, die aus der erforderlichen Wissenstransformation, der Programmierung und dem Modelltraining bestand. Der siebte Schritt diente abschließend der produktionsseitigen Integration des datenbasierten Ansatzes durch die Nutzung einer bestehenden CPS-Referenzarchitektur sowie der Ableitung eines entsprechenden Maßnahmenkatalogs.

In **Kapitel 6** wurde die entwickelte Methodik anhand eines Anwendungsbeispiels aus der Praxis validiert. Als Anwendungsbeispiel zur **Validierung der Methodik** wurde die Hairpin-Stator-Produktion gewählt, deren Grundlagen bereits in Kapitel 2 erläutert worden sind. Im Rahmen der Validierung wurden alle Schritte der Methodik nacheinander durchlaufen. Dabei wurde der Prozessschritt der Hairpin-Kontaktierung mittels Laserschweißen als kritischer Prozessschritt identifiziert, da wesentliche Produktparameter der Schweißausgangssituation durch mehrere vorgelagerte Prozessschritte stark beeinflusst werden. Der daraufhin entwickelte datenbasierte Ansatz beruht auf der Idee der adaptiven Steuerung der Schweißtrajektorie (Prozessvariablen) in Abhängigkeit des auftretenden angularen und longitudinalen Versatzes (Produktparameter) und zielt damit auf die Steigerung der Produktqualität sowie die Reduzierung des Produktionsausschusses im Rahmen der Hairpin-Kontaktierung ab. Als geeignete Lernaufgabe bzw. geeignetes Lernverfahren des datenbasierten Ansatzes wurde ein lineares Regressionsmodell identifiziert, das im Anschluss in Form eines Pythonmodells programmiertechnisch umgesetzt wurde. Abschließend wurde ein Maßnahmenkatalog zur hard- und softwareseitigen Integration des Ansatzes in die Produktionsumgebung abgeleitet. Durch die Validierung konnte die grundsätzliche Durchführbarkeit der Methodik in der Praxis erfolgreich nachgewiesen werden. Anhand der abschließenden detaillierten Anforderungsüberprüfung konnte außerdem die vollständige Erfüllung der zuvor festgelegten inhaltlichen sowie formalen Anforderungen gezeigt werden.

Die entwickelte Methodik leistet folglich einen wesentlichen Beitrag für produzierende Unternehmen, indem diese sowohl bei der frühzeitigen Identifikation potenzieller Fehlermöglichkeiten als auch bei der vorgezogenen Entwicklung datenbasierter Gegenmaßnahmen unterstützt werden, um eine frühe produktionsseitige Integration und Nutzung der Ansätze zu ermöglichen. Neben diesem **praxisorientierten Mehrwert** besteht der **wissenschaftliche Mehrwert** der vorliegenden Arbeit in der Bereitstellung einer ganzheitlichen Methodik, die eine produktionswissenschaftliche Zielsetzung durch Nutzung datenwissenschaftlicher Lösungsansätze adressiert. Die Methodik stellt damit ein interdisziplinäres Bindeglied zwischen Produktions- und Datenwissenschaften dar, deren Kombination in Zukunft noch deutlich an Relevanz zunehmen wird. Die zu Beginn der Arbeit festgelegte Forschungsfrage, inwiefern datenbasierte Ansätze bereits vor ihrem Einsatz in der Produktion angelernt werden können, um die

Anlaufphase disruptiver Produkte effizienter zu gestalten, kann durch die entwickelte Methodik eindeutig positiv beantwortet werden.

Im Verlauf der vorliegenden Arbeit blieben Aspekte, die im weitergefassten Kontext des Dissertationsthemas ebenso relevant sind, aufgrund der im Rahmen von wissenschaftlichen Arbeiten erforderlichen Fokussierung unberücksichtigt. Daher besteht als Anknüpfungspunkt der vorliegenden Arbeit folgender weiterer Forschungsbedarf:

- **Adaption auf andere Produkte**: Die Anwendung der entwickelten Methodik auf andere Produkte sowie deren zugrundeliegende Prozessketten würde die Allgemeingültigkeit der Methodik zusätzlich zu der in dieser Arbeit durchgeführten Validierung empirisch bestätigen.
- **Stetige Erweiterung der Datenanalysemethoden**: Die kontinuierliche Erweiterung des Baukastens datenbasierter Methoden (insb. aus dem Bereich des Maschinellen Lernens) durch neue, verbesserte Ansätze würde die Aktualität der Methodik auch in Zukunft gewährleisten.
- **Umsetzung und Anwendung in realer Anlaufphase**: Die Implementierung des entwickelten datenbasierten Ansatzes in einer industriellen Produktion sowie dessen Nutzung in einer realen Anlaufphase einer Hairpin-Stator-Produktion würde das vorliegende Validierungsergebnis auch im Realbetrieb bestätigen.
- **Schaffung einer übergeordneten Datenbank**: Im Verlauf des Dissertationsprozesses wurde deutlich, dass eine gemeinsame Datenbank von und für Forschung und Industrie für beide Seiten von immensem Vorteil wäre, um insbesondere die im Rahmen der Methodik eingebundenen datenbasierten Wissensquellen stetig zu erweitern.

VIII Literaturverzeichnis

References

Abele, Eberhard; Hohenstein, Julien; Pfeiffer, Patrick; Wihl, Eric von (Wandel im PKW-Antriebsstrang):
Wandel im PKW-Antriebsstrang: Auswirkungen auf Produktionskonzepte. Forum "Herausforderung Marktchancen". Technische Universität Darmstadt (TU Darmstadt). Institut für Produktionsmanagement, Technologie und Werkzeugmaschinen (PTW). Darmstadt. 2009.

Abramowski, Johann-Philip; Kies, Alexander; Landwehr, Inga; Aichele, Andreas; Hachgenei, Enno; Schmitt, Robert H.; Sauer, Alexander (Identifikation qualitätskritischer Parameter):
Identifikation qualitätskritischer Parameter. Datenbasierte Qualitätssicherung und Prozessoptimierung in der Batteriezellfertigung. In: *Zeitschrift für wirtschaftlichen Fabrikbetrieb*. 2021 (Band 116, Heft 10), S. 695–700. Online verfügbar unter https://www.degruyter.com/document/doi/10.1515/zwf-2021-0154/html, zuletzt geprüft am 06.11.2022.

Abu-Mostafa, Yaser; Magdon-Ismail, Malik; Lin, Hsuan-Tien (Learning From Data):
Learning From Data. A short course. 2012. 1. Auflage: AMLbook.

Arnold, Dieter; Isermann, Heinz; Kuhn, Axel; Tempelmeier, Horst; Furmans, Kai (Handbuch Logistik):
Handbuch Logistik. 2008. 3. Auflage. Berlin: Springer.

Aust, Holger (Das Zeitalter der Daten):
Das Zeitalter der Daten. Was Sie über Grundlagen, Algorithmen und Anwendungen wissen sollten. 2021. Berlin: Springer.

Bachmann, Gerd; Bradke, Harald; Brandt, Jan; Braun, Matthias; Eickenbusch, Heinz; Friedewald, Michael; Hoffknecht, Andreas; Holtmannspötter, Dirk; Hüsing, Bärbel; Kaiser, Oliver; Krauß, Oliver; Reiß, Thomas; Teichert, Olav; Zanker, Christoph (Forschungs- und Technologieperspektiven 2030):
Forschungs- und Technologieperspektiven 2030. Innovationsbegleitung und Innovationsberatung der VDI Technologiezentrum GmbH. Bundesministerium für Bildung und Forschung (BMBF). Düsseldorf. 2015.

Bauernhansl, Thomas; Hompel, Michael ten; Vogel-Heuser, Birgit (Industrie 4.0 in der Produktion):
Industrie 4.0 in Produktion, Automatisierung und Logistik. Anwendung, Technologien, Migration. 2014. Bauernhansl, Thomas; Hompel, Michael ten; Vogel-Heuser, Birgit (Hg.). 1. Auflage. Springer Vieweg. Wiesbaden. Online verfügbar unter https://link.springer.com/content/pdf/10.1007/978-3-658-04682-8.pdf, zuletzt geprüft am 06.11.2022.

Baum, Christoph (Vernetzte, adaptive Produktion):
Industrie 4.0 - Vernetzte, adaptive Produktion. Fraunhofer-Institut für Produktionstechnologie (IPT). Werkzeugmaschinenlabor (WZL) der RWTH Aachen. Aachen. 2018.

Bergs, Thomas; Klocke, Fritz; Trauth, Daniel; Rey, Jan (Fertigungstechnik 4.0):
Fertigungstechnik 4.0: Mit sicheren Audit-Trails und verteilten Fertigungsketten zur Fertigungsökonomie. 2020, S. 517–542, in: Frenz (Hg.) 2020 – Handbuch Industrie 4.0. Online verfügbar unter https://link.springer.com/chapter/10.1007/978-3-662-58474-3_25, zuletzt geprüft am 06.11.2022.

Bernards, Marcus (Modulare Prüfplanung):
Modulare Prüfplanung. Dissertation. Rheinisch-Westfälische Technische Hochschule Aachen (RWTH Aachen). Werkzeugmaschinenlabor (WZL). 2005.

Beyerer, Jürgen; Pfrommer, Julius; Eisenträger, Marlene; Frey, Christian; Herzog, Andreas; Moghiseh, Ali; Morand, Lukas; Stephani, Henrike; Stoll, Anke; Wessels, Lars (Vorgehensmodell Machine Learning for Production):
ML4P - Vorgehensmodell Machine Learning for Production. Fraunhofer IOSB. Fraunhofer IFF, Fraunhofer IWU, Fraunhofer IAIS, Fraunhofer ITWM, Fraunhofer IWM. Karlsruhe. 2020.

Binder, Andreas (Elektrische Maschinen und Antriebe):
Elektrische Maschinen und Antriebe. Grundlagen, Betriebsverhalten. 2017. 2. Auflage. Berlin: Springer Vieweg. Online verfügbar unter https://link.springer.com/content/pdf/10.1007%2F978-3-540-71850-5.pdf, zuletzt geprüft am 16.10.2022.

Bink, Raphael; Zschech, Patrick (Predictive Maintenance in der industriellen Praxis):
Predictive Maintenance in der industriellen Praxis. Entwicklung eines Prognoseansatzes unter eingeschränkter Informationslage. In: *HMD Praxis der Wirtschaftsinformatik.* 2018 (Volume 55, Heft 3), S. 552–565. Online verfügbar unter https://link.springer.com/content/pdf/10.1365/s40702-017-0378-2.pdf, zuletzt geprüft am 05.11.2022.

Blank, Marcel (Qualitätsrisiken in der Prüfplanung):
Automatisierte Berücksichtigung von Qualitätsrisiken in der Prüfplanung. Dissertation. Technische Universität Darmstadt (TU Darmstadt). Institut für Automatisierungstechnik (IAT). 2010.

Blum, Anne; Wilhelm, Yannick; Klein, Steffen; Schnur, Christopher; Reimann, Peter; Müller, Rainer; Schütze, Andreas (Ablaufplan für wissensgetriebene ML-Projekte):
Ganzheitlicher Ablaufplan für wissensgetriebene Projekte des maschinellen Lernens in der Produktion. In: *Technisches Messen (tm).* 2022 (Band 89, Heft 5), S. 363–383. Online verfügbar unter https://www.degruyter.com/document/doi/10.1515/teme-2022-0027/html, zuletzt geprüft am 05.11.2022.

BMI (Organisationshandbuch):
Organisationshandbuch. Bundesministerium des Inneren und für Heimat (BMI) / Bundesverwaltungsamt (BVA). Berlin/Köln. 2022.

BMU (Das System der CO2-Flottengrenzwerte):
Das System der CO2-Flottengrenzwerte für Pkw und leichte Nutzfahrzeuge. Bundesministerium für Umwelt, Naturschutz und nukleare Sicherheit (BMU). Berlin. 2020.

BMWK (Elektromobilität in Deutschland):
Elektromobilität in Deutschland. Mehr Klimaschutz, neue Märkte, weniger Abhängigkeit von fossilen Energieträgern: Mobilität wird künftig neu gedacht. Bundesministerium für Wirtschaft und Klimaschutz (BMWK). Berlin. 2022.

Bodendorf, Freimut (Daten- und Wissensmanagement):
Daten- und Wissensmanagement. 2003. 2. Auflage. Berlin: Springer.

Bracht, Uwe; Geckler, Dieter; Wenzel, Sigrid (Digitale Fabrik):
Digitale Fabrik. Methoden und Praxisbeispiele. Basis für Industrie 4.0. 2018. 2. Auflage. Berlin: Springer Vieweg.

Buchholz, Steffen Henrik (Bewertung des Substitutionsrisikos von Fertigungssystemen):
Bewertung des Substitutionsrisikos von Fertigungssystemen. Dissertation. Rheinisch-Westfälische Technische Hochschule Aachen (RWTH Aachen). Fraunhofer-Institut für Produktionstechnologie (IPT). 2014.

Bühler, Peter; Schlaich, Patrick; Sinner, Dominik (Datenmanagement):
Datenmanagement. Daten - Datenbanken - Datensicherheit. 2019. Berlin: Springer Vieweg.

Burggräf, Peter; Schuh, Günther (Fabrikplanung):
Fabrikplanung. Handbuch Produktion und Management. 2021. 2. Auflage. Berlin: Springer Vieweg.

Burghardt, Manfred (Einführung in Projektmanagement):
Einführung in Projektmanagement. Definition, Planung, Kontrolle, Abschluss. 2007. 5. Auflage. Erlangen: Publicis Publishing.

Cerquitelli, Tania; Nikolakis, Nikolaos; O'Mahony, Niamh; Macii, Enrico; Ippolito, Massimo; Makris, Sotirios (Predictive Maintenance in Smart Factories):
Predictive Maintenance in Smart Factories. Architectures, Methodologies, and Use-cases. 2021. Singapore: Springer Nature (Information Fusion and Data Science).

Chapman, Pete; Clinton, Julian; Kerber, Randy; Khabaza, Thomas; Reinartz, Thomas; Shearer, Colin; Wirth, Rüdiger (CRISP-DM 1.0):
CRISP-DM 1.0. Step-by-step data mining guide. NCR Systems Engineering Copenhagen (USA and Denmark), DaimlerChrysler AG (Germany), SPSS Inc. (USA), OHRA Verzekeringen en Bank Groep B.V (Netherlands). New York. 2000.

Christensen, Clayton M.; den Eichen, Stephan F. von; Matzler, Kurt (The Innovator´s Dilemma):
The Innovator´s Dilemma. Warum etablierte Unternehmen bei bahnbrechenden Innovationen scheitern. 2012, S. 51–59, in: Granig (Hg.) 2012 – Die Kunst der Innovation.

Corsten, Hans; Gössinger, Ralf; Spengler, Thomas Stefan (Produktions- und Logistikmanagement):
Handbuch Produktions- und Logistikmanagement in Wertschöpfungsnetzwerken. 2018. Corsten, Hans; Gössinger, Ralf; Spengler, Thomas Stefan (Hg.). De Gruyter Oldenbourg. Berlin/Boston. Online verfügbar unter https://www.degruyter.com/document/doi/10.1515/9783110473803/html?lang=de, zuletzt geprüft am 06.11.2022.

De Doncker, Rik; Fritz, Niklas; Pham, Duc (Leistungselektronik):
Leistungselektronik. 2023, S. 187–202, in: Kampker, Heimes (Hg.) 2023 – Elektromobilität, zuletzt geprüft am 24.09.2023.

Deloitte (State of AI in the Enterprise):
State of AI in the Enterprise. Ergebnisse der Befragung von 200 AI-Experten zu Künstlicher Intelligenz in deutschen Unternehmen. Deloitte. 2020.

Demary, Vera; Goeke, Henry (Künstliche Intelligenz):
Künstliche Intelligenz. Deutsche Unternehmen zwischen Risiko und Chance. Institut der deutschen Wirtschaft (IW). Köln. 2019.

Denkena, Berend; Brecher, Christian (Anlaufoptimierung durch virtuelle Fertigungssysteme):
Ramp-Up/2 - Anlaufoptimierung durch Einsatz virtueller Fertigungssysteme. 2007. 1. Auflage. Frankfurt am Main: VDMA-Verlag (Schneller Produktionsanlauf in der Wertschöpfungskette, Band 5).

Deutsches Institut für Normung (DIN 8580:2003-09):
DIN 8580:2003-09. Fertigungsverfahren - Begriffe, Einteilung. 2003. Online verfügbar unter https://www.beuth.de/de/norm/din-8580/65031153, zuletzt geprüft am 06.11.2022.

Deutsches Institut für Normung (DIN 69901-2:2009-01):
DIN 69901-2:2009-01. Projektmanagement - Projektmanagementsysteme - Teil 2: Prozesse, Prozessmodell. 2009. Online verfügbar unter https://www.beuth.de/de/norm/din-69901-2/113428357, zuletzt geprüft am 06.11.2022.

Deutsches Institut für Normung (DIN EN ISO 9000:2015-11):
DIN EN ISO 9000:2015-11. Qualitätsmanagementsysteme - Grundlagen und Begriffe. 2015. Online verfügbar unter https://www.beuth.de/de/norm/din-en-iso-9000/235671064, zuletzt geprüft am 06.11.2022.

Deutsches Institut für Normung (DIN SPEC 13266:2020-04):
DIN SPEC 13266:2020-04. Leitfaden für die Entwicklung von Deep-Learning-Bilderkennungssystemen. 2020. Online verfügbar unter https://www.beuth.de/de/technische-regel/din-spec-13266/318439445, zuletzt geprüft am 06.11.2022.

Döbel, Inga; Leis, Miriam; Vogelsang, Manuel; Neustroev, Dimitry; Petzka, Henning; Riemer, Annamaria; Rüping, Stefan; Voss, Angelika; Wegele, Martin; Welz, Juliane (Maschinelles Lernen):
Maschinelles Lernen. Eine Analyse zu Kompetenzen, Forschung und Anwendung. Fraunhofer-Gesellschaft e.V. und Bundesministerium für Bildung und Forschung (BMBF). Fraunhofer-Institut für Intelligente Analyse- und Informationssysteme (IAIS); Fraunhofer-Institut für Internationales Management und Wissensökonomie (IMW); Zentrale der Fraunhofer-Gesellschaft. München. 2018b.

Döbel, Inga; Leis, Miriam; Vogelsang, Manuel; Neustroev, Dimitry; Petzka, Henning; Rüping, Stefan; Voss, Angelika; Wegele, Martin; Welz, Juliane (Maschinelles Lernen):
Maschinelles Lernen. Kompetenzen, Anwendungen und Forschungsbedarf. Fraunhofer-Gesellschaft e.V. und Bundesministerium für Bildung und Forschung (BMBF). Fraunhofer-Institut für Intelligente Analyse- und Informationssysteme (IAIS); Fraunhofer-Institut für Internationales Management und Wissensökonomie (IMW); Zentrale der Fraunhofer-Gesellschaft. München. 2018a.

Dombrowski, Uwe; Hanke, Tobias (Lean Ramp-up):
Lean Ramp-up: Ein Organisationsmodell für das Anlaufmanagement. In: *Zeitschrift für wirtschaftlichen Fabrikbetrieb*. 2017 (Band 112, Heft 6), S. 387–391. Online verfügbar unter https://www.degruyter.com/document/doi/10.3139/104.111733/html?lang=de#:~:text=Mit%20der%20Verkn%C3%BCpfung%20der%20beiden,Effektivit%C3%A4t%20und%20Effizienz%20im%20Produktionsanlauf., zuletzt geprüft am 06.11.2022.

Dombrowski, Uwe; Krenkel, Philipp (Ganzheitliches Produktionsmanagement):
Ganzheitliches Produktionsmanagement. Strategischer Rahmen und operative Umsetzung. 2021. Berlin: Springer Vieweg. Online verfügbar unter https://link.springer.com/content/pdf/10.1007/978-3-662-62452-4.pdf.

Domschke, Wolfgang; Scholl, Armin (Grundlagen der Betriebswirtschaftslehre):
Grundlagen der Betriebswirtschaftslehre. Eine Einführung aus entscheidungsorientierter Sicht. 2008. 4. Auflage. Berlin: Springer (Springer-Lehrbuch).

Eckstein, Lutz (Alternative und elektrifizierte Fahrzeugantriebe):
Alternative und elektrifizierte Fahrzeugantriebe. Vorlesungsumdruck. 2015. 1. Auflage. Aachen: fka, Forschungsgesellschaft Kraftfahrwesen (Schriftenreihe Automobiltechnik).

Eigner, Martin; Stelzer, Ralph H. (Product Lifecycle Management):
Product Lifecycle Management. Ein Leitfaden für Product Development und Lifecycle-Management. 2009. 2. Auflage. Berlin: Springer (VDI). Online verfügbar unter https://link.springer.com/content/pdf/10.1007/b93672.pdf, zuletzt geprüft am 06.11.2022.

Ennen, Philipp; Pabich, Emma; Kupper, Robin; Benmoussa, Pia; Vossen, Rene (Leitfaden Selbstlernende Produktionsprozesse):
Leitfaden Selbstlernende Produktionsprozesse. Einführungsstrategie für Reinforcement Learning in der industriellen Praxis. VDMA; FKM Forschungskuratorium; Institut für Unternehmenskybernetik e.V. Frankfurt am Main/Aachen. 2019.

Epskamp, Torsten (Traktionsantriebe):
Steigerung der Leistungsdichte von Traktionsantrieben und Aufbau einer hochdrehenden Asynchronmaschine. Dissertation. Karlsruher Institut für Technologie (KIT). Elektrotechnisches Institut (ETI). 2020. Online verfügbar unter https://publikationen.bibliothek.kit.edu/1000117913/71947307, zuletzt geprüft am 16.10.2022.

Ertel, Wolfgang (Grundkurs Künstliche Intelligenz):
Grundkurs Künstliche Intelligenz. Eine praxisorientierte Einführung. 2016. 4. Auflage. Wiesbaden: Springer Vieweg (Computational Intelligence).

Ester, Martin; Sander, Jörg (Knowledge Discovery in Databases):
Knowledge Discovery in Databases. Techniken und Anwendungen. 2000. 1. Auflage. Berlin: Springer.

Fayyad, Usama; Piatetsky-Shapiro, Gregory; Smyth, Padhraic (The KDD process):
The KDD process for extracting useful knowledge from volumes of data. In: *Communications of the ACM (CACM).* 1996 (Volume 39, Heft 11), S. 27–34. Online verfügbar unter https://dl.acm.org/doi/pdf/10.1145/240455.240464, zuletzt geprüft am 05.11.2022.

Feldkamp, N.; Bergmann, S.; Straßburger, S.; Schulze, T. (Data Farming im Kontext von Produktion und Logistik):
Data Farming im Kontext von Produktion und Logistik. In: *Simulation in Produktion und Logistik.* 2017, S. 169–178. Online verfügbar unter http://www.asim-fachtagung-spl.de/asim2017/papers/Proof_138_Bergmann.pdf, zuletzt geprüft am 06.11.2022.

Fleischer, J.; Haag, S.; Hofmann, J. (Quo Vadis Wickeltechnik):
Quo Vadis Wickeltechnik? Eine Studie zum aktuellen Stand der Technik und zur Recherche zukünftiger Trends im Automobilbau. Karlsruher Instituts für Technologie (KIT). Institut für Produktionstechnik (wbk). Karlsruhe. 2017.

Fleischer, Jürgen; Hausmann, Ludwig; Halwas, Maximilian; Hofmann, Janna; Wirth, Felix; Wößner, Wilken (Produktion elektrischer Traktionsmotoren):
Produktion elektrischer Traktionsmotoren. Wissen Kompakt. e-mobil BW GmbH, Karlsruher Instituts für Technologie (KIT) und Transformationswissen BW. Institut für Produktionstechnik (wbk). Karlsruhe. 2020.

Fleischer, Jürgen; Schopp, Matthias; Ender, Thomas; Ordenewitz, Rainer (Diagnosestrategien für einen schnellen Ramp-up):
Effiziente Diagnosestrategien für einen schnellen Ramp-up. In: *Zeitschrift für wirtschaftlichen Fabrikbetrieb.* 2006 (Band 101, Heft 9), S. 509–513. Online verfügbar unter https://www.degruyter.com/document/doi/10.3139/104.101058/html, zuletzt geprüft am 06.11.2022.

Frenz, Walter (Handbuch Industrie 4.0):
Handbuch Industrie 4.0: Recht, Technik, Gesellschaft. 2020. Frenz, Walter (Hg.). Unter Mitarbeit von Walter Frenz. Springer. Berlin. Online verfügbar unter https://link.springer.com/book/10.1007/978-3-662-58474-3, zuletzt geprüft am 06.11.2022.

Frick, Detlev; Gadatsch, Andreas; Kaufmann, Jens; Lankes, Birgit; Quix, Christoph; Schmidt, Andreas; Schmitz, Uwe (Data Science):
Data Science. Konzepte, Erfahrungen, Fallstudien und Praxis. 2021. 1. Auflage. Wiesbaden: Springer Vieweg.

Fuchs, Andreas (Künstliche Intelligenz in der Produktion):
Künstliche Intelligenz in der Produktion auf dem Vormarsch. Springer Fachmedien Wiesbaden GmbH. Wiesbaden. 2022.

Gauger, Isabelle; Nagel, Tobias; Huber, Marco (Hybrides Maschinelles Lernen):
Hybrides Maschinelles Lernen im Kontext der Produktion. 2022, S. 64–79, in: Hartmann (Hg.) 2022 – Digitalisierung souverän gestalten. Online verfügbar unter https://link.springer.com/content/pdf/10.1007/978-3-662-64408-9.pdf, zuletzt geprüft am 06.11.2022.

Gehrke, Lars; Kühn, Arno; Rule, David; Moore, Paul; Bellmann, Christoph; Siemes, Sebastian; Dawood, Dania; Singh, Lakshmi; Kulik, Julie; Standley, Matthew (Factory of the Future):
A Discussion of Qualifications and Skills in the Factory of the Future: A German and American Perspective. Industrie 4.0. Verein deutscher Ingenieure (VDI) und American Society of Mechanical Engineers (ASME). Düsseldorf, Washington. 2015.

Géron, Aurélien (Machine Learning):
Hands-on machine learning with Scikit-Learn, Keras, and TensorFlow. Concepts, tools, and techniques to build intelligent systems. 2019. 2. Auflage. Beijing, Boston, Farnham, Sebastopol, Tokyo: O'Reilly Media.

Granig, Peter; Hartlieb, Erich (Die Kunst der Innovation):
Die Kunst der Innovation. Von der Idee zum Erfolg. 2012. Granig, Peter; Hartlieb, Erich (Hg.). Springer Gabler. Wiesbaden, zuletzt geprüft am 24.09.2023.

Grimm, Veronika; Schnitzer, Monika; Truger, Achim; Wieland, Volker (Transformation gestalten):
Transformation gestalten: Bildung, Digitalisierung und Nachhaltigkeit. Jahresgutachten 21/22. 2021. Paderborn: Bonifatius (Jahresgutachten / Sachverständigenrat zur Begutachtung der Gesamtwirtschaftlichen Entwicklung).

Groba, Steffen; Scholz, Christian; Lopass, Mathias (Data Management):
Data Management on Cloud. End-2-End Portfolio für intelligente IT und Geschäftsmodelle. Arvato Systems GmbH. Gütersloh. 2022.

Gronwald, Klaus-Dieter (Integrierte Business-Informationssysteme):
Integrierte Business-Informationssysteme. Ganzheitliche, geschäftsprozessorientierte Sicht auf die vernetzte Unternehmensprozesskette ERP, SCM, CRM, BI, Big Data Analytics. 2020. 3. Auflage. Berlin: Springer Vieweg (Lehrbuch).

Günnel, Thomas (Smarte Fabrik):
Smarte Fabrik: „Pflaster kleben" reicht nicht mehr. Smart Factory Day 2020. Vogel Communications Group GmbH & Co. KG (Automobilindustrie). Würzburg. 2020.

Haas, Martin (Deutscher Industrie 4.0 Index):
Deutscher Industrie 4.0 Index 2018. Studie der Staufen AG und der Staufen Digital Neonex GmbH. STAUFEN.AG und Staufen Digital Neonex GmbH. Köngen. 2018.

Haberfellner, Reinhard; Weck, Olivier L. de; Fricke, Ernst; Vössner, Siegfried (Systems Engineering):
Systems Engineering. Fundamentals and Applications. 2019. Cham: Springer Nature.

Hagedorn, Jürgen; Sell-Le Blanc, Florian; Fleischer, Jürgen (Handbuch der Wickeltechnik):
Handbuch der Wickeltechnik für hocheffiziente Spulen und Motoren. Ein Beitrag zur Energieeffizienz. 2016. 1. Auflage. Berlin: Springer Vieweg. Online verfügbar unter https://link.springer.com/content/pdf/10.1007/978-3-662-49210-9.pdf.

Hameyer, Kay; Butterweck, Daniel; Driendl, Niklas; Franck, Marius; Groschup, Benedikt; Jansen, Kevin; Leuning, Nora; Mönninghoff, Sebastian; Nell, Martin; Schröder, Michael (Elektrische Maschinen):
Elektrische Maschinen. 2023, 165–185, in: Kampker, Heimes (Hg.) 2023 – Elektromobilität, zuletzt geprüft am 24.09.2023.

Harrison, Daniel (Electric Vehicle Analysis):
Electric Vehicle Battery Supply Chain Analysis. How Battery Demand and Production Are Reshaping the Automotive Industry. Süddeutscher Verlag (Ultima Media) und ABB. London. 2021.

Hartmann, Ernst A. (Digitalisierung souverän gestalten):
Digitalisierung souverän gestalten II. Handlungsspielräume in digitalen Wertschöpfungsnetzwerken. 2022. Hartmann, Ernst A. (Hg.). Institut für Innovation und Technik (VDI/VDE Innovation + Technik GmbH). 1. Auflage. Springer Vieweg. Berlin. Online verfügbar unter https://link.springer.com/content/pdf/10.1007/978-3-662-64408-9.pdf, zuletzt geprüft am 06.11.2022.

Hasterok, Constanze; Stompe, Janina; Pfrommer, Julius; Usländer, Thomas; Ziehn, Jens; Reiter, Sebastian; Weber, Michael; Riedel, Till (PAISE):
PAISE. Das Vorgehensmodell für KI-Engineering. Fraunhofer-Gesellschaft e.V. Fraunhofer-Institut für Optronik, Systemtechnik und Bildauswertung (IOSB); Forschungszentrum Informatik (FZI); Karlsruher Institut für Technologie (KIT). Karlsruhe. 2021.

Hatiboglu, Bumin; Schuler, Sven; Bildstein, Andreas; Hämmerle, Moritz (Einsatzfelder von Künstlicher Intelligenz):
Einsatzfelder von Künstlicher Intelligenz im Produktionsumfeld. Kurzstudie im Rahmen von "100 Orte für Industrie 4.0 in Baden-Württemberg. Fraunhofer IPA und Fraunhofer IAO. Allianz Industrie 4.0 Baden-Württemberg. 2019.

Hatiboglu, Bumin; Schuler, Sven; Bildstein, Andreas; Hämmerle, Moritz (Einsatzfelder von KI im Produktionsumfeld):
Einsatzfelder von Künstlicher Intelligenz im Produktionsumfeld. Kurzstudie im Rahmen von "100 Orte für Industrie 4.0 in Baden-Württemberg". Allianz Industrie 4.0 Baden-Württemberg und Ministerium für Wirtschaft, Arbeit und Tourismus Baden-Württemberg. Fraunhofer-Institut für Produktionstechnik und Automatisierung (IPA); Fraunhofer-Institut für Arbeitswirtschaft und Organisation (IAO). Stuttgart. 2019.

Heimes, Heiner Hans (Methodik zur Auswahl von Fertigungsressourcen):
Methodik zur Auswahl von Fertigungsressourcen in der Batterieproduktion. Dissertation. Rheinisch-Westfälische Technische Hochschule Aachen (RWTH Aachen). Chair of Production Engineering of E-Mobility Components (PEM). 2014.

Heimes, Heiner Hans; Kampker, Achim; Buhrer, Ulrich; Steinberger, Anita; Eirich, Joscha; Krotil, Stefan (Scalable Data Analytics):
Scalable Data Analytics from Predevelopment to Large Scale Manufacturing. Institute of Electrical and Electronics Engineers (IEEE). Production Engineering of E-Mobility Components (PEM). 2nd Asia Pacific Conference on Research in Industrial and Systems Engineering (APCORISE), Depok. 2019.

Heimes, Heiner Hans; Kampker, Achim; Dorn, Benjamin; Nankemann, Michael; Kraus, Andreas; Stäck, Christian; Born, Henrik (Produktionsverfahren elektrischer Maschinen):
Produktionsverfahren elektrischer Maschinen. 2023, S. 289–312, in: Kampker, Heimes (Hg.) 2023 – Elektromobilität, zuletzt geprüft am 24.09.2023.

Heimes, Heiner Hans; Kampker, Achim; Dorn, Benjamin; Nankemann, Michael; Kraus, Andreas; Stäck, Christian; Born, Henrik (Vom Prototypen zur Serienfertigung):
Vom Prototypen zur Serienfertigung. 2023, S. 218–224, in: Kampker, Heimes (Hg.) 2023 – Elektromobilität, zuletzt geprüft am 24.09.2023.

Heimes, Heiner Hans; Kampker, Achim; Dorn, Benjamin; Offermanns, Christian; Brans; Florian (Aktuelle Herausforderungen der Elektromobilität):
Aktuelle Herausforderungen der Elektromobilität. 2023, S. 29–37, in: Kampker, Heimes (Hg.) 2023 – Elektromobilität, zuletzt geprüft am 24.09.2023.

Heimes, Heiner Hans; Kampker, Achim; Offermanns, Christian; Vienenkötter, Janis; Frank, Merlin; Robben, Tobias; Klohs, Domenic; Soldan, Natalia; Lackner, Nikolaus; Christen, Nils; Kreisköther, Kim; Deutskens, Christoph; Kreisköther, Kai; Fluchs, Sarah (Elektromobilität als Schlüsseltechnologie):
Elektromobilität als Schlüsseltechnologie der Mobilitätswende. 2023, S. 39–62, in: Kampker, Heimes (Hg.) 2023 – Elektromobilität, zuletzt geprüft am 24.09.2023.

Hude, Marlis von der (Predictive Analytics und Data Mining):
Predictive Analytics und Data Mining. Eine Einführung mit R. 2020. Wiesbaden: Springer Vieweg (Lehrbuch).

IBM (Datenmanagement):
Was ist Datenmanagement? IBM Deutschland GmbH. Ehningen. 2022.

Jenke, Karsten (Konzept zur Lösung technischer Qualitätsprobleme):
Konzept zur Lösung technischer Qualitätsprobleme in der Produktion durch Anwendung der Theorie des erfinderischen Problemlösens (TRIZ). Dissertation. Technische Universität Kaiserslautern (TUK). Lehrstuhl für Fertigungstechnik und Betriebsorganisation (FBK). 2007.

Jung, Berndt; Schweißer, Stefan; Wappis, Johann (Qualitätssicherung im Produktionsprozess):
Qualitätssicherung im Produktionsprozess. 2021. 2. Auflage. München: Carl Hanser Verlag.

Kampker, Achim (Elektromobilproduktion):
Elektromobilproduktion. 2014. 1. Auflage. Berlin: Springer Vieweg.

Kampker, Achim; Heimes, Heiner Hans (Elektromobilität):
Elektromobilität. Grundlagen einer Fortschrittstechnologie. 2023. Kampker, Achim; Heimes, Heiner Hans (Hg.). 3. Auflage. Springer Vieweg. Berlin. Online verfügbar unter https://link.springer.com/book/10.1007/978-3-662-65812-3, zuletzt geprüft am 24.09.2023.

Kampker, Achim; Heimes, Heiner Hans; Bührer, Ulrich; Lienemann, Christoph; Krotil, Stefan (Enabling Data Analytics in Manufacturing):
Enabling Data Analytics in Large Scale Manufacturing. In: *Procedia Manufacturing.* 2018 (Volume 24), S. 120–127. Online verfügbar unter https://www.sciencedirect.com/science/article/pii/S2351978918305341, zuletzt geprüft am 06.11.2022.

Kampker, Achim; Heimes, Heiner Hans; Kawollek, Sebastian; Treichel, Patrick; Kraus, Andreas; Raßmann, Alexander; Hitzel, Tobias (Produktionsprozess eines Hairpin-Stators):
Produktionsprozess eines Hairpin-Stators. Production Engineering of E-Mobility Components (PEM) und Verband Deutscher Maschinen- und Anlagenbau (VDMA). Frankfurt am Main. 2020.

Kampker, Achim; Kawollek, Sebastian; Treichel, Patrick; Shah, Soniya (Hairpin Stator Production):
Efficiency Deficits and Solution Principles of Requirements Management for Hairpin Stator Production Ramp-up by Early Prototypes. Institute of Electrical and Electronics Engineers (IEEE). Production Engineering of E-Mobility Components (PEM). 10th International Online Conference Electric Drives Production Conference (EDPC), Ludwigsburg. 2020.

Kampker, Achim; Kreisköther, Kai; Wagner, Johannes; Maurer, Roland; Schier, Anna Lena (Anlauf disruptiver Produkte):
Anlauf disruptiver Produkte. In: *Zeitschrift für wirtschaftlichen Fabrikbetrieb.* 2017 (Band 112, Heft 1-2), S. 58–61. Online verfügbar unter https://www.degruyter.com/document/doi/10.3139/104.111665/html, zuletzt geprüft am 06.11.2022.

Kampker, Achim; Vallée, Dirk; Schnettler, Armin (Elektromobilität):
Elektromobilität. Grundlagen einer Zukunftstechnologie. 2018. 2. Auflage. Berlin: Springer Vieweg.

Karle, Anton (Elektromobilität):
Elektromobilität. Grundlagen und Praxis. 2021. 5. Auflage. München: Carl Hanser Verlag. Online verfügbar unter https://www.hanser-elibrary.com/doi/epdf/10.3139/9783446468610, zuletzt geprüft am 06.11.2022.

Keferstein, Claus P.; Marxer, Michael; Bach, Carlo (Fertigungsmesstechnik):
Fertigungsmesstechnik. Alles zu Messunsicherheit, konventioneller Messtechnik und Multisensorik. 2018. 9. Auflage. Wiesbaden: Springer Vieweg (Lehrbuch).

Klocke, Fritz; Buchholz, Steffen; Stauder, Jens (Technology chain optimization):
Technology chain optimization: a systematic approach considering the manufacturing history. In: *Production Engineering.* 2014 (Issue 8), S. 669–678. Online verfügbar unter https://link.springer.com/content/pdf/10.1007/s11740-014-0572-9.pdf, zuletzt geprüft am 06.11.2022.

Knoche, Katarina (Generisches Modell zur Beschreibung von Fertigungstechnologien):
Generisches Modell zur Beschreibung von Fertigungstechnologien. Dissertation. Rheinisch-Westfälische Technische Hochschule Aachen (RWTH Aachen). Werkzeugmaschinenlabor (WZL). 2005.

Koch, Susanne (Einführung in das Management von Geschäftsprozessen):
Einführung in das Management von Geschäftsprozessen. Six Sigma, Kaizen und TQM. 2011. 1. Auflage. Berlin: Springer.

Krause, Dieter; Vietor, Thomas; Inkermann, David; Hanna, Michael; Richter, Timo; Wortmann, Nadine (Konstruktionslehre):
Pahl/Beitz Konstruktionslehre. Methoden und Anwendung erfolgreicher Produktentwicklung. 2021. 9. Auflage. Berlin: Springer. Online verfügbar unter https://link.springer.com/content/pdf/10.1007/978-3-662-57303-7.pdf, zuletzt geprüft am 06.11.2022.

Kropp, Miron; Többel, Lisa (Machine Learning):
Machine Learning. Hintergrund zum Buzzword und Hilfe beim Einstieg. SIGS DATACOM GmbH. Troisdorf. 2017.

Kubicek, Herbert (Heuristisch angelegte Forschungsdesign):
Heuristische Bezugsrahmen und heuristisch angelegte Forschungsdesign als Elemente einer Konstruktionsstrategie empirischer Forschung. 1976. Berlin: Institut für Unternehmensführung im Fachbereich Wirtschaftswissenschaften der Freien Universität Berlin.

Kukulies, Jan (Planung der Eigenschaftsabsicherung):
Priorisierung technischer Risiken zur Planung der Eigenschaftsabsicherung auf Basis von Unsicherheit. Dissertation. Rheinisch-Westfälische Technische Hochschule Aachen (RWTH Aachen). Werkzeugmaschinenlabor (WZL). 2018.

Lanza, Gisela (Simulationsbasierte Anlaufunterstützung):
Simulationsbasierte Anlaufunterstützung auf Basis der Qualitätsfähigkeiten von Produktionsprozessen. Dissertation. Karlsruher Institut für Technologie (KIT). Institut für Produktionstechnik (wbk). 2005.

Lechler, Tobias; Sjarov, Martin; Franke, Jörg (Data Farming in Production Systems):
Data Farming in Production Systems. A Review on Potentials, Challenges and Exemplary Applications. In: *Procedia CIRP*. 2021 (Volume 96), S. 230–235. Online verfügbar unter https://www.sciencedirect.com/science/article/pii/S2212827121001876, zuletzt geprüft am 06.11.2022.

Lorenz, Uwe (Reinforcement Learning):
Reinforcement Learning. Aktuelle Ansätze verstehen - mit Beispielen in Java und Greenfoot. 2020. 1. Auflage. Berlin: Springer Vieweg.

Luber, Stefan; Litzel, Nico (Digitalisierung):
Was ist Digitalisierung? Vogel IT-Medien GmbH. Augsburg. 2019.

Lundborg, Martin; Märkel, Christian (Künstliche Intelligenz im Mittelstand):
Künstliche Intelligenz im Mittelstand. Relevanz, Anwendungen, Transfer. Eine Erhebung der Mittelstand-Digital Begleitforschung. Begleitforschung Mittelstand-Digital und WIK GmbH. Bad Honnef. 2019.

Mantserov, S. A.; Fedosova, L. O.; Tsapaev, A. P. (Generation of Training Set for Machine Learning):
Parametric Model of Pipe Defect Description for Generation of Training Set for Machine Learning in Data-Poor Conditions. Institute of Electrical and Electronics Engineers (IEEE). Nizhniy Novgorod State Technical University. 2019 International Russian Automation Conference (RusAutoCon), Sochi. 2019.

Matzka, Stephan (Künstliche Intelligenz in den Ingenieurwissenschaften):
Künstliche Intelligenz in den Ingenieurwissenschaften. Maschinelles Lernen verstehen und bewerten. 2021. 1. Auflage. Wiesbaden: Springer Vieweg (Lehrbuch).

Meier, Jürg (Qualitätsmanagement):
Das 1x1 des Qualitätsmanagement. Management & Dienstleistungen : Führung und Qualität nach ISO 9001:2008 - inkl. Praxistipps und Checklisten. 2015. 2. Auflage. Wien: Austrian Standards Plus.

Mockenhaupt, Andreas (Digitalisierung und Künstliche Intelligenz):
Digitalisierung und Künstliche Intelligenz in der Produktion. Grundlagen und Anwendung. 2021. Wiesbaden: Springer Vieweg (Lehrbuch).

Müller, Germar; Ponick, Bernd (Grundlagen Elektrischer Maschinen):
Grundlagen Elektrischer Maschinen. 2011. 9. Auflage. Weinheim: WILEY-VCH Verlag (Elektrische Maschinen, Band 1).

Müller, Tobias (Spielarten der Künstlichen Intelligenz):
Spielarten der Künstlichen Intelligenz: Maschinelles Lernen und Künstliche Neuronale Netze. Fraunhofer-Gesellschaft e.V. und Bundesministerium für Bildung und Forschung (BMBF). Fraunhofer-Institut für Arbeitswirtschaft und Organisation (IAO). Stuttgart. 2019.

Naunheimer, Harald; Bertsche, Bernd; Ryborz, Joachim; Novak, Wolfgang; Fietkau, Peter (Fahrzeuggetriebe):
Fahrzeuggetriebe. Grundlagen, Auswahl, Auslegung und Konstruktion. 2019. Unter Mitarbeit von Yvonne Gretzinger. 3. Auflage. Berlin: Springer Vieweg.

Neugebauer, Reimund (Trends für die Künstliche Intelligenz):
Trends für die Künstliche Intelligenz. Mit menschlicher und Künstlicher Intelligenz Zukunft gestalten. Fraunhofer-Gesellschaft e.V. München. 2017.

Neugebauer, Reimund (Digitalisierung):
Digitalisierung. Schlüsseltechnologien für Wirtschaft & Gesellschaft. 2018. 1. Auflage. Berlin: Springer Vieweg (Fraunhofer-Forschungsfokus). Online verfügbar unter https://link.springer.com/content/pdf/10.1007/978-3-662-55890-4.pdf, zuletzt geprüft am 05.11.2022.

Ng, Annalyn; Soo, Kenneth (Data Science):
Data Science - was ist das eigentlich?! Algorithmen des maschinellen Lernens verständlich erklärt. 2018. 1. Auflage. Berlin: Springer. Online verfügbar unter https://link.springer.com/content/pdf/10.1007/978-3-662-56776-0.pdf, zuletzt geprüft am 06.11.2022.

Niyogi, Partha; Girosi, Federico; Poggio, Tomaso (Incorporating Prior Information in Machine Learning):
Incorporating Prior Information in Machine Learning by Creating Virtual Examples. In: *Proceedings of the IEEE.* 1998 (Volume 86, Issue 11), S. 2196–2209. Online verfügbar unter https://ieeexplore.ieee.org/stamp/stamp.jsp?tp=&arnumber=726787, zuletzt geprüft am 06.11.2022.

Obermaier, Robert (Industrie 4.0 als unternehmerische Gestaltungsaufgabe):
Industrie 4.0 als unternehmerische Gestaltungsaufgabe. Betriebswirtschaftliche, technische und rechtliche Herausforderungen. 2016. 1. Auflage. Wiesbaden: Springer Gabler. Online verfügbar unter https://link.springer.com/book/10.1007/978-3-658-08165-2, zuletzt geprüft am 05.11.2022.

Obermaier, Robert (Industrie 4.0 und digitale Transformation):
Handbuch Industrie 4.0 und digitale Transformation. Betriebswirtschaftliche, technische und rechtliche Herausforderungen. 2019. Wiesbaden: Springer Gabler.

Papp, Stefan; Weidinger, Wolfgang; Meir-Huber, Mario; Ortner, Bernhard; Langs, Georg; Wazir, Rania (Handbuch Data Science):
Handbuch Data Science. Mit Datenanalyse und Machine Learning Wert aus Daten generieren. 2019. München: Carl Hanser Verlag.

Patel, Ankur A. (Praxisbuch Unsupervised Learning):
Praxisbuch Unsupervised Learning. Machine-Learning-Anwendungen für ungelabelte Daten mit Python programmieren. 2020. 1. Auflage. Sebastopol: O'Reilly Media.

Patzak, Gerold (Systemtechnik):
Systemtechnik - Planung komplexer innovativer Systeme. Grundlagen, Methoden, Techniken. 1982. Berlin: Springer.

Pfeifer, Tilo; Schmitt, Robert (Fertigungsmesstechnik):
Fertigungsmesstechnik. 2010. 3. Auflage. München: Oldenbourg Wissenschaftsverlag. Online verfügbar unter https://www.degruyter.com/document/doi/10.1524/9783486711356/html.

Pfeifer, Tilo; Schmitt, Robert (Handbuch Qualitätsmanagement):
Masing Handbuch Qualitätsmanagement. 2021. 7. Auflage. München: Carl Hanser Verlag.

Pistorius, Johannes (Industrie 4.0):
Industrie 4.0 – Schlüsseltechnologien für die Produktion. Grundlagen - Potenziale - Anwendungen. 2020. Berlin: Springer Vieweg.

Plaue, Matthias (Data Science):
Data Science. Grundlagen, Statistik und maschinelles Lernen. 2021. 1. Auflage. Berlin: Springer Spektrum (Lehrbuch).

Poduval, Murali; Ghose, Avik; Manchanda, Sanjeev; Bagaria, Vaibhav; Sinha, Aniruddha (Artificial Intelligence and Machine Learning):
Artificial Intelligence and Machine Learning: A New Disruptive Force in Orthopaedics. In: *Indian journal of orthopaedics.* 2020 (Heft 54), S. 109–122. Online verfügbar unter https://link.springer.com/content/pdf/10.1007/s43465-019-00023-3.pdf, zuletzt geprüft am 06.11.2022.

Prorok, Stefan (Statistische Unsicherheit in der industriellen Produktion):
Statistische Unsicherheit in der industriellen Produktion. Grundlagen und Methoden der modernen Qualitätssicherung. 2022. 1. Auflage. Berlin: Springer Vieweg.

Quack, Alice (Wie Maschinelles Lernen die Produktion verändert):
Wie Maschinelles Lernen die Produktion verändert. Künstliche Intelligenz und Maschinelles Lernen dringen immer weiter in die industriellen Produktionsabläufe vor. Verein deutscher Ingenieure (VDI). Düsseldorf. 2020.

Rabe, Markus; Scheidler, Anne Antonia (Farming for Mining):
Farming for Mining – Entscheidungsunterstützung mittels Simulation im Supply Chain Management. Fraunhofer-Gesellschaft e.V. Fraunhofer-Institut für Materialfluss und Logistik (IML). ASIM-Fachtagung Simulation in Produktion und Logistik, Dortmund. 2015.

Ramasubramanian, Karthik; Singh, Abhishek (Machine Learning):
Machine Learning Using R. A Comprehensive Guide to Machine Learning. 2017. 1. Auflage. Berkeley: Apress.

Rammer, Christian (Künstliche Intelligenz):
Auf Künstliche Intelligenz kommt es an. Beitrag von KI zur Innovationsleistung und Performance der deutschen Wirtschaft. Bundesministerium für Wirtschaft und Klimaschutz (BMWK). Berlin. 2020.

Reles, Thomas (Systematische Auswahl von Prüfmerkmalen):
Systematische Auswahl von Prüfmerkmalen. Voraussetzungen für die CIM-Integration der Oualitätsprüfung. In: *Zeitschrift für wirtschaftlichen Fabrikbetrieb.* 1987 (Band 82, Heft 8), S. 431–432. Online verfügbar unter https://www.degruyter.com/document/doi/10.1515/zwf-1987-820816/html, zuletzt geprüft am 06.11.2022.

Reuter, Thomas; Massalsky, Kristin; Hoyer, Klaus; Ivanov, Georg; Burkhardt, Thomas (Qualität durch synthetische Datensätze):
Qualitätsmanagement und vorausschauende Instandhaltung auf der Basis synthetischer Datensätze. Virtuelle Technologieentwicklung für den Mittelstand am Beispiel der Innenhochdruck-Umformung. In: *Zeitschrift für wirtschaftlichen Fabrikbetrieb.* 2021 (Band 116, Heft 10), S. 673–680. Online verfügbar unter https://www.degruyter.com/document/doi/10.1515/zwf-2021-0167/html, zuletzt geprüft am 06.11.2022.

Richter, Stefan (Statistisches und maschinelles Lernen):
Statistisches und maschinelles Lernen. Gängige Verfahren im Überblick. 2019. 1. Auflage. Berlin: Springer Spektrum (Lehrbuch).

Rueden, Laura von; Mayer, Sebastian; Beckh, Katharina; Georgiev, Bogdan; Giesselbach, Sven; Heese, Raoul; Kirsch, Birgit; Pfrommer, Julius; Pick, Annika; Ramamurthy, Rajkumar; Walczak, Michal; Garcke, Jochen; Bauckhage, Christian; Schuecker, Jannis (Informed Machine Learning):
Informed Machine Learning - A Taxonomy and Survey of Integrating Knowledge into Learning Systems. Institute of Electrical and Electronics Engineers (IEEE). Fraunhofer-Institut für Intelligente Analyse- und Informationssysteme (IAIS). Transactions on Knowledge and Data Engineering. 2019.

Rueden, Laura von; Mayer, Sebastian; Sifa, Rafet; Bauckhage, Christian; Garcke, Jochen (Combining Machine Learning and Simulation):
Combining Machine Learning and Simulation to a Hybrid Modelling Approach: Current and Future Directions. Forschungszentrum Maschinelles Lernen; Fraunhofer-Institut für Intelligente Analyse- und Informationssysteme (IAIS); Fraunhofer-Institut für Algorithmen und Wissenschaftliches Rechnen (SCAI); Institut für Numerische Simulation (Universität Bonn). 2020.

Samsonov, Vladimir; Lipp, Johannes; Noodt, Philipp; Fenollar, Alexia; Meisen, Tobias (More Machine Learning for Less):
More Machine Learning for Less: Comparing Data Generation Strategies in Mechanical Engineering and Manufacturing. Institute of Electrical and Electronics Engineers (IEEE). Institute of Information Management in Mechanical Engineering (RWTH Aachen); Chair of Technologies and Management of Digital Transformation (University of Wuppertal). Symposium Series on Computational Intelligence (SSCI), Xiamen. 2019.

Schmahls, Thomas (Beitrag zur Effizienzsteigerung während Produktionsanläufen):
Beitrag zur Effizienzsteigerung während Produktionsanläufen in der Automobilindustrie. Dissertation. Technische Universität Chemnitz (TU Chemnitz). Institut für Betriebswissenschaften und Fabriksysteme (IBF). 2001.

Schmitt, Robert; Ellerich, Max; Schlegel, Peter; Hao Ngo, Quoc; Emonts, Dominik; Montavon, Dominik; Buschmann, Daniel; Lauther, Rebecca (Datenbasiertes Qualitätsmanagement):
Datenbasiertes Qualitätsmanagement. 2020, S. 489–516, in: Frenz (Hg.) 2020 – Handbuch Industrie 4.0. Online verfügbar unter https://link.springer.com/chapter/10.1007/978-3-662-58474-3_25, zuletzt geprüft am 06.11.2022.

Schmitt, Robert; Pfeifer, Tilo (Qualitätsmanagement):
Qualitätsmanagement. Strategien - Methoden - Techniken. 2015. 5. Auflage. München: Carl Hanser Verlag.

Schmitt, Robert; Schuh, Günther; Gartzen, Thomas; Schmitt, Sebastian (Modell zum interdisziplinären Anlaufmanagement):
Das Aachener Modell zum interdisziplinären Anlaufmanagement. Entwicklung von Entscheidungsmodellen im Produktionsanlauf. In: *wt Werkstattstechnik online.* 2010 (Band 100, Heft 4), S. 317–322.

Schock, Christoph (Ansatz zur Systematisierung von Digitalisierungsprojekten):
CRISP-DM – Ein Ansatz zur Systematisierung von Digitalisierungsprojekten in Produktionsumfeldern. Abschlussbericht der Förderung zur internationalen Zusammenarbeit in der angewandten Forschung (PIZ). Bayerische Forschungsstiftung. Fraunhofer-Institut für Produktionstechnik und Automatisierung (IPA). Bayreuth. 2018.

Schröder, Dierk (Elektrische Antriebe):
Elektrische Antriebe – Grundlagen. Mit durchgerechneten Übungs- und Prüfungsaufgaben. 2017. 6. Auflage. Berlin: Springer Vieweg (Lehrbuch). Online verfügbar unter https://link.springer.com/content/pdf/10.1007/978-3-662-55448-7.pdf, zuletzt geprüft am 06.11.2022.

Schuh, G.; Prote, J.-P.; Hünnekes, P. (Anwendung von Verfahren des maschinellen Lernens):
Anwendung von Verfahren des maschinellen Lernens auf Basis von Data Farming am Beispiel eines Clusteralgorithmus. In: *Simulation in Produktion und Logistik.* 2019, S. 29–37. Online verfügbar unter http://www.asim-fachtagung-spl.de/asim2019/papers/03_Proof_109.pdf, zuletzt geprüft am 06.11.2022.

Schuh, Günther; Kampker, Achim (Strategie und Management produzierender Unternehmen):
Strategie und Management produzierender Unternehmen. Handbuch Produktion und Management 1. 2011. 2. Auflage. Berlin: Springer. Online verfügbar unter https://link.springer.com/content/pdf/10.1007/978-3-642-14502-5.pdf, zuletzt geprüft am 05.11.2022.

Schuh, Günther; Prote, Jan-Philipp; Dany, Stefan (Internet of Production): Internet of Production. 2017. Unter Mitarbeit von Walter Eversheim. 1. Auflage. Aachen: Apprimus Verlag (Engineering Valley - Internet of Production auf dem RWTH Aachen Campus : Festschrift für Univ.-Prof. em. Dr.-Ing. Dipl.-Wirt. Ing. Dr. h. c. mult. Walter Eversheim / Schuh, Günther; Brecher, Christian; Klocke, Fritz; Schmitt, Robert (Hrsg.)). Online verfügbar unter https://publications.rwth-aachen.de/record/710980, zuletzt geprüft am 05.11.2022.

Schuh, Günther; Riesener, Michael; Prote, Jan-Philipp; Dölle, Christian; Molitor, Marco; Schloesser, Sebastian; Liu, Yuan; Tittel, Jonas (Industrie 4.0): Industrie 4.0: Agile Entwicklung und Produktion im Internet of Production. 2020, S. 467–488, in: Frenz (Hg.) 2020 – Handbuch Industrie 4.0. Online verfügbar unter https://link.springer.com/chapter/10.1007/978-3-662-58474-3_25, zuletzt geprüft am 06.11.2022.

Schuh, Günther; Schmidt, Carsten (Produktionsmanagement): Produktionsmanagement. Handbuch Produktion und Management 5. 2014. 2. Auflage. Berlin: Springer Vieweg (Band 5). Online verfügbar unter https://link.springer.com/content/pdf/10.1007/978-3-642-54288-6.pdf, zuletzt geprüft am 05.11.2022.

Schuh, Günther; Stich, Volker; Basse, Felix Hans-Ulrich; Franzkoch, B.; Harzenetter, Florian; Luckert, Melanie; Prote, Jan-Philipp; Reschke, Jan; Schmitz, Stephan; Tücks, G.; Weißkopf, Jörg (Internet of Production für agile Unternehmen): Internet of Production für agile Unternehmen. AWK Aachener Werkzeugmaschinen-Kolloquium 2017, 18. bis 19. Mai. 2017. 1. Auflage. Aachen: Apprimus Verlag. Online verfügbar unter https://publications.rwth-aachen.de/record/710978, zuletzt geprüft am 05.11.2022.

Schuh, Günther; Stölzle, Wolfgang; Straube, Frank (Anlaufmanagement): Anlaufmanagement in der Automobilindustrie erfolgreich umsetzen. Ein Leitfaden für die Praxis. 2008. 1. Auflage. Berlin: Springer.

Schulz, Michael; Neuhaus, Uwe; Kaufmann, Jens; Badura, Daniel; Kerzel, Ulrich; Welter, Felix; Prothmann, Maik; Kühnel, Stephan; Passlick, Jens; Rissler, Raphael; Badewitz, Wolfgang; Dann, David; Gröschel, Alexander; Kloker, Simon; Alekozai, Emal M.; Felderer, Michael; Lanquillon, Carsten; Brauner, Dorothee; Gölzer, Philipp; Binder, Harald; Rhode, Heiko; Gehrke, Nick (Vorgehensmodell für Data-Science-Projekte): DASC-PM v1.0 - Ein Vorgehensmodell für Data-Science-Projekte. valantic Business Analytics GmbH und NORDAKADEMIE gAG Hochschule der Wirtschaft. Universitäts- und Landesbibliothek Sachsen-Anhalt; Martin-Luther Universität. Hamburg/Elmshorn. 2020.

Seifert, Inessa; Bürger, Matthias; Wangler, Leo; Christmann-Budian, Stephanie; Rohde, Marieke; Gabriel, Peter; Zinke, Guido (Potenziale der künstlichen Intelligenz):
Potenziale der künstlichen Intelligenz im produzierenden Gewerbe in Deutschland. Studie im Auftrag des Bundesministeriums für Wirtschaft und Klimaschutz (BMWK) im Rahmen der Begleitforschung zum Technologieprogramm PAiCE – Platforms | Additive Manufacturing | Imaging | Communication | Engineering. Begleitforschung PAiCE, iit-Institut für Innovation und Technik in der VDI / VDE Innovation + Technik GmbH. Berlin. 2018.

Siebertz, Karl; van Bebber, David; Hochkirchen, Thomas (Statistische Versuchsplanung):
Statistische Versuchsplanung. Design of Experiments (DoE). 2010. Berlin: Springer.

Spinnarke, Sabine (Künstliche Intelligenz):
So wird Künstliche Intelligenz in der Produktion eingesetzt. KI auf dem Shopfloor. verlag moderne industrie GmbH. Technik und Wirtschaft für die deutsche Industrie (Produktion.de). Landsberg. 2017.

Spring, Eckhard (Elektrische Maschinen):
Elektrische Maschinen. Eine Einführung. 2009. 3. Auflage. Berlin: Springer (Lehrbuch).

Stauder, Jens (Anlauforientierte Gestaltung von Fertigungssystemen):
Anlauforientierte Gestaltung von Fertigungssystemen. Dissertation. Rheinisch-Westfälische Technische Hochschule Aachen (RWTH Aachen). Werkzeugmaschinenlabor (WZL). 2017.

Sutton, Richard S.; Barto, Andrew G. (Reinforcement Learning):
Reinforcement Learning. An introduction. 2018. 2. Auflage. Cambridge, Massachusetts, London, England: The MIT Press (Adaptive computation and machine learning).

Tercan, Hasan; Guajardo, Alexandro; Meisen, Tobias (Industrial Transfer Learning):
Industrial Transfer Learning: Boosting Machine Learning in Production. Institute of Electrical and Electronics Engineers (IEEE). Chair of Technologies and Management of Digital Transformation (University of Wuppertal); Institute of Information Management in Mechanical Engineering (RWTH Aachen). 17th International Conference on Industrial Informatics (INDIN). 2019.

Tietjen, Thorsten; Decker, André (FMEA-Praxis):
FMEA-Praxis. Einstieg in die Risikoabschätzung von Produkten, Prozessen und Systemen. 2020. 4. Auflage. München: Carl Hanser Verlag.

Tomczak, Torsten (Forschungsmethoden):
Forschungsmethoden in der Marketingwissenschaft. Ein Plädoyer für den qualitativen Forschungsansatz. In: *Marketing Zeitschrift für Forschung und Praxis.* 1992 (Heft 2), S. 77–87. Online verfügbar unter https://www.jstor.org/stable/41918301?seq=6#metadata_info_tab_contents, zuletzt geprüft am 06.11.2022.

Tong, Wei (Design and Manufacturing of Electric Motors):
Mechanical Design and Manufacturing of Electric Motors. 2022. 2. Auflage. Boca Raton: CRC Press.

Tücks, Gregor (Ramp-Up Management):
Ramp-Up Management in der Automobilindustrie. Dissertation. Rheinisch-Westfälische Technische Hochschule Aachen (RWTH Aachen). Werkzeugmaschinenlabor (WZL). 2010.

Ulrich, Hans; Dyllick, Thomas; Probst, Gilbert J. B. (Systemorientiertes Management):
Systemorientiertes Management. Das Werk von Hans Ulrich. 1984. Bern: Haupt Verlag (Schriftenreihe Unternehmung und Unternehmungsführung).

Ulrich, Peter; Hill, Wilhelm (Wissenschaftstheoretische Grundlagen (Teil I)):
Wissenschaftstheoretische Grundlagen der Betriebswirtschaftslehre. Wirtschaftswissenschaftliches Studium. Teil I. In: *Zeitschrift für Ausbildung und Hochschulkontakt.* 1976 (Band 5, Heft 7), S. 304–309. Online verfügbar unter https://www.alexandria.unisg.ch/17331/1/Wissenschaftstheoretische%20Grundlagen%20der%20BWL_Ulrich%26Hill_WiSt_1976.pdf, zuletzt geprüft am 06.11.2022.

Ulrich, Peter; Hill, Wilhelm (Wissenschaftstheoretische Grundlagen (Teil II)):
Wissenschaftstheoretische Grundlagen der Betriebswirtschaftslehre. Wirtschaftswissenschaftliches Studium. Teil II. In: *Zeitschrift für Ausbildung und Hochschulkontakt.* 1976 (Band 5, Heft 7), S. 345–350. Online verfügbar unter https://www.alexandria.unisg.ch/17331/1/Wissenschaftstheoretische%20Grundlagen%20der%20BWL_Ulrich%26Hill_WiSt_1976.pdf, zuletzt geprüft am 06.11.2022.

Ulrich, Sebastian (Umgang mit Störungen im Produktionsanlauf):
Umgang mit Störungen im Produktionsanlauf. Adaption ausgewählter Methoden von Einsatzorganisationen auf den Produktionsanlauf. Dissertation. Universität der Bundeswehr München (UniBw M). 2016.

Umweltbundesamt (Emissionsstandards):
Emissionsstandards. Straßenverkehr. Bundesministerium für Umwelt, Naturschutz, nukleare Sicherheit und Verbraucherschutz (BMUV) und Umweltbundesamt. Berlin/Dessau-Roßlau. 2021.

Umweltbundesamt (Umweltbewusstsein und Umweltverhalten):
Umweltbewusstsein und Umweltverhalten. Stellenwert des Umwelt- und Klimaschutzes. Bundesministerium für Umwelt, Naturschutz, nukleare Sicherheit und Verbraucherschutz (BMUV) und Umweltbundesamt. Berlin/Dessau-Roßlau. 2022.

VDE (Elektrofahrzeuge):
Elektrofahrzeuge. Bedeutung, Stand der Technik, Handlungsbedarf. Verband der Elektrotechnik Elektronik Informationstechnik (VDE) e.V., Energietechnische Gesellschaft (ETG). Frankfurt am Main. 2010.

VDI/VDE (VDI/VDE 2206):
VDI/VDE 2206. Entwicklung mechatronischer und cyber-physischer Systeme. 2021. Online verfügbar unter https://www.beuth.de/de/technische-regel/vdi-vde-2206/342674320, zuletzt geprüft am 06.11.2022.

VDI/VDE/DGQ (VDI/VDE/DGQ 2619):
VDI/VDE/DGQ 2619. Prüfplanung. 1985. Online verfügbar unter https://www.beuth.de/de/technische-regel/vdi-vde-dgq-2619/635765, zuletzt geprüft am 06.11.2022.

Wang, Yaqing; Yao, Quanming; Kwok, James T.; Ni, Lionel M. (Few-shot Learning):
Generalizing from a Few Examples: A Survey on Few-shot Learning. In: *ACM Computing Surveys.* 2020 (Volume 53, Heft 3, Artikel 63), S. 1–34. Online verfügbar unter https://www.researchgate.net/publication/342141918_Generalizing_from_a_Few_Examples_A_Survey_on_Few-shot_Learning, zuletzt geprüft am 06.11.2022.

Weiß, Frederik (Elektrifizierte Fahrzeugantriebsstränge):
Optimale Konzeptauslegung elektrifizierter Fahrzeugantriebsstränge. Eine computergestützte Methodik zur Beschleunigung des Auslegungsprozesses. Dissertation. Technische Universität Chemnitz (TU Chemnitz). 2017. Online verfügbar unter https://link.springer.com/content/pdf/10.1007/978-3-658-22097-6.pdf, zuletzt geprüft am 16.10.2022.

Wennker, Phil (Künstliche Intelligenz in der Praxis):
Künstliche Intelligenz in der Praxis. Anwendungen in Unternehmen und Branchen: KI wettbewerbs- und zukunftsorientiert einsetzen. 2020. 1. Auflage. Wiesbaden: Springer Gabler.

Werdich, Martin (FMEA (Einführung und Moderation)):
FMEA - Einführung und Moderation. Durch systematische Entwicklung zur übersichtlichen Risikominimierung (inkl. Methoden im Umfeld). 2011. 1. Auflage. Wiesbaden: Vieweg + Teubner Verlag.

Westermann, Thorsten (Planung von Cyber-Physical Systems):
Systematik zur Reifegradmodell-basierten Planung von Cyber-Physical Systems des Maschinen- und Anlagenbaus. Dissertation. Universität Paderborn. 2017. Online verfügbar unter https://digital.ub.uni-paderborn.de/hs/content/zoom/2613421, zuletzt geprüft am 16.10.2022.

Westkämper, Engelbert; Löffler, Carina (Strategien der Produktion):
Strategien der Produktion. Technologien, Konzepte und Wege in die Praxis. 2016. Berlin: Springer Vieweg. Online verfügbar unter https://link.springer.com/content/pdf/10.1007/978-3-662-48914-7.pdf, zuletzt geprüft am 06.11.2022.

Wiemer, Hajo; Drowatzky, Lucas; Ihlenfeldt, Steffen (Data Mining Methodology for Engineering Applications):
Data Mining Methodology for Engineering Applications (DMME). A Holistic Extension to the CRISP-DM Model. In: *Procedia CIRP.* 2019 (Volume 79), S. 403–408. Online verfügbar unter https://www.sciencedirect.com/science/article/pii/S2212827119302239, zuletzt geprüft am 06.11.2022.

Wiendahl, Hans-Peter; Hegenscheidt, Matthias; Winkler, Helge (Anlaufrobuste Produktionssysteme):
Anlaufrobuste Produktionssysteme. In: *wt Werkstattstechnik online.* 2002 (Band 92, Heft 11/12), S. 650–655. Online verfügbar unter https://www.om.rwth-aachen.de/data/uploads/anlaufmanagement_glossar_ebook.pdf, zuletzt geprüft am 06.11.2022.

Wildemann, Horst (Präventive Handlungsstrategien für den Produktionsanlauf):
Präventive Handlungsstrategien für den Produktionsanlauf. In: *Zeitschrift für industrielle Geschäftsprozesse.* 2004 (Band 20, Ausgabe 4), S. 17–20. Online verfügbar unter https://www.econbiz.de/Record/thema-anlaufmanagement-pr%C3%A4ventive-handlungsstrategien-f%C3%BCr-den-produktionsanlauf-wildemann/10007026863, zuletzt geprüft am 06.11.2022.

Winkler, Helge (Modellierung vernetzter Wirkbeziehungen im Produktionsanlauf):
Modellierung vernetzter Wirkbeziehungen im Produktionsanlauf. Dissertation. Leibniz Universität Hannover (LUH). Institut für Fabrikanlagen und Logistik (IFA). 2007.

IX Anhang

Appendix

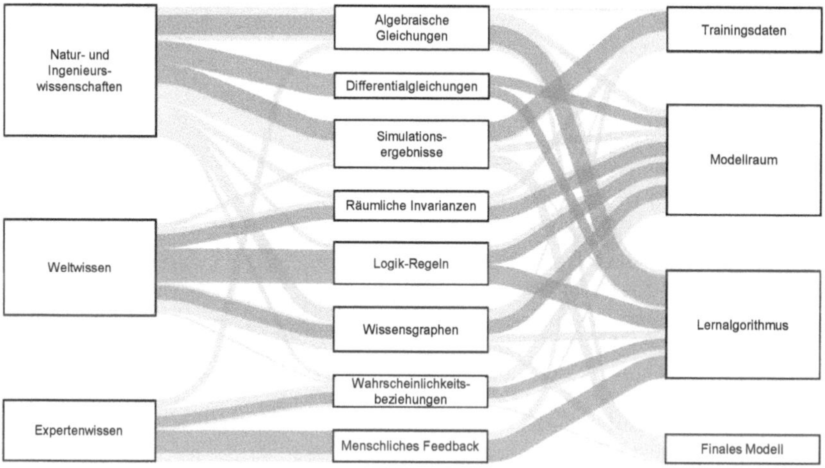

Abbildung IX-1: Taxonomie der Wissensintegration in die ML-Pipeline[583]

583 vgl. von Rueden, Mayer et al. 2019 – Informed Machine Learning, S. 4.

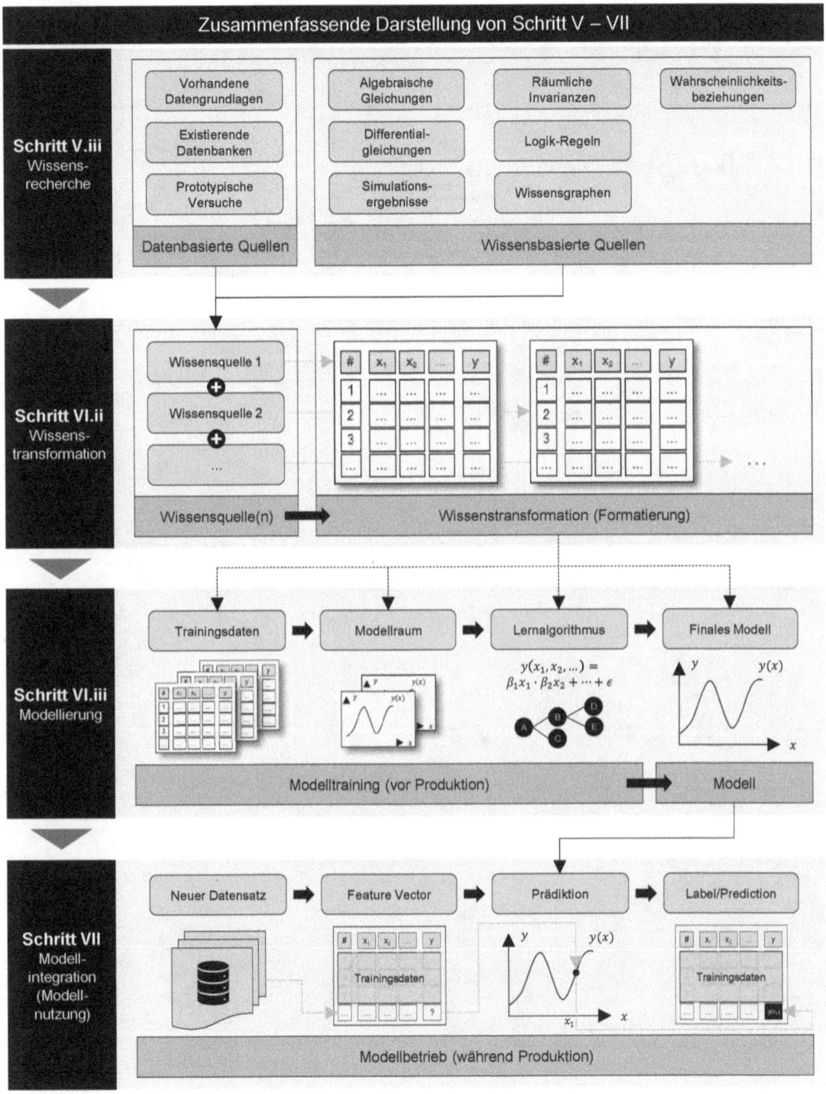

Abbildung IX-2: Zusammenfassende Darstellung (Schritt V – VII)

Prozessvariablen x / Übergabegrößen z

PS01	Kupferdraht richten	PS02	Kupferdraht abisolieren	PS03	Kupferdraht biegen	PS04	Kupferdraht ablängen	PS05	Statornuten isolieren	PS06	Hairpins vormontieren	PS07	Hairpins fügen
x01.01	Richtwalzenpositionen	x02.01	Laserleistung	x03.01	Biegegeschwindigkeit	x04.01	Schneidgeschwindigkeit	x05.01	Einschubgeschwindigkeit	x06.01	Vormontagegeschwindigkeit	x07.01	Montagegeschwindigkeit
x01.02	Drahtvorschubgeschwindigkeit	x02.02	Prozessgeschwindigkeit (Feedrate)	x03.02	Biegebeschleunigung	x04.02	Schneidbeschleunigung	x05.02	Einschubbeschleunigung	x06.02	Vormontagebeschleunigung	x07.02	Montagebeschleunigung
x01.03	Drahtvorschubkontinuität	x02.03	Pulsdauer	x03.03	Biegekraft	x04.03	Niederhalterkraft	x05.03	Umformkraft (Nutpapier)	x06.03	Handhabungskraft	x07.03	Handhabungskraft
x01.04		x02.04	Fokuslage	x03.04	Drahtvorschubgeschwindigkeit	x04.04		x05.04		x06.04	Handhabungsposition	x07.04	Handhabungsposition
x01.05		x02.05		x03.05	Drahtvorschubkontinuität	x04.05		x05.05		x06.05		x07.05	
x01.06		x02.06		x03.06		x04.06		x05.06		x06.06		x07.06	
x01.07		x02.07		x03.07		x04.07		x05.07		x06.07		x07.07	
x01.08		x02.08		x03.08		x04.08		x05.08		x06.08		x07.08	
x01.09		x02.09		x03.09		x04.09		x05.09		x06.09		x07.09	
x01.10		x02.10		x03.10		x04.10		x05.10		x06.10		x07.10	

Beeinflussung des Prozessschritts auf Übergabegrößen														
		Urformen		Urformen		Urformen		Urformen		Urformen		Urformen		Urformen
	■	Umformen		Umformen	■	Umformen		Umformen	■	Umformen	■	Umformen	■	Umformen
		Trennen	■	Trennen		Trennen	■	Trennen		Trennen		Trennen		Trennen
		Fügen		Fügen		Fügen		Fügen	■	Fügen		Fügen		Fügen
		Beschichten		Beschichten		Beschichten		Beschichten	■	Beschichten		Beschichten	■	Beschichten
	■	Stoffeigenschaft ändern		Stoffeigenschaft ändern	■	Stoffeigenschaft ändern		Stoffeigenschaft ändern		Stoffeigenschaft ändern		Stoffeigenschaft ändern		Stoffeigenschaft ändern

PS08	Kupferenden freistellen	PS09	Kupferenden schränken	PS10	Kupferenden ablängen	PS11	Kupferenden kontaktieren	PS12	Verschaltelemente kontaktieren	PS13	Kupferenden isolieren	PS14	Stator imprägnieren
x08.01	Umformgeschwindigkeit	x09.01	Umformgeschwindigkeit	x10.01	Schneidgeschwindigkeit	x11.01	Schweißtrajektorie (Strecke a)	x12.01	Schweißtrajektorie (Strecken a, b)	x13.01	Applikationsvolumen (Harz)	x14.01	Applikationsvolumen (Harz)
x08.02	Umformbeschleunigung	x09.02	Umformbeschleunigung	x10.02	Schneidbeschleunigung	x11.02	Schweißtrajektorie (Winkel ρ)	x12.02	Schweißtrajektorie (Winkel ρ)	x13.02	Prozesstemperaturprofil	x14.02	Prozesstemperaturprofil
x08.03	Handhabungskraft	x09.03		x10.03		x11.03	Schweißunterbrechungen	x12.03	Schweißunterbrechungen	x13.03	Prozessdauer	x14.03	Harztemperaturprofil
x08.04	Handhabungsposition	x09.04		x10.04		x11.04	Schweißgeschwindigkeit	x12.04	Schweißgeschwindigkeit	x13.04		x14.04	Rotationsgeschwindigkeit
x08.05		x09.05		x10.05		x11.05	Laserleistung	x12.05	Laserleistung	x13.05		x14.05	Rotationskontinuität
x08.06		x09.06		x10.06		x11.06	Leistungsverteilung (Ring/Kern)	x12.06	Leistungsverteilung (Ring/Kern)	x13.06		x14.06	
x08.07		x09.07		x10.07		x11.07	Fokuslage	x12.07	Fokuslage	x13.07		x14.07	
x08.08		x09.08		x10.08		x11.08	Schutzgas	x12.08	Schutzgas	x13.08		x14.08	
x08.09		x09.09		x10.09		x11.09		x12.09		x13.09		x14.09	
x08.10		x09.10		x10.10		x11.10		x12.10		x13.10		x14.10	

Beeinflussung des Prozessschritts auf Übergabegrößen														
		Urformen		Urformen		Urformen		Urformen		Urformen		Urformen		Urformen
	■	Umformen	■	Umformen		Umformen		Umformen		Umformen		Umformen		Umformen
		Trennen		Trennen	■	Trennen		Trennen		Trennen		Trennen		Trennen
		Fügen		Fügen		Fügen	■	Fügen	■	Fügen		Fügen		Fügen
	■	Beschichten	■	Beschichten		Beschichten		Beschichten		Beschichten	■	Beschichten	■	Beschichten
	■	Stoffeigenschaft ändern	■	Stoffeigenschaft ändern		Stoffeigenschaft ändern	■	Stoffeigenschaft ändern	■	Stoffeigenschaft ändern		Stoffeigenschaft ändern		Stoffeigenschaft ändern

Produktparameter y / Übergabegrößen z

PS01	Kupferdraht richten	PS02	Kupferdraht abisolieren	PS03	Kupferdraht biegen	PS04	Kupferdraht ablängen	PS05	Statornuten isolieren	PS06	Hairpins vormontieren	PS07	Hairpins fügen
y01.01	Drahthelizität	y02.01	Isolationsrückstände	y03.01	Geometrieabweichungen (Parallelität)	y04.01	Schnittgrat	y05.01	Nutpapierüberstand	y06.01	Angularer Versatz (um x-Achse)	y07.01	Angularer Versatz (um x-Achse)
y01.02	Drahtrestkrümmung	y02.02	Drahtverunreinigung	y03.02	Drahthelizität	y04.02	Drahthelizität	y05.02	Lufteinschlüsse (Nutisolation/Blechpaket)	y06.02	Angularer Versatz (um y-Achse)	y07.02	Angularer Versatz (um y-Achse)
y01.03	Drahtquerschnittsveränderungen	y02.03	Geometrie des abisolierten Bereichs	y03.03	Drahtquerschnittsveränderungen	y04.03	Drahtquerschnittsveränderungen	y05.03	Riss- und Faltenfreiheit	y06.03	Angularer Versatz (um z-Achse)	y07.03	Angularer Versatz (um z-Achse)
y01.04	Drahtisolationsbeschädigung	y02.04	Drahtquerschnittsveränderungen	y03.04	Drahtisolationsbeschädigung	y04.04	Drahtisolationsbeschädigung	y05.04	Blechpaketbeschädigung	y06.04	Longitudinaler Versatz (x-Achse)	y07.04	Longitudinaler Versatz (x-Achse)
y01.05	Drahtverunreinigung	y02.05		y03.05	Drahtverunreinigung	y04.05	Drahtverunreinigung	y05.05	Formabweichung (Isolationspapier)	y06.05	Longitudinaler Versatz (y-Achse)	y07.05	Longitudinaler Versatz (y-Achse)
y01.06	Drahteigenspannung	y02.06		y03.06	Drahteigenspannung	y04.06		y05.06	Lageabweichung (Isolationspapier)	y06.06	Longitudinaler Versatz (z-Achse)	y07.06	Longitudinaler Versatz (z-Achse)
y01.07		y02.07		y03.07		y04.07		y05.07		y06.07	Drahtisolationsbeschädigung	y07.07	Drahtisolationsbeschädigung
y01.08		y02.08		y03.08		y04.08		y05.08		y06.08		y07.08	Nutisolationsbeschädigung
y01.09		y02.09		y03.09		y04.09		y05.09		y06.09		y07.09	Blechpaketbeschädigung
y01.10		y02.10		y03.10		y04.10		y05.10		y06.10		y07.10	

Sensitivität des Prozessschritts bzgl. Übergabegrößen														
	■	Urformen	■	Urformen	■	Urformen		Urformen	■	Urformen	■	Urformen	■	Urformen
		Umformen	■	Umformen	■	Umformen	■	Umformen		Umformen	■	Umformen	■	Umformen
		Trennen		Trennen		Trennen		Trennen		Trennen	■	Trennen	■	Trennen
		Fügen		Fügen		Fügen		Fügen		Fügen		Fügen		Fügen
	■	Beschichten	■	Beschichten	■	Beschichten		Beschichten		Beschichten	■	Beschichten	■	Beschichten
		Stoffeigenschaft ändern		Stoffeigenschaft ändern	■	Stoffeigenschaft ändern		Stoffeigenschaft ändern		Stoffeigenschaft ändern		Stoffeigenschaft ändern		Stoffeigenschaft ändern

PS08	Kupferenden freistellen	PS09	Kupferenden schränken	PS10	Kupferenden ablängen	PS11	Kupferenden kontaktieren	PS12	Verschaltelemente kontaktieren	PS13	Kupferenden isolieren	PS14	Stator imprägnieren
y08.01	Angularer Versatz (um x-Achse)	y09.01	Angularer Versatz (um x-Achse)	y10.01	Angularer Versatz (um x-Achse)	y11.01	Schweißnahtvolumen	y12.01	Schweißnahtvolumen	y13.01	Schichtdicke (Harz)	y14.01	Füllfaktor
y08.02	Angularer Versatz (um y-Achse)	y09.02	Angularer Versatz (um y-Achse)	y10.02	Angularer Versatz (um y-Achse)	y11.02	Schweißnahtquerschnitt	y12.02	Schweißnahtquerschnitt	y13.02	Durchschlagfestigkeit	y14.02	Hohlräume/Lufteinschlüsse
y08.03	Angularer Versatz (um z-Achse)	y09.03	Angularer Versatz (um z-Achse)	y10.03	Angularer Versatz (um z-Achse)	y11.03	Isolationsbeschädigung (Hairpin)	y12.03	Isolationsbeschädigung (Hairpin)	y13.03		y14.03	Blechpaketbeschädigung
y08.04	Longitudinaler Versatz (x-Achse)	y09.04	Longitudinaler Versatz (x-Achse)	y10.04	Longitudinaler Versatz (x-Achse)	y11.04	Schweißnahtporen	y12.04	Schweißnahtporen	y13.04		y14.04	
y08.05	Longitudinaler Versatz (y-Achse)	y09.05	Longitudinaler Versatz (y-Achse)	y10.05	Longitudinaler Versatz (y-Achse)	y11.05	Schweißspritzer	y12.05	Schweißspritzer	y13.05		y14.05	
y08.06	Longitudinaler Versatz (z-Achse)	y09.06	Longitudinaler Versatz (z-Achse)	y10.06	Longitudinaler Versatz (z-Achse)	y11.06	Elektrische Leitfähigkeit	y12.06	Elektrische Leitfähigkeit	y13.06		y14.06	
y08.07	Drahtisolationsbeschädigung	y09.07	Drahtisolationsbeschädigung	y10.07	Drahtisolationsbeschädigung	y11.07	Mechanische Zugfestigkeit	y12.07	Mechanische Zugfestigkeit	y13.07		y14.07	
y08.08	Nutisolationsbeschädigung	y09.08	Nutisolationsbeschädigung	y10.08	Schnittgrat	y11.08		y12.08		y13.08		y14.08	
y08.09		y09.09		y10.09	Drahtquerschnitt	y11.09		y12.09		y13.09		y14.09	
y08.10		y09.10		y10.10		y11.10		y12.10		y13.10		y14.10	

Sensitivität des Prozessschritts bzgl. Übergabegrößen														
	■	Urformen	■	Urformen		Urformen	■	Urformen	■	Urformen	■	Urformen	■	Urformen
	■	Umformen	■	Umformen	■	Umformen	■	Umformen	■	Umformen	■	Umformen	■	Umformen
		Trennen		Trennen		Trennen	■	Trennen	■	Trennen		Trennen		Trennen
		Fügen		Fügen	■	Fügen	■	Fügen	■	Fügen	■	Fügen		Fügen
		Beschichten		Beschichten		Beschichten	■	Beschichten	■	Beschichten	■	Beschichten		Beschichten
	■	Stoffeigenschaft ändern	■	Stoffeigenschaft ändern		Stoffeigenschaft ändern	■	Stoffeigenschaft ändern	■	Stoffeigenschaft ändern		Stoffeigenschaft ändern		Stoffeigenschaft ändern

Abbildung IX-3: Übersicht der PV, PP und ÜG (für Statorbaugruppe)

	Kürzel	Übergabegröße	Beeinflussung	Sensitivität
Komponente 01 Spulenwicklung	z01	Urformen	0	2
	z02	Umformen	3	0
	z03	Trennen	0	0
	z04	Fügen	0	0
	z05	Beschichten	0	1
	z06	Stoffeigenschaft ändern	2	0
Komponente 02 Nutisolation	z01	Urformen	0	0
	z02	Umformen	0	0
	z03	Trennen	0	0
	z04	Fügen	0	0
	z05	Beschichten	0	0
	z06	Stoffeigenschaft ändern	0	0
Komponente 03 Blechpaket	z01	Urformen	0	0
	z02	Umformen	0	0
	z03	Trennen	0	0
	z04	Fügen	0	0
	z05	Beschichten	0	0
	z06	Stoffeigenschaft ändern	0	0
Komponente 04 Verschaltelemente	z01	Urformen	0	0
	z02	Umformen	0	0
	z03	Trennen	0	0
	z04	Fügen	0	0
	z05	Beschichten	0	0
	z06	Stoffeigenschaft ändern	0	0

Abbildung IX-4: Quantifizierung der Beeinflussungen und Sensitivitäten (PS_1)

	Kürzel	Übergabegröße	Beeinflussung	Sensitivität
Komponente 01 Spulenwicklung	z01	Urformen	0	1
	z02	Umformen	0	2
	z03	Trennen	3	0
	z04	Fügen	0	0
	z05	Beschichten	0	3
	z06	Stoffeigenschaft ändern	0	0
Komponente 02 Nutisolation	z01	Urformen	0	0
	z02	Umformen	0	0
	z03	Trennen	0	0
	z04	Fügen	0	0
	z05	Beschichten	0	0
	z06	Stoffeigenschaft ändern	0	0
Komponente 03 Blechpaket	z01	Urformen	0	0
	z02	Umformen	0	0
	z03	Trennen	0	0
	z04	Fügen	0	0
	z05	Beschichten	0	0
	z06	Stoffeigenschaft ändern	0	0
Komponente 04 Verschaltelemente	z01	Urformen	0	0
	z02	Umformen	0	0
	z03	Trennen	0	0
	z04	Fügen	0	0
	z05	Beschichten	0	0
	z06	Stoffeigenschaft ändern	0	0

Abbildung IX-5: Quantifizierung der Beeinflussungen und Sensitivitäten (PS_2)

	Kürzel	Übergabegröße	Beeinflussung	Sensitivität
Komponente 01 Spulenwicklung	z01	Urformen	0	1
	z02	Umformen	3	1
	z03	Trennen	0	0
	z04	Fügen	0	0
	z05	Beschichten	0	1
	z06	Stoffeigenschaft ändern	1	2
Komponente 02 Nutisolation	z01	Urformen	0	0
	z02	Umformen	0	0
	z03	Trennen	0	0
	z04	Fügen	0	0
	z05	Beschichten	0	0
	z06	Stoffeigenschaft ändern	0	0
Komponente 03 Blechpaket	z01	Urformen	0	0
	z02	Umformen	0	0
	z03	Trennen	0	0
	z04	Fügen	0	0
	z05	Beschichten	0	0
	z06	Stoffeigenschaft ändern	0	0
Komponente 04 Verschaltelemente	z01	Urformen	0	0
	z02	Umformen	0	0
	z03	Trennen	0	0
	z04	Fügen	0	0
	z05	Beschichten	0	0
	z06	Stoffeigenschaft ändern	0	0

Abbildung IX-6: Quantifizierung der Beeinflussungen und Sensitivitäten (PS_3)

	Kürzel	Übergabegröße	Beeinflussung	Sensitivität
Komponente 01 Spulenwicklung	z01	Urformen	0	0
	z02	Umformen	0	1
	z03	Trennen	3	0
	z04	Fügen	0	0
	z05	Beschichten	0	0
	z06	Stoffeigenschaft ändern	0	0
Komponente 02 Nutisolation	z01	Urformen	0	0
	z02	Umformen	0	0
	z03	Trennen	0	0
	z04	Fügen	0	0
	z05	Beschichten	0	0
	z06	Stoffeigenschaft ändern	0	0
Komponente 03 Blechpaket	z01	Urformen	0	0
	z02	Umformen	0	0
	z03	Trennen	0	0
	z04	Fügen	0	0
	z05	Beschichten	0	0
	z06	Stoffeigenschaft ändern	0	0
Komponente 04 Verschaltelemente	z01	Urformen	0	0
	z02	Umformen	0	0
	z03	Trennen	0	0
	z04	Fügen	0	0
	z05	Beschichten	0	0
	z06	Stoffeigenschaft ändern	0	0

Abbildung IX-7: Quantifizierung der Beeinflussungen und Sensitivitäten (PS_4)

	Kürzel	Übergabegröße	Beeinflussung	Sensitivität
Komponente 01 Spulenwicklung	z01	Urformen	0	0
	z02	Umformen	0	0
	z03	Trennen	0	0
	z04	Fügen	0	0
	z05	Beschichten	0	0
	z06	Stoffeigenschaft ändern	0	0
Komponente 02 Nutisolation	z01	Urformen	0	0
	z02	Umformen	2	0
	z03	Trennen	0	0
	z04	Fügen	3	0
	z05	Beschichten	0	0
	z06	Stoffeigenschaft ändern	0	0
Komponente 03 Blechpaket	z01	Urformen	0	2
	z02	Umformen	0	0
	z03	Trennen	0	0
	z04	Fügen	0	0
	z05	Beschichten	2	0
	z06	Stoffeigenschaft ändern	0	0
Komponente 04 Verschaltelemente	z01	Urformen	0	0
	z02	Umformen	0	0
	z03	Trennen	0	0
	z04	Fügen	0	0
	z05	Beschichten	0	0
	z06	Stoffeigenschaft ändern	0	0

Abbildung IX-8: Quantifizierung der Beeinflussungen und Sensitivitäten (PS_5)

	Kürzel	Übergabegröße	Beeinflussung	Sensitivität
Komponente 01 Spulenwicklung	z01	Urformen	0	1
	z02	Umformen	1	2
	z03	Trennen	0	1
	z04	Fügen	0	0
	z05	Beschichten	0	1
	z06	Stoffeigenschaft ändern	0	0
Komponente 02 Nutisolation	z01	Urformen	0	0
	z02	Umformen	0	0
	z03	Trennen	0	0
	z04	Fügen	0	0
	z05	Beschichten	0	0
	z06	Stoffeigenschaft ändern	0	0
Komponente 03 Blechpaket	z01	Urformen	0	0
	z02	Umformen	0	0
	z03	Trennen	0	0
	z04	Fügen	0	0
	z05	Beschichten	0	0
	z06	Stoffeigenschaft ändern	0	0
Komponente 04 Verschaltelemente	z01	Urformen	0	0
	z02	Umformen	0	0
	z03	Trennen	0	0
	z04	Fügen	0	0
	z05	Beschichten	0	0
	z06	Stoffeigenschaft ändern	0	0

Abbildung IX-9: Quantifizierung der Beeinflussungen und Sensitivitäten (PS_6)

	Kürzel	Übergabegröße	Beeinflussung	Sensitivität
Komponente 01 Spulenwicklung	z01	Urformen	0	1
	z02	Umformen	1	2
	z03	Trennen	0	1
	z04	Fügen	0	0
	z05	Beschichten	0	1
	z06	Stoffeigenschaft ändern	0	0
Komponente 02 Nutisolation	z01	Urformen	0	0
	z02	Umformen	0	0
	z03	Trennen	0	0
	z04	Fügen	0	0
	z05	Beschichten	2	0
	z06	Stoffeigenschaft ändern	0	0
Komponente 03 Blechpaket	z01	Urformen	0	2
	z02	Umformen	0	0
	z03	Trennen	0	0
	z04	Fügen	0	0
	z05	Beschichten	2	0
	z06	Stoffeigenschaft ändern	0	0
Komponente 04 Verschaltelemente	z01	Urformen	0	0
	z02	Umformen	0	0
	z03	Trennen	0	0
	z04	Fügen	0	0
	z05	Beschichten	0	0
	z06	Stoffeigenschaft ändern	0	0

Abbildung IX-10: Quantifizierung der Beeinflussungen und Sensitivitäten (PS_7)

	Kürzel	Übergabegröße	Beeinflussung	Sensitivität
Komponente 01 Spulenwicklung	z01	Urformen	0	1
	z02	Umformen	3	2
	z03	Trennen	0	0
	z04	Fügen	0	0
	z05	Beschichten	0	0
	z06	Stoffeigenschaft ändern	1	2
Komponente 02 Nutisolation	z01	Urformen	0	0
	z02	Umformen	0	0
	z03	Trennen	0	0
	z04	Fügen	0	0
	z05	Beschichten	1	0
	z06	Stoffeigenschaft ändern	0	0
Komponente 03 Blechpaket	z01	Urformen	0	0
	z02	Umformen	0	0
	z03	Trennen	0	0
	z04	Fügen	0	0
	z05	Beschichten	0	0
	z06	Stoffeigenschaft ändern	0	0
Komponente 04 Verschaltelemente	z01	Urformen	0	0
	z02	Umformen	0	0
	z03	Trennen	0	0
	z04	Fügen	0	0
	z05	Beschichten	0	0
	z06	Stoffeigenschaft ändern	0	0

Abbildung IX-11: Quantifizierung der Beeinflussungen und Sensitivitäten (PS_8)

	Kürzel	Übergabegröße	Beeinflussung	Sensitivität
Komponente 01 Spulenwicklung	z01	Urformen	0	1
	z02	Umformen	3	2
	z03	Trennen	0	0
	z04	Fügen	0	0
	z05	Beschichten	0	0
	z06	Stoffeigenschaft ändern	1	2
Komponente 02 Nutisolation	z01	Urformen	0	0
	z02	Umformen	0	0
	z03	Trennen	0	0
	z04	Fügen	0	0
	z05	Beschichten	1	0
	z06	Stoffeigenschaft ändern	0	0
Komponente 03 Blechpaket	z01	Urformen	0	0
	z02	Umformen	0	0
	z03	Trennen	0	0
	z04	Fügen	0	0
	z05	Beschichten	0	0
	z06	Stoffeigenschaft ändern	0	0
Komponente 04 Verschaltelemente	z01	Urformen	0	0
	z02	Umformen	0	0
	z03	Trennen	0	0
	z04	Fügen	0	0
	z05	Beschichten	0	0
	z06	Stoffeigenschaft ändern	0	0

Abbildung IX-12: Quantifizierung der Beeinflussungen und Sensitivitäten (PS_9)

	Kürzel	Übergabegröße	Beeinflussung	Sensitivität
Komponente 01 Spulenwicklung	z01	Urformen	0	0
	z02	Umformen	0	2
	z03	Trennen	3	0
	z04	Fügen	0	2
	z05	Beschichten	0	0
	z06	Stoffeigenschaft ändern	0	0
Komponente 02 Nutisolation	z01	Urformen	0	0
	z02	Umformen	0	0
	z03	Trennen	0	0
	z04	Fügen	0	0
	z05	Beschichten	0	0
	z06	Stoffeigenschaft ändern	0	0
Komponente 03 Blechpaket	z01	Urformen	0	0
	z02	Umformen	0	0
	z03	Trennen	0	0
	z04	Fügen	0	0
	z05	Beschichten	0	0
	z06	Stoffeigenschaft ändern	0	0
Komponente 04 Verschaltelemente	z01	Urformen	0	0
	z02	Umformen	0	0
	z03	Trennen	0	0
	z04	Fügen	0	0
	z05	Beschichten	0	0
	z06	Stoffeigenschaft ändern	0	0

Abbildung IX-13: Quantifizierung der Beeinflussungen und Sensitivitäten (PS_{10})

	Kürzel	Übergabegröße	Beeinflussung	Sensitivität
Komponente 01 Spulenwicklung	z01	Urformen	0	1
	z02	Umformen	0	3
	z03	Trennen	0	2
	z04	Fügen	3	1
	z05	Beschichten	0	1
	z06	Stoffeigenschaft ändern	2	1
Komponente 02 Nutisolation	z01	Urformen	0	0
	z02	Umformen	0	0
	z03	Trennen	0	0
	z04	Fügen	0	0
	z05	Beschichten	0	0
	z06	Stoffeigenschaft ändern	0	0
Komponente 03 Blechpaket	z01	Urformen	0	0
	z02	Umformen	0	0
	z03	Trennen	0	0
	z04	Fügen	0	0
	z05	Beschichten	0	0
	z06	Stoffeigenschaft ändern	0	0
Komponente 04 Verschaltelemente	z01	Urformen	0	0
	z02	Umformen	0	0
	z03	Trennen	0	0
	z04	Fügen	0	0
	z05	Beschichten	0	0
	z06	Stoffeigenschaft ändern	0	0

Abbildung IX-14: Quantifizierung der Beeinflussungen und Sensitivitäten (PS_{11})

	Kürzel	Übergabegröße	Beeinflussung	Sensitivität
Komponente 01 Spulenwicklung	z01	Urformen	0	1
	z02	Umformen	0	3
	z03	Trennen	0	2
	z04	Fügen	3	1
	z05	Beschichten	0	1
	z06	Stoffeigenschaft ändern	2	1
Komponente 02 Nutisolation	z01	Urformen	0	0
	z02	Umformen	0	0
	z03	Trennen	0	0
	z04	Fügen	0	0
	z05	Beschichten	0	0
	z06	Stoffeigenschaft ändern	0	0
Komponente 03 Blechpaket	z01	Urformen	0	0
	z02	Umformen	0	0
	z03	Trennen	0	0
	z04	Fügen	0	0
	z05	Beschichten	0	0
	z06	Stoffeigenschaft ändern	0	0
Komponente 04 Verschaltelemente	z01	Urformen	0	1
	z02	Umformen	0	0
	z03	Trennen	0	0
	z04	Fügen	3	0
	z05	Beschichten	0	0
	z06	Stoffeigenschaft ändern	2	0

Abbildung IX-15: Quantifizierung der Beeinflussungen und Sensitivitäten (PS_{12})

	Kürzel	Übergabegröße	Beeinflussung	Sensitivität
Komponente 01 Spulenwicklung	z01	Urformen	0	1
	z02	Umformen	0	2
	z03	Trennen	0	0
	z04	Fügen	0	1
	z05	Beschichten	3	3
	z06	Stoffeigenschaft ändern	0	0
Komponente 02 Nutisolation	z01	Urformen	0	0
	z02	Umformen	0	0
	z03	Trennen	0	0
	z04	Fügen	0	0
	z05	Beschichten	0	0
	z06	Stoffeigenschaft ändern	0	0
Komponente 03 Blechpaket	z01	Urformen	0	0
	z02	Umformen	0	0
	z03	Trennen	0	0
	z04	Fügen	0	0
	z05	Beschichten	0	0
	z06	Stoffeigenschaft ändern	0	0
Komponente 04 Verschaltelemente	z01	Urformen	0	0
	z02	Umformen	0	0
	z03	Trennen	0	0
	z04	Fügen	0	0
	z05	Beschichten	0	0
	z06	Stoffeigenschaft ändern	0	0

Abbildung IX-16: Quantifizierung der Beeinflussungen und Sensitivitäten (PS_{13})

	Kürzel	Übergabegröße	Beeinflussung	Sensitivität
Komponente 01 Spulenwicklung	z01	Urformen	0	0
	z02	Umformen	0	2
	z03	Trennen	0	0
	z04	Fügen	0	0
	z05	Beschichten	3	0
	z06	Stoffeigenschaft ändern	0	0
Komponente 02 Nutisolation	z01	Urformen	0	0
	z02	Umformen	0	2
	z03	Trennen	0	0
	z04	Fügen	0	0
	z05	Beschichten	3	0
	z06	Stoffeigenschaft ändern	0	0
Komponente 03 Blechpaket	z01	Urformen	0	3
	z02	Umformen	0	0
	z03	Trennen	0	0
	z04	Fügen	0	0
	z05	Beschichten	3	0
	z06	Stoffeigenschaft ändern	0	0
Komponente 04 Verschaltelemente	z01	Urformen	0	0
	z02	Umformen	0	0
	z03	Trennen	0	0
	z04	Fügen	0	0
	z05	Beschichten	3	0
	z06	Stoffeigenschaft ändern	0	0

Abbildung IX-17: Quantifizierung der Beeinflussungen und Sensitivitäten (PS_{14})

	Beeinflussungsmatrix (Nutisolation)															
	Prozessschritte →	01	02	03	04	05	06	07	08	09	10	11	12	13	14	Summe	normiert
Übergabegrößen	Urformen	0	0	0	0	0	0	2	1	1	0	0	0	0	3	7,0	1,0
	Umformen	0	0	0	0	0	0	0	0	0	0	0	0	0	0	0,0	0,0
	Trennen	0	0	0	0	0	0	0	0	0	0	0	0	0	0	0,0	0,0
	Fügen	0	0	0	0	0	0	0	0	0	0	0	0	0	0	0,0	0,0
	Beschichten	0	0	0	0	0	0	0	0	0	0	0	0	0	0	0,0	0,0
	Stoffeigenschaft ändern	0	0	0	0	0	0	0	0	0	0	0	0	0	0	0,0	0,0
	Summe	0,0	0,0	0,0	0,0	0,0	0,0	2,0	1,0	1,0	0,0	0,0	0,0	0,0	3,0	7,0	
	normiert	0,0	0,0	0,0	0,0	0,0	0,0	0,4	0,2	0,2	0,0	0,0	0,0	0,0	1,0		

	Sensitivitätsmatrix (Nutisolation)															
	Prozessschritte →	01	02	03	04	05	06	07	08	09	10	11	12	13	14	Summe	normiert
Übergabegrößen	Urformen	0	0	0	0	0	0	0	0	0	0	0	0	0	0	0,0	0,0
	Umformen	0	0	0	0	0	0	0	0	0	0	0	0	0	2	2,0	1,0
	Trennen	0	0	0	0	0	0	0	0	0	0	0	0	0	0	0,0	0,0
	Fügen	0	0	0	0	0	0	0	0	0	0	0	0	0	0	0,0	0,0
	Beschichten	0	0	0	0	0	0	0	0	0	0	0	0	0	0	0,0	0,0
	Stoffeigenschaft ändern	0	0	0	0	0	0	0	0	0	0	0	0	0	0	0,0	0,0
	Summe	0,0	0,0	0,0	0,0	0,0	0,0	0,0	0,0	0,0	0,0	0,0	0,0	0,0	2,0	2,0	
	normiert	0,0	0,0	0,0	0,0	0,0	0,0	0,0	0,0	0,0	0,0	0,0	0,0	0,0	1,0		

Abbildung IX-18: Beeinflussungs- und Sensitivitätsmatrix (Nutisolation)

	Beeinflussungsmatrix (Blechpaket)															
	Prozessschritte →	01	02	03	04	05	06	07	08	09	10	11	12	13	14	Summe	normiert
Übergabegrößen	Urformen	0	0	0	0	0	0	0	0	0	0	0	0	0	0	0,0	0,0
	Umformen	0	0	0	0	0	0	0	0	0	0	0	0	0	0	0,0	0,0
	Trennen	0	0	0	0	0	0	0	0	0	0	0	0	0	0	0,0	0,0
	Fügen	0	0	0	0	0	0	0	0	0	0	0	0	0	0	0,0	0,0
	Beschichten	0	0	0	0	2	0	2	0	0	0	0	0	0	3	7,0	1,0
	Stoffeigenschaft ändern	0	0	0	0	0	0	0	0	0	0	0	0	0	0	0,0	0,0
	Summe	0,0	0,0	0,0	0,0	2,0	0,0	2,0	0,0	0,0	0,0	0,0	0,0	0,0	3,0	7,0	
	normiert	0,0	0,0	0,0	0,0	0,4	0,0	0,4	0,0	0,0	0,0	0,0	0,0	0,0	1,0		

	Sensitivitätsmatrix (Blechpaket)															
	Prozessschritte →	01	02	03	04	05	06	07	08	09	10	11	12	13	14	Summe	normiert
Übergabegrößen	Urformen	0	0	0	0	2	0	2	0	0	0	0	0	0	3	7,0	1,0
	Umformen	0	0	0	0	0	0	0	0	0	0	0	0	0	0	0,0	0,0
	Trennen	0	0	0	0	0	0	0	0	0	0	0	0	0	0	0,0	0,0
	Fügen	0	0	0	0	0	0	0	0	0	0	0	0	0	0	0,0	0,0
	Beschichten	0	0	0	0	0	0	0	0	0	0	0	0	0	0	0,0	0,0
	Stoffeigenschaft ändern	0	0	0	0	0	0	0	0	0	0	0	0	0	0	0,0	0,0
	Summe	0,0	0,0	0,0	0,0	2,0	0,0	2,0	0,0	0,0	0,0	0,0	0,0	0,0	3,0	7,0	
	normiert	0,0	0,0	0,0	0,0	0,2	0,0	0,2	0,0	0,0	0,0	0,0	0,0	0,0	1,0		

Abbildung IX-19: Beeinflussungs- und Sensitivitätsmatrix (Blechpaket)

	Beeinflussungsmatrix (Verschaltelemente)															
	Prozessschritte →	01	02	03	04	05	06	07	08	09	10	11	12	13	14	Summe	normiert
Übergabegrößen	Urformen	0	0	0	0	0	0	0	0	0	0	0	0	0	0	0,0	0,0
	Umformen	0	0	0	0	0	0	0	0	0	0	0	0	0	0	0,0	0,0
	Trennen	0	0	0	0	0	0	0	0	0	0	0	0	0	0	0,0	0,0
	Fügen	0	0	0	0	0	0	0	0	0	0	0	3	0	0	3,0	1,0
	Beschichten	0	0	0	0	0	0	0	0	0	0	0	0	0	3	3,0	1,0
	Stoffeigenschaft ändern	0	0	0	0	0	0	0	0	0	0	0	2	0	0	2,0	0,7
	Summe	0,0	0,0	0,0	0,0	0,0	0,0	0,0	0,0	0,0	0,0	0,0	5,0	0,0	3,0	8,0	
	normiert	0,0	0,0	0,0	0,0	0,0	0,0	0,0	0,0	0,0	0,0	0,0	1,0	0,0	0,6		

	Sensitivitätsmatrix (Verschaltelemente)															
	Prozessschritte →	01	02	03	04	05	06	07	08	09	10	11	12	13	14	Summe	normiert
Übergabegrößen	Urformen	0	0	0	0	0	0	0	0	0	0	0	1	0	0	1,0	1,0
	Umformen	0	0	0	0	0	0	0	0	0	0	0	0	0	0	0,0	0,0
	Trennen	0	0	0	0	0	0	0	0	0	0	0	0	0	0	0,0	0,0
	Fügen	0	0	0	0	0	0	0	0	0	0	0	0	0	0	0,0	0,0
	Beschichten	0	0	0	0	0	0	0	0	0	0	0	0	0	0	0,0	0,0
	Stoffeigenschaft ändern	0	0	0	0	0	0	0	0	0	0	0	0	0	0	0,0	0,0
	Summe	0,0	0,0	0,0	0,0	0,0	0,0	0,0	0,0	0,0	0,0	0,0	1,0	0,0	0,0	1,0	
	normiert	0,0	0,0	0,0	0,0	0,0	0,0	0,0	0,0	0,0	0,0	0,0	1,0	0,0	0,0		

Abbildung IX-20: Beeinflussungs- und Sensitivitätsmatrix (Verschaltelemente)

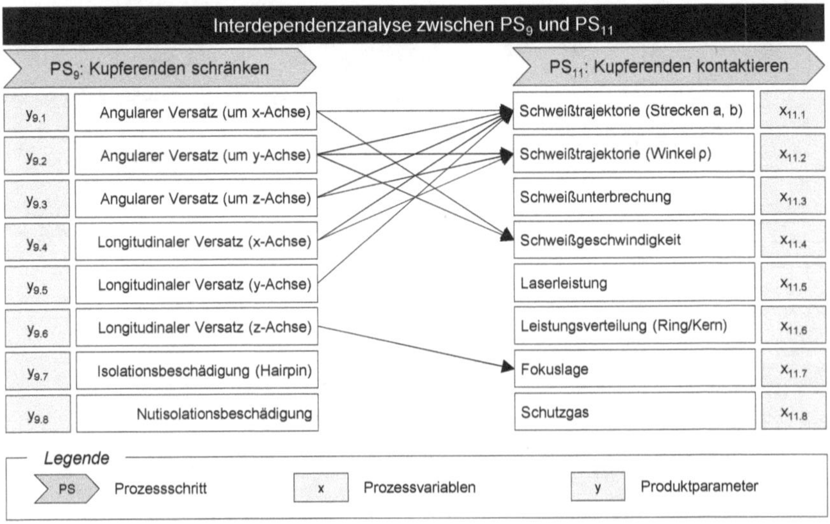

Abbildung IX-21: Ergebnis der Interdependenzanalyse zwischen PS_9 und PS_{11}

Schweißtrajektorie (Winkel ρ) [°]	2,5	2,6	2,7	2,8	2,9	3,0	3,1	3,2	3,3	3,4	3,5	3,6	3,7	3,8	3,9	4,0	4,1	4,2	4,3	4,4	4,5
28	0	0	0	0	0	0	0	0	0	0	0	0	0	0	0	0	0	0	0	0	0
24	0	0	0	0	0	0	0	0	0	0	0	0	0	0	0	0	0	0	0	0	0
20	0	0	0	0	0	0	0	0	0	0	0	0	0	0	0	0	0	0	0	0	0
16	0	0	1	2	0	1	0	1	2	0	1	2	0	1	2	0	1	1	0	0	0
12	0	0	2	4	5	5	7	7	3	2	4	3	5	2	3	2	1	2	0	0	0
8	0	0	1	2	4	5	7	7	6	7	6	7	4	5	4	3	3	1	1	0	0
4	0	0	2	3	5	5	6	8	9	9	10	10	8	8	6	4	4	2	3	1	0
0	0	1	2	4	5	6	7	9	9	10	10	10	9	8	7	5	1	2	0	1	0
-4	0	0	2	5	4	6	7	8	9	10	10	9	8	7	6	4	3	2	1	0	0
-8	0	0	1	2	3	5	6	7	7	7	7	6	6	7	6	2	1	1	0	0	0
-12	0	1	2	2	3	4	5	5	6	7	7	7	6	6	6	6	5	2	2	1	0
-16	0	1	2	0	2	3	1	4	4	3	5	2	4	0	2	0	2	2	0	0	0
-20	0	0	0	0	0	0	0	0	0	0	0	0	0	0	0	0	0	0	0	0	0
-24	0	0	0	0	0	0	0	0	0	0	0	0	0	0	0	0	0	0	0	0	0
-28	0	0	0	0	0	0	0	0	0	0	0	0	0	0	0	0	0	0	0	0	0

Schweißtrajektorie (Strecke a) [mm]

V0		
p1	2,0x2,5	[mm x mm]
p2	0	[mm]
p3	0	[°]

Legende

0 ... 10	Qualitative Bewertung des Schweißergebnisses durch optische Prüfung (0 = schlecht ; 10 = optimal)

Abbildung IX-22: Heatmap der Laserschweißversuche (Wissensquelle 2), 1/8

Schweißtrajektorie (Winkel ρ) [°]	2,5	2,6	2,7	2,8	2,9	3,0	3,1	3,2	3,3	3,4	3,5	3,6	3,7	3,8	3,9	4,0	4,1	4,2	4,3	4,4	4,5
28	0	0	0	0	0	0	0	0	0	0	0	0	0	0	0	0	0	0	0	0	0
24	0	0	0	0	0	0	0	0	0	0	0	0	0	0	0	0	0	0	0	0	0
20	0	0	0	1	2	0	1	1	1	2	0	1	2	0	1	2	0	1	1	0	0
16	0	0	1	2	3	4	4	5	5	6	6	7	6	6	5	3	2	1	2	0	0
12	0	0	2	1	2	4	5	7	7	6	7	8	7	5	5	4	3	3	1	0	0
8	0	0	1	2	3	5	5	6	8	9	9	10	10	8	8	6	4	4	2	0	0
4	0	0	2	2	4	5	6	7	9	9	10	10	10	9	8	7	5	2	2	1	0
0	0	1	2	2	5	4	6	7	8	9	10	10	9	8	7	6	4	3	2	1	0
-4	0	1	2	2	3	3	4	4	5	5	5	5	4	4	4	5	4	2	2	1	0
-8	0	1	2	0	2	3	1	4	4	3	5	2	4	0	2	0	2	2	0	0	0
-12	0	0	0	0	0	0	0	0	0	0	0	0	0	0	0	0	0	0	0	0	0
-16	0	0	0	0	0	0	0	0	0	0	0	0	0	0	0	0	0	0	0	0	0
-20	0	0	0	0	0	0	0	0	0	0	0	0	0	0	0	0	0	0	0	0	0
-24	0	0	0	0	0	0	0	0	0	0	0	0	0	0	0	0	0	0	0	0	0
-28	0	0	0	0	0	0	0	0	0	0	0	0	0	0	0	0	0	0	0	0	0

Schweißtrajektorie (Strecke a) [mm]

V1.1		
p1	2,0x2,5	[mm x mm]
p2	0	[mm]
p3	5	[°]

Legende

0 ... 10	Qualitative Bewertung des Schweißergebnisses durch optische Prüfung (0 = schlecht ; 10 = optimal)

Abbildung IX-23: Heatmap der Laserschweißversuche (Wissensquelle 2), 2/8

Schweißtrajektorie (Winkel ρ) [°]	2,5	2,6	2,7	2,8	2,9	3,0	3,1	3,2	3,3	3,4	3,5	3,6	3,7	3,8	3,9	4,0	4,1	4,2	4,3	4,4	4,5
28	0	0	0	0	0	1	2	0	1	1	1	2	0	1	2	0	1	2	0	1	0
24	0	0	0	0	1	2	3	4	4	5	5	6	6	7	6	6	5	3	2	1	0
20	0	0	0	1	2	2	5	4	6	7	8	9	9	9	9	8	7	6	4	3	0
16	0	0	0	0	1	2	3	5	5	6	8	9	9	10	10	8	8	6	4	4	1
12	0	0	0	0	2	2	4	5	6	7	9	9	10	10	10	9	8	7	5	2	0
8	0	0	0	1	2	2	5	4	6	7	8	9	9	9	9	8	7	6	4	3	1
4	0	0	0	1	0	1	1	1	1	2	3	3	2	3	3	3	2	1	1	1	1
0	0	0	0	0	0	0	0	0	0	0	1	1	1	1	1	1	1	1	0	0	0
-4	0	0	0	0	0	0	0	0	0	0	0	0	0	0	0	0	0	0	0	0	0
-8	0	0	0	0	0	0	0	0	0	0	0	0	0	0	0	0	0	0	0	0	0
-12	0	0	0	0	0	0	0	0	0	0	0	0	0	0	0	0	0	0	0	0	0
-16	0	0	0	0	0	0	0	0	0	0	0	0	0	0	0	0	0	0	0	0	0
-20	0	0	0	0	0	0	0	0	0	0	0	0	0	0	0	0	0	0	0	0	0
-24	0	0	0	0	0	0	0	0	0	0	0	0	0	0	0	0	0	0	0	0	0
-28	0	0	0	0	0	0	0	0	0	0	0	0	0	0	0	0	0	0	0	0	0

Schweißtrajektorie (Strecke a) [mm]

V1.3		
p1	2,0x2,5	[mm x mm]
p2	0	[mm]
p3	15	[°]

Legende

0 … 10 — Qualitative Bewertung des Schweißergebnisses durch optische Prüfung (0 = schlecht ; 10 = optimal)

Abbildung IX-24: Heatmap der Laserschweißversuche (Wissensquelle 2), 3/8

Schweißtrajektorie (Winkel ρ) [°]	2,5	2,6	2,7	2,8	2,9	3,0	3,1	3,2	3,3	3,4	3,5	3,6	3,7	3,8	3,9	4,0	4,1	4,2	4,3	4,4	4,5
28	0	0	0	0	0	0	0	0	0	0	0	0	0	0	0	0	0	0	0	0	0
24	0	0	0	0	0	0	0	0	0	0	0	0	0	0	0	0	0	0	0	0	0
20	0	0	0	0	0	0	0	0	0	0	0	0	0	0	0	0	0	0	0	0	0
16	0	0	1	2	0	1	0	1	2	0	1	2	0	1	2	0	1	1	0	0	0
12	0	0	0	2	4	5	5	7	7	3	2	4	3	5	2	3	2	1	2	0	0
8	0	0	1	2	4	5	7	7	6	7	6	7	4	5	4	3	3	1	1	0	0
4	0	0	0	2	3	5	5	6	8	9	9	10	10	8	8	6	4	4	2	3	1
0	0	1	2	4	5	6	7	9	9	10	10	10	9	8	7	5	1	2	0	1	0
-4	0	0	0	2	5	4	6	7	8	9	10	10	9	8	7	6	4	3	2	1	0
-8	0	0	1	2	3	5	6	7	7	7	7	6	6	7	6	2	1	1	0	0	0
-12	0	0	1	2	2	3	4	5	5	6	7	7	7	6	6	6	6	5	2	2	1
-16	0	1	2	0	2	3	1	4	4	3	5	2	4	0	2	0	2	2	0	0	0
-20	0	0	0	0	0	0	0	0	0	0	0	0	0	0	0	0	0	0	0	0	0
-24	0	0	0	0	0	0	0	0	0	0	0	0	0	0	0	0	0	0	0	0	0
-28	0	0	0	0	0	0	0	0	0	0	0	0	0	0	0	0	0	0	0	0	0

Schweißtrajektorie (Strecke a) [mm]

V2.1		
p1	2,0x2,5	[mm x mm]
p2	0,5	[mm]
p3	0	[°]

Legende

0 … 10 — Qualitative Bewertung des Schweißergebnisses durch optische Prüfung (0 = schlecht ; 10 = optimal)

Abbildung IX-25: Heatmap der Laserschweißversuche (Wissensquelle 2), 4/8

Schweißtrajektorie (Winkel ρ) [°]	2,5	2,6	2,7	2,8	2,9	3,0	3,1	3,2	3,3	3,4	3,5	3,6	3,7	3,8	3,9	4,0	4,1	4,2	4,3	4,4	4,5
28	0	0	0	0	0	0	0	0	0	0	0	0	0	0	0	0	0	0	0	0	0
24	0	0	0	0	0	0	0	0	0	0	0	0	0	0	0	0	0	0	0	0	0
20	0	0	0	0	0	0	0	0	0	0	0	0	0	0	0	0	0	0	0	0	0
16	0	0	0	1	2	0	1	0	1	2	0	1	2	0	1	2	0	1	1	0	0
12	0	0	0	2	4	5	5	7	7	3	2	4	3	5	2	3	2	1	2	0	0
8	0	0	0	1	2	4	5	7	7	6	7	6	7	4	5	4	3	3	1	1	0
4	0	0	0	2	3	5	5	6	8	9	9	10	10	8	8	6	4	4	2	3	1
0	0	0	1	2	4	5	6	7	9	9	10	10	10	8	8	7	5	1	2	0	1
-4	0	0	0	2	5	4	6	7	8	9	10	10	9	8	7	6	4	3	2	1	0
-8	0	0	0	1	2	3	5	6	7	7	7	7	6	7	7	6	2	1	1	0	0
-12	0	0	1	2	2	3	4	5	5	6	7	7	7	6	6	6	6	5	2	2	1
-16	0	0	1	2	0	2	3	1	4	4	3	5	2	4	0	2	0	2	2	0	0
-20	0	0	0	0	0	0	0	0	0	0	0	0	0	0	0	0	0	0	0	0	0
-24	0	0	0	0	0	0	0	0	0	0	0	0	0	0	0	0	0	0	0	0	0
-28	0	0	0	0	0	0	0	0	0	0	0	0	0	0	0	0	0	0	0	0	0

Schweißtrajektorie (Strecke a) [mm]

V2.2		
p1	2,0x2,5	[mm x mm]
p2	1	[mm]
p3	0	[°]

Legende

0 ... 10 — Qualitative Bewertung des Schweißergebnisses durch optische Prüfung (0 = schlecht ; 10 = optimal)

Abbildung IX-26: Heatmap der Laserschweißversuche (Wissensquelle 2), 5/8

Schweißtrajektorie (Winkel ρ) [°]	2,5	2,6	2,7	2,8	2,9	3,0	3,1	3,2	3,3	3,4	3,5	3,6	3,7	3,8	3,9	4,0	4,1	4,2	4,3	4,4	4,5
28	0	0	0	0	0	0	0	0	0	0	0	0	0	0	0	0	0	0	0	0	0
24	0	0	0	0	0	0	0	0	0	0	0	0	0	0	0	0	0	0	0	0	0
20	0	0	0	0	0	0	0	0	0	0	0	0	0	0	0	0	0	0	0	0	0
16	0	0	0	1	2	0	1	0	1	2	0	1	2	0	1	2	0	1	1	0	0
12	0	0	0	0	2	4	5	5	7	7	3	2	4	3	5	2	3	2	1	2	0
8	0	0	0	1	2	4	5	7	7	6	7	6	7	4	5	4	3	3	1	1	0
4	0	0	0	0	2	3	5	5	6	8	9	9	10	10	8	8	6	4	4	2	3
0	0	0	1	2	4	5	6	7	9	9	10	10	10	8	8	7	5	1	2	0	1
-4	0	0	0	0	2	5	4	6	7	8	9	10	10	9	8	7	6	4	3	2	1
-8	0	0	0	1	2	3	5	6	7	7	7	7	6	7	7	6	2	1	1	0	0
-12	0	0	0	1	2	2	3	4	5	5	6	7	7	7	6	6	6	6	5	2	2
-16	0	0	1	2	0	2	3	1	4	4	3	5	2	4	0	2	0	2	2	0	0
-20	0	0	0	0	0	0	0	0	0	0	0	0	0	0	0	0	0	0	0	0	0
-24	0	0	0	0	0	0	0	0	0	0	0	0	0	0	0	0	0	0	0	0	0
-28	0	0	0	0	0	0	0	0	0	0	0	0	0	0	0	0	0	0	0	0	0

Schweißtrajektorie (Strecke a) [mm]

V2.3		
p1	2,0x2,5	[mm x mm]
p2	1,5	[mm]
p3	0	[°]

Legende

0 ... 10 — Qualitative Bewertung des Schweißergebnisses durch optische Prüfung (0 = schlecht ; 10 = optimal)

Abbildung IX-27: Heatmap der Laserschweißversuche (Wissensquelle 2), 6/8

Schweißtrajektorie (Winkel ρ) [°] \ Schweißtrajektorie (Strecke a) [mm]	2,5	2,6	2,7	2,8	2,9	3,0	3,1	3,2	3,3	3,4	3,5	3,6	3,7	3,8	3,9	4,0	4,1	4,2	4,3	4,4	4,5
28	0	0	0	0	0	0	0	0	0	0	0	0	0	0	0	0	0	0	0	0	0
24	0	0	0	0	0	0	0	0	0	0	0	0	0	0	0	0	0	0	0	0	0
20	0	0	0	0	0	0	0	0	0	0	0	0	0	0	0	0	0	0	0	0	0
16	0	0	0	0	1	2	0	1	0	1	2	0	1	2	0	1	2	0	1	1	0
12	0	0	0	0	0	2	4	5	5	7	7	3	2	4	3	5	2	3	2	1	2
8	0	0	0	0	1	2	5	5	7	7	6	7	6	7	4	5	4	3	3	1	1
4	0	0	0	0	0	2	3	5	5	6	8	9	9	10	10	8	8	6	4	4	2
0	0	0	0	1	2	4	5	6	7	9	9	10	10	10	9	8	7	5	1	2	0
-4	0	0	0	0	0	2	5	4	6	7	8	9	10	10	9	8	7	6	4	3	2
-8	0	0	0	0	1	2	3	5	6	7	7	7	7	6	6	7	6	2	1	1	0
-12	0	0	0	0	1	2	2	3	4	5	5	6	7	7	7	6	6	6	6	5	2
-16	0	0	0	1	2	0	2	3	1	4	4	3	5	2	4	0	2	0	2	2	0
-20	0	0	0	0	0	0	0	0	0	0	0	0	0	0	0	0	0	0	0	0	0
-24	0	0	0	0	0	0	0	0	0	0	0	0	0	0	0	0	0	0	0	0	0
-28	0	0	0	0	0	0	0	0	0	0	0	0	0	0	0	0	0	0	0	0	0

V2.4		
p1	2,0x2,5	[mm x mm]
p2	2	[mm]
p3	0	[°]

Legende

0 ... 10 — Qualitative Bewertung des Schweißergebnisses durch optische Prüfung (0 = schlecht ; 10 = optimal)

Abbildung IX-28: Heatmap der Laserschweißversuche (Wissensquelle 2), 7/8

Schweißtrajektorie (Winkel ρ) [°] \ Schweißtrajektorie (Strecke a) [mm]	2,5	2,6	2,7	2,8	2,9	3,0	3,1	3,2	3,3	3,4	3,5	3,6	3,7	3,8	3,9	4,0	4,1	4,2	4,3	4,4	4,5
28	0	0	0	0	0	0	0	0	0	0	0	0	0	0	0	0	0	0	0	0	0
24	0	0	0	0	0	0	0	0	0	0	0	0	0	0	0	0	0	0	0	0	0
20	0	0	0	0	0	0	0	0	0	0	0	0	0	0	0	0	0	0	0	0	0
16	0	0	0	0	1	2	0	1	0	1	2	0	1	2	0	1	2	0	1	1	0
12	0	0	0	0	0	2	4	5	5	7	7	3	2	4	3	5	2	3	2	1	2
8	0	0	0	0	1	2	5	5	7	7	6	7	6	7	4	5	4	3	3	1	1
4	0	0	0	0	0	2	3	5	5	6	8	9	9	10	10	8	8	6	4	4	2
0	0	0	0	1	2	4	5	6	7	9	9	10	10	10	9	8	7	5	1	2	0
-4	0	0	0	0	0	2	5	4	6	7	8	9	10	10	9	8	7	6	4	3	2
-8	0	0	0	0	1	2	3	5	6	7	7	7	7	6	6	7	6	2	1	1	0
-12	0	0	0	0	1	2	2	3	4	5	5	6	7	7	7	6	6	6	6	5	2
-16	0	0	0	1	2	0	2	3	1	4	4	3	5	2	4	0	2	0	2	2	0
-20	0	0	0	0	0	0	0	0	0	0	0	0	0	0	0	0	0	0	0	0	0
-24	0	0	0	0	0	0	0	0	0	0	0	0	0	0	0	0	0	0	0	0	0
-28	0	0	0	0	0	0	0	0	0	0	0	0	0	0	0	0	0	0	0	0	0

V2.5		
p1	2,0x2,5	[mm x mm]
p2	2,5	[mm]
p3	0	[°]

Legende

0 ... 10 — Qualitative Bewertung des Schweißergebnisses durch optische Prüfung (0 = schlecht ; 10 = optimal)

Abbildung IX-29: Heatmap der Laserschweißversuche (Wissensquelle 2), 8/8

```
[ ]: import sys
     !{sys.executable} -m pip install scikit-learn tensorflow openpyxl matplotlib ipympl

[ ]: import numpy as np
     from keras.models import Sequential
     from keras.layers import Dense
     from openpyxl import *
     from matplotlib import pyplot as plt
     from sklearn.model_selection import train_test_split, KFold
     import ipympl

[ ]: def get_dataset():
         data_workbook = load_workbook(filename="221113_Datenübersicht_Laserschweißen.xlsx", data_only=True)
         sheet = data_workbook["Datentransformation"]
         max_rows = sheet.max_row
         max_cols = sheet.max_column
         longitudinal_offsets = []
         angular_offsets = []
         training_angles = []
         training_distances = []
         cur_row = 1
         cur_col = 1

         while sheet.cell(cur_row, cur_col).value != "p2 [mm]":
             if cur_row == max_rows and cur_col < max_cols:
                 cur_row = 1
                 cur_col = cur_col + 1
             else:
                 cur_row = cur_row + 1
         cur_row += 1
         for row in range(cur_row, max_rows + 1):
             if sheet.cell(row, cur_col).value is not None and sheet.row_dimensions[row].hidden is False:
                 longitudinal_offsets.append(sheet.cell(row, cur_col).value)

         while sheet.cell(cur_row, cur_col).value != "p3 [°]":
             if cur_row == max_rows and cur_col < max_cols:
                 cur_row = 1
                 cur_col = cur_col + 1
             else:
                 cur_row = cur_row + 1
         cur_row += 1
         for row in range(cur_row, max_rows + 1):
             if sheet.cell(row, cur_col).value is not None and sheet.row_dimensions[row].hidden is False:
                 angular_offsets.append(sheet.cell(row, cur_col).value)

         while sheet.cell(cur_row, cur_col).value != "Winkel ρ":
             if cur_row == max_rows and cur_col < max_cols:
                 cur_row = 1
                 cur_col = cur_col + 1
             else:
                 cur_row = cur_row + 1
         cur_row += 1
         for row in range(cur_row, max_rows + 1):
             if sheet.cell(row, cur_col).value is not None and sheet.row_dimensions[row].hidden is False:
                 training_angles.append(sheet.cell(row, cur_col).value)

         while sheet.cell(cur_row, cur_col).value != "Strecke a":
             if cur_row == max_rows and cur_col < max_cols:
                 cur_row = 1
                 cur_col = cur_col + 1
             else:
                 cur_row = cur_row + 1
         cur_row += 1
         for row in range(cur_row, max_rows + 1):
             if sheet.cell(row, cur_col).value is not None and sheet.row_dimensions[row].hidden is False:
                 training_distances.append(sheet.cell(row, cur_col).value)

         # to be X
         input_set = []
         for i, j in list(zip(longitudinal_offsets, angular_offsets)):
             input_set.append([i, j])
         X = np.asarray(input_set)

         # to be y
         known_output_set = []
         for i, j in list(zip(training_distances, training_angles)):
             known_output_set.append([i, j])
         y = np.asarray(known_output_set)

         return X, y, longitudinal_offsets, angular_offsets, training_distances, training_angles
```

Abbildung IX-30: Programmcode des datenbasierten Ansatzes, 1/2

```
[ ]: # build the model
     def get_model(n_inputs, n_outputs):
         model = Sequential()
         model.add(Dense(20, input_dim=n_inputs, kernel_initializer='he_uniform', activation='relu'))
         model.add(Dense(n_outputs, kernel_initializer='he_uniform'))
         model.compile(loss='mae', optimizer='adam')
         return model
```

```
[ ]: # load dataset
     X, y, long_off, ang_off, train_dist, train_angle = get_dataset()
     n_inputs, n_outputs = X.shape[1], y.shape[1]

     # get model
     model = get_model(n_inputs, n_outputs)

     # split dataset into training and test data
     X_train, X_test, y_train, y_test = train_test_split(X, y, test_size=0.2, random_state=123)

     # fit the model on all data
     history = model.fit(X, y, validation_data=(X_test, y_test), verbose=0, epochs=1000)
     print('Training finished')
     mean_1 = 0
     mean_2 = 0
     for i in range(0, 20):
         mean_1 += abs(model.layers[1].get_weights()[0][i][0])
         mean_2 += abs(model.layers[1].get_weights()[0][i][1])
     mean_1 = mean_1 / 20
     mean_2 = mean_2 / 20
```

```
[ ]: #perform k-fold validation and print the evaluations
     kFold = KFold(n_splits=5)
     for train, test in kFold.split(X, y):
          model2 = None
          model2 = get_model(n_inputs, n_outputs)
          model2.fit(np.asarray(X[train]), np.asarray(y[train]), validation_data=(np.asarray(X[test]), np.asarray(y[test])),
                     verbose=0, epochs=1000)
          model2.evaluate(X[test], y[test])
     print('KFold validation done')
```

```
[ ]: %matplotlib widget
     # draw first regression graph
     fig = plt.figure()
     ax = plt.axes(projection='3d')
     X1, Y = np.meshgrid(long_off, ang_off)
     ax.plot_surface(X1, Y, abs(mean_1) * X1 + abs(mean_2) * Y + 35, rstride=1, cstride=1, alpha=0.5)
     ax.set_title("Welding regression plane")
     ax.set_xlabel('Longitudinaler Versatz y9.5 [mm]')
     ax.set_ylabel('Angularer Versatz y9.3 [°]')
     ax.set_zlabel('Strecke a [mm]')
```

```
[ ]: # draw second regression graph
     fig2 = plt.figure()
     ax2 = plt.axes(projection='3d')
     ax2.plot_surface(X1, Y, abs(mean_2) * X1 + abs(mean_1) * Y + 0, rstride=1, cstride=1, alpha=0.5)
     ax2.set_title("Welding regression plane")
     ax2.set_xlabel('Longitudinaler Versatz y9.5 [mm]')
     ax2.set_ylabel('Angularer Versatz y9.3 [°]')
     ax2.set_zlabel('Winkel ρ [°]')
```

```
[ ]: # show both graphs
     plt.show()

     # print loss and surface equations
     print('Overall inaccuracy is: %s %%' % history.history['val_loss'][-1])
     print('Surface equation for Fig. 1: %.4f * x + %.4f * y + %d' % (abs(mean_1), abs(mean_2), 35))
     print('Surface equation for Fig. 2: %.4f * x + %.4f * y + %d' % (abs(mean_2), abs(mean_1), 0))
```

```
[ ]: # make a prediction for new data
     while True:
         longitudinal_pred = float(input("Enter the longitudinal offset you want to know a prediction for (default 0mm): ") or "0")
         angular_pred = float(input("Enter the angular offset you want to know a prediction for (default 0°): ") or "0")
         row = [longitudinal_pred, angular_pred]
         newX = np.asarray([row])
         yhat = model.predict(newX)
         print('Predicted: %s [Strecke, Winkel]' % np.around(yhat[0], 2))
```

Abbildung IX-31: Programmcode des datenbasierten Ansatzes, 2/2

$$x_{11.2}(p_2, p_3) = 0{,}1717 \cdot p_2 + 0{,}9033 \cdot p_3 \tag{IX-1}$$

$x_{11.2}$	Prädizierter Winkel ρ (der Schweißtrajektorie) in [°]
p_2	Longitudinaler Versatz ($y_{9.5}$) in [mm]
p_3	Angularer Versatz ($y_{9.3}$) in [°]

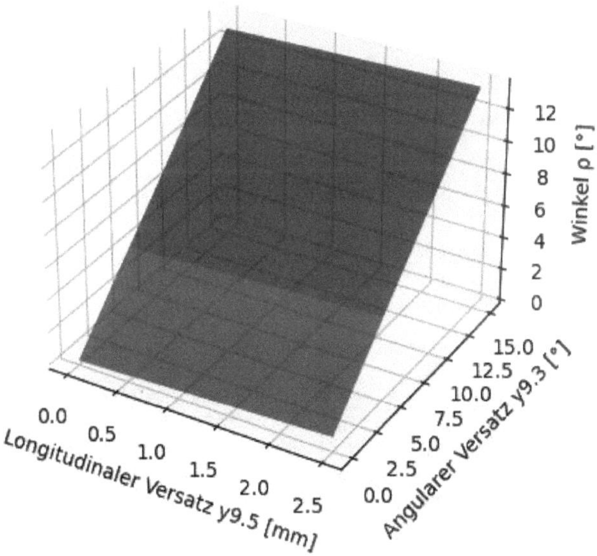

Abbildung IX-32: Visualisierte Regressionsebene zur Prädiktion des Winkels ρ

X Lebenslauf

Curriculum vitae

Persönliche Daten

Name	Andreas Kraus
Geburtsdatum	14.04.1993
Geburtsort	Bergisch Gladbach
Nationalität	Deutsch
Familienstand	Verheiratet

Berufserfahrung

10|2022 – heute	**Assistent der Geschäftsführung / Senior Data Engineer** PowerCo SE, Volkswagen AG, Salzgitter
04|2022 – 09|2022	**Technologiefeldleiter** Chair of Production Engineering of E-Mobility Components der Rheinisch-Westfälischen Technischen Hochschule, Aachen Technologiefeld: Electric Mobility Data Science
06|2019 – 09|2022	**Wissenschaftlicher Mitarbeiter** Chair of Production Engineering of E-Mobility Components der Rheinisch-Westfälischen Technischen Hochschule, Aachen Fachgruppe: Electric Drive Production
01|2017 – 03|2019	**Wissenschaftliche Hilfskraft** Chair of Production Engineering of E-Mobility Components der Rheinisch-Westfälischen Technischen Hochschule, Aachen Fachgruppe: Automotive Assembly
04|2016 – 08|2016	**Industriepraktikum** Audi Sport GmbH / Audi AG, Ingolstadt Bereich: Projektmanagement

Ausbildung

04|2017 – 03|2019	**Masterstudium (Master of Science, M.Sc.)** Rheinisch-Westfälische Technische Hochschule, Aachen Studiengang: Wirtschaftsingenieurwesen Fachrichtung: Maschinenbau/Fahrzeugtechnik
10|2012 – 04|2017	**Bachelorstudium (Bachelor of Science, B.Sc.)** Rheinisch-Westfälische Technische Hochschule, Aachen Studiengang: Wirtschaftsingenieurwesen Fachrichtung: Maschinenbau/Fahrzeugtechnik
08|2003 – 06|2012	**Allgemeine Hochschulreife (Abitur)** Dietrich-Bonhoeffer-Gymnasium (DBG), Bergisch Gladbach

In der Reihe **Ergebnisse aus der Elektromobilproduktion** zuletzt erschienen:

Kraus, Andreas:

Anwendungsorientierte Methodik zur frühzeitigen Integration datenbasierter Ansätze in die Anlaufphase disruptiver Produkte

ISBN 978-3-98555-179-8

Erscheinungsdatum: 13.11.2023

Treichel, Patrick-Emanuel:

Hybride Prototypen im Anforderungsmanagement disruptiver Produktionstechnik der Elektromotorenproduktion

ISBN 978-3-98555-166-8

Erscheinungsdatum: 28.08.2023

Offermanns, Christian:

Reduzierung der Fertigungsprozesszeit von Lithium-Ionen-Batteriezellen durch eine parametergestützte Analyse der Formierung in der Batteriezellproduktion

ISBN 978-3-98555-156-9

Erscheinungsdatum: 17.04.2023

Bührer, Ulrich Tobias:

Methodik zur proaktiven Integration von Data Analytics in die Serienfertigung

ISBN 978-3-98555-104-0

Erscheinungsdatum: 25.08.2022

Edition Wissenschaft
Apprimus

Kawollek, Sebastian:

Systematische Gestaltung additiv gefertigter Vorrichtungen für die Automobilmontage

ISBN 978-3-98555-101-9
Erscheinungsdatum: 22.08.2022

Hehl, Fabian:

Resiliente Baukastengestaltung durch Risikomanagement in der Automobilindustrie

ISBN 978-3-98555-085-2
Erscheinungsdatum: 23.06.2022

Schön, Christoph:

Gestaltung und Bewertung von skalierbaren Technologieketten für die Großserienproduktion von Brennstoffzellen

ISBN 978-3-98555-056-2
Erscheinungsdatum: 23.03.2022

Lutz, Nicolas Johannes:

Integration virtueller Methoden in das Anlaufmanagement skalierbarer Fertigungssysteme

ISBN 978-3-98555-035-7
Erscheinungsdatum: 31.01.2022

Edition Wissenschaft
Apprimus

MIX
Papier | Fördert gute Waldnutzung
FSC® C083411

Zeitfracht Medien GmbH
Ferdinand-Jühlke-Straße 7
99095 Erfurt, Deutschland
produktsicherheit@kolibri360.de